太阳能制冷

李　明　徐永锋　王云峰　李国良　张　莹　杜文平　著

科学出版社
北　京

内 容 简 介

本书概述太阳能制冷技术的重要战略意义，并介绍采用太阳能驱动制冷技术的工作原理和发展历程。按照驱动方式的不同将太阳能制冷分为太阳能光热制冷和太阳能光伏制冷，其中太阳能光热制冷部分介绍太阳能固体吸附式制冷和太阳能吸收式制冷；太阳能光伏制冷部分介绍太阳能光伏冰箱、太阳能光伏空调和分布式光伏驱动储能式空调系统。本书采用理论计算分析与实验测试相结合的手段对介绍的几种太阳能制冷技术进行性能分析，最后对制冷系统的经济性能进行简要的阐述。

本书不仅适合能源与动力工程专业的本科生和研究生阅读，也可为对太阳能制冷技术感兴趣的读者提供一定的参考。

图书在版编目(CIP)数据

太阳能制冷 / 李明等著. --北京：科学出版社，2025. 3. -- ISBN 978-7-03-081576-7

Ⅰ. TK511

中国国家版本馆 CIP 数据核字第 20257KY716 号

责任编辑：孟　锐 / 责任校对：彭　映

责任印制：罗　科 / 封面设计：墨创文化

科学出版社 出版

北京东黄城根北街16号

邮政编码：100717

http://www.sciencep.com

成都锦瑞印刷有限责任公司 印刷

科学出版社发行　各地新华书店经销

*

2025年3月第 一 版　开本：787×1092 1/16

2025年3月第一次印刷　印张：21 1/2

字数：510 000

定价：218.00 元

(如有印装质量问题，我社负责调换)

撰 写 人 员

李　明（云南师范大学）

徐永锋（嘉兴大学）

王云峰（云南师范大学）

李国良（云南师范大学）

张　莹（云南师范大学）

杜文平（云南师范大学）

前　言

随着社会经济的发展和人民生活水平的提高，制冷需求不断增加。尤其是在夏季，巨大的制冷需求常常消耗大量常规能源，甚至导致用电高峰期的电力紧张，实现绿色制冷成为解决能源与环境问题的重要途径之一。

太阳能辐射资源在时间上的变化规律和制冷空调用能在时间上的波动规律高度匹配，太阳能辐射资源的地域分布与制冷空调需求地域分布高度吻合，以及太阳能资源的丰富、清洁和无污染性，使得太阳能制冷空调在节能、环保、绿色制冷方面显示出巨大的优越性，展现出广阔的应用前景。目前典型的太阳能制冷空调主要分为太阳能吸附式制冷、太阳能吸收式制冷、太阳能光伏制冷三种主要模式。本书主要针对太阳能驱动典型结构模式下几种制冷系统的原理、结构及部件、性能特性、实际变工况条件下系统特性、不同太阳能辐射条件下系统制冷空调的运行特征等方面开展系统描述与分析。本书所介绍的太阳能制冷空调系统所涉及的研究内容均来自作者在各类基金资助下所开展的理论与实验研究工作。同时，针对典型太阳能制冷的运行模式，给出不同制冷效果的对比研究结果，提供太阳能制冷空调在不同应用场景下合理的选择依据。

第 2 章着重介绍太阳能固体吸附制冷原理、太阳能吸附制冷系统的分类及系统性能评价方式，给出太阳能吸附制冷系统构建要点以及系统性能研究与分析方法，在此基础上构建大管径翅片管太阳能吸附制冷系统，强化太阳能吸附制冷系统的传热传质性能，得出太阳能吸附制冰机系统性能的一些主要结论。

为了对太阳能固体吸附制冷系统性能做出科学全面的分析，兼顾到系统实际运行过程中受不同地域气候条件等运行工况的显著影响，在第 3 章建立太阳能固体吸附制冷系统传热传质数学模型并求解，得到系统的内部、外部参数以及变工况条件对系统传热传质性能的影响，以期提高太阳能吸附制冷系统的传热传质性能。从吸附剂的特点出发，运用多孔介质传热传质计算的方法分析太阳能吸附式制冷装置中吸附床内的传热传质，针对太阳能固体吸附式制冷循环的特点，给出求解模型的具体方法。在此基础上，从吸附床的内部特性参数及外部特性参数出发，较为全面系统地分析这些参数的改变对太阳能固体吸附式制冰机的性能系数及制冰特性的影响，并对吸附床在加热过程中的各种能量关系做详细分析。

第 4 章介绍太阳能吸收制冷的有关术语、基本概念及太阳能吸收制冷的原理。对太阳能槽式聚光集热在热水型单效吸收式空调机组系统中的应用进行分析研究，构建采用槽式聚光器驱动的单效溴化锂吸收式制冷系统，对驱动热源装置的性能进行理论分析和实验研究，对所构建的太阳能吸收制冷系统的制冷与供暖性能进行模拟计算与实验研究，实现夏季制冷、冬季制热、春秋季产生热水的目标。在有效提高太阳能利用效率的同时，丰富太阳能热利用的方式，特别是对太阳能中高温段利用的研究，促进太阳能吸收式空调系统的推广应用。

太阳能光伏制冷不仅包含了采用太阳能光伏阵列发电驱动传统蒸汽压缩式制冷机组制冷，还包括太阳能光伏半导体制冷、热声制冷及磁致制冷。现阶段制冷效率较低且技术有待完善的半导体制冷、热声制冷及磁致制冷的产业化发展及规模化利用仍受到一定的制约。因此，第 5 章介绍太阳能光伏制冷的概念与分类，重点介绍太阳能光伏冰箱与光伏空调系统，着重分析光伏冰箱及空调的性能。对光伏制冷系统进行建模，得到光伏冰箱及光伏空调的输出特性，依据仿真结果对系统部件间的匹配耦合特性进行优化，有效提升系统的整体性能。

针对第 5 章研究的并网发电和蓄电池辅助交法的局限性，在第 6 章中对分布式光伏能源驱动冰蓄冷空调系统能量转换传递特性与制冷特性进行研究，旨在采用分布式光伏能源系统驱动冰蓄冷空调系统来实现高效蓄能、换能及高品质供能。通过对供能、蓄能及用能等部件能量转换传递特性的分析、结构的优化及部件间能量匹配耦合的分析与研究，实现太阳能光-电-冷的最佳匹配及应用。

结合太阳能制冷具体应用项目，在第 7 章中介绍工程项目经济性能分析方法，对比分析市电空调、太阳能光伏空调及太阳能光伏直驱冰蓄冷空调的经济性能，为太阳能制冷产业化推广应用提供参考。

目　　录

第1章 绪　论

1.1 概　述

能源是社会发展至关重要的物质保障，对经济的发展和人民生活质量的提高有着十分重要的作用。在人类社会发展的进程中，伴随着化石能源的不断开发利用，人类社会的发展迈上了一个新台阶。但与此同时，化石能源的开发利用不仅造成了传统化石能源的日益枯竭，而且造成了全球气候变暖、臭氧空洞、雾霾等环境问题。实现经济、资源、能源、环境协调可持续发展已成为全球共识。

目前，由于科技的进步和环保意识的提高以及各国人民的努力，全世界的能源消费模式和能源开发利用结构正向着低碳环保型逐步发展，但受经济发展需求和人口增长的影响，在未来很长时间内，石油和天然气占一次能源的比例仍可能保持在较高水平。可再生能源资源的开发与利用是应对全球能源短缺和改善环境最为直接的方式之一。

我国煤炭在一次能源消费中的比重长期保持在70%左右。煤炭的燃烧不仅产生大量粉尘，且产生的温室气体是各能源品种中最多的。通过我国政府和人民的不断努力，以煤炭为主的能源结构正逐步发生着较大的改变，且已经带来较为显著的环境效益。继续优化能源开发利用结构，积极且持续地发展可再生能源，对于我国“蓝天保卫战”具有更为重要的意义。

我国建筑能耗约占全社会总能耗的1/3，其中最主要的耗能方式是采暖和供冷，即人们常说的空调。随着社会经济的发展和人民生活水平的提高，空调耗能不断增加。在夏季，巨大的制冷需求常常消耗大量常规能源，甚至导致用电高峰期的电力紧张。因此，实现绿色制冷成为解决能源与环境问题的重要途径之一。

在众多可再生能源中，太阳内部每时每刻都进行着核聚变反应并释放出巨大能量，太阳能资源储量巨大，且对其进行开发利用的过程具有环境友好性，使得合理开发与利用太阳能资源成为各国可再生能源开发利用的重要内容。我国国土面积辽阔，在这广袤的土地上有着较为丰富的太阳能资源。表1-1是我国的太阳能总辐射量和日照时数的区域分布。年日照时间大于2200h的地区占全国总面积的2/3，太阳能年辐射总量为3340～8400MJ，较为丰富的太阳能资源为我国开发利用太阳能资源提供了有力的保障。

太阳辐射在时间上的变化规律、地域分布与制冷空调需求在时间变化规律、地域分布上相吻合，良好的地域与季节的匹配性，以及太阳能制冷大多采用环境友好型制冷工质对，使得温室效应系数和臭氧破坏系数几乎为零，因此太阳能制冷展现出光明的应用前景。对太阳能制冷开展研究和探索，加快推进太阳能制冷的规模化生产和使用，对于实现可持续发展有重要意义。

表 1-1　中国太阳能资源的分布

地区分类	全年日照时数/h	年辐射总量/(kJ/cm^2)	相当于燃烧标准煤/kg	地区
一	2800～3300	670～837	230～280	宁夏北部、甘肃北部、新疆东南部、青海西部和西藏西南地区
二	3000～3200	586～670	200～230	河北北部、山西北部、内蒙古和宁夏南部、甘肃中部、青海东部、西藏东南部和新疆东部
三	2200～3000	502～586	170～200	北京、山东、河南、河北东部、山西南部、新疆北部、云南、陕西、甘肃、广东
四	1400～2200	419～502	140～170	湖北、湖南、江西、浙江、广西、广东北部、陕西、江苏和安徽的南部、黑龙江
五	1000～1400	335～419	110～140	四川和贵州

1.2　太阳能制冷的技术途径

太阳能制冷空调，就是以太阳能作为全部或主要的驱动能源，驱动制冷空调机运行，达到制冷的目的。将太阳能用于驱动制冷空调系统的形式多样，根据太阳能转换利用方式的不同，主要有两种方式：其一是先将太阳光能转换为电能，再以电力制冷，即太阳能光伏制冷；其二是先进行光-热转换，再以热能制冷，即太阳能光热制冷。太阳能光热制冷是通过收集的太阳辐射热能驱动制冷系统，主要有吸附制冷、吸收制冷、喷射制冷以及其他制冷方式。太阳能光伏制冷利用光伏组件将太阳能转换为电能驱动制冷机组运行，制冷机组工作方式主要有蒸汽压缩制冷、半导体制冷、热声制冷和磁致制冷等。还可利用太阳能集热器集热驱动热机发电带动制冷机组。太阳能制冷的具体技术路径如图 1-1 所示。

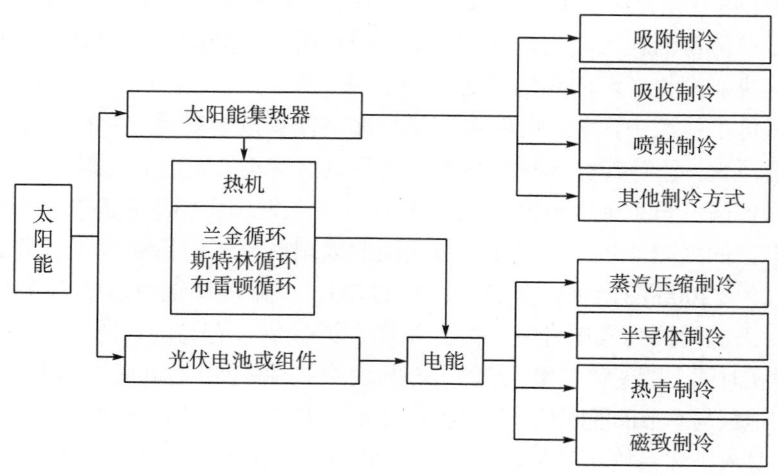

图 1-1　太阳能制冷的技术路径

以太阳热能驱动的制冷空调系统以及各种太阳能热利用系统中，太阳能集热器是不可或缺的部分，太阳能集热器一定程度上反映了太阳热能利用技术的发展进程。

太阳能集热器是将太阳辐射能转换为传输介质内部能量的特殊类型的热交换设备，是将热量传递到流经集热器的流体(通常是空气、水或油)的装置。收集的太阳辐射能量可从循环流体输送到空调设备驱动源、热水或热能储存器件内，在夜间或阴天仍可以使用。

在太阳能空调领域一般使用的集热器有太阳能平板集热器、真空管集热器和聚焦型集热器，其中聚焦型集热器包括复合抛物面集热器、菲涅耳集热器等。

典型的太阳能平板集热器主要由透明盖板、涂层吸收板和防雨的隔热箱体组成，是目前应用最为广泛的太阳能集热器。太阳能平板集热器主要应用于太阳能低温热利用系统中，如生活用水加热、游泳池加热、建筑物采暖和空调等领域。国内已有多处利用太阳能集热器与制冷机组相结合进行采暖、空调和制冷的示范工程，具有较好的经济效益和环境效益。此外，平板型太阳能集热器还可用于除湿、提供工业用热水等。

太阳能真空管集热器主要由吸热体和玻璃管套管组成，吸热体表面镀有光谱选择性吸收涂层，玻璃套管之间的夹层保持有较高的真空度，有效地减小了真空管内空气的传导和对流热损。管内选择性吸收涂层的低红外发射率，有效降低了吸热体的辐射热损失。

太阳能真空管集热器可分为全玻璃真空管和金属吸热体真空管两大类，金属吸热体真空管具有工作温度高、承压能力强、耐热冲击性能好等优点，成为当今世界真空管集热器一个重要的发展方向。在相同的周围环境条件和工作温度下，真空管集热器的热损只是常规的平板型集热器的 1/8 左右。

聚焦型集热器是由聚光器以反射或折射的方式将一定面积上的太阳能集中到更小面积的接收器上，接收器将光能转换为热能，再由工作介质(水、空气或导热油)带走。由于接收器上的能流密度高，所以聚焦型太阳能集热器能够获得比平板型集热器高得多的温度，为太阳能中高温热利用提供了条件。按照不同的聚焦方式，可以将聚焦型集热器分为旋转抛物式聚光集热器、抛物面槽式聚光集热器(parabolic trough concentrator)、复合抛物面聚光集热器(compound parabolic concentrator)、塔式和菲涅耳式聚光集热器等。

1.2.1　太阳能光热制冷

利用集热器件收集或聚集太阳能驱动制冷机组的工作方式主要有太阳能吸附制冷、太阳能吸收制冷、太阳能工质直喷式制冷和太阳能除湿制冷等方式。吸收与吸附制冷均是通过热源驱动使得吸附/吸收工质对(如活性炭甲醇工质对、溴化锂和水等)循环完成吸附/吸收、解吸的过程。

1.2.2　太阳能吸附制冷

太阳能吸附制冷是利用太阳能作为驱动热源使液态制冷工质在固体吸附剂上吸附/解吸的循环过程中实现制冷。置于室外的吸附床吸收太阳辐射能量后，装填于吸附集热床中的多孔固体吸附剂温度升高，使得吸附于其孔隙中的制冷剂解吸出来，在冷凝器中冷凝为液体，储存于蒸发器中；当太阳辐射消失时，吸附床集热器向周围环境散热，固体多孔吸附剂温度降低，系统压力降低，冷凝为液体制冷剂被固体多孔吸附剂重新吸附于孔隙内。在此过程中制冷剂由液态变为气态，释放相变潜热，实现蒸发制冷，完成一次吸附制冷循环。

1.2.3 太阳能吸收制冷

利用吸收溶液与液态制冷剂的溶液浓度变化来获取冷量，因为采用不含氟氯烃化合物的溶液作为循环工质，且工质无臭、无毒、无害，没有运动部件，噪声低，所以被广泛研究。集热器在太阳辐射条件下吸收热量，用于加热发生器里的吸收剂与制冷剂组成的二元溶液，溶液受热后，发生器内压强增加，制冷剂在一定压力下吸热蒸发，变成气态进入冷凝器，然后经节流阀节流流入蒸发器内蒸发吸热制冷；从蒸发器出来的低压蒸汽重新进入吸收器被吸收剂吸收，吸收过程中放出的相变潜能被冷媒水带走进行制冷。形成的浓溶液由泵送入发生器中，被热源加热后蒸发产生的高压制冷剂蒸汽进入冷凝器冷却，而稀溶液减压回流到吸收器完成一个循环。

1.2.4 太阳能喷射制冷

太阳能喷射制冷系统分为太阳能集热系统和喷射制冷循环系统两个部分，液态制冷剂在发生器中被加热加压后成为高压蒸汽进入喷射器中，经过喷嘴后变成高速气流，喷嘴附近形成真空状态，将蒸发器中的低压蒸汽吸入喷射器中，同时维持蒸发器的真空及低温环境，在这一过程中产生冷量；喷射器再将两股蒸汽充分混合后，在扩压器中提高压力并进入冷凝器中冷凝成液体。从冷凝器中出来的液体制冷剂一部分经循环泵进入发生器，另一部分经膨胀阀节流降压后进入蒸发器蒸发制冷，从而完成制冷循环。

1.2.5 太阳能光伏制冷

太阳能光伏制冷技术将光伏发电技术和制冷技术相结合，根据光伏发电系统的形式，可分为独立系统和并网系统；根据制冷方式，可分为太阳能压缩制冷和太阳能半导体制冷两种。独立系统根据制冷设备的特点又可分为直流系统、交流系统等，其重要区别是系统中是否带有逆变器。一般来说，光伏制冷的独立系统主要由太阳电池阵列、控制器、蓄电池组、逆变器和制冷设备等部分组成；并网系统主要由太阳电池阵列、并网逆变器和制冷设备组成。

独立光伏供能单元中的光伏组件将太阳能转换为电能，通过采用带有最大功率跟踪和变频调控技术的逆控机变频调控用电负载的频率使其自适应工作于光伏组件的最大功率点上，实现光伏直接驱动压缩机高效运行。蓄冷单元中制冷剂经压缩机压缩，再由冷凝器冷却后经过节流阀节流为低温工质，低温工质流入蒸发器吸热制冷，再流入压缩机完成制冷循环。

1.2.6　太阳能半导体制冷

太阳能半导体制冷系统就是利用半导体的热电制冷效应，由太阳能电池直接供给制冷系统所需的直流电，达到制冷的效果。半导体制冷是利用热电制冷效应的一种制冷方式，因此又称为热电制冷或温差电制冷。半导体制冷器的基本元件是热电偶对，即一个 P 型半导体元件和一个 N 型半导体元件连成的热电偶。当直流电源接通时，上面接头的电流方向是 N→P，温度降低，并且吸热，形成冷端；下面接头的电流方向是 P→N，温度升高，并且放热，形成热端。把若干对热电偶连接起来就构成了常用的热电堆，借助各种传热器件，使热电堆的热端不断散热，并保持一定的温度，把热电堆的冷端放到工作环境中去吸热，从而对外界输出冷量。

1.2.7　太阳能热声制冷

太阳能热声制冷机是以太阳能为热源的热声发动机驱动的热声制冷机，包括太阳能集热装置、热声发动机和热声制冷机三部分。

太阳能集热装置收集太阳热能，为热声驱动器提供能量。声波在流体中以压力和速度振荡的方式传播，同时伴随着温度振荡。尽管日常生活中的热声现象微弱到很难察觉，但在声场中的固体介质周围，温度振荡、压力振荡和速度振荡三者结合可产生热声效应。

热声效应是热与声之间相互转换的现象。产生热声效应时，纵向传播模式维持稳定的声振荡和提供产生热声效应所需的声功流，横向模式则产生流体和固体的动量和热量相互作用。按能量转换方向的不同，热声效应可分为两类：一是用热来产生声，即热驱动的声振荡；二是用声来产生热，即声驱动的热量传输。只要具备一定的条件，热声效应在行波声场、驻波声场以及两者结合的声场中都能发生。

1.3　太阳能制冷技术发展简史

制冷技术是随着人类的需求而逐步发展起来的，在 18 世纪后期，Wiliam Cullen 教授利用乙醚蒸发使水结冰，这是人类历史上最早的制冷过程。制冷技术的不断发展与利用同样伴随着化石能源的不断开发利用，也是造成传统化石能源日益枯竭和环境恶化问题的因素之一。能源危机和环境保护意识的提高为太阳能制冷的发展提供了契机，各类绿色制冷效应的发现，奠定了太阳能制冷技术发展的基础。

1.3.1 吸附制冷

吸附制冷现象发现于 1848 年，当时 Faraday 实验室发现氯化银吸附氨后，产生了制冷效应，这一发现，成为研究吸附制冷这一绿色制冷技术的开端。太阳能吸附制冷系统的应用最早可追溯到 20 世纪 20 年代，当时美国的铁路客车上使用了二氧化硫和硅胶作为吸附制冷工质对的吸附制冷系统。但是随着运行稳定且成本较为廉价的以 CFCs(氯氟烃)为制冷工质的压缩机的发展，以热源驱动的吸附制冷被逐渐遗忘。20 世纪 70 年代的石油危机以及以蒙特利尔和《京都议定书》为代表的保护环境的强烈呼声，吸附制冷可利用低品位热源且对环境友好的优势再次被凸显，为吸附制冷技术的发展提供了契机。特别是 1992 年首届吸附制冷大会在巴黎召开，成为吸附制冷技术发展的里程碑，各国的研究者开始了对吸附制冷广泛而深入的研究，促进了吸附制冷技术的发展。

1.3.2 吸收制冷

人类利用液体对蒸汽的吸收而获得冷量的技术可追溯到 1307 年，当时法国的 Nairne 在实验中发现，利用浓硫酸对空气中水分的吸收可以使未蒸发的水得到冷却，并进而得到冰。据此原理，英国的 John Leslie 和法国的 Edmond Carre 先后于 1810 年和 1866 年建成了可用于制冰的制冷装置。之后，德国的 Franz Windhausen 于 1878 年建成了一台用加热硫酸的方法来维持硫酸浓度进而可以使之连续工作的吸收式制冷机。这些便是人类历史上最初出现的吸收式制冷的雏形。当时采用水和硫酸作为制冷工质对，为了避免硫酸的腐蚀性，人们不得不采用有毒的重金属铅作为制造机器的材料。

1859 年，Fredinand Ph.E.Carre 获得了以氨-水为工质对的吸收式制冷技术的专利。这是吸收制冷工质发展历史上的第一次重大突破。随后第一台 Carre 制冷机在法国建成。由于 Carre 制冷机运行稳定可靠，它随即在当时的英国、法国及德国的工业部门得到了广泛的应用。

1880 年后，由于压缩制冷机在市场上的出现，加之吸收制冷机最重要的用户——酿酒厂成功地改进了工艺，导致吸收制冷机无法得到足够的蒸汽量，于是逐步退出了市场。

人们对吸收制冷研究的第二次高潮出现在第一次世界大战以后，当时，由于能源价格的大幅上涨，人们又重新认识到了吸收制冷的优越性。自那时起，人们开始在理论上和实践上对吸收制冷进行全面系统的研究。这一时期，人们为了解决吸收制冷中出现的氨、水蒸气混合等问题，制造了以氨-氯化钙、氨-水/盐等为工质对的吸收制冷机。氨-水系统当时依然占据着主导地位，这一时期出现的各种新思想、新方法至今仍为人们广泛采用。

1945 年，美国 Carrier 公司生产出了世界上第一台溴化锂吸收制冷机，这是吸收制冷工质对发展的又一次历史性的巨大进步。采用水-溴化锂作为吸收制冷工质对较氨-水系统有着非常明显的优越性：第一，它可使制冷机双效化；第二，作为制冷剂的水具有较大的蒸发潜热且没有毒性；第三，水-溴化锂具有较高的化学稳定性；第四，由于水-溴化锂在真空条件下工作，因此没有发生爆炸的危险。溴化锂制冷工质对的采用为吸收制冷的发展提供了广阔的发展前景。

20 世纪 70 年代，世纪能源危机的爆发，促使可再生能源技术以及低能耗、高效率和不破坏臭氧层的吸收制冷技术得到了较大的发展。太阳能吸收制冷技术作为二者的结合，受到了更多的关注。目前，常用的吸收制冷机有氨-水吸收制冷机(适用于大中型中央空调系统)和溴化锂-水吸收制冷机(适用于小型家用空调)。

1.3.3　光伏制冷

在 1839 年，法国科学家贝克雷尔发现光照能使半导体对材料的不同部位之间产生电位差，1954 年，美国科学家恰宾等在美国贝尔实验室首次制成试验用单晶硅太阳电池，诞生了将太阳能转换为电能的实用光伏发电技术。光伏发电系统的开发和利用，奠定了太阳能光伏制冷研究与开发的基础。

20 世纪 60 年代，美国率先开发分布式光伏发电装置，在人造地球卫星上使用太阳能作为能源之一。20 世纪 70 年代，美国、以色列等国大量使用分布式光伏发电装置，并使之商业化，大力推广民用屋顶光伏发电站。各国实施补助奖励办法，促进了光伏发电系统的推广和应用。20 世纪 80 年代，我国开始引进太阳能光伏电池板生产线，2000 年后该产业快速发展，2006 年我国光伏电池板产能超过欧洲、日本成为世界第一。

光伏空调系统作为光伏发电的一种应用，近年来被国外企业广泛关注。日本、新加坡、澳大利亚等国也纷纷开展不同程度的太阳能空调研究工作。其中，日本的研究较为成功。从 20 世纪 80 年代至今，日本已经建成了多套实用的太阳能制冷空调系统，并且已出口到中东等国。就国内外空调技术形式而言，太阳能空调的研究与应用主要是以热能驱动的吸收式太阳能空调技术为主，而在光电驱动领域则多采用并网形式，且多用于中央空调的使用。但是在我国，交流并网技术仍存在一些制约因素，若能将光伏发电技术与空调制冷相结合可以有效地提高太阳能的利用效能。独立光伏系统在许多边远及特定地区可以发挥很大作用，为当地居民或边防官兵提供一个舒适的环境，可储存食物和药品；而并网系统则可省去蓄电池的投资和维护费用，在电网发达地区具有优势。

1.4　太阳能制冷空调研究与应用现状

太阳能制冷空调因其采用环境友好型制冷剂，以及具有良好的季节匹配性，因而成为极具潜力的绿色制冷方式，对其深入研究并提高其运行性能成为极具价值的研究课题。在本节中，将对太阳能制冷的研究与应用现状加以总结，为今后太阳能制冷应用与发展提供更好的参考。

1.4.1 太阳能吸附制冷空调

太阳能吸附制冷是利用太阳能作为驱动热源使液态制冷工质在固体吸附剂上吸附/解吸的循环过程中实现液态制冷剂蒸发，释放相变潜热，达到制冷的目的，在这个过程伴随着吸附工质对的传热传质。各国的研究者对使用不同的吸附制冷工质对、采用不同的吸附床结构及采用不同的系统循环方式的太阳能吸附制冷系统，从理论、实验和模拟等方面进行了广泛的探索。

表 1-2 中按照时间的先后顺序介绍了较具代表性的有关太阳能吸附制冷系统的研究，对采用不同的研究方法、使用不同的工质对、不同集热器类型的太阳能吸附制冷系统以及系统性能所做的研究进行了较为详细的比较。

表 1-2 各种太阳能吸附制冷系统[1]

年份	研究者	研究方法	工质对	集热器类型	集热面积/m^2	应用	太阳能性能系数	制冰量
1982	Dalgado 等	模拟	活性炭-甲醇	—	4	制冰	0.15（循环）	25kg/d
1986	Pons 和 Guilleminot	实验	活性炭-甲醇	平板	6	制冰	0.10～0.12（净）	6kg/(m^2·d)
1986	Sakoda 和 Suzuki	模拟	硅胶-水	平板	0.25	—	0.2	—
1987	Pons 和 Grenier	实验	活性炭-甲醇	—	—	制冰	0.10～0.12（净）	7kg/m^2
1988	Grenier 等	实验	沸石-水	平板	20	制冷机	0.10（净）	—
1990	Lemmini	模拟	活性炭-甲醇	平板	—	制冷机	0.114	—
1992	Tan 等	实验	活性炭-甲醇	—	1.1	制冰	0.09	3kg/d
1993	Exell 等	实验	活性炭-甲醇	平板/管状	0.97	制冰	0.10～0.123（净）	4kg/d
1994	Hadley 等	实验	活性炭-甲醇	CPC	2	制冰	0.2	1kg
1995	Iloeje 等	模拟	氯化钙-氨	平板/管状	—	制冰	0.14	—
1995	Boelman 等	实验	硅胶-水	太阳能/废热（40～75℃）	—	制冷机	0.4	—
1997	Bansal 等	实验	氯化锶-氨	真空管	2.1	制冷机	0.081	—
1997	Critoph 等	实验	氨	平板/管状	1.4	—	0.061～0.071	—
1999	Sumathy 和 Li	实验	活性炭-甲醇	平板	0.92	制冰	0.1～0.12	4～5kg/d
2000	Boubakri 等	模拟	活性炭-甲醇	平板	1	制冰	0.19	11.5kg/m^2
2000	Gurgel 等	模拟	硅胶-水	平板/管状	1	制冷水	0.17	—
2001	Saha 等	实验	硅胶-水	55℃热源	—	制冷机	0.36	—
2002	Zhang 和 Wang	模拟	活性炭-甲醇	平板	0.4	混合	0.18	—
2002	Li 等	实验	活性炭-甲醇	平板	1.5	制冰	0.13～0.14	7～10kg
2002	Mayor 和 Dind	模拟	硅胶-水	平板/管状	1	制冰	0.10～0.15	—

续表

年份	研究者	研究方法	工质对	集热器类型	集热面积/m^2	应用	太阳能性能系数	制冰量
2003	Anyanwu 和 Ezekwe	实验	活性炭-甲醇	平板/管状	1.2	制冰	0.036～0.057	—
2003	Li 等	模拟	沸石-水	真空管	—	制冰	0.25～0.30	—
2004	Khattab	实验	活性炭-甲醇	玻璃盖板+反射镜	—	制冰	0.136～0.159	6.9～9.4 kg/(m^2·d)
2004	Aghbalou 等	模拟	活性炭-氨	CPC	—	制冰	0.114	—
2004	Hildbrand 等	实验	硅胶-水	平板/管状	2	制冰	0.12～0.23	4.7kg/(m^2·d)
2004	Li 等	实验	活性炭-乙醇	平板	0.94	制冰	0.029	—
2005	Luo 等	实验	活性炭-甲醇	平板	1.2	制冰	0.083～0.127(净)	3.2～6.5kg/m^2
2006	Boubakri	模拟	活性炭-甲醇	平板	1	制冰	0.14	5.2kg/d
2007	Leite 等	实验	活性炭-甲醇	平板/管状+反射镜	2	制冰	0.085(净)	6.05kg/m^2
2007	González 和 Rodríguez	实验	活性炭-甲醇	CPC	0.55	制冰	0.096	—
2008	Ogueke 和 Anyanwu	模拟	活性炭-甲醇	管状	1.2	制冰	0.023(净)	—
2009	González 等	模拟	活性炭-甲醇	CPC	0.55	制冰	0.117～0.087	0.06～0.4kg/m^2
2011	Hassan 等	模拟	活性炭-甲醇	平板/管状	1	—	0.211	—
2012	Suleiman 等	模拟	活性炭-甲醇	平板	2	混合	0.024	—
2012	Omisanya 等	实验	沸石-水	CPC	1	制取冷水	0.8～1.5(循环)	—
2013	Hassan	模拟	活性炭-甲醇	平板	2	制冰	0.618(循环)	27.82kg/d
2013	Abu-Hamdeh 等	模拟	橄榄渣-甲醇	PTC/管状	3.7	制冷机	0.75(总)	—
2013	Baiju 等	实验	活性炭-甲醇	CPC	3	制冷机	0.196(白天) 0.335(夜间)	—
2014	Santori 等	实验	活性炭-甲醇	平板/管状	1.2	制冰	0.08(净)	5kg/d
2015	Ji 等[2]	实验	活性炭-甲醇	翅片管	—	制冰	0.139	8.4kg
2016	Koronaki 等[3]	数值模拟	硅胶-水	平板(涂有铬选择性涂层)	70	制冷	0.408	—
2016	Chekirou 等[4]	模拟	活性炭-甲醇	平板(单层盖板)	1	制冷	0.14	—
2017	Ammar 等[5]	模拟	活性炭-甲醇	平板	—	制冰	0.73	13.65kg/d
2018	Wang 等[6]	实验	活性炭-甲醇	(微型真空泵强化传质系统)	2.06	制冷	0.142(晴天) 0.116(多云)	—
2019	Lattieff 等[7]	实验	硅胶-水	真空管	4	制冷	伊拉克巴格达气候条件下 COP 为 0.56	—
2020	Zhao 等[8]	实验	活性炭-甲醇	翅片管	1.68	制冰	0.123(晴天) 0.110(有云)	0.6kg

注：2015 年之前的研究引自 Parash Goyal 等 2016 年对各种太阳能吸附制冷系统的总结。

从以上对太阳能吸附制冷系统的研究中可以得出如下结论：各国的研究者对使用不同的工质对、不同集热/吸附床类型的太阳能吸附制冷系统以及系统性能进行了较为深入的研究，促进了太阳能吸附制冷技术的发展。但与传统的压缩制冷技术相比，吸附制冷技术存在效率偏低的缺陷，阻碍了其产业化的推广与应用。因此，从吸附制冷技术提出开始，研究者就从未放弃对提高其性能的研究，所做的研究大致可以归纳为以下几个方面。

1. 强化吸附剂传热性能

吸附制冷循环过程中伴随着吸附剂对制冷剂的吸附和解吸过程，强化吸附剂的传热传质性能对于提升系统性能具有重要作用。在吸附制冷系统中，所采用吸附剂材料一般为多孔固体颗粒，目前使用较为广泛的吸附剂有活性炭、硅胶、沸石等，这些非金属多孔固体的传热性能较差。因而，改善吸附剂传热性能，研制具有优良传热特性的吸附剂成为提高系统性能的重要方面，所做的研究归纳为以下两个方面：一方面，通过在吸附剂颗粒中添加金属、膨胀石墨等材料以提高吸附剂的传热性能，一般采用实验方法，对其有效热导率和扩散系数进行改进；另一方面，为了改善吸附制冷循环过程中吸附剂膨胀和结块造成传热传质性能下降以及提高物理吸附剂的吸附性能，将具有高导热性能且具有多孔结构的材料添加到吸附剂中制备成复合型吸附剂，通常由金属氯化物与硅胶、膨胀石墨、活性炭纤维、活性炭等组成。采用此种方法，研究者制备了各种复合吸附剂，对复合吸附剂材料本身的性能以及其应用于吸附制冷系统的性能进行了研究。

2. 优化吸附制冷发生器的结构和吸附/集热床结构

以太阳热能驱动的吸附制冷空调系统，解吸阶段所需的热量由太阳能吸附/集热床收集，因此，通过优化吸附床的结构来提高吸附床的传热传质是提高吸附制冷效率的有效途径。

为了优化吸附制冷系统中的核心部件吸附/集热床的传热性能，提高其传质性能，降低吸附剂、换热器材料及与驱动热源之间的热阻非常重要。目前所研究的太阳能吸附床大都采用翅片或类似翅片的结构增加吸附传热器与吸附剂间的接触面积，减小热阻，包括板翅式吸附床、螺旋板吸附床、翅片管吸附床、带翅片的壳管式吸附床等。另外，为了减少吸附剂颗粒与吸附床壁之间的接触热阻，将导热性能良好的材料涂在吸附管外壁上，形成热交换涂层；用热管促进热交换等方式来减小上述热阻。

3. 系统循环方式

根据吸附制冷的工作原理，可以将吸附制冷循环分为间歇循环和连续循环。基本循环是基于单个吸附床的间歇循环，基本循环的效率较低，且不能实现连续的冷量输出。为了克服基本循环的间歇性，提高吸附制冷系统热、质的利用效率，采用多床循环的方式，将回热回质技术与吸附制冷相结合，可减少系统的能量输入，缩短循环周期，增大制冷量，从而提高能源利用效率。太阳能吸附制冷循环方式，除前述基本循环以外，还有连续回热循环、对流热波循环、多级复叠循环等循环方式。

(1) 连续回热循环是在两个吸附床之间交替运行时，将正在进行吸附的吸附床的部分吸附质回流到另一台正在进行解吸的吸附床，既利用了部分吸附质的显热和吸附热，节省了能量输入，又加速了解吸和吸附的进行，缩短了循环周期。

(2) 对流热波循环是一种利用吸附床内强制对流来改善吸附床传热传质性能的循环方式，即利用制冷剂气体和吸附剂之间的强制对流，使用循环泵将制冷剂蒸气直接加热、冷却吸附剂而获得较高的热流密度，在较短的时间内可将吸附床加热或冷却到预定温度，加快吸附/解吸过程，提高循环效率。

(3) 多级复叠循环利用工作在不同温度范围内的循环来提高吸附热的利用率，如以沸石-水为工质对的高温循环来驱动以活性炭-甲醇为工质对的低温循环，多级复叠循环可较大幅度地提高系统效率。

4. 太阳能吸附空调制冷机应用

吸附制冷机自 1960 年左右开始研制，但是直到 20 世纪 80 年代中期，由法国布里索罗劳茨船用设备有限公司(Brissonneau & Lotz Marine)生产的第一台商用太阳吸附制冰机才出现，如图 1-2[9]所示。美国 HIJC 公司(Hijc USA Inc.)也成功研制了用于生产 3℃冷水的吸附制冷机，该制冷机由 60～90℃的热源驱动，能够产生 150.15kW 的制冷量，性能系数(coefficient of performance，COP)达 0.7。日本 Nischiyodo Kuchouki 公司生产的硅胶吸附制冷机，在热源为 85℃的情况下运行，其制冷能量为 12.63kW，COP 为 0.4。这些样机基本上都采用双床循环方式[10]。

图 1-2　法国 BLM 公司生产的商用太阳吸附制冰机[9]

冷热电联产系统的商用机组首次安装在德国 Kammenz 的 Malteser 医院，该吸附制冷机的制冷功率为 105kW，使用燃料电池和太阳热能混合动力系统。2001 年，Saha 等构建了一个两级吸附制冷机，其 COP 约为 0.36，驱动热源温度为 55℃[11]。2005 年，上海交通大学的刘艳玲、王如竹等开发了一种配有双吸附器、双冷凝器和双蒸发器的新型硅胶-水吸附制冷机。后续的研究者对此系统进行进一步改进后，成功研制了一个由 3 个真空室组成的冷却器，该系统获得了 6kW 的制冷功率，COP 为 0.37[12]。日本的 Macom 公司研制了硅胶吸附制冷冷水机组，该机组由 75℃的热源驱动，用于生产 14℃的冷水[10]。在此之后，上海交通大学的 Chen 等设计并研制了无阀的紧凑硅胶-水吸附制冷机，其 COP 和制冷功率分别为 0.51kW 和 10.76kW。2011 年，上海交通大学的陆紫生等成功研制了一种新型的带有制冷剂自平衡装置的硅胶-水吸附制冷机组(图 1-3)，在驱动热水温度为 55℃时运行良好[12]。应用硅胶-水吸附空调系统的上海市建筑科学研究院生态建筑示范楼如图 1-4 所示。

图 1-3　上海交通大学研制的硅胶-水吸附制冷机组

图 1-4　上海市建筑科学研究院生态建筑示范楼(使用硅胶-水吸附空调系统)

上海交通大学制冷与低温工程研究所的研究团队对于吸附制冷的研究一直处于国际前列。王如竹教授于 2001 年出版的《吸附式制冷》一书对吸附制冷的理论知识以及 2001 年之前在吸附制冷研究方面所做的工作做了详尽的阐述，推动了吸附制冷技术的长足发展。

目前，经过国内外学者多年的努力，太阳能吸附制冷系统在运行效率、制冷功率等方面获得了改进和发展。但初期投资成本高、制冷效率低、系统运行不够稳定等诸多不利因素依然存在。太阳能吸附制冷仍处于实验测试、产品中试及小规模利用阶段，离规模化推广应用还有一段距离。

1.4.2　太阳能吸收制冷空调

太阳能吸收制冷是利用吸收溶液与液态制冷剂的溶液浓度变化来获取冷量。与太阳能吸附制冷系统相比，太阳能吸收制冷技术发展较为成熟，并在一定程度上得到了推广应用。

从所使用的工质对角度看，应用较为广泛的有溴化锂-水($LiBr\text{-}H_2O$)和氨-水($NH_3\text{-}H_2O$)，其中溴化锂-水由于 COP 高、对热源温度要求相对较低、没有毒性和对环境友好，占据了当今研究与应用的主流地位。从吸收制冷循环角度看，有单效、双效、两级、三效，以及单效/两级等复合式循环。假设 3 种循环的溴化锂吸收制冷机具有相同的结构尺寸以及相同的运行条件(冷却水进口温度为 30℃，冷媒水出口温度为 7℃)，溴化锂-水吸收制冷机不同循环方式的 COP 与热源温度的函数关系如图 1-5 所示。

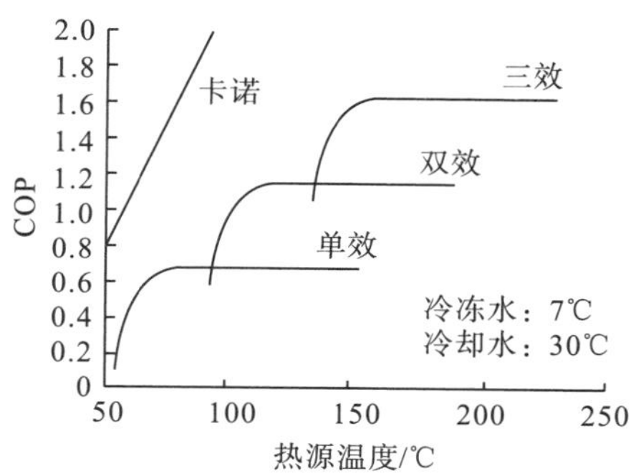

图 1-5　卡诺、单效、双效、三效制冷机 COP 与热源温度关系图

根据图 1-5 可以看出，每一种吸收制冷机都有一个最低的热源温度，若热源温度低于该最低温度，则其 COP 将迅速下降，甚至导致制冷机无法运行。表 1-3 中为单效、双效、三效太阳能溴化锂吸收式系统比较。可以看出，为了提高吸收制冷机的 COP，必须相应提高发生器的热源温度，采用双效或三效吸收式系统的制冷机的 COP 可以得到提高，需要的集热面积也相应地减少。但是太阳能吸收制冷系统中太阳能集热器占有较大的成本比重，产生高温的聚焦型集热器的成本相对于平板集热器或真空管集热器要高出很多。因此，降低高温型太阳能聚光集热器的成本成为使用高 COP 吸收式制冷机组的优选方案之一。

表 1-3　单效、双效、三效太阳能溴化锂吸收式系统比较

类型	COP	热源温度/℃	集热器类型	所需加热功率/kW	所需集热器面积/m^2
单效	0.70	85	平板或真空管	1.43	7.48
双效	1.20	130	真空管/PTC	0.83	5.07
三效	1.70	220	聚光型	0.59	4.49

目前，太阳能吸收制冷系统大多采用单效 LiBr-H_2O 吸收制冷机组，其结构简单、对热源要求相对较低，且可与采用普通平板集热器或真空管集热器供能模式相匹配。单效 LiBr-H_2O 吸收制冷机组系统的制冷效率普遍为 0.2～0.3。双效或多效 LiBr-H_2O 吸收制冷系统供能效率较高(双效系统效率约为 0.6)，但对运行热源的温度、稳定性及持续性要求较高，由于对供给热源温度要求较高，与之匹配的太阳能集热系统须采用聚光方式，系统投资与运行维护成本也会升高。

国外对太阳能集热驱动吸收空调机组的研究较多且较早，大多采用实验、模拟或者两者相结合的方法，系统主要选用溴化锂吸收空调机组，对系统进行性能特性分析以及系统优化设计研究，这些研究工作的开展对太阳能吸收制冷空调的规模化应用起到一定的指导作用。表 1-4 列出了国内外太阳能溴化锂吸收制冷系统的研究现状以及各系统的 COP。

表 1-4　国内外太阳能溴化锂吸收制冷系统的研究现状[13]

时间	研究者	研究内容	参数	研究方法	备注
1987	Bong 等	单效热水型太阳能空调性能研究	集热面积为 $32m^2$，制冷量为 7kW	实验	系统制冷效率为 0.2～0.25
1991	Al-Karaghou 等	夏季太阳能研究中心建筑热工性能评价	集热面积为 $1577m^2$，制冷机功率为 211kW，水箱体积为 $15m^3$	实验	—
1992	Yeung 等	单效太阳能空调系统性能	集热面积为 $38.2m^2$，制冷量为 4.7kW	实验	年平均制冷效率为 0.078
1993	Tsilingiris	家用单效太阳能空调系统理论模拟	集热面积为 $50m^2$，制冷量为 7kW，水箱体积为 $1m^3$	模拟	驱动能源经济性优化设计
1995	Hewett	双效热水型太阳能吸收制冷的应用	集热面积为 $1245m^2$，制冷量为 560kW	实验	—
1997	Ghaddar 等	单效太阳能吸收制冷系统性能的建模与仿真	最小集热面积为 $23.3m^2$，制冷量为 10.5kW	模拟	制冷效率为 0.45
1998	Meza 等	单效太阳能辅助空调系统的应用实验评估	集热器面积为 $113m^2$，制冷机功率为 35.17kW	实验	—
1999	Best 等	单效太阳能制冷系统的研究	集热面积为 $316m^2$，制冷量为 90kW	实验	经济实用性分析
2001	Li 等	应用分层水箱的单效太阳能空调系统的实验研究	集热面积为 $38m^2$，制冷量为 4.7kW	模拟	将储热水箱分为两个
2002	Florides 等	全年供热制冷的单效吸收太阳能系统的建模与仿真	集热面积为 $15m^2$	模拟	最佳驱动温度 87℃
2004	Duff 等	复合抛物面集热器与双效热水型太阳能吸收制冷机组的性能研究	集热面积为 $106.5m^2$，热源温度为 150℃，制冷量为 70kW	实验	集热效率为 0.5～0.6，机组制冷效率为 1.1
2005	Assilzadeh 等	真空管集热器驱动的单效太阳能溴化锂吸收制冷系统的模拟与优化	最优集热面积为 $35m^2$，制冷量为 3.5kW	模拟	真空管倾角为 20°
2005	Syed 等	单效太阳能制冷系统的新型实验研究	集热面积为 $50m^2$，制冷量为 35.17kW	实验	—
2005	Lokurlu 等	槽式聚光集热器驱动双效蒸汽型吸收制冷系统的研究	集热面积为 $180m^2$，制冷量为 110kW	实验	—
2007	Perez	空冷吸收器的传热传质效果和单效热水型太阳能制冷	集热面积为 $56m^2$，制冷量为 12.3kW	实验	—
2007	Ardehali 等	太阳能吸收制冷系统能耗模拟和晴空指数对辅助热源使用率的影响	集热面积为 $1000m^2$	模拟	提供系统 70%的热量
2008	Zambrano 等	单效太阳能制冷装置的模型验证	集热面积为 $150m^2$，制冷量为 35.17kW	实验	系统效率为 0.23～0.29
2008	Mazloumi 等	抛物槽式聚光集热驱动单效热水型太阳能溴化锂吸收制冷系统的模拟研究	集热面积为 $57.6m^2$，制冷量为 17.5kW	模拟	系统在 7 月运行
2008	Pongtornkulpanich 等	投入运行的太阳能单效溴化锂吸收制冷系统研究	集热面积为 $72m^2$，制冷量为 35.17kW	实验	—
2008	Ahmed Hamza 等	太阳能驱动单效热水型溴化锂吸收制冷机组的性能评	集热面积为 $108m^2$，制冷量为 35.17kW	实验	集热效率为 0.352～0.490，

续表

时间	研究者	研究内容	参数	研究方法	备注
		估			制冷效率为 0.37～0.81
2010	Qu 等	抛物槽式聚光集热驱动热水型双效吸收制冷系统实验以及模拟研究	集热面积为 52m^2，制冷量为 16kW	实验模拟	提供系统 39%的冷量
2010	Calise 等	太阳能单效吸收制冷供暖系统在三种不同工况下的瞬态分析与能耗模拟优化	—	模拟研究	系统效率为 0.287～0.366
2010	Tsoutsos 等	太阳能制冷系统的优化设计	集热面积为 500m^2，制冷量为 70kW	模拟	系统匹配研究
2011	Monne 等	太阳能溴化锂吸收制冷系统稳态分析	平板集热面积为 37.5m^2，制冷量为 4.5kW	实验模拟	制冷效率为 0.46～0.6（制冷机组）
2012	Yin 等[14]	小型太阳能吸收制冷系统设计与性能分析	真空管集热面积为 96m^2，制冷量为 8kW	实验	制冷效率为 0.31
2013	Ketjoy 等[15]	研究与评估系统性能	热管真空管集热面积为 72m^2，制冷量为 35kW	实验	平均 COP 为 0.33，最大值和最小值分别为 0.50 和 0.17
2014	Li 等[16]	空冷太阳能双效 LiBr-H_2O 吸收冷却系统性能	集热面积为 27m^2，倾斜角为 20°，蒸发器温度为 5℃，制冷量为 20kW	模拟	年总效率为 0.418～0.456，单位面积集热制冷量为 61.42～66.51W/m^2
2015	Sun 等[17]	太阳能+燃气混合制冷机组全年运行情况	真空集热面积为 1020m^2，太阳能制冷功率为 320kW（占总冷量的 25%）	实验	平均 COP 为 0.95～1.06
2016	Montenon 等[18]	双效制冷机性能研究	线性菲涅耳集热面积为 484m^2，制冷量为 23kW	实验	每千瓦制冷量的占地面积为 14m^2
2017	Chen 等[19]	单效风冷制冷机性能研究	真空管集热面积为 40m^2，制冷量为 6kW	实验模拟	整个制冷季节平均 COP 为 0.61
2018	Lubis 等[20]	单、双效吸收制冷机，通过控制内部参数，最大限度地提高 COP	冷水机组使用太阳能和天然气两种能源，方式取决于具体条件	实验模拟	满负荷时系统 COP 为 1.55，60%负荷时系统 COP 为 2.42
2019	Zheng 等[21]	PTC 和双效吸收制冷机驱动的太阳能冷热一体化系统的数学建模与性能分析	额定制冷量为 1550kW	实验模拟	COP 为 1.4
2020	Ibrahim 等[22]	双效系统耦合吸收储能器的性能评估	系统包括吸收式制冷机、PTC 集热器和吸收式储能单元	模拟	机组平均 COP 为 1.35，系统总 COP 为 0.99

我国吸收制冷技术起源于 20 世纪 80 年代，现已建成多座太阳能空调示范系统。“九五”期间，在山东乳山采用 540m^2 全玻璃热管式真空管太阳能集热器，构建了一套 100kW 太阳能吸收空调系统。该系统测试结果表明，只利用太阳能驱动单效吸收式制冷机组的情况下，系统 COP 变化范围为 0.5～0.71。但整体发展水平与发达国家还有一段距离。我国另一座大型实用型太阳能空调系统在广东江门建成投入使用。系统采用 500m^2 高效平板太阳能集热器和 100kW 两级吸收制冷机。系统的一个重要特点是对驱动热源温度要求低，只需要 65～75℃，适应温度范围广，在 60℃的情况下仍能以较高的制冷能力稳定运行；另一个特点是热源的可利用温差大，达 12～17℃，有利于提高集热器的效率和系统的太

阳能利用效率，但系统的 COP 较低。

在第 4 章将探索以太阳能槽式聚光集热系统为驱动热源的太阳能单效溴化锂吸收制冷空调系统，旨在对太阳能进行综合利用，达到夏季制冷、冬季供暖、春秋季产生热水的目的，以提高太阳能的利用效率，推动太阳能吸收空调系统的推广应用。对于太阳能光伏制冷与空调的研究现状及特点，将在第 5 章概述部分详细给出，在此不再赘述。

1.5 太阳能制冷空调应用的瓶颈与突破途径

经国内外研究者和制冷空调企业工作者多年的持续研究和尝试，太阳能制冷空调在产品结构、系统运行效率和制冷性能等方面不断获得改进和发展，并且在一定程度上得到了推广使用，但以电力驱动的压缩制冷机目前仍是制冷空调的主流。究其原因，一方面是由于太阳能的间歇性以及供能的不稳定性导致驱动能源的间歇性和不稳定性，阻碍了太阳能制冷的规模化应用；另一方面是由于技术成熟的传统的蒸汽压缩制冷系统具有较高的制冷效率及系统运行可靠性和稳定性，使其仍具有较为明显的优势。

太阳能光热制冷是利用太阳能集热系统产生的热源驱动制冷剂气化、冷凝，然后流入蒸发器内吸热制冷，太阳能集热以及其他辅助热源充当了普通蒸汽压缩制冷系统中压缩机的功能。从长远来看，克服太阳能能流不稳定、密度低的缺点，积极发展太阳能高效集热技术，开发太阳能冷热电联产是未来的研发重点，实现高效化、低成本化、规模化及与建筑一体化结合是实现太阳能空调产业化发展的关键所在。此外，由于蒸汽压缩制冷系统具有较高的制冷效率，随着光伏组件价格的降低，采用光伏组件将太阳能转换为高品位电能直接驱动蒸汽压缩制冷系统（太阳能光伏制冷）成为太阳能制冷较具潜力的发展模式之一。

基于本章中对太阳能制冷技术途径的介绍和太阳能制冷空调研究进展的概述，可从以下几个方面加以研究和强化，突破目前太阳能制冷技术的瓶颈，以促进太阳能驱动的制冷空调系统得到产业化的推广和使用。

(1) 对于太阳能光热制冷而言，需要有效提升太阳能制冷空调系统所使用的工质对等材料本身的传热传质等方面的性能，以及系统各部件的优化设计与匹配，弥补系统效率偏低和投资回收期较长的缺陷。

(2) 由于太阳辐射的间歇性和不稳定性，不可避免地影响太阳能制冷系统的性能，积极研究开发多能方式互补或与制冷储能相结合的制冷系统，以实现制冷的连续性和稳定性。

(3) 将太阳能集热系统或分布式光伏发电与不同类型的建筑有机结合，开展太阳能采暖、太阳能热水、太阳能制冷空调、太阳能照明等方面的综合利用，实现太阳能与建筑节能综合利用一体化。

(4) 为实现太阳能光热制冷规模化利用，提高太阳能集热器光热利用转化效率，研制高性能、低成本的集热设备，简化复杂的太阳能集热和热源驱动系统结构，进一步提高系统操作的可靠性及改善系统运行的稳定性。与此同时，提升太阳能光热集热器热源温度的同时，必须兼顾集热系统的稳定运行、成本适中等问题。

(5) 随着太阳能光伏发电成本的大幅降低，将太阳能光伏与传统电制冷系统有机结合，是太阳能制冷的另一条有效途径。通过储能、并网、多能源互补系统的融合，可对太阳能制冷的模式多样化及实用化进行更深入的研究。

如今，随着对太阳能开发利用规模化程度的不断提高，利用太阳热能的产品，如热水器和太阳电池板等已经获得较大规模的生产和使用。在过去的几十年里，真空管太阳能集热器在大众市场占有主导地位，太阳能热水系统的发展进入了千家万户。全球太阳能热容量迅速增长，现在已被广泛应用于人们的生产或生活。太阳能制冷空调目前尚不能像热水器一样广泛应用于人们的生产或生活，但是随着研究的深入以及技术瓶颈的突破，这种绿色制冷技术同样展示了光明的应用前景。同样，太阳能光伏发电与电制冷系统结合，可以将太阳能制冷的推广应用进一步提高。通过多种制冷方式相结合，或与其他热源联合驱动，太阳能制冷系统可在太阳能比较丰富而电能比较缺乏的地区广泛利用，同时可以缓解现在能源紧缺问题并有效改善人们的生活环境。

第 2 章　太阳能固体吸附制冷

2.1　概　　述

在对太阳能制冷相关内容有一定了解的基础上，在本章中，阐述太阳能吸附制冷的相关内容。首先是太阳能固体吸附制冷有关术语，其次是太阳能吸附式制冷的原理、太阳能吸附制冷系统的分类及系统性能评价。在此基础上以典型的平板太阳能吸附制冷系统的设计和性能研究为例，给出太阳能吸附制冷系统的设计要点以及系统性能研究与分析方法。此外，构建大管径翅片管太阳能吸附制冷系统，通过强化其传热传质性能，对太阳能吸附制冷系统的特性与性能进行改进研究。

2.2　太阳能固体吸附制冷有关术语

2.2.1　吸附剂

在吸附制冷系统循环过程中，制冷效应的实现伴随着吸附剂对附着于其孔隙中的制冷剂的吸附/解吸过程。因此，选择吸附剂时，必须兼顾到吸附剂本身的性能：高的吸附和解吸能力；低比热容；良好的传热性能；无毒、无腐蚀性；化学和物理性质与所采用的制冷剂兼容；价格较为低廉且可以大量提供。常选用具有多孔的固体物质作为吸附剂，其形状一般为颗粒。目前常用的吸附剂有活性炭、硅胶、氯化钙、活性纤维等。依据吸附剂与制冷剂之间结合力的不同，将吸附剂分为物理吸附剂和化学吸附剂。

2.2.2　复合吸附剂

物理吸附剂一般为非金属颗粒，传热性能较差；化学吸附剂多为金属盐，在循环过程中存在盐膨胀可能会降低传热性能、盐凝聚降低传质的问题。为了避免吸附制冷循环过程中化学吸附剂膨胀和结块造成传热传质性能下降以及提高物理吸附剂的吸附性能，将具有高导热性能且具有多孔结构的材料添加到化学吸附剂中制备成复合吸附剂，通常由金属氯化物与硅胶、膨胀石墨、活性炭纤维、活性炭等组成。具有优良传热特性的复合吸附剂的研制已取得一定进展。

2.2.3 制冷剂

在吸附制冷系统循环过程中，制冷效应的实现是由制冷剂发生液-气相变，释放相变潜热产生的。因此，制冷剂应具有较大的汽化潜热和热导率、良好的热稳定性、较低的黏度和比热容、无毒、无污染、无可燃性、无腐蚀性；在操作压力和温度范围内不会形成固相。目前常用到的制冷剂有甲醇、水、氨等。水作为制冷剂的缺点是吸附量较低，且不能产生 0℃以下的温度，因此仅适用于空调。

2.2.4 吸附制冷工质对

在吸附制冷系统中，吸附剂-制冷剂被称为吸附制冷工质对，目前吸附制冷系统中所使用的工质对可归为物理吸附工质对、化学吸附工质对和复合吸附工质对 3 类，其吸附过程可分为物理吸附和化学吸附。物理吸附是由吸附剂和制冷剂分子之间的范德瓦耳斯力引起的，在系统循环过程中吸附制冷工质对的化学成分无显著变化，而在化学吸附的反应过程中，吸附剂和吸附剂之间通过共用电子形成了较强的化学键。产生的价力比物理吸附过程中的范德瓦耳斯力相互作用更强，因此化学吸附比物理吸附产生更高的吸附热和解吸热。

目前，吸附制冷系统中常使用的工质对有活性炭-甲醇、分子筛-水、分子筛-氨、硅胶-水、活性炭-氨、活性炭纤维-甲醇、氯化钙-氨、氯化锶-氨等。活性炭-甲醇、硅胶-水、沸石-水等属于物理吸附工质对，它们可以在较低的解吸温度下解吸，因此更适宜在太阳能吸附制冷系统中使用。活性炭-氨、氯化钙-氨等工质对属于化学吸附，更适合于高温废热利用，在系统循环过程中具有更高的 COP(coefficient of performance，系统效率)和比制冷功率。

吸附制冷工质对的选择是吸附制冷系统的一个重要方面，对系统的制冷性能起着至关重要的作用。工质对的选择取决于它们的化学、物理和热力学性质，以及它们的有效性和成本。理想的吸附制冷工质对应该具备吸附容量大，具有良好的导热性和扩散性，且热稳定性好，制冷剂汽化潜热大，无毒、无污染、不可燃等特性。实际应用中，完全符合上述条件的理想的工质对很难找到，需根据热源温度、吸附制冷系统的运行特性、工质对成分的性质以及成本、环境影响等方面综合考虑，选择吸附制冷系统所适用的工质对。

2.2.5 吸附率

在吸附制冷系统循环过程中，吸附于单位质量的吸附剂孔隙中的制冷剂的质量称为吸附率，单位为 kg/kg。吸附率是吸附剂性能的重要特性之一，对系统的传质性能和制冷性能都起着至关重要的作用。

对采用不同的工质对的吸附制冷系统，描述吸附剂对制冷剂的吸附量有不同的方程，以采用活性炭-甲醇作为工质对的吸附制冷系统为例，描述活性炭对甲醇的吸附量常采用建立在物理吸附势理论基础上的Dubinin-Astakhov方程(D-A方程)，其表达式为

$$X = x_0 \exp\left(-K\left(\frac{T}{T_s}-1\right)^n\right) \tag{2-1}$$

式中，X为吸附率，即吸附于单位质量的吸附剂孔隙中的制冷剂的质量，kg/kg；x_0为极限吸附率；K为吸附剂材料的结构常量；T_s为饱和制冷剂温度，K；T为吸附剂温度，对于恒温解吸吸附制冷系统，可视为热源温度，K；n为工质对的特征参数。

2.2.6 吸附/集热床

太阳能吸附制冷系统中的吸附/集热床利用太阳能集热设备，将所收集的太阳热能转换成提供吸附制冷系统解吸过程中所需的热量。依据吸附制冷系统集热/吸附床的不同的集热方式，可分为平板吸附床、管式(真空管/冷管)吸附床、与聚焦器相结合的吸附床等。

吸附制冷系统中吸附床类似于蒸汽压缩制冷机中的压缩机，是系统中的核心部件，很大程度上决定了系统的性能。因此，对吸附/集热床的设计也成为系统设计及研究的核心内容，很多的研究工作都是针对吸附床的设计和性能开展的。

基于吸附制冷的基本原理和吸附制冷系统设计要求，吸附/集热床设计应满足：传热效率高、传质迅速且吸附床金属与吸附剂之间较低的热容比。但是，这三点是相互制约的，例如，装填于吸附床中的吸附剂一般为多孔颗粒，其传热性能很差，因此为了改善其传热性能，可以在吸附剂颗粒中添加金属，这样提高了吸附床的传热性能，但会给系统的传质性能造成阻碍。目前对太阳能吸附制冷系统所做的研究，吸附/集热床常采用增加翅片或类似肋片的结构来增加传热面积，以减小热阻，提高系统性能。另外，为了减少吸附剂颗粒与吸附床管壁之间的接触热阻，将导热性能良好的材料涂在吸附管外壁上，形成热交换涂层。

2.2.7 冷凝器

对于吸附制冷系统，冷凝器的作用是将吸附/集热床受热解吸出来的制冷剂蒸气通过与冷凝器换热，冷凝为液体，因此，冷凝器的设计着重考虑所需承担的冷凝负荷以及所处的环境条件。依据冷凝器的不同形式，分为水冷和风冷。

2.2.8 蒸发器

在吸附制冷系统中，蒸发器的主要作用是将经冷凝器冷凝为液态的制冷剂储存于其内。另外，制冷剂在蒸发器中蒸发为气态，产生冷量，实现制冷效应。因此，蒸发器需要满足两个条件：一是容积符合吸附制冷系统所解吸出的经冷凝器冷凝为液态制冷剂的储存要求；二是尽量增大蒸发器与冷媒流体的热交换表面积。

2.2.9 吸附制冷循环

吸附制冷系统完成一次解吸过程和吸附过程称为经历了一个吸附制冷循环。根据吸附制冷的工作原理，可以将吸附制冷循环分为间歇循环和连续循环。基本循环是基于单个吸附床的间歇循环，基本循环不能实现连续的冷量输出。因此，为了提高吸附制冷系统的热量、制冷工质的利用效率，采用多床循环的方式，将回热回质技术与吸附制冷相结合。多床连续吸附制冷循环有双床回热循环、回质循环、回热回质循环、热波循环等。

2.3 太阳能固体吸附制冷原理

吸附现象是基于物理或化学反应的多孔的固体(吸附剂)与流体(制冷剂)之间的相互作用的结果。物理吸附的发生源于制冷剂分子在范德瓦耳斯力的作用下被吸附于多孔的吸附剂的表面，从而形成制冷剂在吸附剂的孔隙中积聚的现象。吸附及其逆向过程(解吸过程)的发生伴随着制冷剂的相变以及能量的吸收与释放。通过加热，吸附于吸附剂多孔中的制冷剂分子由于克服了范德瓦耳斯力对其的束缚而解吸/解吸出来；由于温度和压力的降低，制冷剂会被重新吸附于吸附剂的孔隙中。化学吸附是由被吸附分子和固体物质之间形成的离子或共价键产生的，由此产生的结合力远大于产生物理吸附的范德瓦耳斯力，因而，化学吸附循环过程中伴随着更多的热量的吸收和释放，但更不容易逆转。同样，化学吸附过程也是可逆的。

吸附制冷系统主要由 3 个主部件及辅助部件组成，依据各主要部件在系统循环中的作用而命名，分别是吸附/集热床(吸附/解吸过程发生器)、冷凝器(将解吸出来的制冷剂气体冷凝为液体)、蒸发器(制冷剂释放相变潜热，蒸发制冷)，以及储液器、阀门、传质通道等辅助部件。以太阳能冰箱为原型的固体吸附制冷装置如图 2-1 所示，在整个循环过程中，伴随着如图 2-2 所示的 7 种热量的吸收或释放，该制冷装置的工作过程如下。

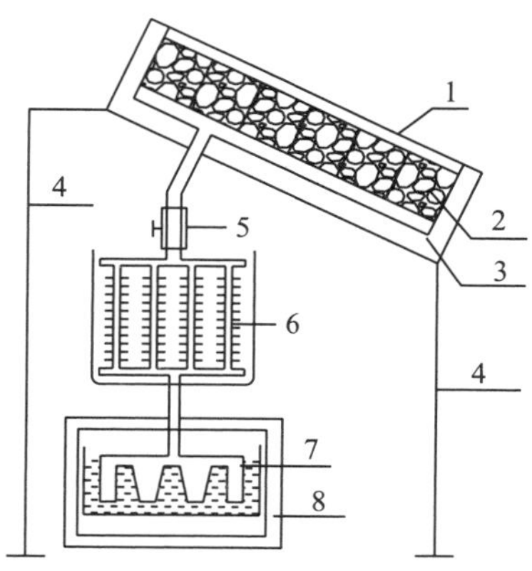

图 2-1　太阳能吸附制冷机工作简图

1-玻璃盖板；2-吸附剂；3-保温层；4-支架；5-阀门；6-冷凝器；7-蒸发器；8-保温箱

(1) 循环从早上开始，此时阀门处于关闭状态，吸附剂处于温度 T_{a2} (吸附温度) 和低压

P_e (蒸发压力)状态，循环从点 1 开始(图 2-2 中点 1)，此时吸附于吸附剂上的制冷剂的量处于其最大量 X_{max}。随着热量 Q_h 被吸附床吸收，温度和压力均沿着等容线 1→2 增大(相当于蒸汽压缩循环中的压缩阶段)，在此过程中，吸附于吸附剂上的制冷剂的量保持恒定。

(2) 随着加热的进行，当达到冷凝压力 P_c 时(图 2-2 中点 2)，解吸过程开始，打开阀门，吸附剂从点 2 到点 3(相当于蒸汽压缩循环中的冷凝阶段)逐步加热(Q_g)，使得制冷剂气体摆脱范德瓦耳斯力的束缚，从而得以从吸附剂颗粒的孔隙中脱离为游离态的制冷剂蒸气，经过与冷凝器换热后，制冷剂由气态冷凝为液态(在冷凝温度 T_c 下，释放出冷凝热 Q_c)，储存于储液器中。当吸附剂达到其最大再生温度 T_{g2}，吸附于吸附剂中的制冷剂的量减少到最小值 X_{min} (图 2-2 中点 3)时，该过程结束。

(3) 解吸过程结束后，关闭阀门，此时已是傍晚，吸附床随太阳日照的消失沿着等容线 3→4 冷却(相当于蒸汽压缩循环中的膨胀阶段)，冷凝为液态的制冷剂流入蒸发器，系统压力降低，直到达到蒸发器压力 P_e，与制冷剂由液态蒸发为气态的气化压力(图 2-2 中点 4)相等。在此过程中，吸附剂中所吸附的制冷剂的量恒定在最小值。

打开阀门，蒸发器中的冷凝液体因压强骤减而沸腾，从而开始吸附-蒸发过程(4→1，相当于蒸汽压缩循环中的蒸发阶段)，制冷剂在蒸发温度 T_e 下产生制冷效应，产生制冷量 Q_{eva}，蒸发出来的气体进入吸附床被吸附，直到在点 1 处达到最大含量 X_{max}，该过程一直进行到第二天早晨。在该过程中，吸附剂释放显热和吸附热 Q_{ad}，冷却到吸附温度 T_{a2}。在此阶段结束时，阀门关闭并重新开始循环。

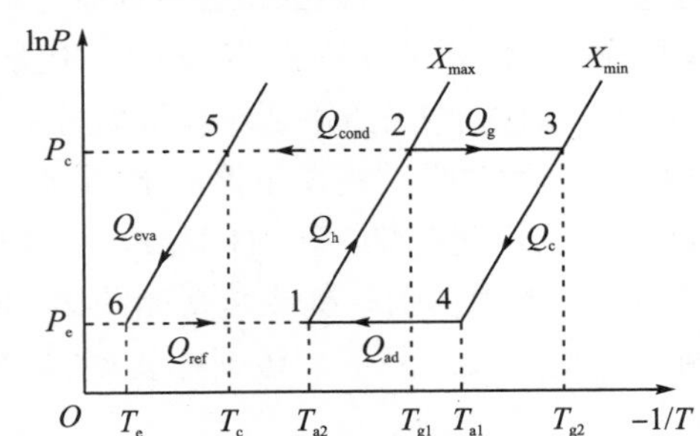

图 2-2　基本吸附制冷循环克劳修斯-克拉佩龙图

由以上系统循环过程可见，太阳能吸附制冷系统基本循环的制冷过程是间歇式的。系统运行时，白天为加热解吸过程，对应于图 2-2 中 1→2→3 阶段，夜间为吸附制冷过程，与 3→4→1 阶段相对应。

2.4　太阳能固体吸附制冷系统分类

以太阳热能驱动的吸附制冷系统，太阳能集热器是系统中重要的一部分，依据太阳能吸附制冷系统所采用的不同的集热器类型，太阳能吸附制冷系统可分为平板吸附制冷系统、真空管吸附制冷系统、聚焦型吸附制冷系统、太阳能冷管等。

吸附制冷系统的循环过程通过吸附剂对制冷剂的解吸与吸附过程，完成系统循环，实现制冷。太阳能吸附制冷系统中所采用的吸附制冷工质对有活性炭-甲醇、沸石-水、硅胶-水、活性炭-氨等。

根据吸附制冷的工作原理，将吸附制冷循环分为间歇循环和连续循环。为了解决单吸附床间歇吸附制冷循环制冷不连续性的问题，提高系统效率，使用多个床可以实现吸附和解吸交替循环，从而实现连续循环。但是两种循环都存在 COP 偏低的问题，主要是因为吸附床在冷热交替过程中温度波动较大。为了提高吸附制冷的 COP，相关文献中提出了各种先进的吸附制冷循环。其中包括热回收循环、液体工质回质循环和热波循环。

在几种先进的吸附制冷循环中，相关技术有热回收吸附制冷循环、液体工质回质吸附制冷循环、热波吸附制冷循环、对流热波吸附制冷循环、多级级联吸附制冷循环、混合动力系统等。

2.5　太阳能固体吸附制冷系统性能指标

对于以热源驱动的吸附制冷系统，衡量系统性能的主要指标有制冷效率和制冷功率。制冷效率指将驱动热源的热量产生冷量的能量转换效率；制冷功率是指单位质量的吸附剂产生的制冷量。

2.5.1　系统制冷效率

吸附制冷系统冷量是制冷剂由冷凝温度降低至蒸发温度，进而在蒸发压力下蒸发，产生制冷效应，即系统获得的冷量。系统获得的冷量与在解吸阶段所需要的驱动热源的热量之比，即系统制冷效率。

制冷剂在实现蒸发制冷的过程中，经历两个过程：首先，从冷凝温度 T_c 冷却到蒸发温度 T_e 时，放出显热；然后，在蒸发压力 P_e、蒸发温度 T_e 下发生由液体蒸发为气体的相变过程，释放出相变潜热。因此，在此过程中，制冷剂的热量变化由两部分组成。

其一，制冷剂从冷凝温度 T_c 下降到蒸发温度 T_e 时，放出显热 Q_{cc}，其值为

$$Q_{cc}=\int_{T_e}^{T_c}M_a\Delta XC_{prf}\mathrm{d}T \tag{2-2}$$

其二，制冷剂在蒸发压力、蒸发温度下发生由液体蒸发为气体的相变过程，产生的制冷量 Q_{eva} 的计算式为

$$Q_{eva}=\Delta XM_aL_e \tag{2-3}$$

式中，L_e 为制冷剂的气化潜热；ΔXM_a 为在整个加热过程中从吸附剂(活性炭)所解吸出来的制冷剂(甲醇)的量，即为制冷剂的循环量。

ΔX 可由下式计算得出：

$$\Delta X=X_{max}-X_{min} \tag{2-4}$$

式中，X_{max} 为解吸过程开始前，吸附于吸附剂中的制冷剂的量；X_{min} 为解吸过程结束后，吸附于吸附剂中的制冷剂的量。

因此，就整个系统循环过程，若仅考虑吸附床内部的循环，循环的COP_{cycle}为

$$COP_{cycle}=\frac{\int(Q_{eva}(t)-Q_{cc}(t))dt}{\int Q_{g}(t)dt} \tag{2-5}$$

若以整个太阳能系统的能量转换效率作为系统循环性能参数，则系统COP_{solar}为

$$COP_{solar}=\frac{\int(Q_{eva}(t)-Q_{cc}(t))dt}{\int I(t)dt} \tag{2-6}$$

式中，$I(t)$为太阳辐射强度；$\int I(t)dt$为吸附/集热床所接收的太阳能辐射能量的累计值，可用太阳能辐射测试仪来测量。

2.5.2 系统制冷功率

对于吸附制冷系统，系统的比制冷功率(specific cooling power，SCP)以单位时间单位质量的吸附剂的制冷量来衡量，则系统比制冷功率的表达式为

$$SCP=\frac{Q_{eva}-Q_{cc}}{t_{cycle}M_{a}} \tag{2-7}$$

式中，Q_{eva}为制冷剂在蒸发压力、蒸发温度下由液体蒸发为气体的相变过程中产生的制冷量；Q_{cc}为制冷剂从冷凝温度T_c下降到蒸发温度T_e时，放出的显热；t_{cycle}为系统的循环周期；M_a为系统中吸附床内装填的活性炭的质量。

2.6 平板式太阳能固体吸附制冰机实物设计

太阳能固体吸附制冰机的最大特点是以太阳能驱动的吸附床代替蒸汽压缩制冷系统中的压缩机，因此，系统装置的设计除常规的制冷系统中所含有的各子部件冷凝器、蒸发器、节流阀等器件外，主要是考虑起核心作用的吸附床的设计以及各部件之间的匹配。因而整个系统的设计主要是吸附床、冷凝器、蒸发器、节流阀器件的设计，并辅之相应的连接管道及实验系统所需的压力仪表、真空阀门等部件。在各子部件设计的基础上，可设计出如图2-3所示的系统装置结构，现对该系统的工作过程阐述如下。

早晨，太阳升起，太阳光辐射到吸附床1上，吸附床1接收辐射能量后使吸附床内的吸附剂(活性炭或沸石等)温度升高，当吸附床内的制冷剂蒸发压力从P_e达到冷凝器对应的冷凝压力P_c时，打开真空阀门25，制冷剂蒸汽在冷凝器16中凝结成液体，通过自身液重进入储液器19中后，再通过毛细管节流阀20降压后进入蒸发器13中。这个过程一直持续到傍晚太阳日照辐射消失。当太阳日照辐射消失后，为使吸附床能尽快地冷却，打开吸附床风门3，让外界冷风直接与吸附床的表面相接触以加快冷却速度，此时吸附床内的吸附剂及制冷剂被冷却，从而使吸附制冷剂压力降低，午夜，当被冷却吸附床内的制冷剂蒸汽压降到蒸发器所对应的蒸发压力P_e时，打开真空阀门11、8，吸附床内的吸附剂将吸

附蒸发器内的制冷剂，蒸发器内的制冷剂由于受到吸附剂的吸附作用而沸腾，从而开始蒸发制冷的过程，并对外界输出冷量，该过程一直进行到第二天早晨。由于冰箱 22 内带冷冻液蓄冷块，可使冰箱在白天长时间保持制冷效果。从以上循环的工作过程可知，系统工作在间歇循环的状态，白天需要接收太阳辐射能解吸制冷剂，但夜晚必须将吸附床的显热以及吸附过程中的吸附热有效地散发出去，从而使吸附剂吸附制冷剂而产生蒸发制冷效果。这一特点正好迎合了太阳日照辐射的特点，故只要系统各子部件之间设计合理，就能使吸附制冷系统在夜间产生制冷效果，且蓄冷装置可在用户需要之时向其提供冷量。

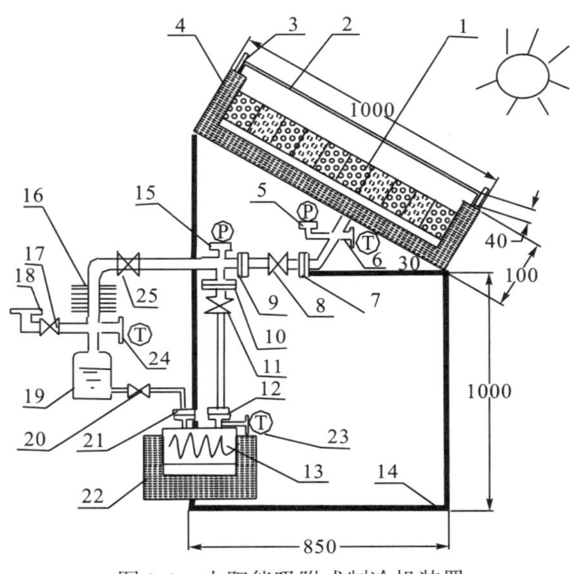

图 2-3　太阳能吸附式制冷机装置

1—吸附床；2—玻璃盖板；3—吸附床风门；4—保温材料；5、15—压力表；6、23、24—温度传感器；7、9、10、12、21—法兰；8、11、17、20、25—真空阀门；13—蒸发器；14—支架；16—冷凝器；18—制冷剂输入管；19—储液器；22—冰箱

2.6.1　吸附床的设计

吸附床性能的好坏直接决定了吸附制冷系统能否正常运行，因此，系统设计时主要是考虑起核心作用的吸附床的设计以及与各部件之间的匹配。吸附床通常由吸附剂(如活性炭、沸石分子筛)填充在一定形状的金属壳体内所构成，其性能主要由传热传质特性所决定，即要求吸附床在吸附制冷系统循环的加热解吸过程中能尽快地将外界加给系统的能量传递给吸附床内的吸附剂，使制冷剂解吸出来；同时，在冷却吸附过程中应使吸附床尽快将其吸附热释放出来以便使吸附剂吸附制冷剂而产生蒸发制冷效果，因而吸附床性能的优化与提高吸附床的传热传质性能密切相关。

在太阳能吸附制冷循环中，集热器是太阳能吸附制冷系统的热驱动源，它接收太阳辐射的能量加热吸附床，因而集热器的性能对吸附床的加热效果起着决定作用。为尽量提高低品位太阳能的利用率，集热器与吸附床通常是做成一体的，这样的好处是在太阳日照辐射的时间内尽可能高地提升吸附床的解吸温度，但同时也带来了夜间要尽可能地降低吸附床的温度以便使吸附剂吸附制冷剂而产生蒸发制冷的困难。为使吸附床具有较好的传热特性，在吸热板表面增加传热肋片，这样集热板收集的太阳辐射能通过集热板表面和传热肋片加热吸附剂，同时由于传热肋片的引入，增强了上下表面的承压能力，并改进了传热效果。为解决散热问题，在玻璃盖板与吸附床之间增设栅窗，以便在夜晚让外界冷空气直接冷却集热器带走吸附床的热量。前期在研制的太阳能热水器-冰箱复合机系统中采用管状并联的吸附床结构并取得了较好的实验数据，为对太阳能吸附制冷系统进行较为全面的研究并进行比较，本节内容选择平板式太阳能集热器来进行研究。吸附床加工好后，为使所设计的系统能在真空状态下长期运行，在吸附床做好后必须通过严格的抽真空检漏，在经过一段时间的观测确保吸附床不漏后方可将吸附器组装在外边框架上并在吸附床的底部与四周用聚氨酯材料发泡，以使吸附床除吸热面外其余各面均具有良好的保温特性。根据以上对吸附床的要求，设计的平板式太阳能吸附床实物结构如图 2-4 所示。参照平板式太阳能热水器的集热器面积进行吸附床的设计，选择单块集热面积为 0.75m^2 的平板集热器制造了总吸附面积为 1.5m^2 的吸附床，预计在集热板接收 18～22MJ/m^2 太阳辐射能的情况下系统能制冰 6～8kg。装入每个吸附床内的活性炭为 21kg，两个吸附床内活性炭质量总计为 42kg。吸附床在制作时还必须装入热电偶，以便测量系统运行时吸附床内的温度，从而对吸附床的传热性能进行分析。单个吸附床装置的结构参数见表 2-1。在每个吸附床底部放置 4 块厚度为 10mm 的铝盒方块支撑底部的制冷剂流道空间。

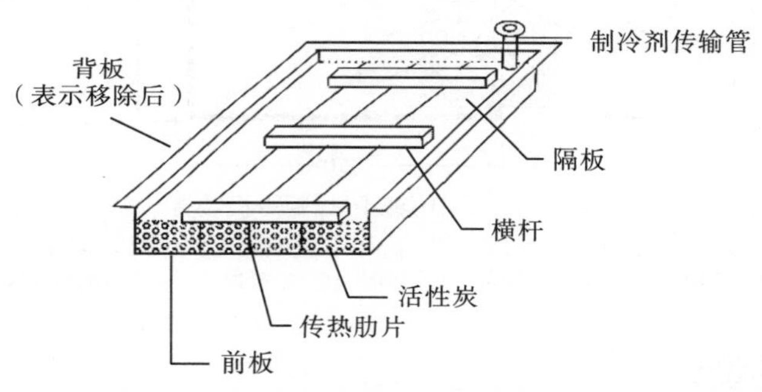

图 2-4　平板式太阳能吸附床的结构图

表 2-1　单个吸附床的结构参数

参数	数值
吸附床的尺寸(长×宽×高)/mm^3	1000×750×50
吸附床上表面的有效吸热面积/m^2	0.75
吸附床壳体所选用的材料	1mm 厚的金属铝板
吸附床内布置的传热肋片的数量及尺寸	每个床内在宽度方向均匀布置 6 片 1000mm×40mm 的传热肋片
吸附床金属壳体的质量/kg	18
吸附床内所装填的活性炭的质量/kg	21

2.6.2　冷凝器与蒸发器的设计

在以活性炭-甲醇为工质对的吸附式制冷系统中，由于系统工作在真空状态下，压力变化范围不大，起压缩机作用的吸附床靠系统的温度、压力变化作为驱动源，必须保证所设计系统的各子部件有较光滑的流动通道，以保证吸附或解吸时制冷剂气体能流畅通过系统的子部件。对冷凝器而言，可选用较大口径的高肋翅片管来强化冷却解吸时的制冷剂气体，同时大口径的管道能满足气体流畅通过冷凝器。冷凝器的结构设计成采用 4 根翅片管并联垂直放置的形式，每根翅片管翅片段的长度为 170mm。30℃冷凝温度时，在 20℃、1.2m/s 的气流冷却下，冷凝负荷为 203.08W。翅片管的结构参数见表 2-2。

表 2-2　翅片管的结构参数　（单位：mm）

参数	数值
衬管外径	25
翅片间距	2.5
翅片外径	57
翅片根径	26.4
翅片厚度	0.41

对蒸发器而言，一方面应保证蒸发器在制冷剂沸腾时所产生的相变热与外界尽快地交换传出，为此必须使蒸发器具有足够的换热面积；另一方面应保证蒸发器具有能够收集从吸附床解吸出的制冷剂液体的内腔空间，若作为制冰机用，还必须同时兼顾蒸发器在蒸发结束后应能够较容易取出所制的冰。可将蒸发器用铝板设计成下端为等腰梯形锯齿状的长方体形状，目的是能够较容易地取出所制的冰。通过几轮的实验表明，在吸附时，蒸发器内腔的制冷剂液体温度与外界冷媒工质的温度相接近，说明蒸发器具有较好的换热效果；同时，在吸附结束后，经过适当的加热解吸，很容易取出系统所产生的冰块。图 2-5 为所设计的蒸发器实物结构图，蒸发器的结构参数见表 2-3。

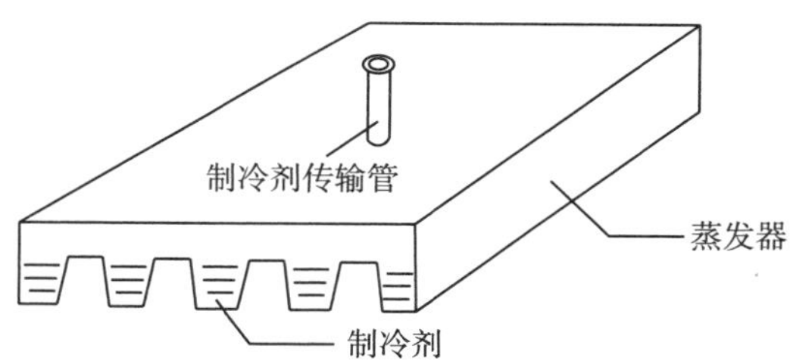

图 2-5　太阳能吸附制冰机系统中蒸发器实物结构图

表 2-3　蒸发器的结构参数

参数	数值
蒸发器的外壳体尺寸（长×宽×高）/mm^3	500×350×80
蒸发器断面等腰梯形的尺寸（上底×下底×高）/mm^3	40×50×40
蒸发器的有效蒸发面积/m^2	0.35
蒸发器内部能装填制冷剂的有效空间体积/L	101
蒸发器壳体的质量/kg	8

2.6.3 其他装置及系统相关实验数据的采集

为使系统正常运行，吸附床、冷凝器、蒸发器之间还必须用适当大小的管道连接，各连接管路及系统各部件之间均用保温材料包裹好，以避免在吸附过程中的能量损失。同时，为实验工作的方便，还应在吸附床、冷凝器、蒸发器之间布置真空阀门、真空压力表、热电偶，以便测量系统在各个阶段的压力、温度。在实际运行过程中不需要温度计及压力表的体积，仅需吸附床前的一个真空阀门控制即可。压力表采用精度为100Pa的电远传真空压力表，温度计采用标准的铜-康铜热电偶，所有相关收集的数据按一定的时间经过数据采集器采集后送入计算机进行监控。为得到吸附床在加热解吸过程中所解吸出的制冷剂液体的体积，可用一标定过容积刻度的玻璃瓶制作储液器，通过玻璃瓶内液体容积的变化，可方便地换算出吸附剂所解吸出的制冷剂液体的体积，从而可间接求出制冷量以及系统循环的COP，在实际运行过程中不需要储液器。

为对所设计的平板式太阳能吸附制冰机的工作特性有较为清晰的认识并分析其性能的优劣，必须对所设计系统的各主要部件的热力学参数(温度、压力)用计算机进行采样，以便显示系统的关键参数随时间的动态变化。系统各参数测量点的布置如图2-6所示。其中1～7点布置铜-康铜热电偶，用于测量吸附床1上、中、下层活性炭的温度；8～14点布置铜-康铜热电偶，用于测量吸附床2中层不同点活性炭的温度；15、16点布置YTZ-150型电阻远传压力表，用于测量系统运行过程中吸附床及蒸发器、冷凝器的工作压力；17点布置铂电阻(Pt100)，用于测量储液器内所冷凝的制冷剂液体的温度；18点布置铂电阻(Pt100)，用于测量蒸发器内制冷剂液体的温度；19点布置铂电阻(Pt100)，用于测量冰盒内的水温；20点布置铂电阻(Pt100)用于测量系统装置的补偿温度。系统布置好各参数测量点后，将各数据采集点的信号与采样系统仪器相连接，通过采样卡与计算机相连进行控制。在本系统装置的实验中，还必须对太阳能的辐射光强度加以控制，即通过电机调整辐射灯与吸附床表面的距离来改变辐射光的强弱，因此还必须选用采样卡(IEEE 4888)和控制卡。系统的控制与采样程序框图如图2-7所示。

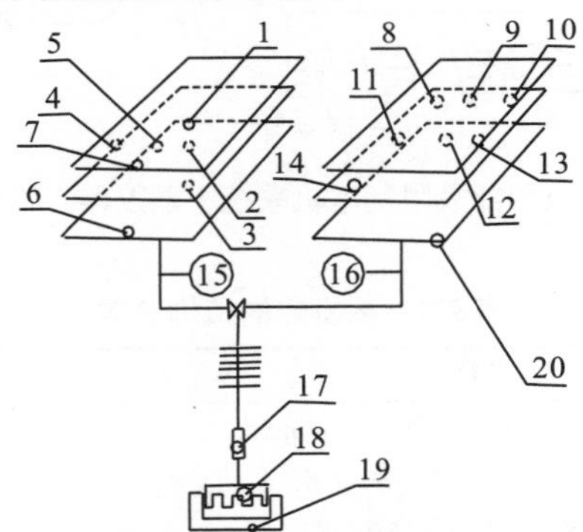

图2-6 太阳能制冰机系统装置测量点布置示意图

1、2、3、4、5、6、7-吸附床1的温度测量点；8、9、10、11、12、13、14-吸附床2的温度测量点；15、16-吸附床1、吸附床2的压力测量点；17-冷凝液体的温度测量点；18-蒸发器内制冷剂的温度测量点；19-冰盒内水的温度测量点；20-补偿温度测量点

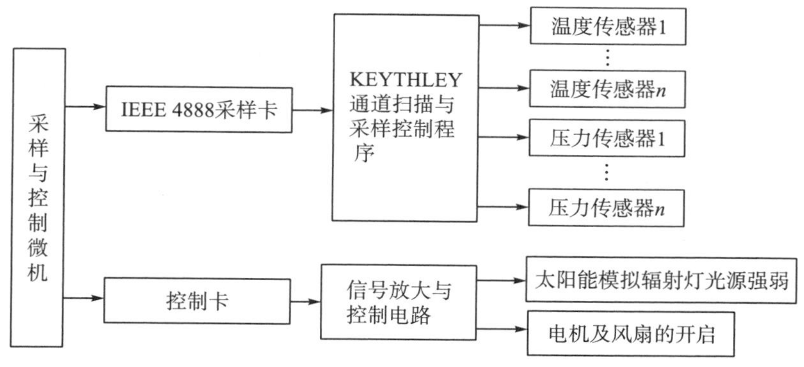

图 2-7　太阳能平板制冰机系统的微机控制及采样系统示意图

2.7　平板式太阳能固体吸附制冰机系统性能

前面介绍了平板式太阳能固体吸附制冰机的设计、制作及工作原理，在此仅对所设计的系统装置的组装及使用做出说明。太阳能固体吸附制冰机的心脏是吸附床，最重要的是要保证加工好后系统在真空运行状态下长期使用不泄漏。吸附床在经过几天保压不漏后，方可与冷凝器、蒸发器用管道和真空阀相连接。由于太阳能吸附制冷无任何运动部件，除吸附床的制作要求较高外，其余部件均较容易制作，系统装置实物如图 2-8 所示。同时，所制作的样机是为了对系统在各种运行条件下做出性能的分析与比较，故在系统中安装了压力表、温度计、储液玻璃瓶，在实际运行过程中，这些仪器均不需要，从而可使系统装置更为简便。

图 2-8　平板式太阳能固体吸附制冰机实物图

太阳能辐射能量的最大区域是在可见光部分，即在波长 0.46μm 附近。0.2～2.6μm 波段的能量，几乎代表了所有太阳能辐射能量，工业部门生产的石英碘钨灯可作为太阳能辐射源模拟光源，为此实验中用石英碘钨灯来模拟太阳辐射强度的灯源，用辐射灯源与吸热板平面的间距来控制光强的变化。为使模拟的辐射灯源与现实的太阳能辐射源基本具有相同的辐射光强度，实际测量了太阳能辐射的光强变化。实际测量记录的一组数据见表 2-4。根据实际测量结果，测算出太阳能辐射的平均强度为 566W/m^2，从而可计算出一天内太阳能集热器所实际收集到的辐射能量为 20.3MJ/m^2。利用这一原始数据，用测试设备来使集热器所吸收的辐射光强度接近实际工况下的太阳能辐射光强，使系统装置在模拟光源下所产生的实验结果与实际结果具有可比性、真实性与重复性。

表 2-4 太阳能日照辐射强度的变化情况

时间(北京时间)	7:30	8:00	8:30	9:00	9:30	10:00	10:30
太阳能辐射光强/(W/m^2)	209	371	406	476	557	660	778
时间(北京时间)	11:00	11:30	12:00	12:30	13:00	13:30	14:00
太阳能辐射光强/(W/m^2)	806	861	829	804	783	697	740
时间(北京时间)	14:30	15:00	15:30	16:00	16:30	17:00	17:30
太阳能辐射光强/(W/m^2)	696	638	603	464	348	116	50

在将吸附床、冷凝器、蒸发器用管道连接并安装上相应的测试设备后，形成了太阳能固体吸附制冰机系统。为保证系统投入运行后能多次重复实验，在对系统装填制冷剂液体之前，对系统进行抽真空检查，系统真空性能的好坏，直接决定了吸附式制冷循环的成败。由于对各子部件的层层把关，系统连接后经过几天的抽检，没有出现真空泄漏，为实验工作的顺利开展提供了必要的保证。吸附床内的活性炭(选用上海活性炭厂生产的椰壳活性炭)质量为 42.0kg，根据以前对所选用的活性炭对制冷剂液体(甲醇)的吸附特性，初次从系统的制冷剂液体装填口处注入甲醇 9.0kg，吸附床由此吸附制冷剂而产生蒸发制冷效果，第一次在蒸发器内制冰所产生的冰块达到 14.0kg。在完成了所有系统装置的安装准备工作后，将实验过程中各子系统所需的所有测试数据(压力、温度)通过数据采集器送入计算机自动测试与记录，以便对系统性能指标做出分析。通过十几轮的实验，可得出重复性的结果，现以几组数据来说明样机的工作特性，见表 2-5。

表 2-5 平板式固体吸附制冰机实验结果

实验日期	集热板面积/m^2	集热板接收的辐射能量/MJ	得到的冰量/kg	解吸的甲醇量/kg	系统循环的 COP
4 月 26 日	0.75	13.6	3.5	1.76	0.12
4 月 28 日	1.5	29.0	8.0	3.60	0.13
5 月 1 日	1.5	27.9	9.0	4.00	0.14
5 月 3 日	0.75	14.4	4.5	1.92	0.15

为对所设计制冰机系统装置的“心脏”——吸附床有更好的了解，表 2-6 列出了吸附床加热解吸所用的时间(环境温度为 18～25℃)、所对应的最高解吸温度及将吸附床冷却至室温所用的时间、吸附过程中最高的吸附温度(环境温度为 15～20℃)。

表 2-6　吸附床在循环时的工作特性

实验日期	面积/m^2	接收能量/MJ	加热时间/h	最高解吸温度/℃	冷却至环温时间/h	环温/℃	吸附时最高温度/℃
4 月 26 日	0.75	13.6	8.0	91.0	5.0	24.0	59.0
4 月 28 日	1.5	29.0	7.0	90.0	5.5	23.0	65.0
5 月 1 日	1.5	27.9	6.5	103.0	3.5	23.0	61.0
5 月 3 日	0.75	14.46	8.5	94.0	3.0	21.0	47.0

2.7.1　吸附床性能

为对系统热力循环性能做出全面有效的分析，用计算机对系统装置各关键子部件所对应的热工参数(温度、压力)在一定的时间间隔内(本实验中为 150s)进行自动采集。现将吸附床内吸附剂的温度、蒸发器内制冷剂的温度、冰箱内水的温度随循环时间的变化关系绘制成图 2-9～图 2-13。从这些性能曲线中，对设计装置的性能做出较为详细的分析。

从图 2-9 可明显看出，在加热过程中，吸附床上表面的温度(对应 T1 曲线)上升速度比中层(对应 T2 曲线)及下层(对应 T3 曲线)快，即吸附剂(活性炭)之间在法向距离间存在较大的温度梯度，所设计吸附床法向距离为 4cm，上下表面间却存在近 20℃的温差，这充分表明了吸附剂有较大的传热热阻。想要提高吸附床的性能，有效地解决吸附剂间的传热效率十分关键。17:00 以后，停止加热(对应太阳能日照辐射光消失)，打开吸附床的风门，让外界空气冷却吸附床，因而吸附床的温度开始下降，这个过程持续 4h 左右，一直到 21:00 左右，吸附床内吸附剂的温度基本达到外界的环境温度。吸附床内吸附剂的上表面温度(T1 曲线)比中下层表面的温度下降速度快，因为上表面直接被风冷，所以温度下降快；而中下层表面则主要通过上表面把吸附剂的显热传出，故其温度下降速度比上表面慢。夜晚(21:00 左右)，当吸附床的温度基本达到外界环境温度时，打开吸附床与蒸发器相连的阀门，让吸附床内的吸附剂直接吸附蒸发器内的制冷剂，以产生吸附制冷效果。吸附中所产生的制冷剂蒸发相变潜热(吸附制冷量)传递给冰盒内的水，并使水结冰，这个过程一直持续到第二天 8:00 左右结束，之后，当太阳升起时，系统又开始下一轮新的吸附制冷循环过程。吸附刚开始时，吸附床内吸附剂的温度有一个非常尖锐的突变，温差在 40℃左右，这主要是由于吸附刚开始时，吸附剂对制冷剂的吸附势能最大，吸附制冷剂所产生的大量吸附热在短期内来不及从吸热床的上表面散发出去，因而出现了一个显著的温度上升，之后随着外界空气的冷却作用，吸附剂的温度逐渐下降并随着吸附能力的逐渐饱和而接近环境温度。吸附时吸附剂的下表面温度较上表面略高一些，这主要是吸附床对制冷剂的吸附通道入口是设置在下表面，同时吸附热是从上表面对外散出的，故存在一定的温差，但彼此间的温度梯度不是太大，原因是吸附时所产生的吸附热从上表面散出，故吸附热加热了吸附床内的吸附剂，因而在吸附过程中吸附剂的温度分布较为均匀。

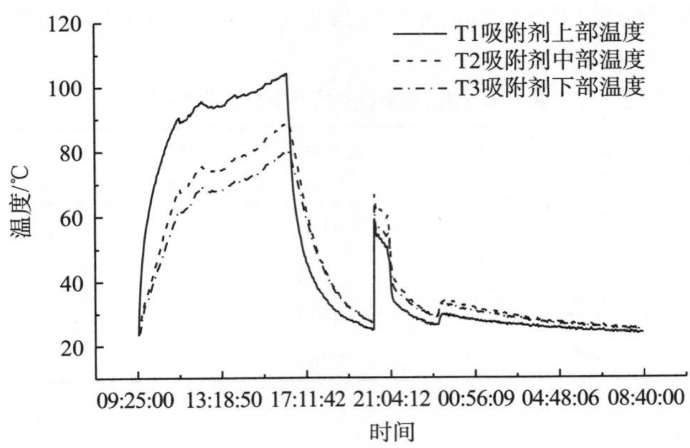

图 2-9 吸附床内吸附剂的温度分布(上、中、下)随循环时间的变化曲线

在平板式吸附床中，通常在吸附床内布置传热肋片以增强吸附床的传热能力。图 2-10 则显示了在两肋片之间分布的吸附床内吸附剂的温度随循环时间的变化关系，其变化规律与图 2-9 是一致的。需要说明的是，在最靠近传热肋片的地方，在加热解吸时其温度(T4 所表示的曲线)上升速度比距离传热肋片较远地方吸附剂的温度上升速度快(大约有 8℃的温差)，表明传热肋片在吸附床的传热过程中有重要的作用。理论上传热肋片越多，传热效果越好，但传热肋片的增多，会导致吸附床金属热容的增加，在外界输入能量一定的情况下反过来又会影响吸附剂所吸收的有效能量，因而应综合优化考虑所需传热肋片的数量。在本实验中，根据相关文献及所积累的经验，在吸附床的宽度方向(750mm)均匀布置了 6 片传热肋片。从多次实验结果来分析，效果还是较为理想的。

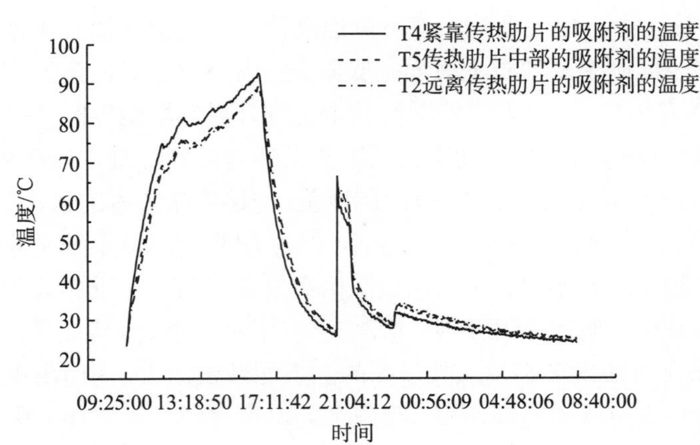

图 2-10 吸附床内吸附剂的温度分布(在传热肋片之间)随循环时间的变化曲线

对实际的太阳能辐射光而言，由于辐射光强是平行的，理论上吸附床在长度方向与宽度方向上的温度分布应基本一致。图 2-11 显示了在吸附床的总宽度方向上吸附剂之间的温度关系。其中 T11 为靠近吸附床左边的温度分布，T12 为吸附床中间的温度分布，T13 为靠近吸附床右边的温度分布。在每个吸附床的上面横向布置了两盏模拟太阳光能的石英碘钨灯(各为 1000W)，故在横向方向(吸附床的总的宽度方向上)吸附剂的温度分布还是较为均匀的。图 2-12 显示了在吸附床的总长度方向上吸附剂之间的温度关系。其中 T8 为靠近吸附床最前边的温度分布，T12 为吸附床中部的温度分布，T14 为靠近吸附床最后边的温度分布，在长度方向上各温度之间存在较大的温度差。这主要是由于采用了有限的模拟光源，并且是迎吸附床的横向方向布置光源的，辐射光线在吸附床的长度方向上分布不均匀，导致吸附床长度方向上有较大的温度梯度。

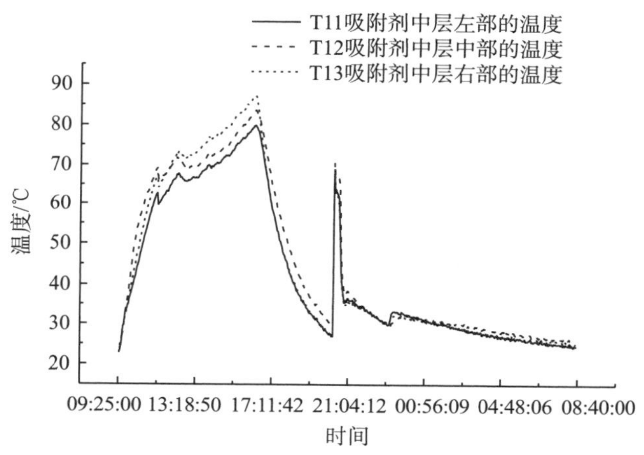

图 2-11　吸附床内吸附剂的温度分布(中层左、中、右)随循环时间的变化曲线

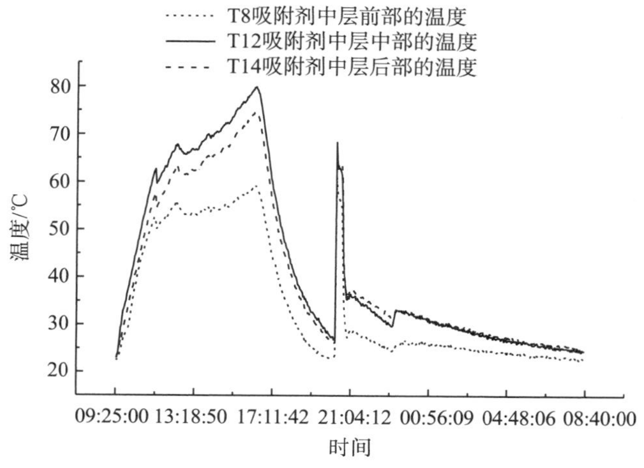

图 2-12　吸附床内吸附剂的温度分布(中层前、中、后)随循环时间的变化曲线

2.7.2 冷凝器与蒸发器性能

吸附制冷系统中的关键部件除吸附床外，冷凝器与蒸发器的性能对系统的高效运行也非常重要。对于冷凝器，由于采用了较大口径的高肋翅片管来强化冷却解吸时的制冷剂气体，在实验时发现冷凝效果较好。对蒸发器而言，其设计的好坏直接影响制冷效果。经过3轮的优化与改型设计，用铝板所设计的平板梯形状蒸发器能非常有效地将吸附制冷时所产生的冷量传递给冰箱内的水，并使水结冰。

图2-13清晰地表明了蒸发器内的制冷剂温度(T18-虚线)及冰盒内水的温度(T19-实线)随循环时间的变化关系。在吸附床加热过程中，蒸发器内制冷剂的温度略有升高，这主要是由于加热过程中吸附剂所解吸出的制冷剂进入蒸发器后，使蒸发器内制冷剂的温度有所提高。由于蒸发器直接浸入装有水的冰盒内，冰盒内的水温也相应地有所上升。在吸附过程开始后，吸附剂吸附制冷剂而使蒸发器内的制冷剂液体沸腾，吸附剂所产生的吸附热由吸附床向外界散发出去，而制冷剂产生的冷量则传递给水。由图2-13可知，吸附刚开始时，制冷剂产生强劲制冷量带走水的显热，使水的温度从环境温度急剧下降，到水的温度下降至0℃时，由于水的结冰需要大量潜热，制冷剂产生的冷量用于供给水结冰的相变潜热，这个过程持续时间较长，结冰完成时大约需要3h。由图2-13还可知道，在刚结冰时，由于水发生相变过程，释放出热量，水的温度有所上升，之后，由于吸附剂对制冷剂的持续吸附而产生冷量，使结冰过程不断进行，并且水的温度维持在结冰点温度(0℃)。当结冰过程完成之后，如果吸附剂对制冷剂还有较大的吸附能力，则水的温度还会从冰点温度(0℃)继续下降，这主要取决于冰盒内装水的数量。从多次实验中可发现，如果水的质量较小(4kg左右)，水可结冰至−20℃；若水的质量较大(12kg左右)，则吸附完成后，冰盒内是冰水混合物。从实验曲线还可看出，吸附剂吸附制冷剂时蒸发制冷效果非常显著，蒸发器内的制冷剂温度与冰盒内水的温度几乎相等，制冷剂所产生的冷量及时地传递给了冰箱内的水，即蒸发器的制冷效果非常理想，这也是每次都能顺利制冰的重要保证。

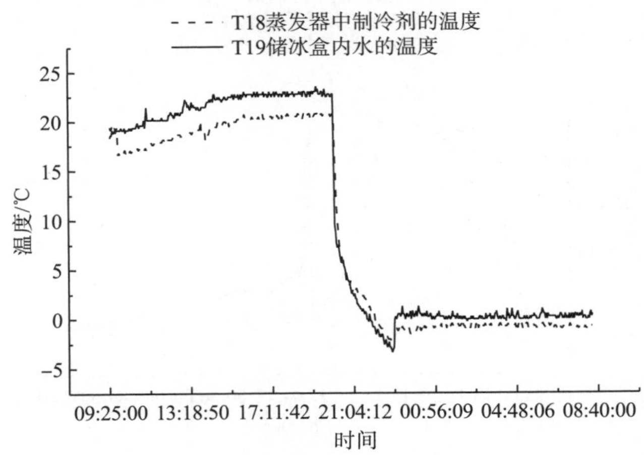

图2-13　制冷剂及冰箱内水温随循环时间的变化曲线

通过多次的重复实验，系统性能稳定性好，特别是整个系统装置在连接后一直保持运行过程中所需的真空压力状态，每次在加热量基本相同的情况下系统装置都能得到相同的制冰效果，每平方米集热器制冰量为 6～7kg，COP_{solar} 为 0.12～0.15，这为研究多种工况下系统装置的性能起到了积极的作用。

2.7.3　室外太阳能辐射工况下的制冷特性

目前，虽然各种研究报道均指出太阳能固体吸附制冰机具有较大的应用潜力，但仍未大规模地实用化。除系统成本外，最主要的原因是太阳能制冰机系统工作在复杂多变、不可预见、强烈非线性的大自然环境条件下，太阳能辐射强度、云层的移动、风速等参数对太阳能制冰机性能有强烈的影响，并直接影响制冷效果。这是太阳能固体吸附制冷系统与其他余热利用驱动的固体吸附制冷装置的重要区别。因而，对太阳能固体吸附式制冷装置的研究，除给出一些典型的测试结果外，还应该对系统在外界复杂工况下的性能做出翔实的研究，并对系统进行符合实际运行工况的动态仿真。基于此思路，利用新构建的太阳能固体吸附制冰机系统在外界环境工况下进行了近半年的实验实测研究，得出了大量的第一手实测数据，为今后实物设计及系统仿真奠定了可靠的基础。

优化设计后的太阳能制冰机，采用无阀结构连接，操作简便，性能稳定，实验样机所选用的材料及制造过程完全能满足工业化批量生产的要求。结合工艺过程的进一步完善及吸附制冷工质对性能的提高，太阳能固体吸附制冰机装置可以进入民用家庭，图 2-14 为实用化的太阳能冰箱装置结构图。

图 2-14　实用化的太阳能冰箱装置结构图

对于室内太阳辐射灯模拟的太阳能制冰机性能实验，已进行了大量的实验及机理研究，并获得了许多有用的研究成果，在此不再赘述。本小节的重点在于分析太阳能制冰机在实际工况运行下的系统性能，所列的实验结果为放置于上海交通大学制冷与低温工程研究所的无阀太阳能固体吸附制冰机室外制冰机实测结果。

10 月 12～13 日的实测结果(表 2-7)：接收 6h 的太阳辐射后(其中累计约有 1h 的阴云)，再经过 10h 的吸附，最终获得冰 2.3kg、冰水混合物 1kg。

表 2-7 太阳能制冰机实测结果之一

时间		项目	压力/MPa	备注
10 月 12 日	9:30	开始日光照射	−0.0995	天气无云
	10:00	观测	−0.093	天气无云
	11:00	观测	−0.081	天气无云
	12:00	观测	−0.0775	天气无云
	13:00	观测	−0.0775	有时有云
	14:00	观测	−0.079	有时有云
	15:00	观测	−0.082	有时有云
	15:30	停止日光照射	−0.0835	冰槽内注水
	15:50	观测	−0.0895	风冷吸附床
	18:40	观测	−0.0995	风冷吸附床
	20:30	观测	−0.0995	冰槽部分结冰
10 日 13 日	7:30	观测	−0.0985	冰 2.3kg、冰水混合物 1kg

10 月 19～20 日的实测结果(表 2-8)：接收 6h40min 的太阳辐射，经过 7h 的吸附，观测冰槽内部分结冰；经过 17h 的吸附，最终获得冰 4.0kg。根据气候估算，COP 约为 0.121，室外有太阳光处，移动太阳能制冰机使吸附床始终与太阳光保持近似垂直状态。

表 2-8 太阳能制冰机实测结果之二

时间		项目	压力/MPa	备注
10 月 19 日	8:30	观测	−0.1100	晴
	9:30	观测	−0.0925	晴、有时有云
	10:30	观测	−0.0870	晴
	11:30	观测	−0.0835	晴
	12:30	观测	−0.0835	晴
	13:30	观测	−0.0825	晴
	14:30	将冰取出	−0.0825	18 日制的冰
	15:10	揭去盖板、停止接收太阳辐射	−0.0850	制冰槽内注水 4kg 室内自然冷却
	15:20	观测、室内温度为 23℃	−0.0875	

续表

时间		项目	压力/MPa	备注
10 月 19 日	15:30	观测	−0.0920	室内自然冷却
	16:35	观测	−0.0984	室内自然冷却
	18:20	观测	−0.0998	室内自然冷却
	19:20	观测	−0.1000	室内自然冷却
	22:10	观测：冰槽内部分结冰	−0.1000	室内自然冷却
10 月 20 日	8:10	冰 4.0kg	−0.1050	20 日 12:10 将冰取出

11 月 12～13 日的实测结果(表 2-9)：接收 6h 的太阳辐射，获得总能量 10.76MJ；经过 17h 的吸附，观测冰槽内未结冰。理论计算要求辐射能量至少达到 11MJ 才能结冰，与理论计算结果相符。

表 2-9　太阳能制冰机实测结果之三

时间		项目	压力/MPa	辐射强度/W	辐射总能量/MJ	环境温度/℃
11 月 12 日	8:50	盖上双层盖板、接收太阳辐射	−0.1000	443	0	17
	9:50	观测	−0.0960	470	1.372	17
	10:50	观测	−0.0885	529	3.477	19
	11:50	观测	−0.0825	703	5.560	20
	13:00	观测	−0.0765	650	8.104	21
	13:55	观测	−0.0756	143	9.790	21
	14:50	观测	−0.0825	280	10.76	20
	15:00	停止太阳照射，制冰机推回室内揭去盖板自然冷却；注入 12℃的水 2kg				
	15:05	观测	−0.0880			
	17:45	观测	−0.0985			
	18:50	观测	−0.0995			
11 月 13 日	8:00	观测	−0.0995	未结冰		

以上所测试的数据较为详细地记录了太阳能制冰机系统运行时的参数，具有较典型的意义。由于研究地区阴雨季节较多且太阳辐射强度不是太强，许多时候往往只有几个小时的太阳辐射，或天上云层过多过密，使太阳能制冰机无法正常运行。上述实测数据分析对太阳能制冰机的推广使用具有重要的意义。各地区可依据当地气候条件和制冷需求，参考上述实测数据，设计符合实际制冷需求的太阳能制冰机。

根据所测实验数据，具体分析如下：表 2-7～表 2-9 表明，太阳能制冰机系统的性能受天空云层的影响，若接收太阳辐射能的有效时间内云层较少，则系统制冷效果较好，若云层覆盖时间较长，则制冷效果较差。表 2-7 的实验结果中，接收 6h 太阳辐射(其中 1h 左右有阴云)，制冰 2.3kg；表 2-8 的结果表明，接收 7h 左右的太阳辐射能量，由于天气晴朗，空中无云，故能产生 4.0kg 的冰块。表 2-8 工况的制冷效果明显强于表 2-7 及表 2-9

工况下(有云层)的制冷效果。表 2-9 工况下，在 6h 的辐射时间内，1h 完全无太阳，3h 有阴云，故太阳能制冷系统完全不制冰，仅将水冷却到 7℃。需要说明的是，表 2-7～表 2-9 均是在一周期内所做的实验，实验工况基本是一致的，所得结果具有可比性。

为更直观地呈现实验结果，将云层对系统运行性能的结果整理为图 2-15 及表 2-10。事实上，人们常说的太阳能制冷系统受气候影响，有较强的间隙制冷作用，其中最主要的原因可归结为受云层的影响，即由于云层波动而引起吸附剂温度变化，所解吸的制冷剂间断地被吸附剂吸附，从而引起制冷效果变化。波动较大时，系统无法正常进行制冷。

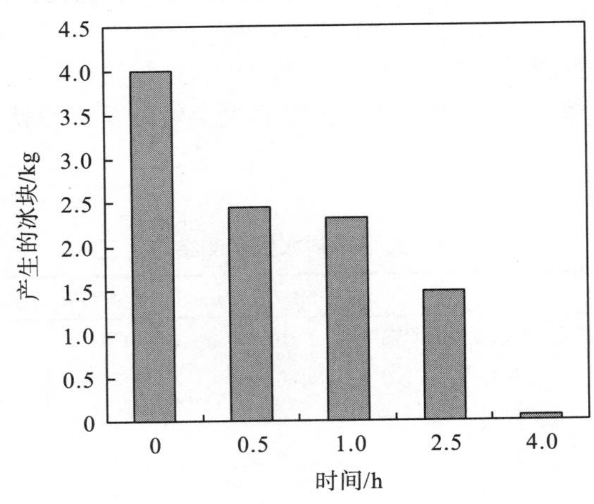

图 2-15　云层作用时间对制冰结果的影响

表 2-10　制冷效果受云层影响的关系

云层时长/h	0.0	0.5	1.0	2.5	4.0
制冰量/kg	4.0	2.45	2.3	1.5	0.0

除以上天气云层对太阳能制冰机性能有较大影响之外，太阳能辐射强度对太阳能制冷系统的性能也有较大的影响。实验测试结果清晰地表明，太阳能制冰机系统所接收的太阳辐射能量为 10～11MJ/m^2 时未能产生理想的制冰结果。当系统所接收的太阳辐射能为 16.8MJ/m^2 时，产生制冰效果，此时系统 COP 为 8.1%。此外，大量的现场实验研究表明，当下午太阳辐射强度过了最高峰值后，太阳能制冰装置开始吸附，即太阳辐射能量所提供的能量不足以维持系统对外散热及解吸所需的能量，虽然还有太阳能量辐射到太阳能制冰机上，但系统已明显开始吸附。因而，在实验过程中，在 14:30 左右，将制冰机推回实验室，加水进行制冰实验。

上面所列的实测数据表清晰表明，太阳能固体吸附制冰机系统对天气有强烈的依附作用，系统运行过程中天气变化及太阳能辐射对系统性能有很强的非线性作用与影响。根据将近一年的大量的实验研究，可将气候条件对太阳能制冰机性能的影响归纳为以下几个方面。

(1) 天空云层对太阳能制冰机性能有强烈的非线性影响。云层出现时间的长短、云层厚薄都直接决定了太阳能制冰机的性能。由于云层在空中的出现是随机的，是人为无法干扰的客观存在，这一客观存在将是太阳能制冰机运行的主要障碍，也是造成系统间歇制冷的主要原因，在实际运用中，需根据各地的气候条件加以选择。

(2) 太阳能辐射强度的影响。太阳能制冰装置以太阳辐射能量为驱动源，太阳辐射强度能量密度直接决定了太阳能制冷装置性能的稳定性。在实际应用中，需根据太阳辐射资源加以具体分析，才能保证太阳能制冰系统发挥其特有的作用。例如，上海地区不适合太阳能固体吸附冰箱的运行，而西部地区的太阳能资源较适合太阳能冰箱的运行。冷凝温度、风速等一些环境参数也对太阳能制冰机的性能有影响。

(3) 太阳辐射能量分布对制冰机系统影响较大。太阳辐射能量增强时，系统解吸性能好，而太阳辐射能量减弱时，系统明显开始吸附，因而，太阳辐射能量并不能完全有效地被利用。

针对所得到的实验结果，在 2.7.4 节中将进一步对中国在西部地区应用太阳能制冷装置制冰进行较为深入的分析。

2.7.4　中国在西部地区应用太阳能制冷装置制冰

正如前面实验及理论计算分析所述，太阳辐射资源越好，太阳能固体吸附制冰机制冷效果越好。从中国太阳能资源分布来看，我国西部的大部分地区，如西藏、宁夏、甘肃、新疆、青海等地区的太阳辐射资源较好，且这些地方的太阳辐射资源很少受云层波动的影响，加之西部地区土地面积大、人口分布广、供电不集中等特点，太阳能冰箱很适合在这些地方使用。

以西藏地区为实例，进行太阳能制冰情况分析。西藏的太阳能资源居全国之首，是世界上太阳能资源最丰富的地区之一。西藏地区海拔高、大气清洁、空气干燥、纬度又低，大部分地区年总辐射量为 6000～8000MJ，全年平均日照数为 1500～3400h。西藏各地区的太阳辐射数据见表 2-11。

表 2-11　西藏各地区太阳辐射数据

地名	年日照时数/h	年总辐射量/MJ	地区面积/m^2	平均海拔/m
拉萨	3000	7500～8000	29500	3700
山南	2900	7000～8000	78900	3600
昌都	2180～2700	6200～6500	108700	3500
日喀则	2600～3400	7500～8000	417000	4000
那曲	2800～2860	7500～8000	420000	4500
林芝	1750～2010	4850	117000	3000
阿里	3300	7000～8000	395000	4500

假定每天日照辐射时间为 10h，将构建的太阳能制冰装置用西藏地区的太阳辐射数据进行计算，计算中考虑各种能量损失，所得结果见表 2-12。

表 2-12　西藏各地区利用太阳能制冷性能表

地名	年可制冰天数/d	年均日辐射量/MJ	日制冰量/(kg/m^2)	COP_{solar}
拉萨	300	25～26.6	4.5～5.0	0.1～0.11
山南	290	24.13～27.58	5.0～5.5	0.1～0.10
昌都	218～270	24.15～28.0	5.5～6.0	0.09～0.10
日喀则	260～340	23.5～28.5	5.2～6.1	0.09～0.10
那曲	280～286	27.0～28.0	5.3～6.0	0.1～0.11
林芝	175～201	26.94	6.0	0.1～0.11
阿里	330	21.2～24.24	4.0～4.5	0.1～0.11

由表 2-12 可知，西藏地区利用太阳能进行制冷非常理想，全区每个地区可进行太阳能制冰的天数达 200 天以上，许多地区可达 300 天，且太阳日照辐射强度大都超过 22MJ/m^2，对太阳能制冷非常有利。加之许多地方尚未通电，太阳能制冷对分布广泛的当地居民来说更具有独特的优点。与此同时，中国西部的大部分地区均具有非常丰富的太阳能资源，均可得到满意的制冷效果，因而，太阳能固体吸附制冰机可在西部发挥其应有的潜力。

2.8　翅片管式强化传热传质太阳能吸附制冷系统设计及特性

太阳能吸附制冷系统的吸附床收集太阳热能驱动吸附制冷系统，因此，通过优化吸附床的结构来提高吸附床的传热传质性能是提高太阳能吸附制冷效率的重要途径。在前期平板式太阳能固体吸附制冰机工作的基础上，通过强化吸附床系统传热传质性能，可有效提高吸附制冷系统的效率。在本节中，针对金属管式太阳能吸附制冷系统，将采用增大管径和增加传热翅片的方法，设计并优化大直径铝合金翅片管式太阳能吸附集热床传热过程，并在系统中增加微型真空管道泵，用于在解吸过程中保持传质过程的有效压差，对系统的传热传质性能进行研究。

2.8.1　翅片管式太阳能吸附床设计

针对金属管式太阳能吸附制冷系统，通过增大管径、加设传热翅片的方法，设计并制作一种翅片管式太阳能吸附制冷吸附集热器，在本节中主要介绍该吸附床的设计与构建，给出与该吸附/集热床相匹配的冷凝器、蒸发器各个子部件的结构参数设计，最后完成强化传热太阳能吸附制冷系统的构建，并对其传热传质性能进行研究。

所设计的强化传热传质的翅片管如图 2-16 所示，吸附床外管面吸收太阳辐射能量，内管面分断与长片传热翅片成为一体，内管面留出的空隙所围成的空间作为传质通道，且传质通道与吸附剂以金属细丝网分隔开。吸附管采用导热性能良好、比热容较小且成本较低的铝合金作为基体材料，采用一体化拉制技术提高吸附管自身的抗压能力和密封性能。通过在翅片管内壁增加长、短翅片来加大管体与活性炭的有效接触，以增加传热面积，且翅片与管体为浇铸成型的整体，可显著减小传热管壁与翅片间的接触热阻，通过长、短翅片增加管体与活性炭的接触面积，通过吸附床内管表面传质缝隙增强传质能力。制作过程中扇形腔存放吸附剂，而内管传质通道为制冷剂吸附/解吸时流经的通道。所设计的吸附管集热器与内外管径相同的同心金属套管吸附床相比，单位长度换热面积增加 51.4%；传质面积比采用在内管上打针眼的方法增加 30.7%(针眼直径为 0.45mm，针眼间隔 1.45mm)。考虑到活性炭装填密度、翅片管结构及材料自身特点，所设计的翅片式吸附管结构外管直径为 90mm，内管直径为 40mm，翅片及管壁厚度为 1.5mm，其具体结构参数见表 2-13。

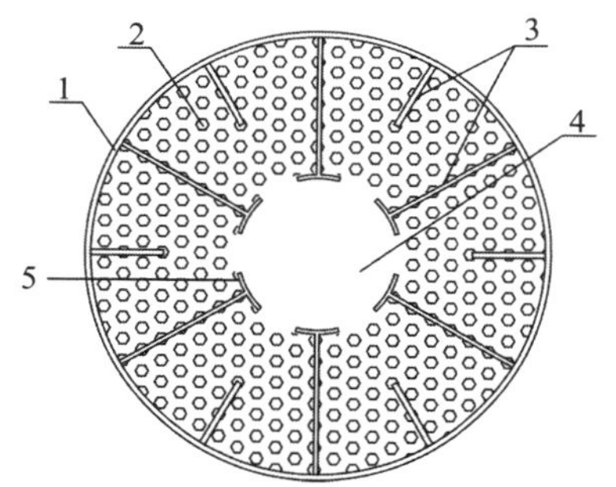

图 2-16　太阳能吸附制冷翅片管

1-吸附床外管面；2-吸附剂；3-传热翅片；4-传质通道；5-吸附床内管面

表 2-13　翅片管结构参数

结构参数	尺寸/mm
外管径/内管径	90/40
壁厚(翅片厚)	1.5
长翅片/短翅片	25/10
传质缝宽	6

吸附制冷系统中吸附床是整个系统的关键部件，在本系统中，经过分析计算，设计并构建了翅片管左右放置、由多根翅片管分成上下两组对称的、分别从翅片管左右两端通过汇流导管连接到直径为 25mm 的汇流导管的吸附床，该吸附床集集热与吸附功能于一体。图 2-17 为翅片管式吸附集热床示意图，表 2-14 为该吸附床的主要结构参数。

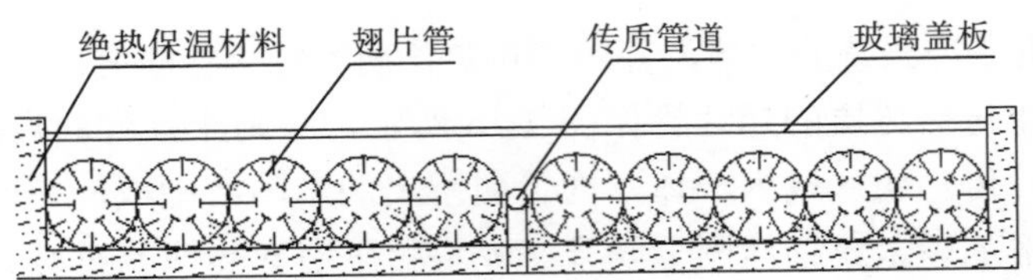

图 2-17　翅片管式吸附集热床示意图

表 2-14　吸附床主要结构参数

结构名称	尺寸参数
吸附床尺寸（$L\times W\times H$）/mm³	1560×1320×150
有效吸热面积/m²	1.1
装填活性炭质量/kg	29
吸附管尺寸（$\phi\times l$）/mm²	90×1100
吸附管腔体质量/kg	29
吸附床总换热面积/m²	10.8

在吸附床受光面喷涂太阳能选择性吸收涂料以增加对太阳辐射的吸收，吸附管背光面采用聚氨酯发泡材料填充以减少散热损失。吸附床以单层超白玻璃为盖板，四周及背部框架填充保温材料。吸附床安装倾角为 15°。该吸附床结构示意图及实物图如图 2-18 所示。

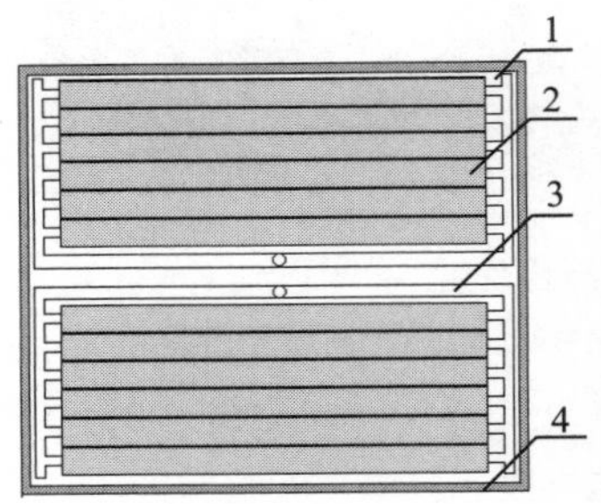

图 2-18　吸附床结构示意图及实物图

1-玻璃盖板；2-吸附管；3-汇流导管；4-保温层

2.8.2　冷凝器与蒸发器结构匹配设计

根据太阳能吸附制冷系统对冷凝器冷凝制冷剂的要求，选用较大口径的高肋翅片管来强化冷却解吸过程中吸附集热床解吸出的制冷剂蒸气，同时大口径的管道可保证气体能顺畅流过冷凝器。冷凝器的形式有多种，通常有板式、壳管式等；冷凝方式大多为风冷式或水冷式。

设计时需着重考虑系统的冷凝负荷，使冷凝器的设计与吸附系统的解吸容量相匹配。吸附床解吸过程中温度的变化以及平衡吸附过程的存在，使得吸附床的解吸量为变量，因

此需选满足解吸量最大的时刻来确定冷凝器的冷凝负荷，即冷凝器最大冷凝负荷量应以系统最大解吸量来确定。则冷凝负荷计算公式为

$$Q_{\mathrm{cond,load}} = M(L_{\mathrm{e}} + c_{\mathrm{peg}}\Delta t) \tag{2-8}$$

其中，$Q_{\mathrm{cond,load}}$ 为冷凝负荷；M 为解吸出制冷剂的量；L_{e} 为制冷剂的汽化潜热；c_{peg} 为制冷剂蒸气的比定压热容；Δt 为冷凝前后的温差。

由冷凝负荷可求出所需冷凝器的换热面积：

$$A = \frac{Q_{\mathrm{cond,load}}}{U_{\mathrm{c}}\Delta t'} \tag{2-9}$$

其中，U_{c} 为冷凝器换热系数；$\Delta t'$ 为制冷剂与水的温差；A 为所需冷凝器的换热面积。

本实验系统采用的是外翅片管的水式冷凝器，由翅片管和冷凝水箱组成。工作时制冷剂蒸气从内管中流过，外面翅片浸泡于水中，冷却水置于铝制水箱中，采用水浴式冷却。冷凝器应选取传热性能好的金属材料来制造。冷凝器具体设计如图 2-19 所示，冷凝器的规格见表 2-15。

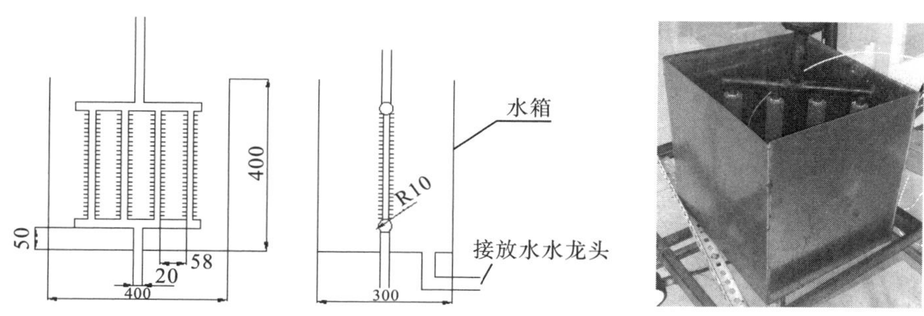

图 2-19　冷凝器结构图及实物图(单位：mm)

表 2-15　冷凝器的规格

名称	规格
冷凝器材料	外铝内铜管/铝板
翅片管内/外径/mm	15.5/32.5
翅片间距/mm	2.5
冷凝水箱(长×宽×高)/mm^3	400×300×400

由于强化传质作用会导致单位时间冷凝负荷的增大，所以冷凝器实际制造时应适量放大，使其可满足冷凝负荷的最大峰值。

对于蒸发器的制造要求：一是制冷剂气化时所产生的相变热可与外界尽快交换传出，为此必须选用传热效果较好的金属，而且应该有较大的换热面积，这样蒸发时产生的冷量可快速传递到制冰槽中；二是应保证蒸发器具有足够的内腔空间储存从吸附床解吸出的液态制冷剂；三是要使制得的冰块容易取下而不黏附在蒸发器上。

根据制冷机设计运行的效果，本系统中使用的蒸发器设计及实物图如图 2-20 所示，蒸发器的规格见表 2-16。

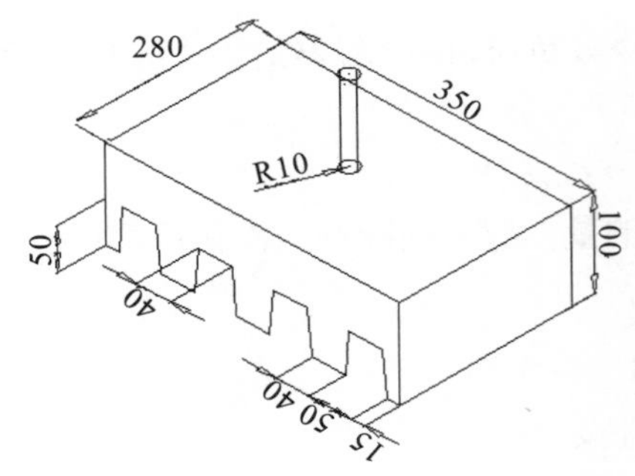

图 2-20 蒸发器结构图(单位：mm)

表 2-16 蒸发器的基本规格

名称	规格
材料	硬质铝板
硬铝质量/kg	2.5
有效蒸发面积/m^2	0.46
外壳尺寸(长×宽×高)/mm^3	350×280×100
容积/L	7.3

2.8.3 翅片管式强化传热太阳能吸附制冰机系统运行特性

该强化传热太阳能吸附制冷系统的性能测试在昆明进行，实验中使用太阳辐射计(型号 TBQ-2)和太阳能测试记录仪(TRM-FD2)。根据吸附制冷机理，制冷剂在吸附床升温过程中解吸，在吸附床降温过程中吸附，同时释放吸附热。在整个循环过程中，当吸附床温度逐渐升高，达到最高温度后，虽然集热吸附床仍然接收到太阳辐射，但由于太阳辐射能量的减弱及吸附床对外散热，吸附床温度开始下降，所接收的这部分太阳辐射的能量没有被用于制冷剂解吸，实际上是被浪费了。因此，通过阀门控制可以消除这部分太阳辐射对系统效率的影响，可以提高太阳能制冷系统的效率。

实验分为两组进行，分别对应于有阀控制和无阀控制的吸附/解吸过程。每组实验均在 4 种典型的天气条件下进行：晴朗，基本无云；晴天，有时有云；多云，辐射较强；多云，辐射微弱。实验从 6:00 开始，到第二天 6:00 结束。所开展的实验中，最大 COP 为 0.122，日最大制冰量为 6.5kg。

吸附床的结构和传热传质特性导致其温度分布不均匀，对太阳能吸附制冷系统的性能影响较大。因此研究了翅片床周围的温度分布，图 2-21 为吸附管周围的温度分布。吸附床的东部、西部与朝向阳光面的温度相似，且高于背光面。背面与朝向阳光面之间的平均温差是 7.84℃，出现最大温差的时刻在 14:00 左右。

表 2-17 显示了有阀控制的太阳能吸附制冷系统在 4 种典型的天气条件下的吸附/解吸过程的系统制冷性能。在吸附床温度达到最大值后半小时关闭阀门。

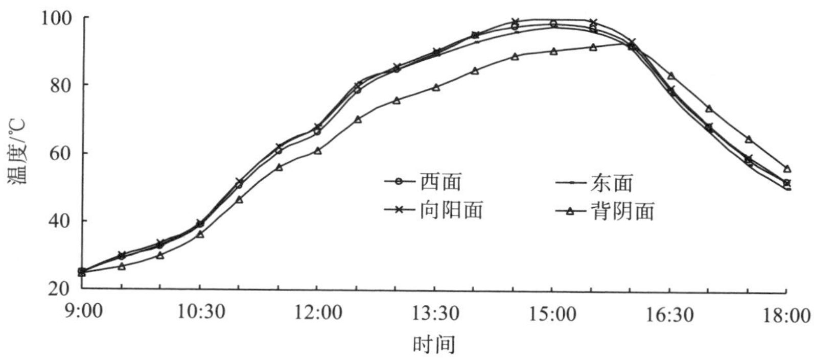

图 2-21　吸附管四周温度分布图

表 2-17　典型天气条件下系统制冷性能(阀门控制吸附/解吸过程)

参数	3 月 19 日	3 月 20 日	3 月 28 日	3 月 26 日
制冰量/冷水量/kg	6.5/1.5	4.6/3.4	1.8/4.2	0/6
辐射总量/MJ	20.460	21.479	15.586	11.51
最低水温/℃	0.1	0	−1.6	0.5
直接制冷量/MJ	2.490	1.991	1.287	0.418
蒸发器消耗冷量/MJ	0.0216	0.031	0.059	0.036
COP_{solar}	0.122	0.094	0.086	0.039
天气条件	晴天基本无云	晴天有时有云	多云辐射较强	多云辐射微弱

在昆明当地的天气条件下，吸附床的最高温度出现在 14:30～15:00。由表 2-17 可知，3 月 19 日、3 月 20 日、3 月 28 日和 3 月 26 日的 COP 分别为 0.122、0.094、0.086 和 0.039。3 月 19 日 COP 较 3 月 20 日高出约 29.7%，是由于 3 月 20 日的云层覆盖，吸附剂层温度下降。在晴天基本无云、晴天有时有云、多云辐射较强的天气条件下，均观测到制冰现象。3 月 19 日的 COP 是 3 月 26 日的 3.12 倍，这是 3 月 26 日太阳低辐射造成的。

图 2-22 显示了吸附阶段在 4 种典型天气条件下蒸发器的温度变化(阀门控制吸附/解吸过程)。可以看出，在晴天基本无云天气下吸附制冷速度更快。从温度下降的起点到最

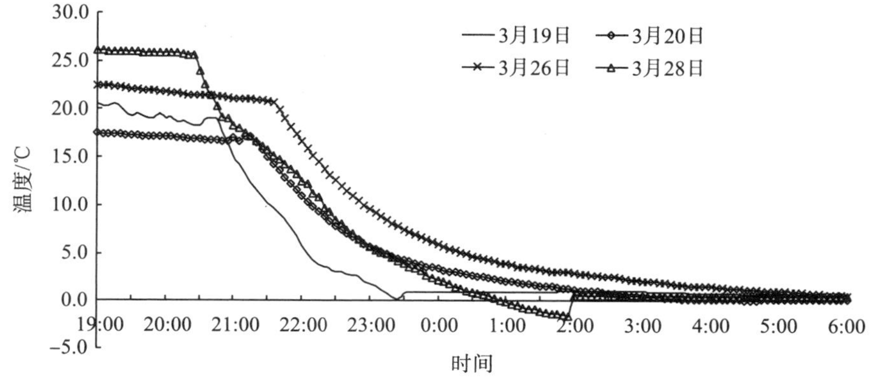

图 2-22　4 种天气条件下蒸发器内的温度变化(带阀门)

低点的时间约为3h，在晴天有时有云和多云辐射较强的天气条件下，时间为5h左右。在多云辐射微弱的天气条件下，吸附时间大于 6h，由于吸附工质在吸附剂表面的扩散对吸附速度有重要影响，因此活性炭颗粒吸附剂采用大直径管道装填，以增加吸附剂对制冷剂的吸附来缩短吸附时间是一种可行的方法。

表2-18为4种典型天气条件下太阳能吸附制冷系统无阀控制的吸附/解吸过程的系统制冷性能。由表可知，4月2日、4月1日、4月5日和4月3日的COP分别为0.107、0.082、0.061 和 0.022，对应的天气条件分别为晴天基本无云、晴天有时有云、多云辐射较强、多云辐射微弱。4月2日的COP比4月1日高出约30.4%，是4月3日的4.86倍。在晴朗基本无云、晴天有时有云、多云辐射较强的天气条件下，观察到制冰现象。4月3日太阳辐射较低，未出现制冰现象。对比表2-17、表2-18可知，阀控系统在各种天气条件下的制冷效率均高于无阀控系统。

图 2-23 显示了吸附阶段在 4 种典型气候条件下的蒸发器温度变化(无阀控制吸附/解吸过程)。对比图2-22，所有曲线在吸附阶段变化平缓，耗时较长。

表2-18　4种天气条件下的制冷性能(无阀门)

参数	4月2日	4月1日	4月5日	4月3日
制冰量/冷水量/kg	5.3/2.7	2.6/3.4	2.1/3.9	0/4
辐射总量/MJ	24.697	18.585	18.886	13.103
最低水温/℃	0	−1.5	−1.2	2.6
直接制冷量/MJ	2.593	1.469	1.111	0.261
蒸发器消耗冷量/MJ	0.053	0.051	0.0035	0.034
COP_{solar}	0.107	0.082	0.061	0.022
天气条件	晴天基本无云	晴天有时有云	多云辐射较强	多云辐射微弱

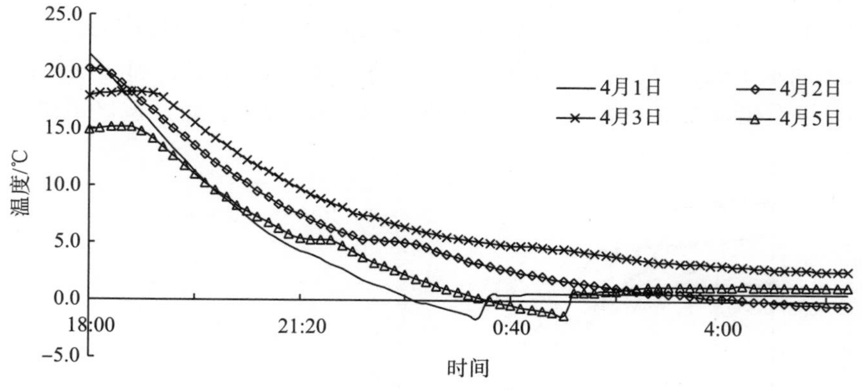

图2-23　4种天气条件下蒸发器内温度变化(不带阀门)

上述研究表明，通过采用增加翅片和传质通道的方法，可提高吸附床内的传热传质能力。根据所设计优化的太阳能翅片吸附/集热床，在 4 种不同的天气条件下对系统的运行特性开展的研究表明，采用大直径金属翅片管吸附集热床结构可有效提高系统的传热传质性能，从而提高系统的性能，为后续构建翅片管式强化传热传质太阳能吸附制冰系统及对其性能进行研究奠定了良好的工作基础。

2.8.4　翅片管式强化传热传质太阳能吸附制冰机系统构建及特性

在研究翅片管强化传热的太阳能吸附制冷系统的过程中，我们发现了系统运行过程中的几个重要问题。一是制冷剂气体在传质管道中的传质过程有障碍。实验中发现，吸附床解吸时，解吸所需时间长，传质管道外壁很烫，真空压力表示数高。二是解吸过程不彻底。虽采用翅片管吸附床强化了传热过程，解吸速度有所提高，但受热解吸出来的制冷剂未能及时有效地进入冷凝器，淤积在集热器内，使集热器表面温度升高，热损失大。当环境温度降低时，这部分解吸制冷剂直接在吸附床内被吸收，未能经过冷凝器储存于蒸发器内，使得这部分解吸能量不能被有效利用。三是当日间天气晴朗时，晚上吸附过程中会出现甲醇不直接气化吸附，而是先雾化再气化的情况，使甲醇大量的汽化潜热没有完全从蒸发器内吸热而降低了系统性能。

解吸气体传质方面的不足是产生上述问题的关键，因为解吸气体传输受阻会影响吸附床的解吸速度和解吸量，导致制冷系统能量利用率和工质循环效率低。针对上述存在的问题，本课题组做出过很多努力，曾尝试在系统不启动时或在系统运行过程中，当解吸压力较高时，采用真空泵抽真空的方法来强化制冷剂气体在循环管道内的传输，实验结果表明，其对制冷效果的改善非常明显，制冰量增加，制冷效率明显提升。经反复尝试发现，除吸附床传热传质性能、制冷工质对性能等这些内部因素对制冷效率有影响外，其外部制冷工质循环性能的改善也能极大提高吸附制冷效果。因此，基于前期吸附床结构的改进和传热的强化研究进展，采用强制循环对制冷工质循环过程进行优化。

1. 强化传热传质太阳能吸附制冰系统构建

强化传热传质太阳能吸附制冰系统吸附床子部件及整体系统如图 2-24 及图 2-25 所示，该系统由 5 部分组成：太阳能集热/吸附床、微型真空泵(也称为管道泵)、两个冷凝器、两个储液器和一个蒸发器。其中吸附床和蒸发器与强化传热太阳能吸附制冷系统的相同，不同之处在于：在该系统中增加了一个冷凝器和一个储液器，且增加了强化传质装置的管道泵。两个冷凝器用于将高温甲醇气体冷凝为液态制冷剂，液态的甲醇在重力作用下流入储液器中，储液器为垂直放置的带有刻度的透明玻璃容器，用于计量所解吸出的制冷剂的量。微型真空泵由直流电驱动，太阳能电池模块可为其直接提供动力，微型真空泵的功率由太阳辐射调节，整个系统仅由太阳辐射提供动力运行。微型真空泵由直流控制器控制，这可以依据太阳辐射强度自动控制，因而更容易控制解吸过程。当太阳辐射强度低于真空泵工作的阈值时，微型真空泵不工作，也就相当于在冷凝器 2 与储液器 1 之间增加了一个阀门。一旦太阳辐射强度在微型真空泵的工作范围，微型真空泵就开始工作。

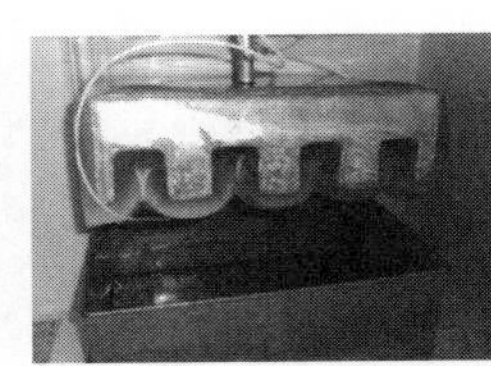

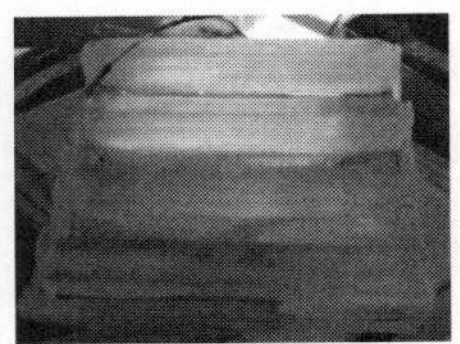

图 2-24 强化传热翅片管和制取的冰块

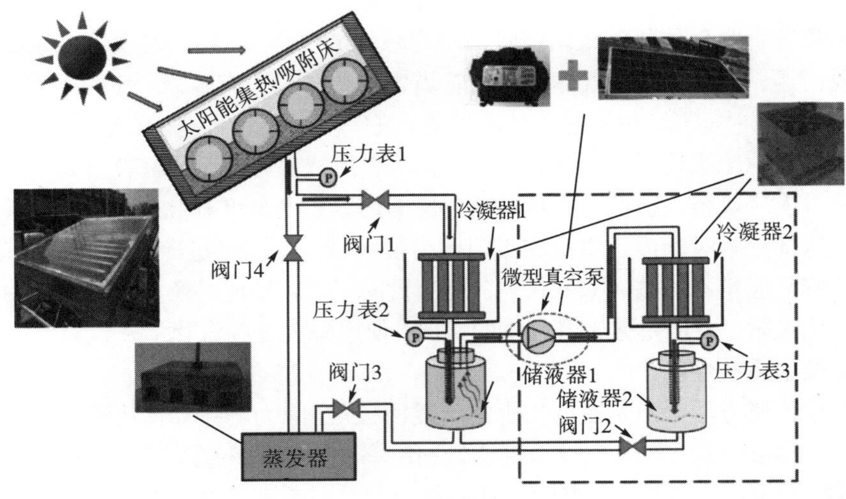

图 2-25 太阳能吸附制冷系统图

此管道泵的相关技术参数见表 2-19。由表可见，本泵使用的直流电，且功率较小。这为以后进行光伏协同强化传质的太阳能吸附制冷系统的研究奠定了一定的基础，光伏协同强化传质即用太阳能电池产生的电来驱动本制冷系统中管道泵的工作。

表 2-19 管道泵的技术参数

型号	电压/V	负载电流/A	功率/W	峰值流量/(L/min)	平均流量/(L/min)	相对真空度/kPa
VAY8828	24	＜1.4	＜33.6	28	18	≈-88

2. 强化传热传质太阳能吸附制冰系统在晴朗无云天气条件下的运行特性

在晴朗无云天气条件下，9:00～15:00 的实验过程中，太阳辐照度变化和吸附床温度变化如图 2-26 所示。在不同的天气条件下，经过测量，12 根吸附管的温度最大温差小于 6℃。为了简化计算，测量从吸附床下部往上的第 2 根、第 5 根、第 8 根和第 11 根吸附管温度，其平均温度作为整个吸附床的温度。在自然传质和强化传质解吸过程中，由于吸附床吸收太阳辐射能量，其温度在 13:00 之前始终保持快速上升，然后达到最大值并保持稳定，直到实验结束的 15:00 吸附剂温度开始下降。强化传质实验中吸附床所接收的太阳总辐射是 15.48MJ，吸附床最高温度为 83.8℃。在自然传质解吸的实验中，吸附床接收到的太阳总辐照度为 15.72W/m^2，吸附床最高温度为 88.1℃。由图 2-26 还可以看出，在进行解吸实验的两天中，太阳辐照条件相似，温度变化趋势相似。

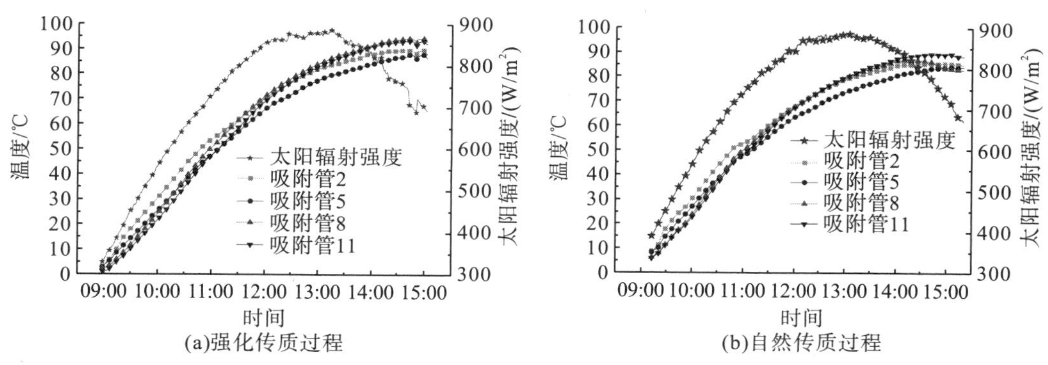

图 2-26　晴朗无云天气条件下强化传质过程和自然传质过程中吸附床温度变化

由图 2-27 可知，在两次解吸过程中吸附床的压力在实验开始后的 2h 内几乎以相同的趋势逐渐升高，原因是在实验开始时压力较低，在这种情况下，即使微型真空泵已经工作，但压力低于泵的工作压力，微型真空泵的运行不能改变吸附制冷系统的压力。当吸附床的温度接近 50℃且吸附床的压力约为 30kPa 时，直到 11:00 左右打开阀门 1，解吸过程才开始。随着吸附剂温度的升高，制冷剂的压力也随之升高。由于在强化传质吸附制冷系统中使用管道泵，吸附床中的制冷剂蒸气压总是比自然解吸制冷系统中的制冷剂蒸气压低约 10kPa。吸附床的压力几乎等于储液器中的压力，这种现象在两个系统的解吸过程中相同。吸附床中解吸的制冷剂蒸气在吸附床和储液器之间的压力梯度的作用下进入冷凝器中，但为了保持压力平衡和饱和压力，一些制冷剂液体在液体容器中再次蒸发，降低了压力梯度，使制冷剂蒸气难以流动。只有当更多的制冷剂蒸气被解吸增加了吸附床中制冷剂的压力并再次打破压力平衡时，制冷剂蒸气才会流入冷凝器。对于强化传质解吸系统，微型真空泵用于提供压力梯度并不断地打破压力平衡。这也是增加强化传质系统所解吸的制冷剂的量更多的另一个原因。表 2-20 为晴朗无云天气条件下自然传质系统与强化传质系统解吸性能对比。可以看出，晴朗无云天气条件下强化传质比自然传质在辐照条件基本相同的情况下解吸更多的制冷剂，具有更高的 COP_{solar}。11:15 在强化传质解吸系统中储液器中有少量的制冷剂被解吸出来，而在自然传质解吸系统中储液器中则没有任何制冷剂。强化传质系统中解吸过程在更低的压力下进行，开始解吸的时间更早。

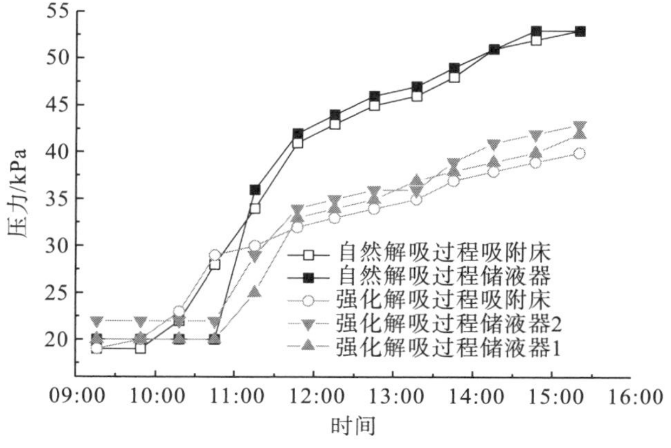

图 2-27　晴朗无云天气条件下自然传质系统与强化传质系统压力变化

表 2-20　晴朗无云天气条件下自然传质系统与强化传质系统解吸性能对比

类型	太阳辐射/MJ	吸附床最高解吸温度/℃	开始解吸温度/℃	开始解吸压力/kPa	制冷剂解吸量/mL	COP_{solar}	COP^{m}_{solar}
自然传质过程	15.72	88.1	55.7	36	2350	0.122	—
强化传质过程	15.48	83.8	52.6	31	2800	0.142	0.123

图 2-28 为吸附过程中蒸发器温度的变化情况。在吸附过程开始时两个系统的蒸发器的温度均迅速下降到 0℃，大量的相变潜热被储冰盒里 7kg 的水吸收，在温度达到 0℃后温度下降的速度变慢。但是由于自然传质系统和强化传质系统中所解吸出的制冷剂的量不同，最终蒸发器的温度差别很大。强化传质系统可以将 7kg 的水完全变成冰，并且使得蒸发器温度保持下降直到第二天早上，蒸发器温度约为-3℃。虽然在自然传质系统中，蒸发器的温度也会降低到 0℃以下，但是在温度达到 0℃后会再次升高到 0℃以上，这也意味着解吸的制冷剂的量比较小，只能使储冰盒里的部分水变成冰。图 2-29 显示了强化传质系统中制冷剂的解吸速度和解吸量均高于自然传质系统。

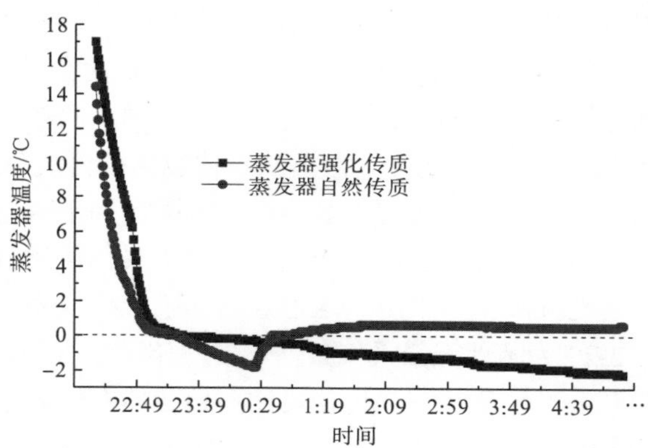

图 2-28　晴朗无云天气条件下吸附过程中自然传质与强化传质系统中蒸发器温度变化

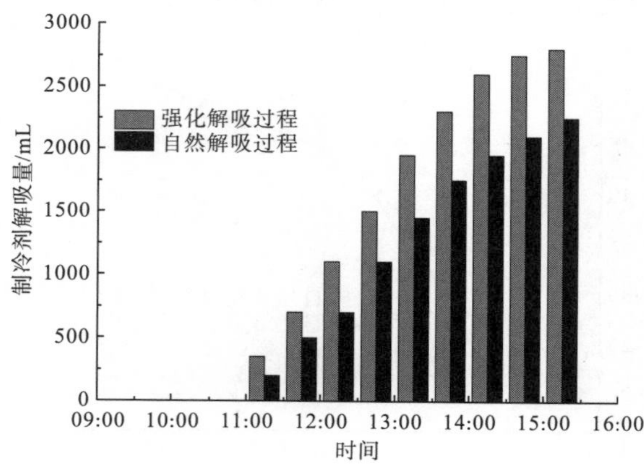

图 2-29　晴朗无云天气条件下自然传质与强化传质系统中制冷剂解吸量对比

3. 晴朗有云天气条件下系统性能

选择在晴朗有云天气条件下对系统的解吸性能进行对比实验，实验时间为9:00～15:00，实验过程中太阳总辐射非常接近。在强化传质解吸实验中，吸附床所接收到的太阳辐射总量为 14.63MJ，在自然传质解吸实验中，吸附床所接收到的太阳辐射总量是 15.08MJ。如图 2-30 所示，在强化传质解吸实验中吸附床的最高温度为 81.9℃；在自然传质解吸实验中，吸附床达到的最高温度为 84.3℃。从图 2-30 可以看出，由于受多云天气的影响，在强化传质解吸实验中，10:30～11:30 吸附床温度保持不变，自然传质解吸实验中也出现了相同的情况，只是出现的时间和维持的温度不同。

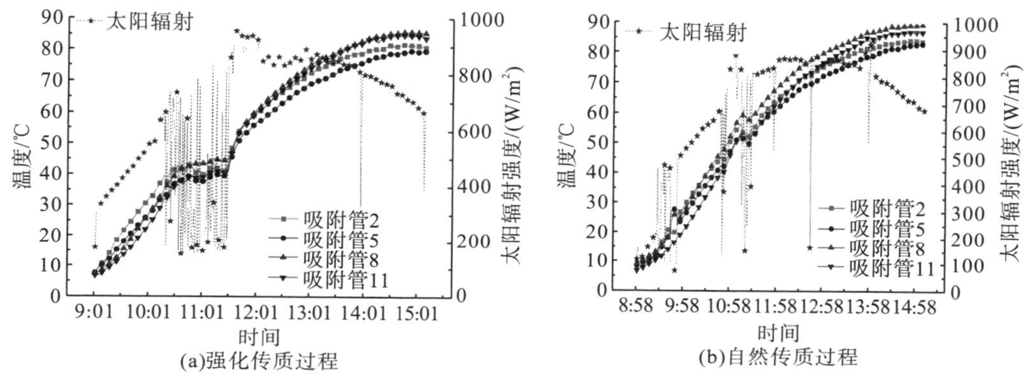

图 2-30　晴朗有云天气条件下强化传质和自然传质过程中吸附床温度变化

如果考虑强化传质解吸过程中微型真空泵的能耗，COP_{solar}^{m} 的值为 0.101，$Q_{s\text{-}pump}$ 的值为 2.19MJ，由 0.3m^2 的太阳能电池板供能。解吸的制冷剂质量和 COP_{solar} 的值见表 2-21。强化传质系统解吸过程开始 4.5h 所解吸出的制冷剂的量与自然传质系统解吸 6h 所解吸出的制冷剂的量相等。图 2-31 为晴朗有云天气条件下实验过程中自然传质与强化传质过程中系统压力变化。图 2-32 显示了在晴朗有云天气条件下吸附过程中自然传质与强化传质系统中蒸发器温度变化。

表 2-21　晴朗有云天气条件下自然传质系统与强化传质系统解吸性能

类型	太阳辐射总量/MJ	吸附床最高解吸温度/℃	开始解吸温度/℃	开始解吸压力/kPa	制冷剂解吸量/mL	COP_{solar}	COP_{solar}^{m}
自然传质过程	15.08	84.3	57.2	34	1700	0.091	—
强化传质过程	14.63	81.9	55.3	32	2050	0.116	0.101

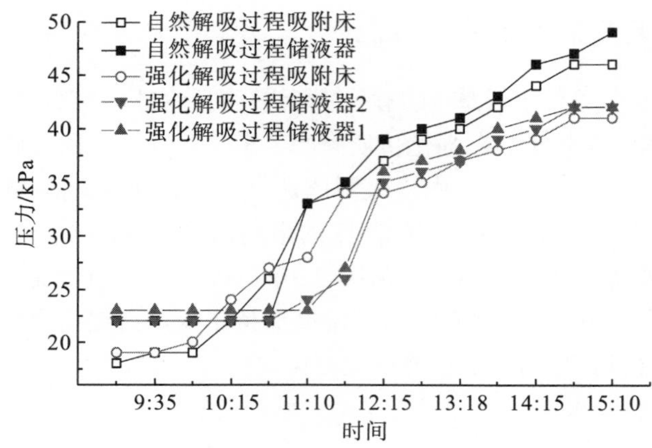

图 2-31 晴朗有云天气条件下实验过程中自然传质系统与强化传质系统压力变化

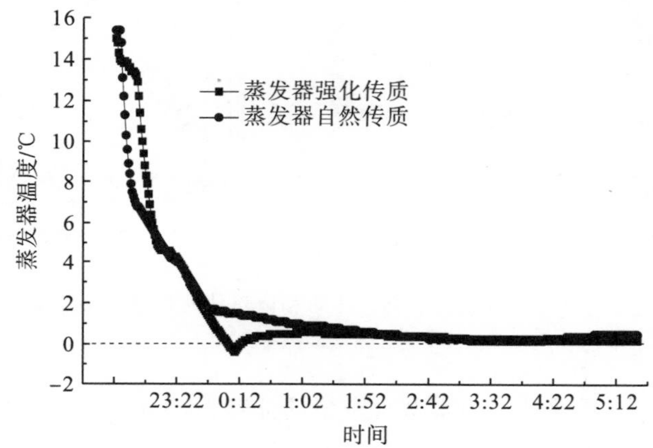

图 2-32 晴朗有云天气条件下吸附过程中自然传质与强化传质系统中蒸发器温度变化

对于自然解吸系统，虽然在不同的天气条件下，总太阳辐射略有不同，分别为 15.72MJ 和 15.08MJ，但解吸出的制冷剂的量存在的差异较大，图 2-33 为晴朗有云天气条件下自然传质与强化传质制冷剂解吸量对比，两种传质方式的解析量分别为 2350mL 和 1700mL。其中一个原因是，制冷剂在流入冷凝器之前在吸附床中被解吸，需要更多的热量来增加制冷剂的压力，从而促使其流入冷凝器中。但是，一旦太阳辐射强度降低，吸附剂温度就会降低，解吸出的制冷剂会被吸附剂再次吸附，被浪费的能量较大。强化传质解吸系统可以最大限度地减少能量损失，解吸出更多的制冷剂。因此，由以上结果可知，在相同的实验时间、相同的太阳辐射量、相同的最高吸附剂温度条件下，强化传质解吸系统的制冷剂循环量和 COP_{solar} 比自然解吸系统高得多。在晴朗有云的天气条件下，强化传质解吸系统的优势更加明显。

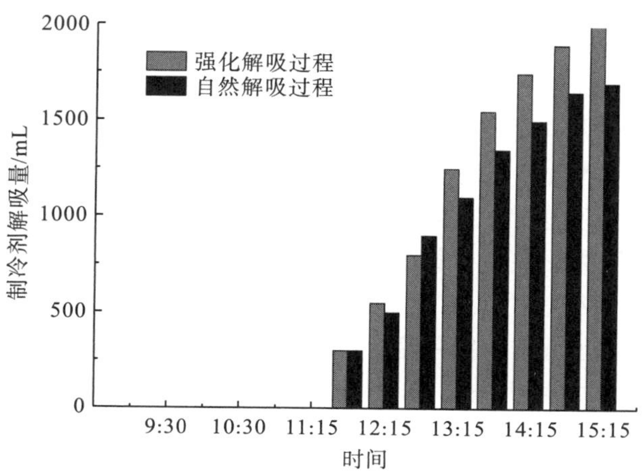

图 2-33　晴朗有云天气条件下自然传质与强化传质制冷剂解吸量对比

2.9　本 章 小 结

在本章中，首先讲述了太阳能固体吸附制冷的原理和相关的概念，然后以典型的平板式太阳能吸附制冷系统的设计和性能研究为例，阐述了太阳能吸附制冷系统的设计要点以及系统性能研究与分析方法。在此基础上，构建了大管径翅片管式太阳能吸附制冷系统，以强化其传热传质性能，对系统特性与系统性能进行了研究。通过对太阳能吸附制冷系统性能的研究，得出了一些主要结论。

(1) 设计了典型的以平板式集热器为热驱动源的太阳能固体吸附制冰机，制作了一台由两块集热板(每块集热板的有效集热面积为 0.75m^2)所组成的总有效集热面积为 1.5m^2 的太阳能固体吸附制冰机，该装置能在不同的太阳辐射强度资源条件下分别对 0.75m^2 及 1.5m^2 的太阳能固体吸附制冷循环系统进行性能分析与测试。实验表明，对于集热面积为 0.75m^2 的制冷系统，在接收 14～16MJ 能量的条件下，系统能产生冰块 4～5kg，而用两块集热器并联成总吸热面积为 1.5m^2 的系统，在接收 28～30MJ 能量的条件下，系统能产生冰块 7～10kg，COP_{solar} 为 0.12～0.15。

(2) 通过实验测试系统分析了太阳能制冰机在不同辐射条件下各吸附床、蒸发器、冷凝器、结冰量的动态特性，详细分析了太阳能制冰机系统各关键参数随加热时间及吸附时间的变化关系。通过实验分析了太阳能制冰机受太阳云层辐射的影响，实验得出太阳能制冰机能正常工作需要的太阳辐射强度须大于 12MJ/d，且受云层遮挡的时间原则上不能超过 3h。

(3) 为了强化太阳能吸附制冷系统的传热传质性能，设计并优化了一种太阳能翅片管吸附床集热器，通过增加内翅片和传质通道来增强集热器内的传热传质特性。在 4 种典型天气条件下，对所构建的翅片管吸附/集热床太阳能固体吸附制冷系统进行了有阀、无阀控制的吸附/解吸过程的实验。实验中，最大制冷效率为 0.122，最大日制冰量为 6.5kg。阀控的太阳能吸附制冷系统在吸附/解吸过程中的效率明显高于无阀控制的吸附/解吸制冷系统。

(4) 针对目前太阳能吸附制冷技术存在吸附/解吸时间长、传热传质性能较差、制冷效率较低等方面的缺陷，为强化太阳能吸附制冷系统的传质性能，以典型的基本循环为基础，提出了通过降低解吸过程中的冷凝压力以强化制冷剂传质的方法，采用管道泵作为强化传质的手段，在不同的天气条件下进行对比实验。强化解吸系统的制冷剂的解吸量和 COP_{solar} 在晴朗无云天气条件下分别增加 19.1%和 16.4%；晴朗有云天气条件下，分别增加 20.6%和 27.5%。与自然解吸太阳能吸附制冷系统相比，强化传质太阳能吸附制冷系统中，解吸相同的制冷剂的时间可缩短约 1.5h。强化传质吸附制冷系统具有较好的制冷性能、较快的解吸速度，且周期短、运行条件简单稳定等优点。该新型太阳能吸附制冷系统的特点可以为下一步优化冷凝器压力值和提高多床吸附制冷循环系统性能提供参考。

第3章 太阳能固体吸附制冷系统建模及变工况性能

3.1 概 述

科学的发展要求各学科交叉渗透，也要求制冷科学学习其他学科经验，借鉴吸附系统工程与控制论、计算机与传热学、仿真优化理论的优点，寻找新的分析方法，使制冷系统的分析计算更切合客观实际，在定量分析上求得突破，在计算方法上获得更新。

纵观太阳能固体吸附制冷发展的研究历程，充分体现了用制冷系统热动力学的方法来分析系统性能具有较全面、深入的特点。为了对系统性能做出科学全面的分析，考虑到系统实际运行过程中受不同地域气候条件等运行工况的显著影响，需要对太阳能固体吸附制冷系统进行理论上的深入分析与计算。通过确立系统装置各子系统之间的匹配关系及系统随外界条件的变化关系，对建成的实验样机做出分析与改进的方案，从而加快太阳能固体吸附制冷技术的实用化进程。许多学者为此做出了积极的探索，这些探索对实际研究工作的进一步开展提供了有益的帮助。开展太阳能固体吸附制冷的建模及优化设计工作，可促进该系统真正地得到推广应用。

在本章中，着重建立太阳能固体吸附系统传热传质数学模型并求解，得到系统的内部、外部参数以及工况条件对系统传热传质性能的影响，以期提高太阳能吸附制冷系统的传热传质性能，以此进行太阳能吸附制冷系统性能的优化，促进其实用化。

3.2 太阳能固体吸附制冷系统数学模型与求解

吸附床在固体吸附制冷循环中起到压缩机的作用，是太阳能固体吸附制冷循环的心脏，而吸附床性能的优劣则又取决于吸附床内的传热传质性能，因而对吸附床内的传热传质规律做出合理的分析与计算，将会对太阳能吸附制冷系统吸附床的设计与优化起到积极的促进作用。

平板式制冰机装置的吸附床结构示意图如图3-1所示。为了有效地收集太阳能辐射的能量，通常将吸附剂材料(活性炭)紧压后堆积在一金属壳体表面内，并在壳体内放入一些传热肋片以使金属壳体内的吸附剂材料得到较好的传热。在将吸附剂材料填充至金属壳体之内并留出传质通道后，将金属壳体与吸附剂密封焊接成一体，这样就形成了吸附床的本体(外部金属壳体、传热肋片、吸附剂材料、制冷剂)。为保证吸附床本体在吸热后能有效地加热吸附床内的吸附剂以解吸制冷剂,在吸附床本体上表面4～5cm的地方盖上一层(或两层)玻璃盖板,以形成吸附床集热器集热表面的温室效应,而在金属壳体的其余3个表面均用保温材料(用聚氨酯发泡成形)使吸附床金属壳体与外界环境隔离,以减小金属吸附床本体与外界的热交换损失。

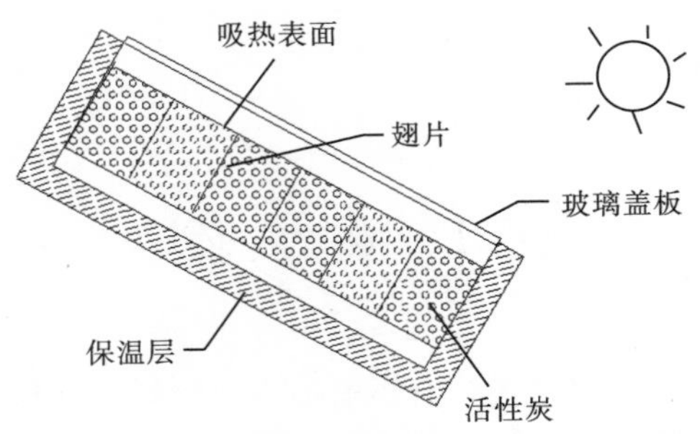

图 3-1 平板式制冰机吸附床结构示意图

3.2.1 传热数学模型的建立

以所构建的平板式太阳能固体吸附制冰机作为求解对象,对其进行实际工况下的分析与计算。由于太阳光强的辐射是平行的,对于图 3-1 所示的平板式太阳能吸附床结构,可以认为吸附床在长度方向的温度与压力分布是均匀的,即在计算时将吸附床内三维空间的热工参数分布简化为与长度方向相垂直的横截面方向上的二维参数分布,这样的简化方法能较好地符合实际系统运行工况的条件,并为计算工作带来了方便。由于传热肋片在宽度方向是均匀分布的,只需选择两肋片之间的活性炭层(ABFE 截面内的活性炭层)来分析。再考虑到肋片的对称性,可进一步简化,选相邻两肋片间活性炭堆积床的一半作为计算域,即以ABDC所包围区域内的吸附剂与制冷剂作为传热传质研究对象,如图3-2所示。在这样的简化条件下,吸附床的计算截面图如图3-2所示。*AB*、*BD*、*DC*、*CA* 实际构成了计算模型求解的边界。

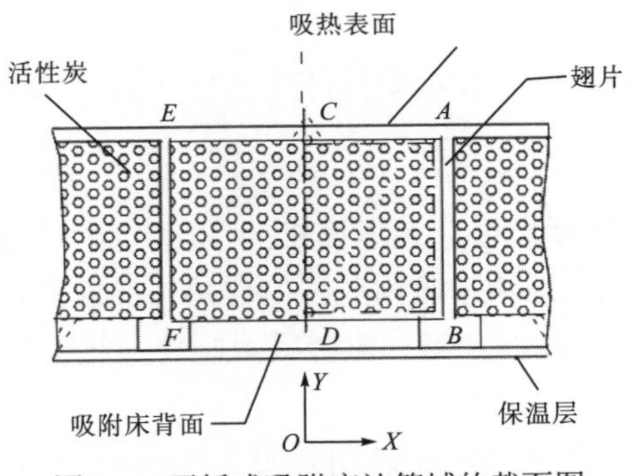

图 3-2 平板式吸附床计算域的截面图

吸附剂通常选用比表面积大的多孔介质(如活性炭、沸石分子筛等),自然的吸附床内的传热传质问题应该用多孔介质的理论来分析并在适当的简化条件下加以求解。因而,首先应对多孔介质的内部结构做一了解，以便在建模求解时选择合理的方程组。

多孔介质是指内部含有众多孔隙的固体材料，是由多项物质所占据的空间，也是多项物质共存的一种组合体。在多项物质中一定有固体相(吸附剂，如活性炭、分子筛)，固体相又称为固体骨架，没有固体骨架的那部分空间称为空隙或孔隙，它被液体或气体或气液两相占有。固体骨架分布于多孔介质占据的整个空间内，多数孔隙是相互连通的，这些连通的孔隙称为有效空隙，那些互不连通或虽然连通但流体很难通过的则称为死端空隙，流体可通过有效空隙从多孔介质的一端流动渗透到另一端，如图 3-3 所示。表示多孔介质重要特征的参数如下：①孔隙率ε，表示多孔介质中孔隙所占份额的相对大小；②比面Ω，表示多孔介质总容积与固体骨架总表面积之比；③固体颗粒尺寸 dp，表示固体颗粒折算成圆球的当量直径。在固体吸附制冷空调中，到目前认为活性炭是较好的吸附工质，是使用最广的吸附剂。活性炭的孔隙按孔径可分为 3 类，即微孔、中孔和大孔，其结构如图 3-4 所示。活性炭的吸附作用基本上依靠微孔，中孔和大孔的主要功能是作为气体进出的通道(对应多孔介质中的主流通道)。对多孔介质的传热过程进行分析可知，它包括：固体骨架(颗粒)之间的相互接触及空隙流体的导热过程；空隙中流体的对流换热；液体蒸发(对应固体吸附制冷循环中吸附剂的解吸)、沸腾及气体凝结(对应固体吸附制冷循环中吸附剂的吸附)等相变换热；固体骨架(颗粒)或气体间的辐射热。辐射换热贡献只是在固体颗粒之间温差较大、空隙为真空或由气体占据时才比较明显。多孔介质中的传质过程包括：①分子扩散，这是由流体分子的无规则随机运动或固体微观粒子的运动而引起的质量传递，它与热量传递中的导热机理相对应；②对流传质，这是由流体的宏观运动而引起的质量传递，它既包括流体与固体骨架壁面之间的传质，也包括两种不混流体(含气液两相)之间的对流传质。

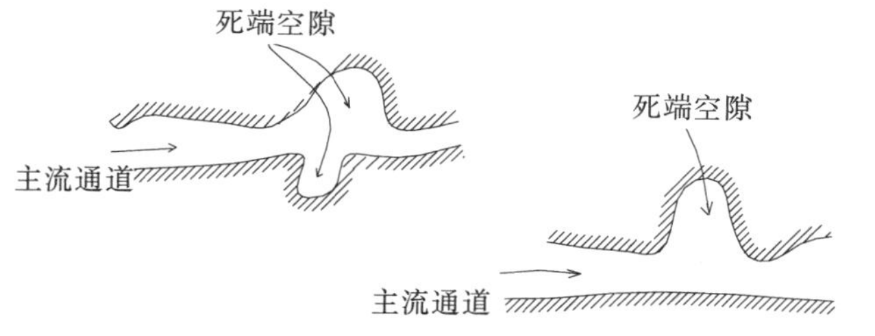

图 3-3　多孔介质空隙示意图

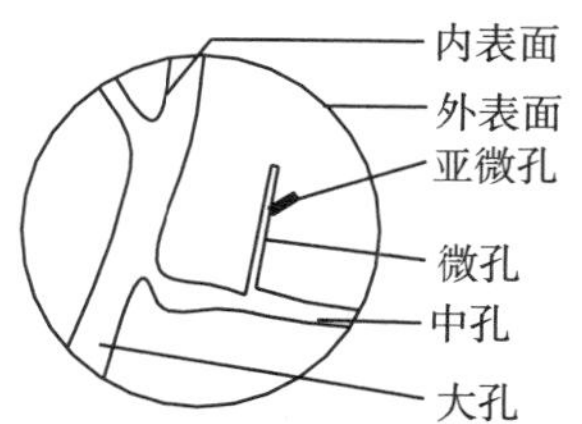

图 3-4　活性炭结构示意图

由于多孔介质具有以上特性，在数学建模时通常采用宏观的方法去分析解决多孔介质的问题，即将多孔介质及其孔隙中的流体视为被固体连续介质包围起来的连续介质，用一种假想的无固定结构的气液固连续介质去代替多相多孔介质，并假设固体、液体、气体均为充满多孔介质的连续介质，它们之间在空间各点按时间连续分布，并具有确定的参数值，且它们之间还可发生相互作用。这种处理方法尽管与多孔介质实际微观状态有较大的差异，但仍能有效地满足工程设计上的要求。对于固体吸附制冷循环而言，吸附床内的吸附剂(活性炭、分子筛)的直径通常小于 46mm，且在吸附和解吸过程中流体流速较小，故在传热过程中可忽略辐射换热项的贡献，这将给吸附床内的传热传质分析计算带来方便。

3.2.2 数学方程的描述

对于固体吸附制冷循环中吸附床内多孔介质传热传质的计算，应根据实际系统循环的运行特点，做出合理的简化，以使求解变得可能，假设：

(1) 固体骨架是不可压缩的（$\rho_s = \text{const.}$），并且是固定不移动的（$W_s = 0$）；

(2) 液体吸附在固体骨架内的孔隙内，也是固定不移动的（$W_l = 0$）；

(3) 液相是单组分且不可压缩的（$\rho_l = \text{const.}$），液相的黏性耗散能 $\mu\Phi$ 可忽略不计；

(4) 在各相中无化学反应，忽略气体的可压缩性，气相的黏性耗散也为零；

(5) 固体与流体的温度基本相同，这一点已得到证明，故 $T_s = T_l = T_g$；

(6) 固液、气液和固液界面的表面可忽略不计。

根据以上假设，将吸附床内吸附及解吸过程中的吸附率、解吸率在质量守恒方程中作为附加的传质源项考虑；而将吸附热、解吸热在能量方程中作为附加的传热项考虑，则可得出多孔介质内传热传质的基本方程。

气相质量守恒偏微分方程：

$$\frac{\partial \varepsilon \rho_g}{\partial t} + \nabla(\rho_g W_g) + \rho_g \frac{\mathrm{d}a}{\mathrm{d}t} = 0 \tag{3-1}$$

式中，ε 为吸附剂孔隙率；ρ_g 为气体密度；W_g 为气体流速；a 为单位质量的吸附剂对制冷剂的吸附量，kg/kg；$\rho_g \frac{\mathrm{d}a}{\mathrm{d}t}$ 为吸附床在加热解吸或冷却吸附过程中对制冷剂的解吸或吸附量。

对固相、液相而言，由于 $\rho_s = \text{const.}$，$W_s = 0$，$W_l = 0$，不需列出方程。

气相动量守恒微分方程：

$$\rho_g \frac{\mathrm{d}W_g}{\mathrm{d}t} = \rho_g g - \nabla P_g \tag{3-2}$$

式中，W_g 为吸附、解吸时制冷剂气体的流速；P_g 为制冷剂气体流动时所对应的压力。

对固相、液相而言，由于 $\rho_s = \text{const.}$，$W_s = 0$，$W_l = 0$，仍不需列出方程。式(3-2)实质为忽略黏性效应的纳维-斯托克斯(Navier-Stokes)方程。

能量守恒偏微分方程如下。

固相：

$$\rho_s C_{ps} \frac{\partial T_s}{\partial t} = \nabla k_s \nabla T_s \tag{3-3}$$

液相：

$$\rho_l C_{pl} \frac{\partial T_l}{\partial t} = \nabla k_l \nabla T_l \tag{3-4}$$

气相：

$$\varepsilon \rho_g C_{pg} \frac{\partial T_g}{\partial t} + \nabla \varepsilon \rho_g C_{pg} W_g \nabla T_g = \nabla k_g \nabla T_g + \rho_g q_{st} \frac{\mathrm{d}a}{\mathrm{d}t} \tag{3-5}$$

式中，C_{ps}、C_{pg}、C_{pl}分别为固相、气相、液相的定压热容；k_s、k_g、k_l分别为固相、气相、液相的导热扩散系数。

将式(3-3)、式(3-4)、式(3-5)相加，并注意到$T_s = T_l = T_g = T$，则可得

$$(\varepsilon\rho_g C_{pg} + \rho_s C_{ps} + \rho_l C_{pl})\frac{\partial T}{\partial t} + \nabla\varepsilon\rho_g C_{pg} W_g \nabla T_g = \nabla k_g \nabla T + \nabla k_s \nabla T + \nabla k_l \nabla T + \rho_s q_{st}\frac{\mathrm{d}a}{\mathrm{d}t} \tag{3-6}$$

令

$$\varepsilon\rho_g C_{pg} + \rho_s C_{ps} + \rho_l C_{pl} = \rho C_p \tag{3-7}$$

为吸附床的总热容(不包括金属热容)，而对$\nabla k_g \nabla T + \nabla k_s \nabla T + \nabla k_l \nabla T$项，它对应着固体颗粒及流体的导热(扩散效应)，可按多孔介质中经典的有效导热系数的方法来处理，即将多孔介质固体颗粒及空隙中各种流体的导热过程组合起来，用一个有效的导热系数表达：

$$\nabla k_g \nabla T + \nabla k_s \nabla T + \nabla k_l \nabla T = \nabla k_e \nabla T \tag{3-8}$$

式中，k_e为有效导热系数；k_s为吸附床内吸附剂(活性炭)的导热系数；k_l为吸附床内制冷剂液体(甲醇)的导热系数；k_g为吸附床内制冷剂气体(甲醇)的导热系数。

将式(3-7)、式(3-8)代入式(3-6)，得

$$\rho C_p \frac{\partial T}{\partial t} + \nabla\varepsilon\rho_g C_{pg} W_g \nabla T_g = \nabla k_e \nabla T + \rho_s q_{st}\frac{\mathrm{d}a}{\mathrm{d}t} \tag{3-9}$$

式中，左边第一项为吸附床(含吸附剂、制冷剂)内能变化率，第二项为解吸或吸附过程中由于气相制冷剂的流动与固相吸附剂交换的热量；右边第一项为吸附床导热的热量，第二项则对应制冷剂在吸附过程中所散出的吸附热或解吸时所需要的解吸热；q_{st}可由克劳修斯-克拉珀龙(Clausius-Clapeyron)方程求得：

$$q_{st} = RA\frac{T}{T_c} \tag{3-10}$$

其中，对活性炭-甲醇而言，A=4432；R为普适气体常数，$R = 8.314\,\mathrm{kJ/(kg \cdot K)}$。

3.2.3 方程求解的实现

为对吸附床进行传热传质的求解，必须联立质量方程(3-1)、动量方程(3-2)及能量方程(3-9)求其共解，同时相应地补充吸附床在加热解吸过程中的解吸率、解吸热及在吸附过程中的吸附率、吸附热方程。对太阳能固体吸附式制冷循环而言，循环通常分为 4 个阶段：第一阶段吸附床与冷凝器、蒸发器的阀门关闭，此时为等吸附率加热阶段；第二阶段吸附床与冷凝器阀门连通，蒸发器关闭，此时为加热解吸阶段；第三阶段吸附床与冷凝器、蒸发器的阀门关闭，此时为等吸附率冷却阶段；第四阶段吸附床与冷凝器关闭，与蒸发器连通，此时为冷却吸附阶段。根据以上循环的特点，可将传热传质的耦合求解分为两大类型。

1. 等吸附率加热/冷却过程

在等吸附率加热或冷却的一、三阶段，由于吸附床阀门关闭，吸附床与外界制冷子系统并无传质交换过程，此时吸附床仅为传热过程。在这两个过程中，由于无传质过程，无须考虑动量守恒方程及质量守恒方程，能量守恒方程(3-9)变为

$$\rho C_{\mathrm{p}}\frac{\partial T}{\partial t}=\nabla k_{\mathrm{e}}\nabla T \tag{3-11}$$

这是一个典型的非稳态导热问题，对太阳能固体吸附制冷循环而言，可将太阳辐射能量及外界环境参数作为边界条件来处理，即可求得吸附床在等吸附率加热过程中的温升或等吸附率冷却过程中的温降。

2. 解吸或吸附时的传热传质过程

在对应加热解吸的第二阶段及对应冷却吸附的第四阶段，由于吸附床内吸附剂对制冷剂进行解吸及吸附，伴随着传热传质过程的产生。此时，必须联立质量守恒方程(3-1)、动量守恒方程(3-2)及能量守恒方程(3-9)求解，为此必须补充吸附率的吸附速度方程及制冷剂气体在多孔介质中的流动速度方程，以使求解变得可能。对吸附速度方程，目前运用较广的是 Sokoda 和 Suzuki 所提出的公式，它的具体形式如下：

$$\frac{\mathrm{d}a}{\mathrm{d}t}=k_{\mathrm{m}}(a_{\infty}-a) \tag{3-12}$$

$$k_{\mathrm{m}}=\frac{15D_{\mathrm{s}}}{R_{\mathrm{p}}^{2}} \tag{3-13}$$

$$D_{\mathrm{s}}=D_{\mathrm{so}}\exp\left(\frac{-E_{\mathrm{a}}}{RT}\right) \tag{3-14}$$

式中，a_{∞}为吸附平衡时吸附剂对制冷剂的吸附量；a为吸附剂在一定的温度和压力下对制冷剂的吸附量；k_{m}称为传质系数；D_{s}为表面扩散系数，$\mathrm{m^2/s}$；D_{so}为方程常数，$\mathrm{m^2/s}$；E_{a}为表面扩散活化能，J/mol；R_{p}为吸附剂颗粒的平均直径。

文献[23]用式(3-12)～式(3-14)对太阳能固体吸附制冰机做了二维的传热模拟分析及计算工作，并给出了一些参数值：$15D_{\mathrm{s}}/R_{\mathrm{p}}^{2}=7.35\times10^{-3}\,\mathrm{s^{-1}}$，$E_{\mathrm{a}}=4.2\times10^{4}\,\mathrm{J/mol}$。文献[24]用活性炭纤维吸附甲醇做了吸附速度性能实验，研究结果表明，结合修正的 Dubinin-Astakhov(D-A 方程)运用时，该吸附速度方程能在一定的精度范围内较好地描述吸附速度特性。

对物理吸附状态下的平衡吸附而言，单位质量吸附剂对制冷剂的吸附量a_{∞}(kg/kg)可以用建立在吸附理论基础上的 D-A 方程来描述[25]：

$$a_{\infty}=a_{0}\exp\left[-k\left(\frac{T}{T_{\mathrm{s}}}-1\right)^{n}\right] \tag{3-15}$$

式中，k、n为吸附制冷工质对的特征参数；a_0为饱和压力P_{s}(对应制冷剂液体饱和温度T_{s})下的最大吸附率；T为吸附剂的吸附温度。

为求解能量方程式(3-9)，必须对吸附床内吸附剂在解吸和吸附制冷剂时气体的流动速度先做出计算，即先求解动量方程(3-2)。对于制冷剂气体在吸附剂中的流动，由于气

体流速较低，属于雷诺数较低的气体流动(Re<10)，故可利用达西经典定律来描述在解吸及吸附过程中气相流体在固体吸附剂中的流动。对于不可压缩流体在多孔介质中的三维流动，达西定律的一般形式为[26]

$$W_{\mathrm{g}}=-\frac{K_{\mathrm{p}}}{\mu}(\nabla p_{\mathrm{g}}+\rho g\boldsymbol{l}_{\mathrm{i}}) \tag{3-16}$$

式中，K_{p}为吸附床的渗透率；μ为制冷剂气体的黏性系数；$\boldsymbol{l}_{\mathrm{i}}$为与重力方向平行的单位向量。

通常重力对气相的影响较小，可忽略不计，故式(3-16)又可写为

$$W_{\mathrm{g}}=-\frac{K_{p}}{\mu}\nabla p_{\mathrm{g}} \tag{3-17}$$

式(3-17)表明了在解吸和吸附过程中制冷剂气体压力与速度之间的关系，结合吸附速度方程(3-12)，运用数值传热学计算的方法，加上适当的边界条件，可求得吸附床内的压力分布。求得压力分布之后，代入式(3-17)，可求出解吸及吸附时吸附床内气体流场的速度分布W_{g}。将所求得的速度场分布代入能量方程(3-9)中，运用数值传热学求解对流扩散方程的解法，可求出吸附床内的温度场分布，从而完成了吸附床在制冷循环过程中传热传质的分析计算。根据已知的流场和温度场，可对吸附床在制冷循环时的能量转换及质量输运过程做出合理的计算。

3.2.4　传热模型初始条件及边界条件

对前面内容所描述的吸附床内的计算模型，还必须补充初始条件与边界条件，以获得特定工况下的方程解。

初始条件为$t=0$，对于$\forall(x,y)$，有

$$T_{\mathrm{ac}}(x,y)=T_{\mathrm{fin}}(x,y)=T_{\mathrm{ad}} \tag{3-18}$$

$$P_{\mathrm{ac}}(x,y)=P_{\mathrm{e}} \tag{3-19}$$

取吸附床两肋片之间的距离宽度的一半为L，吸附床的径向厚度(即高度)为H，则计算域 4 个面上的温度边界条件如下。

对于CA边，为吸附床的上表面吸热层，其边界条件为

$$k_{\mathrm{e}}\frac{\partial T}{\partial y}\Big|_{y=H}=h(T_{\mathrm{m}}-T_{\mathrm{c}}) \tag{3-20}$$

式中，k_{e}为吸附剂(活性炭)层之间的有效传热系数；h为金属壳体与吸附剂的传热系数；T_{c}为吸附剂表面层的温度；T_{m}为吸附床金属壳体的温度。

式(3-20)中，T_{m}可用集总参数法求出：

$$M_{\mathrm{m}}C_{\mathrm{m}}\frac{\mathrm{d}T_{\mathrm{m}}}{\mathrm{d}\tau}=Q_{\mathrm{in}}-Sh(T_{\mathrm{m}}-T_{\mathrm{c}}) \tag{3-21}$$

式中，M_{m}为吸附床金属壳体的质量；C_{m}为金属壳体的热容；S为吸附床金属壳体与吸附剂之间的接触面积；Q_{in}为吸附床金属壳体所吸收的太阳辐射有效能。

式(3-21)中，Q_{in}可按式(3-22)求取：

$$Q_{\mathrm{in}}=\lambda\alpha IA_{\mathrm{e}}-Q_{\mathrm{t}}-Q_{\mathrm{b}} \tag{3-22}$$

式中，I 为投射到集热器单位表面积上的总太阳辐射能，可用太阳能辐射仪测量；λ 为玻璃盖板的阳光透过率；α 为吸附床集热板的阳光吸收率；A_e 为吸附床金属壳体吸收太阳光的有效面积；Q_t 为面部热损失；Q_b 为底部热损失。

式(3-22)中，Q_t、Q_b 可分别按下式计算：

$$Q_t = U_t A_e (T_m - T_a) \tag{3-23}$$

$$Q_b = U_b A_e (T_m - T_a) \tag{3-24}$$

式中，T_m 为集热板的平均温度；T_a 为环境温度；U_t 为集热板面部的热损失系数，可用经验公式确定；U_b 为集热板底部的热损失系数；Q_b 为底部热损失所占比例，通常小于 10%，且可以看成常数。

由于吸附床集热器除顶部外其余边均用性能较好的保温材料层进行保温，顶部的热损失系数 U_t 在太阳辐射能的收集过程中对吸附床的性能影响较大，通常它是吸热板的温度 T_p、环境温度 T_a、风速 v、玻璃盖板的层数 N、盖层和吸热板的发射率 ε_g 和 ε_p 及集热器倾角 β 的函数。为简化计算，Klein 提出了一个计算 U_t 的比较精确的经验公式[26]，它避免了烦琐重复的迭代计算，其计算公式如下：

$$U_t = \left[\frac{N}{\dfrac{C}{T_p}\left(\dfrac{T_p - T_a}{N+f}\right)^{e}} + \frac{1}{h_w} \right]^{-1} + \frac{\sigma (T_p + T_a)(T_p^2 + T_a^2)}{\left[\varepsilon_p + 0.05N(1-\varepsilon_p)\right]^{-1} \dfrac{2N+f-1}{\varepsilon_g} - N} \tag{3-25}$$

式中

$$C = 365.9(1 - 0.00883\beta + 0.00013\beta^2) \tag{3-26}$$

$$f = (1 - 0.04h_w + 0.0005h_w^2)(1 + 0.091N) \tag{3-27}$$

$$h_w = 5.7 + 3.8v \tag{3-28}$$

对于 AB 边，为肋片的传热边，其边界条件为

$$k_e \frac{\partial T}{\partial x}\Big|_{x=L} = 2h(T_f - T_c) \tag{3-29}$$

关于肋片的温度 T_f，由于肋片长度在高度方向较短，且与吸附床的金属壳体是焊接为一体的，故可认为肋片的温度与金属壳体的温度是一致的，即 $T_f = T_m$。

对于 BD 边，为绝热边界，其边界条件为

$$\frac{\partial T}{\partial y}\Big|_{y=0} = 0 \tag{3-30}$$

对于 DC 边，为计算域的对称平面，故其边界条件可按绝热边界层面来处理：

$$\frac{\partial T}{\partial x}\Big|_{x=0} = 0 \tag{3-31}$$

相应的压力边界条件如下。

CA 边：

$$\frac{\partial P}{\partial y}\Big|_{y=H} = 0 \tag{3-32}$$

CD 边：

$$\frac{\partial P}{\partial x}\Big|_{x=0}=0 \tag{3-33}$$

AB 边：

$$\frac{\partial P}{\partial x}\Big|_{x=L}=0 \tag{3-34}$$

BD 边：

$$P\big|_{y=0}=P_{\mathrm{e}} \quad （与蒸发器相连） \tag{3-35}$$

$$P\big|_{y=0}=P_{\mathrm{c}} \quad （与冷凝器相连） \tag{3-36}$$

$$P\big|_{y=0}=P_{\mathrm{b}} \quad （关闭） \tag{3-37}$$

3.2.5 方程组求解的数值方法

1. 对所建立方程组的分析

以上所列出的微分方程组及其相应的边界条件是一组复杂的变参数、非线性偏微分方程组，难以获得它们的精确解。为实现对多变量非线性复杂边界问题的求解，必须采用数值求解的方法，即把原来在时间、空间坐标中连续的物理量场(速度场、温度场、浓度场等)，用有限个离散点的集合来代替，按一定方式建立起关于这些值的代数方程并求解，以获得物理量场的近似解。对于上一节用数学方法所描述的吸附床内吸附剂的传热传质过程，在等吸附率加热或冷却的一、三阶段，由于吸附床阀门关闭，吸附床与外界制冷子系统并无传质交换过程，此时吸附床仅为传热过程，可对式(3-12)进行直接的纯导热数值计算。但在对应加热解吸的第二阶段及对应冷却吸附的第四阶段，由于吸附床内吸附剂对制冷剂进行解吸及吸附，伴随着传热传质过程的产生，实质上是由质量守恒方程(3-1)、动量方程(3-2)及能量守恒方程(3-9)所组成的有流动的对流换热问题。处理有流动的对流换热问题比求解纯导热问题复杂得多，即不能只求解能量守恒方程，而必须处理包括质量、动量、能量方程在内的一组方程，而且在一般情况下，这组方程是彼此耦合的。这种耦合表现在，用能量方程(3-9)求解温度场时存在对流项，它取决于速度场，即式(3-17)；而求解速度场时，又必须事先知道压力场，即吸附床内吸附剂的压力梯度。理论上可以事先假定试探的压力场，据动量方程(3-2)求解出速度场，然后用数值传热计算的方法通过质量守恒方程(3-1)来校正相应的压力场，通过不断的数值迭代计算，直到动量方程和质量方程同时满足；最后用能量方程进行温度场的求解。

关于固体吸附制冷吸附床传热传质的机理，国内外研究者提出了各种模型，基本上可概括为均匀温度场模型与均匀压力场模型，这两种模型在数值求解时都不涉及对流项及压力场的求解，可用纯导热的数值计算方法来处理。由于对流项的影响在吸附床的传热过程中所占比例较小，特别对太阳能固体吸附制冷循环装置的吸附床而言，太阳辐射强度本身就较低，加之太阳能吸附床加热解吸的时间较长(一般为6h以上)，这样的特殊工况使得在固体吸附制冷循环中本来影响就不大的对流项对太阳能吸附床传热过程的影响显得更加微弱。本书按SIMPLE方法对所建立的传热传质方程组进行计算，结果表明，传质速度在 $10^{-3}\sim10^{-4}$m/s 量级以下。进一步分析，在对流与扩散方程中，通常用佩克莱数(Peclet number) Pe 表示对流与扩散作用的相对大小，其表达式如下：

$$Pe = \frac{\rho u L}{\Gamma} \tag{3-38}$$

当 Pe 的绝对值很大时，导热与扩散的作用就可以忽略；而当 Pe 的绝对值很小时，表明对流项所占的份额很小，即对流项的作用可以忽略。按太阳能实际工况条件，对所建立的方程进行压力场试探，结果显示所求得的 Pe 量级在 10^{-6} 以下，更说明了在利用能量方程(3-9)求解温度场时，对流作用的影响非常小，完全可以忽略不计，即可按均匀压力场的观点来进行方程的求解。故可把式(3-9)中的对流项去掉，简化成如下的形式：

$$\rho C_{\mathrm{p}} \frac{\partial T}{\partial t} = \nabla k_{\mathrm{e}} \nabla T + \rho_{\mathrm{s}} q_{\mathrm{st}} \frac{\mathrm{d}a}{\mathrm{d}t} \tag{3-39}$$

因而，对方程的数值求解可简化为在等吸附率加热或冷却过程中，对式(3-11)进行导热数值计算。在对应加热解吸的第二阶段及对应冷却吸附的第四阶段，可按式(3-39)进行带源项的导热计算。对传质过程，仍按线性驱动的吸附式理论式(3-12)来描述。这些方程可用导热的有限差方法进行数值离散后结合边界条件进行求解。

2. 导热离散方程的求解

对图 3-2 所示的计算截面域，可采用控制容积法导出非稳态导热方程(3-39)的离散方程。在直角坐标系下，二维导热的控制方程为

$$\rho C_{\mathrm{p}} \frac{\partial T}{\partial t} = \frac{\partial T}{\partial x}\left(k_{\mathrm{e}} \frac{\partial T}{\partial x}\right) + \frac{\partial T}{\partial y}\left(k_{\mathrm{e}} \frac{\partial T}{\partial y}\right) + S \tag{3-40}$$

式中，S 为源项。

在吸附床与冷凝器及蒸发器关闭阀门等吸附率过程的一、三阶段，可取 $S=0$，而对加热解吸的第二阶段(吸附床与冷凝器连接阀门打开、蒸发器关闭)及冷却吸附(蒸发器开、冷凝器关)的第四阶段，S 则按式(3-41)求取：

$$S = \rho_{\mathrm{s}} q_{\mathrm{st}} \frac{\mathrm{d}a}{\mathrm{d}t} \tag{3-41}$$

其中，S 实质上为解吸热(或吸附热)。求解区域的部分网格如图 3-5 所示。将式(3-40)在 $t \sim t+\Delta t$ 间隔内对控制体容积 P 进行积分：

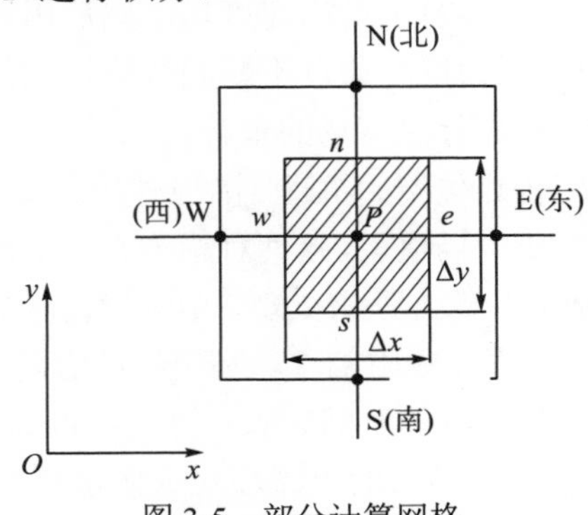

图 3-5 部分计算网格

$$\int_{S}^{N}\int_{W}^{E}\int_{t}^{t+\Delta t}\rho C_{p}\frac{\partial T}{\partial t}\mathrm{d}t\mathrm{d}x\mathrm{d}y=\int_{t}^{t+\Delta t}\int_{S}^{N}\int_{W}^{E}\frac{\partial}{\partial x}\left(k_{e}\frac{\partial T}{\partial x}\right)\mathrm{d}x\mathrm{d}y\mathrm{d}t$$
$$+\int_{t}^{t+\Delta t}\int_{S}^{N}\int_{W}^{E}\frac{\partial}{\partial x}\left(k_{e}\frac{\partial T}{\partial x}\right)\mathrm{d}x\mathrm{d}y\mathrm{d}t+\int_{t}^{t+\Delta t}\int_{S}^{N}\int_{W}^{E}\mathrm{d}x\mathrm{d}y\mathrm{d}t \tag{3-42}$$

假定非稳态项中温度随空间和时间都是阶梯变化；扩散项中温度随空间分段线性变化、随时间阶梯变化，线性化源项中温度随空间和时间都是阶梯变化。采用上述的温度分布假设和加权因子 $f=1$ 的全隐式格式，式(3-42)最后可整理为如下离散化的方程形式：

$$a_{p}T_{p}=a_{E}T_{E}+a_{W}T_{W}+a_{N}T_{N}+a_{S}T_{S}+b \tag{3-43}$$

式中，各系数如下：

$$\begin{cases} a_{E}=\dfrac{k_{e}\Delta y}{(\delta x)_{e}},a_{W}=\dfrac{k_{w}\Delta y}{(\delta x)_{w}} \\ a_{N}=\dfrac{k_{n}\Delta x}{(\delta y)_{n}},a_{S}=\dfrac{k_{s}\Delta x}{(\delta y)_{s}} \end{cases} \tag{3-44}$$

$$a_{P}=a_{E}+a_{W}+a_{N}+a_{S}+a_{P}^{0}-S_{P}\Delta x\Delta y \tag{3-45}$$

$$a_{P}^{0}=\frac{\rho C_{p}\Delta x\Delta y}{\Delta t} \tag{3-46}$$

$$b=S_{0}\Delta x\Delta y+a_{P}^{0}T^{0} \tag{3-47}$$

式中，k_e、k_w、k_n、k_s 都是交界面的导热系数，按调和平均值来计算。

3.2.6　模型的求解与验证

为对所提出的数学模型及其计算方法进行验证，对第 2 章所设计的平板式太阳能固体吸附制冰机进行求解计算，从吸附床内的温度变化(传热)及制冷剂解吸量的变化(传质)来鉴别所建立模型的可靠性与准确性。计算中用到的网格参数、工质对特性参数见表 3-1。由于太阳能固体吸附制冷循环时间长(一个周期为 24h)，计算时时间步长取值为 60s，节点数取 $N_x=25$，$N_y=20$ 。

表 3-1　数值计算中所用的网格参数及工质对特性参数

符号	所表示的意义	数值	单位
L	计算区域内 x 方向的总长度	0.0625	m
H	计算区域内 y 方向的总高度	0.045	m
k_e	活性炭层的当量导热系数	19.0	W/(m·℃)
h	金属传热片与活性炭之间的导热系数	17	W/(m·℃)
ρ_s	活性炭的密度	450	kg/m^3
C_{ps}	活性炭的定压比热容	836	J/(kg·K)

续表

符号	所表示的意义	数值	单位
C_{sm}	金属铝板(包括肋片)的导热系数	238	W/(m·℃)
k	工质对的特性参数	13.289	—
N	工质对的特性参数	1.33	—
x_0	在一定条件下活性炭对甲醇的最大吸附率	0.238	kg/kg

根据初始条件及边界条件，按实际所测量的太阳能模拟的辐射光源强度及太阳能制冰机系统运行的环境工况参数(表 3-2)对太阳能制冰机系统进行模拟运算，可得出系统装置性能的一些参数，并与实际测量值进行对比，结果见表 3-3。图 3-6 表示吸附床内所布置的两点的温度的实验值及理论计算值变化情况，而图 3-7 则表示打开吸附床与冷凝器之间的阀门后制冷剂解吸量的变化曲线。

表 3-2 计算时所选取系统装置的参数及环境工况参数

符号	所表示的意义	数值	单位
A_e	吸附床的吸热面积	1.5	m^2
M_a	吸附剂质量	42.0	kg
I	吸附床所接收的平均辐射光强	600	W/m^2
τ	光强透过率	0.95	—
α	吸附床对光强的吸收率	0.9	—
V_0	冷却风速	2.0	m/s
T_c	冷凝温度	25	℃
T_e	蒸发温度	−1	℃
T_a	环境温度	20～30	℃

表 3-3 系统装置的性能参数

符号	所表示的意义	单位	实验值	计算值	相对误差/%
Δx	解吸的制冷剂的质量	kg	3.6	3.48	3
COP	系统装置制冷性能系数	—	0.125	0.132	0.7
Q_i	辐射热量	MJ	29.0	30.24	4
m_{ice}	制冰量	kg	8.0	7.8	2.5

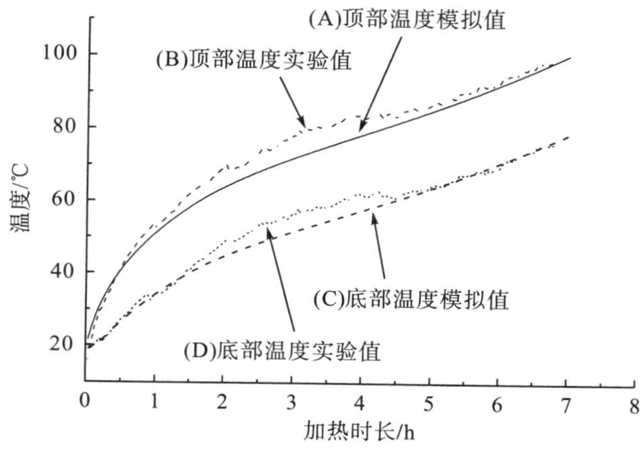

图 3-6　吸附床内两点的温度变化曲线

点 1(A、B 曲线)位置：$x/L=0.1, y/H=0.9$；点 2(C、D 曲线)位置：$x/L=0.1, y/H=0.1$

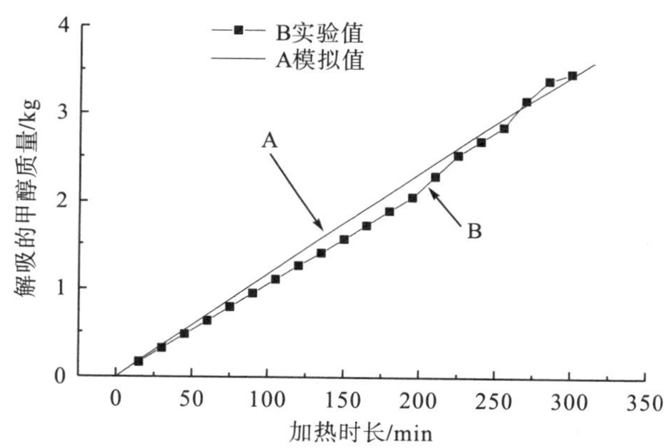

图 3-7　吸附床受热时所解吸的制冷剂的质量随时间的变化曲线

由计算结果及曲线分布图可知，模拟计算的结果能与实验结果较好地吻合。吸附床的温度在加热解吸时与模拟值有一定的偏差，且实测值大于计算值。造成这种现象的原因主要在于吸附床在实验室加热时，所处环境条件较外界环境条件好(诸如风速、散热损失、气候间断性影响)，因而吸附床在加热时的上升温度比按实际气候工况条件下所拟合出的参数进行理论计算时所得的值要高一些，但两者之间的差值在工程应用的范围内是可以接受的，故可运用本章所建立的模型对实际工况下的太阳能固体吸附式制冷装置进行动态的模拟分析。从图 3-6 吸附床的温度分布还可看出，吸附床在开始加热时温度上升较快，而在解吸开始后(大约 2h 后)，由于吸附剂解吸制冷剂需要一定的解吸热量，吸附床内吸附剂的温度上升速度较制冷剂解吸前慢。在吸附剂达到一定的温度后(大约 80℃)，由于集热器的温度较高，集热器壳体对外的散热损失增大，因而吸附床内吸附剂的温度变化更趋于缓和，这些特性从理论计算及实验数据中均得到了很好的说明。

影响系统装置性能的参数很多，且许多参数又是相互关联的，这部分内容将在后文中做出详细的讨论与分析。

3.3 内部特性对系统性能的影响

构成太阳能固体吸附制冷装置的四大部件主要为吸附床、冷凝器、蒸发器及节流阀装置。对于冷凝器、蒸发器、节流阀装置，有许多现有的传统产品及优化设计的方案可供选择与比较，在设计时只要系统装置的制冷量确定，就可做出选择。而对于在固体吸附制冷装置中起决定作用的吸附床则不一样，必须根据所研究的系统特点进行具体设计，以使系统装置能正常运行，故必须对影响吸附床特性的参数做出合理的分析。对吸附床影响较大的因素有金属传热肋片、金属热容、吸附剂的导热系数、金属壳体与吸附剂的接触热阻，以及金属材料本身的性质，为此，针对吸附床的这些主要参数，对系统装置的性能进行剖析。在对系统进行内部参数影响分析时，假定外部条件不变化(环境工况)，同时还必须给出太阳辐射资源随时间的分布情况。如图 3-8 所示，这组数据是 4 月 26 日在上海用太阳辐射仪实际测量的，可用它作为太阳辐射源的再现来分析吸附床特性参数变化时对系统性能所带来的影响。

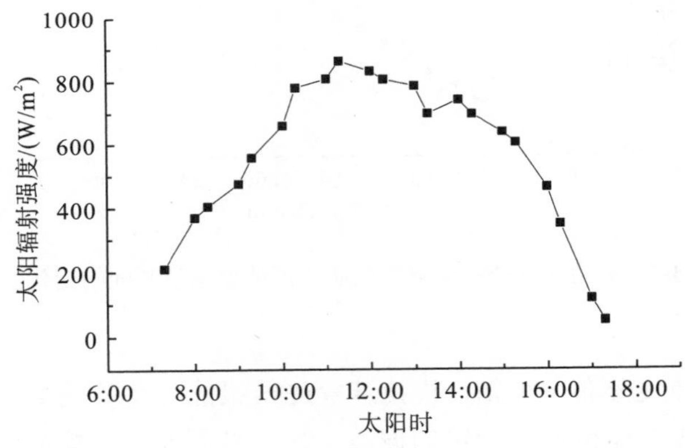

图 3-8 太阳辐射强度随时间的变化曲线

3.3.1 传热肋片对吸附床性能的影响

肋片是强化传热的一种最常用且非常有效的装置，由于吸附床内吸附剂的热阻较大，肋片对吸附床内的传热强化作用就显得非常重要。图 3-9 表示太阳能固体吸附制冷循环系统的吸附床在等压加热结束时两肋片间的温度分布曲线，点 1(实线)布置在吸附床内吸附剂(活性炭)上下表面中间处，点 2(虚线)布置在吸附床内吸附剂下表面处。

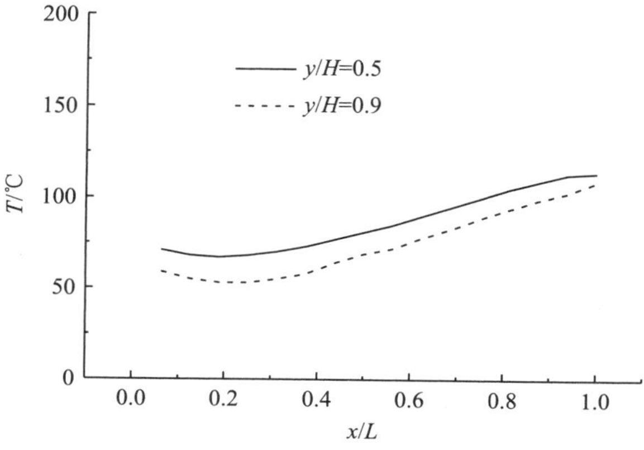

图 3-9 等压加热结束时在两肋片间距之间吸附剂的温度分布

从图 3-9 中可清晰地看出，活性炭层不但在上下层表面之间具有温度梯度，而且在肋片之间存在较大的温度梯度。在离肋片最远的地方（$x/L=0$）温度最低，而在离肋片最近的地方（$x/L=1$）温度最高。可见，肋片对太阳能固体吸附制冷循环吸附床内吸附剂的传热起到了非常重要的作用，理论上应该尽可能增加肋片的数量以强化吸附床内吸附剂的传热。但是，由于肋片数量的增加，必然增加吸附床内金属显热的份额，对于辐射强度相对稳定且加热功率本身就不是太大的太阳辐射源来说，肋片的增加必然影响到吸附床内吸附剂的最终解吸温度，并使之减小，因而，肋片的数量取决于系统性能的综合优化。

3.3.2 吸附剂的导热系数及接触热阻对系统性能的影响

从图 3-10 中可明显看出，吸附剂的导热系数对系统性能的影响很大。吸附剂的有效导热系数增加 10 倍，系统的性能指标（COP 及制冰量）也相应地增加 50%左右。图 3-11 为吸附剂接触热阻的变化引起系统 COP 变化及制冰量变化的性能曲线[计算中参数假定与图 3-11 计算条件相同，吸附剂的有效导热系数取 K_e=0.19W/(m·K)]。

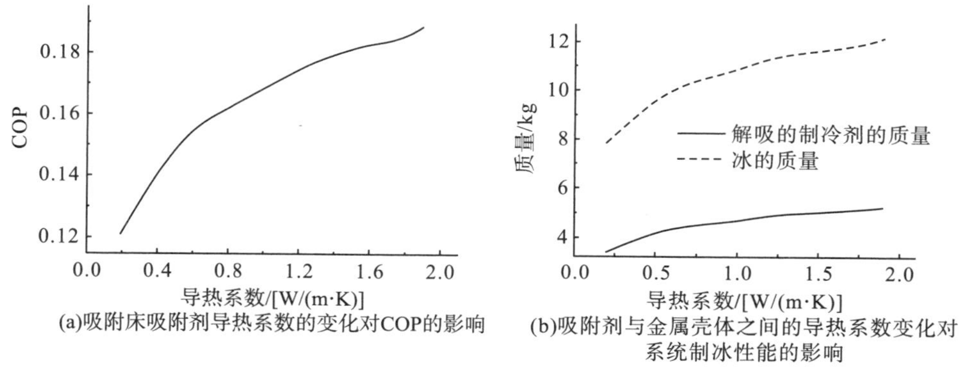

(a)吸附床吸附剂导热系数的变化对COP的影响

(b)吸附剂与金属壳体之间的导热系数变化对系统制冰性能的影响

图 3-10 吸附床吸附剂导热系数对系统性能的影响

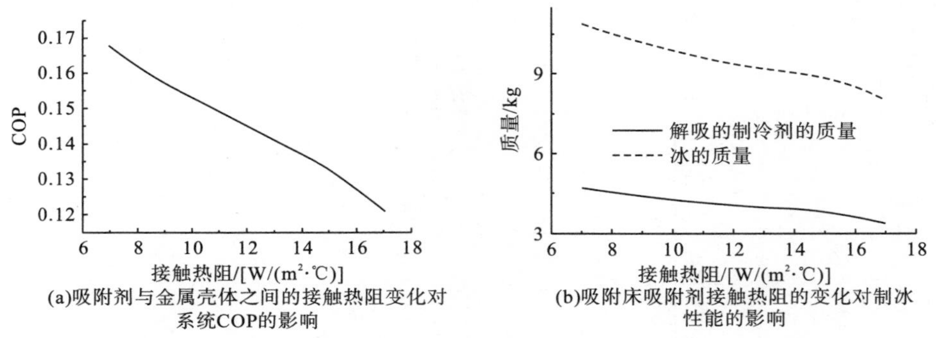

(a)吸附剂与金属壳体之间的接触热阻变化对系统COP的影响
(b)吸附床吸附剂接触热阻的变化对制冰性能的影响

图 3-11 吸附剂与金属壳体之间的接触热阻变化对系统性能的影响

从图 3-11 可知，吸附剂表面与金属壳体之间的接触热阻减小 50%，则系统性能指标(COP)增加近 30%。正是由于吸附床内吸附剂传热传质性能对固体吸附制冷效果这种显著的影响，人们对固体吸附制冷技术的研究不局限于系统本身的热力循环，而是投入了很大的精力去研究吸附剂材料的性能，致力于提高吸附剂的传热与传质能力，以提高其系统制冷效率。

改进吸附剂的导热系数最有效的方法就是对吸附剂进行固化成型处理，即将较小颗粒状的吸附剂通过一系列工艺加工成砖状或柱状的固结块，有效地改善吸附剂的传热性能；也有研究在吸附剂颗粒中添加氯化钙等金属氯化物或金属粉末，或者将吸附剂直接固化在管壁上，这些方法能较好地提高金属壳体与吸附剂的传热效果。

若将这些有效的方法结合应用到太阳能固体吸附制冷技术中，将会使系统运行效率显著提高，这将对太阳能空调制冷实用化起到非常重要的作用。在对吸附剂进行固化强化传热的同时，往往又会伴随另一负面影响，即吸附剂内传质能力降低，通常在吸附床内布置通道以使制冷剂在吸附和解吸时能减小传质阻力。

3.3.3 吸附剂的堆积密度对系统性能的影响

除上面所涉及的吸附剂的导热系数及吸附剂与金属壳体之间接触热阻对太阳能固体吸附制冰机系统性能影响较大外，吸附剂本身的堆积密度对系统的性能也有较大的影响，图 3-12 给出了吸附床内吸附剂堆积密度的变化引起的系统性能及制冰量变化的曲

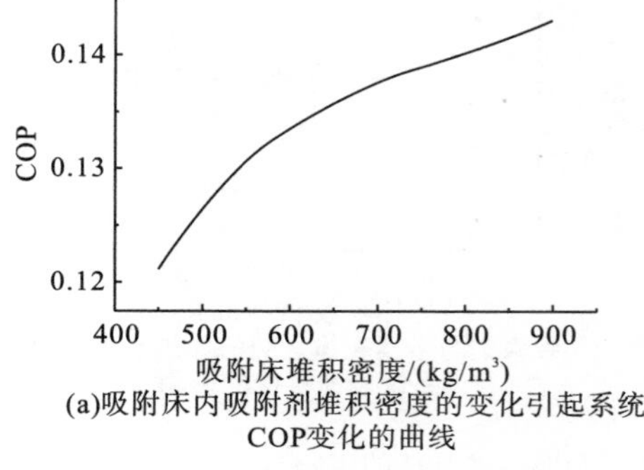

(a)吸附床内吸附剂堆积密度的变化引起系统COP变化的曲线

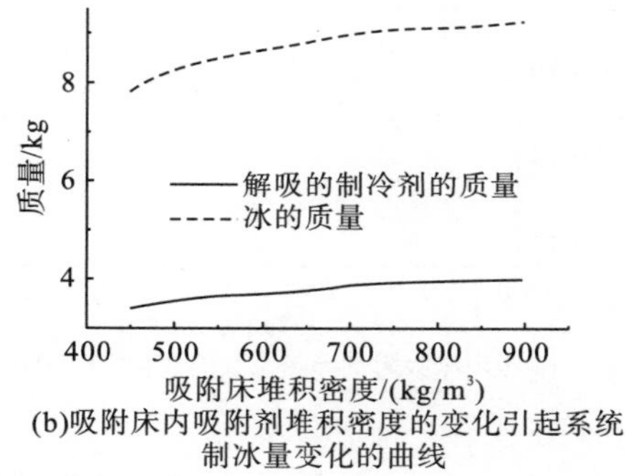

(b)吸附床内吸附剂堆积密度的变化引起系统制冰量变化的曲线

图 3-12 吸附床内吸附剂堆积密度的变化引起的系统性能及制冰量变化的曲线

线(计算中参数假定与图 3-11 计算条件相同，吸附剂的有效热导率取 K_e=0.19W/(m·K)，接触热阻取 h=17W/(m^2·℃)。

从图 3-12 可看出，吸附床的堆积密度对系统的性能及制冰量有一定的影响，当增加吸附床内吸附剂的堆积密度时，太阳能固体吸附制冰机的性能(COP)及制冰量均有所提高；在固化吸附床内的吸附剂工艺问题尚未实用化以前，对以小颗粒状吸附剂所制成的吸附床而言，提高吸附剂的堆积密度仍不失为一种有效而简单的手段。

3.3.4　吸附床的其余参数对系统性能的影响

太阳能固体吸附制冰机的吸附床，除用吸附工质对的吸附剂(活性炭)与金属壳体构成吸附床的本体外，为有效地使吸附床进行集热，还必须在吸附床的上部安装玻璃盖板，且在吸附床的上表面涂上太阳能吸收涂层材料，在吸附床的其余三边加盖发泡保温层，使吸附床能高效地收集太阳辐射能。一般来说，玻璃盖层的数目及吸热板的发射率对顶部热损失系数的影响最为显著。对于太阳能平板集热器，在其他条件相同的情况下，采用选择性涂层的吸热板，可使顶部损失系数减小到普通黑漆涂层的一半左右。采用双层玻璃盖板的集热器的顶部损失系数为单层的一半。集热器运行工况的变化(如吸热板与环境温度之差、风速等)对顶部热损失系数也有影响，但影响程度不如前两者显著。

在实际制作太阳能固体吸附制冰机的吸附床时，玻璃盖板的层数通常受到工艺及制造成本的限制，一般情况下最多为两层；同时可选用选择性涂层来替代普通黑漆涂层。在这两种情况下，系统性能的变化见表 3-4 及表 3-5，而表 3-6 则给出了同时用双层玻璃盖板及采用选择性涂层后系统性能的变化。

表 3-4　采用双层玻璃盖板时系统性能的变化

玻璃盖板层数(普通黑漆)	COP	制冷剂解吸量/kg	制冰量/kg
单层	0.116	3.23	7.47
双层	0.163	4.54	10.51

表 3-5　采用选择性涂层时系统性能的变化

涂层材料(单屋玻璃盖板)	COP	制冷剂解吸量/kg	制冰量/kg
普通黑漆	0.116	3.23	7.47
选择性涂层	0.145	4.05	9.37

表 3-6　同时采用双层玻璃盖板和选择性涂层时系统性能的变化

项目	COP	制冷剂解吸量/kg	制冰量/kg
单层盖板、普通黑漆	0.116	3.23	7.47
双层盖板、选择性涂层	0.193	5.38	12.43

从以上表中的数据可以看出，单独地增加玻璃盖板的层数或选用选择性涂层来替代普通黑漆涂层均可使太阳能固体吸附制冰机的效率提高，而同时增加玻璃盖板的层数并选用选择性涂层来替代普通黑漆涂层会使太阳能固体吸附制冰机的效率有较大的提高。在工艺许可及制造成本能接受的情况下，吸附床在加工制作上的改进能使系统的运行效率有较大的提高。

3.4 外部特性变化对系统性能的影响

太阳能固体吸附制冷系统一旦构成，则吸附剂的导热系数、吸附剂与吸附床之间的金属热阻、金属热容、玻璃盖板、选择性涂层、吸附床的堆积密度等影响太阳能制冰机系统性能的参数也就随之而确定，因而在事先考虑并优化了系统的内部参数所形成的太阳能制冷机组在运行过程中的性能变化，完全取决于太阳能制冰机系统所处的外界环境参数(外部参数)的变化。因而分析太阳能固体吸附制冰机系统在外界一定太阳日照辐射能量条件下经过一个循环周期对外的输出结果，便可知道系统性能的优劣，并通过下一轮对系统内部参数的进一步综合优化来达到改进系统性能的目的。因而系统的内部参数与外部参数之间是一种相辅相成的辩证关系。为此必须分析系统性能随外界工况参数变化的情况，即所谓的敏感性分析，以便对系统的设计和操作进行优化。

3.4.1 系统在外界辐射条件下的性能工况特性

分析太阳能固体吸附制冰机系统性能随外部工况参数变化的情况，最基本的做法就是分析太阳能制冰机系统随时间变化的热动力性能，而固体吸附制冰机系统的“心脏”是吸附床，因而，对吸附床热动力学性能的分析，是太阳能固体吸附制冷系统性能分析的关键。最能体现吸附床热动力学性能的指标是吸附床内吸附剂的传热传质能力，因而，以吸附床在太阳能辐射条件下吸附床内吸附剂的温度变化及吸附剂对制冷剂的解吸能力为出发点，便可对系统的性能做出客观的评价。

以图 3-8 所示的太阳辐射资源为太阳能固体吸附制冰机的加热动力源，对所设计的太阳能固体吸附制冰机(1.5m^2 的集热器)进行动态性能分析计算，在加热结束后吸附床的温度分布及解吸量变化如图 3-13 及图 3-14 所示。

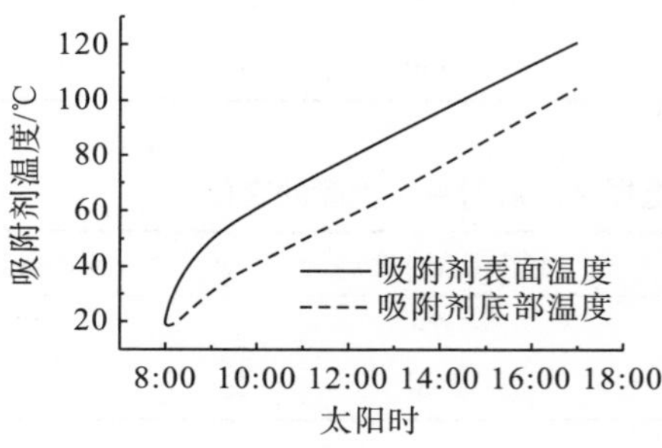

图 3-13 吸附床的温度随太阳辐射时间的变化

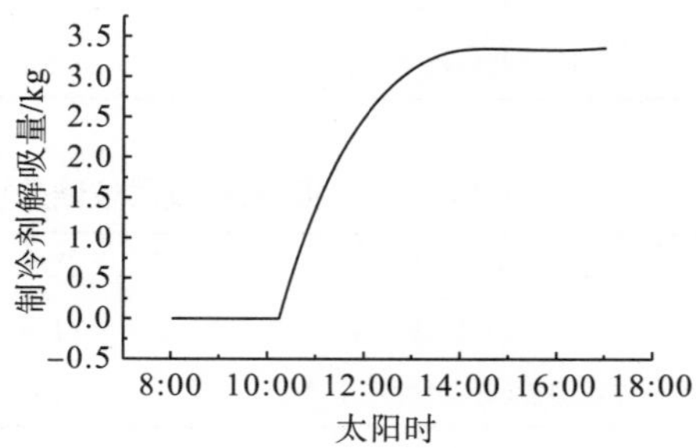

图 3-14 制冷剂解吸量随太阳辐射时间的变化

对图 3-13 进行分析可知，8:00 左右，太阳辐射能量的强度开始增强(图 3-8)，吸附床内的吸附剂吸收太阳辐射能量后开始从吸附制冷完成后的初始温度升温。图中的实线代表吸附床上表面的吸附剂温度，而虚线代表吸附床底部的吸附剂温度。在吸附剂的升温过程中，由于吸附剂的上表面与金属壳体相接触，故温度上升较快；吸附床内下底层的吸附剂的温升主要靠堆积颗粒状的吸附剂来传热，故温度上升较慢，与上表层吸附剂之间存在大约 20℃的传热温差。到 10:00 左右，当吸附剂的温度上升到解吸温度时(以吸附床内的制冷剂蒸气压达到环境冷凝温度下所对应的饱和压力时为基准)，打开吸附床与冷凝器相连接的阀门，让吸附床内的制冷剂蒸气通过冷凝器冷凝为液体，该过程随着太阳辐射时间的持续一直进行到 17:00 左右结束。吸附剂上表层的温度达到 120℃左右，而底部的温度达到 100℃左右。从图中还可看出，在吸附床内吸附剂解吸制冷剂前的加热阶段，由于从吸附剂解吸的制冷剂蒸气没有进入冷凝器冷凝为液体，而是在吸附床内的吸附剂空间内，这部分气体促进了吸附剂温度的升高，故吸附剂的温度在开始时上升得较快。当解吸过程开始后，一方面，吸附剂解吸制冷剂需要外界提供一定能量的解吸热；另一方面，制冷剂蒸气通过冷凝器冷凝亦会带走一部分热量，故吸附剂的温度上升速度有所减慢。

加热结束后，关闭吸附床与冷凝器之间的阀门，吸附床与外界换热冷却，使得吸附剂冷却，当吸附剂冷却到制冷剂蒸发压力所对应的吸附温度时，打开吸附床与蒸发器的连接阀门，让吸附过程开始，一直持续到第二天太阳升起，又开始下一轮新的循环。一般说来，由于夜晚环境温度较低及风的作用，平板式吸附床能够在一昼夜的时间内完成吸附制冷的过程，冷却吸附时的吸附床性能曲线没有给出。

图 3-14 则给出了制冷剂解吸量随时间变化的曲线。从图中曲线的变化可以看出，在吸附床开始升温的初始阶段(8:00～10:00)，由于吸附床与冷凝器的连接阀门是关闭的，吸附剂温度升高所解吸出的制冷剂蒸气仍然在吸附剂的孔隙内，通过冷凝器的制冷剂变化量为零，此阶段制冷剂解吸量的变化在曲线上表现为一水平线。随着过程的进行，当吸附剂达到初始解吸温度 T_{g1} 时，打开吸附床与冷凝器的连接阀门，此时，制冷剂蒸气通过冷凝器冷凝为液体，并通过连接管道进入节流阀门后再进入蒸发器中。随着时间的进行，这一过程一直持续到加热过程的结束。从图中曲线的变化还可分析出，在吸附剂对制冷剂解吸过程开始后的大部分时间内(10:00～15:00)，制冷剂解吸量随时间的变化存在近似的线性关系，这和实验过程中所测试的结果是相吻合的。但在 15:00 以后，由于太阳日照辐射强度明显减弱，吸附剂温度上升速度减慢，吸附剂对制冷剂的解吸能力大幅度下降，此时吸附剂对制冷剂的解吸能力与吸附剂对制冷剂的吸附能力基本处于一种动态平衡的状态，吸附剂对制冷剂的解吸量已经很小，基本为零，即达到了吸附剂对制冷剂的最大解吸工况，所对应的吸附剂温度应为 T_{g2}。随着太阳辐射强度的进一步减弱，吸附剂温度已基本不变，由于温度变化所引起的显热不能够满足解吸制冷剂气体所需的解吸热量，吸附剂对制冷剂已不再有解吸效果，甚至还会再吸附已解吸出的制冷剂液体，此时应关闭吸附床与冷凝器的连接开关，让吸附床内的吸附剂冷却到蒸发压力所对应的吸附温度时再进行吸附制冷过程，以提高系统的运行效率。对应以上的工况，系统在完成一个循环后的主要性能指标见表 3-7。

表 3-7 系统运行一个周期的主要性能参数指标

项目符号	符号意义	数值	单位
T_s	冷凝温度	20	℃
T_e	蒸发温度	0	℃
A_e	吸热板面积	1.5	m^2
Q_i	太阳辐射到集热器面上的总能量	30.7	MJ
T_{g1}	加热开始时吸附剂的温度	19	℃
T_{g2}	加热结束时吸附剂上表层的温度	120	℃
Δx	制冷剂解吸量	3.36	kg
M_{ice}	制冰量	8.88	kg
COP	系统制冷系数	0.0905	—

3.4.2 系统随太阳能辐射总能变化的性能特性

外界参数的变化很频繁，诸如辐射强度的变化(受地域性的影响)、辐射强度的间断性(受当时当地气候条件的限制)、风速及环境温度的变化等，显然，要逐一分析各个参数的变化对系统的影响是不可能的，也没有这个必要。为此，可选择一天之内太阳辐射强度总能量的变化、冷凝温度、蒸发温度的变化等对系统性能最具有影响力的参数的变化来说明系统的变工况特性。

图 3-15(a)表示太阳能制冰机系统性能 COP 随外界辐射总能量的变化曲线。从图中可以看出，系统的 COP 开始随着太阳辐射总能量的增加而增加，但 COP 增加至一定值后，随着太阳辐射总能量的增加，太阳能制冰机系统的 COP 反而有所下降。这种现象主要是由吸附床内的金属热容所造成的。辐射到吸附床内的太阳辐射总能量一部分用于增加吸附床内吸附剂的显热并提供解吸热以使吸附剂解吸制冷剂，而另一部分辐射总能量则用于增加传递能量给吸附剂的金属壳体的显热。从理论上来说，金属壳体与吸附剂的接触面积越大，则传热效果越好，但金属表面积的增大，必然导致金属热容量的增加。太阳辐射总能量的增加必然导致吸附床内金属热容量的增加，当金属热容量的增加超过吸附剂解吸制冷剂的显热及解吸热时，吸附床的金属热容量便吸收了太阳辐射总能量的大部分有用能量，进而使系统的 COP 性能下降。从图中可以看出，具有较为理想的 COP 所对应的太阳辐射总能量为 10～17MJ/m^2，这对于全国乃至世界的大部分地区而言，均具备较高的太阳能制冷的条件。从制冰效果的角度来说，如图 3-15(b)所示，太阳辐射总能量越强，吸附剂对制冷剂的解吸量越大，故制冰效果也就越好。虽然系统的 COP 会随辐射总能量的增大而先增大后减小，但系统的制冰量则是随太阳辐射总能量的增大而增加的，为使系统能在一定辐射总能量的条件下达到 COP 与制冰量的统一，合理的优化设计及计算机仿真工作是十分必要的。

在实际系统的运行过程中，为保证系统能产生制冰效果，必须达到吸附剂对制冷剂的最小解吸量，以保证吸附剂吸附制冷剂时克服蒸发器内的制冷剂显热、蒸发器壳体的显热、冰箱内水的显热及连接管道热容漏损，这部分热容必然要有一个最小的制冷剂解吸量所产生的蒸发制冷效果来平衡，在此基础上，多出的制冷剂解吸量才真正产生用户所需的制冷效果。

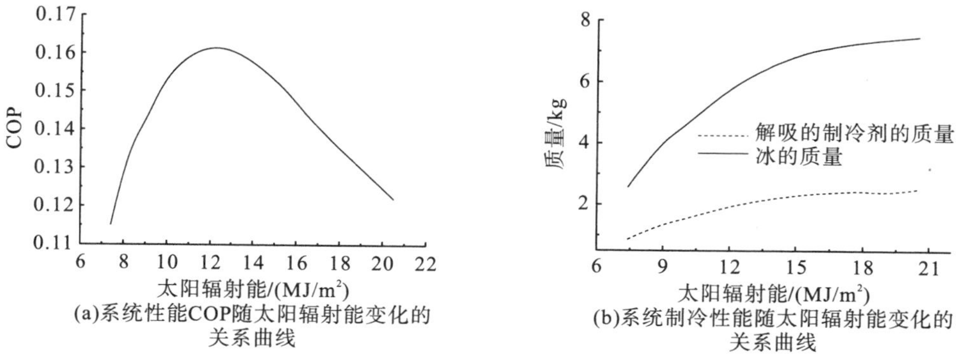

(a)系统性能COP随太阳辐射能变化的关系曲线
(b)系统制冷性能随太阳辐射能变化的关系曲线

图 3-15　系统性能 COP 和制冰量与太阳辐射能的关系

3.4.3　系统随冷凝温度及蒸发温度变化的性能特性

对太阳能固体吸附制冰机装置性能影响较大的参数还有冷凝温度及蒸发温度。一般来说，对于空气冷却的冷凝器装置，周围环境的工况决定冷凝温度的工况；而用户对冰块过冷程度的要求决定蒸发温度。图 3-16(a)表示了系统性能 COP 随冷凝温度的变化情况，图 3-16(b)则表示了系统制冷性能随冷凝温度的变化情况。

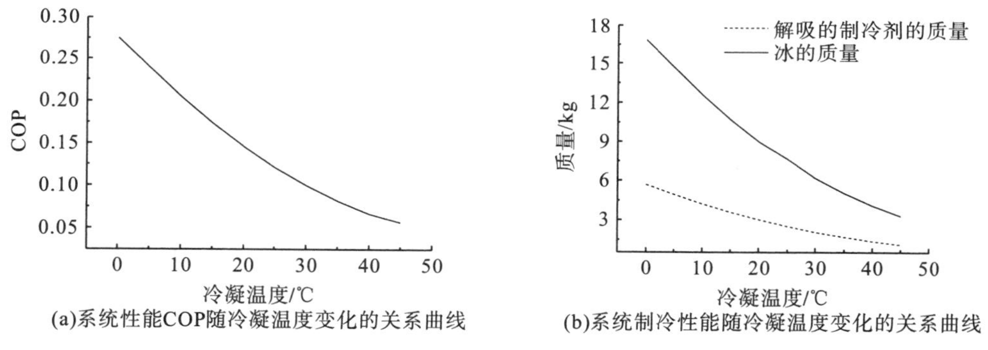

(a)系统性能COP随冷凝温度变化的关系曲线
(b)系统制冷性能随冷凝温度变化的关系曲线

图 3-16　影响系统性能 COP 和制冷性能的因素

由图 3-16 可知，随着冷凝温度的升高，太阳能制冰机系统的 COP 及制冷性能均下降，当冷凝温度超过 40℃时，系统的制冷性能已变得很弱。在夏季，虽然辐射强度较高，但周围环境温度也很高，若冷凝器仍然采用自然空气风冷，则势必导致系统的制冷性能较差。因而，为改进系统的性能，可将冷凝器置放于一水箱内，让冷却水直接冷却冷凝器，改善系统的制冷性能。若设计合理，还可将冷凝器冷凝制冷剂蒸气所释放出的热量以及在吸附过程中吸附剂吸收制冷剂的吸附热一同回收利用，这样，既提高了系统的制冷效果，同时也将提高系统对太阳辐射总能量的综合利用率。

图 3-17 表明，太阳能制冰机系统的制冷性能随着蒸发温度的降低而下降。对用户而言，总希望冰块的温度越低越好，即蒸发温度越低，冰块的储藏时间越长。但对于输入能量有限的太阳能制冰机系统而言，制冷效果显然受到了蒸发温度的限制。为保证太阳能制冰机系统有相对较高的 COP 及对外提供一定的制冰量，蒸发温度不宜太低。通常蒸发温度应为−10℃≤T_e≤0℃。

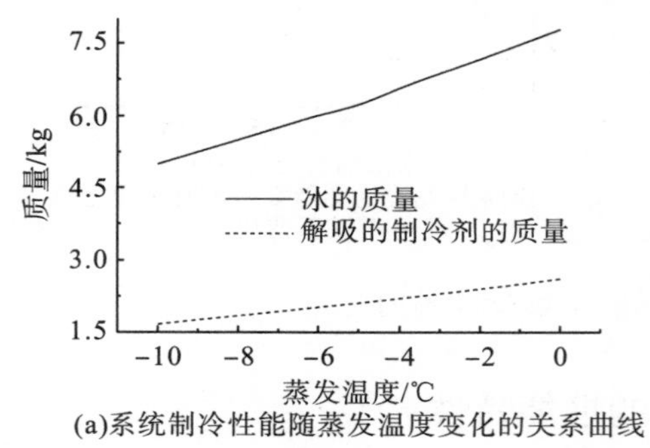

(a)系统制冷性能随蒸发温度变化的关系曲线

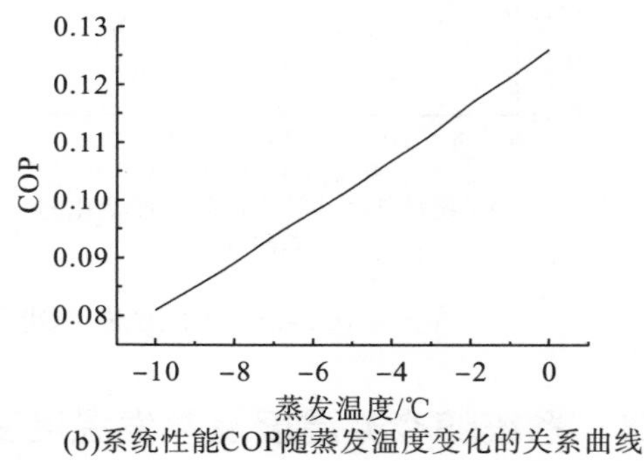

(b)系统性能COP随蒸发温度变化的关系曲线

图 3-17 系统性 COP 及制冷性能与蒸发温度的关系

3.4.4 加热解吸时吸附床能量

太阳能固体吸附制冰机系统能运行的关键是吸附床在一定的太阳辐射能量下能正常工作，即吸附床接收外界的辐射能量，使吸附床内的吸附剂温度升高，解吸制冷剂，提供吸附剂解吸制冷剂的解吸热。吸附剂必须通过金属体的传热将外界辐射能量引入来增加其自身显热，故对吸附床在加热过程中的能量分析必须涉及吸附剂的显热、金属体的显热、吸附剂对制冷剂的解吸热、吸附床的显热以及外界所提供的辐射总能几个关键能量技术指标，以下对这些指标逐一分析。

图 3-18 表示了吸附床在加热解吸过程中所涉及的几种能量关系曲线。其中，曲线 B 表示吸附床内吸附剂(活性炭)在加热过程中显热的变化；曲线 C 表示吸附床内的金属壳体(铝板)在加热过程中显热的变化；曲线 D 表示吸附床内吸附剂(活性炭)解吸制冷剂(甲醇)所需解吸能量的变化；曲线 E 表示吸附床(含吸附剂、金属体、吸附热、制冷剂)在加热过程中能量的变化；曲线 F 表示外界太阳辐射光辐射到吸附床表面上的总能量。

太阳能辐射的总能量(曲线 F)，一般来说是由各地的气候资源所决定的，通常每天为 16～22MJ，在计算模拟中，采用 1.5m^2 的集热器。外界提供的总能量，由于吸附集热器存在各种损失，如透过玻璃盖板时的能量损失、金属壳体表面接收能量时的损失、吸附床体由于温度的升高对外的能量辐射损失等，在太阳能固体吸附制冷循环中吸附床的有效能量为曲线 E 所表示的部分。曲线 E 所表示的吸附床有效能量大致又可分为三部分：吸附剂解吸制冷剂所需的解吸热(曲线 D)、吸附剂的显热(曲线 B)、金属壳体的显热(曲线 C)。各种能量所占的比例在表 3-8 中给出。

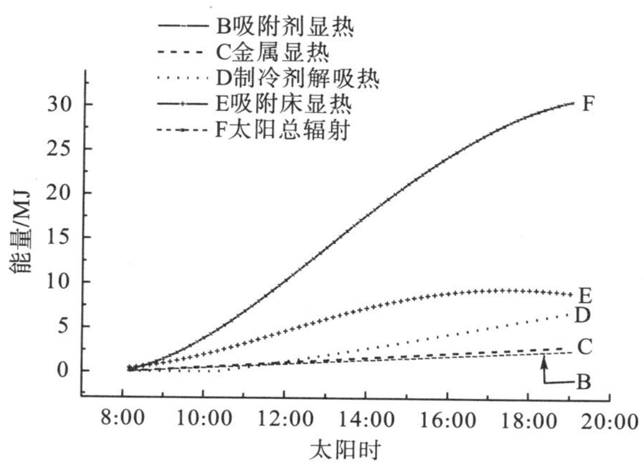

图 3-18　吸附床加热时各种能量随加热时间的分布曲线

表 3-8　吸附床在加热 6h 后的能量分配关系

项目符号	符号意义	数值	单位	所占总能的百分比/%
Q_{ac}	吸附剂的显热	1.9	MJ	7.2
Q_{m}	金属壳体的显热	2.3	MJ	8.7
H_{d}	解吸热	4.8	MJ	18.1
$Q_{adsorber}$	吸附床的显热	9.4	MJ	35.6
Q_{i}	太阳辐射总能（以 1.5m^2 计）	26.4	MJ	100

吸附剂及金属壳体占据的能量大致相等，而吸附剂对制冷剂的解吸热占有较大的比例，几乎为总能量的 20%。辐射到吸附床的总能量，只有 35%左右的能量转换成太阳能吸附制冷循环所需的有效能量，而 65%的能量由于各种损失而浪费掉。一般来说，吸附剂显热、金属壳体显热、解吸热三部分能量是由吸附制冷工况确定的，制冷工况一旦确定，这些能量分配也相应地确定；而吸附床的各种能量损失则是由其制造工艺所确定的，工艺性能及材料特性对各种热损失的影响较大，故除有效地对吸附剂与金属体的材料质量加以优化控制以外，加强吸附床的结构设计，充分利用所接收的太阳外界辐射能量显得十分重要，这就需要把太阳能热水器发展的许多新型实用技术（如高效保温层、选择性涂层、高性能的集热器材料）与太阳能吸附制冷技术相结合，以促进太阳能吸附制冷技术向实用化发展。

3.5　多种工况模式下太阳能固体吸附制冷特性

如前所述，许多参数对太阳能制冷系统性能有较大的影响，如系统传热肋片、选择性涂层、双层玻璃盖板、吸附床内吸附剂的厚度、吸附剂填充量及冷凝温度、蒸发温度，前文已经对这些参数的影响做了详细的分析对比。通常，这些参数的影响可事先人为地加以控制，以使系统的设计性能达到最佳。然而实际运行的大量测试结果表明，太阳辐射强度受云层影响显著，太阳能制冰装置制冷量与太阳辐射能正相关。本节通过实际工况及利用所建立的模型，详细分析这些关系。

3.5.1 标准工况下太阳能制冷装置特性

以常规的太阳辐射来分析太阳能制冰装置的特性及影响。图 3-19 为实测工况下的太阳辐射随时间的变化，以此驱动太阳能吸附制冰系统循环，得到系统循环过程中的吸附剂温度、制冷剂解吸量、循环制冷效率、太阳能制冷效率随太阳辐射时间的变化(图 3-19～图 3-23)。

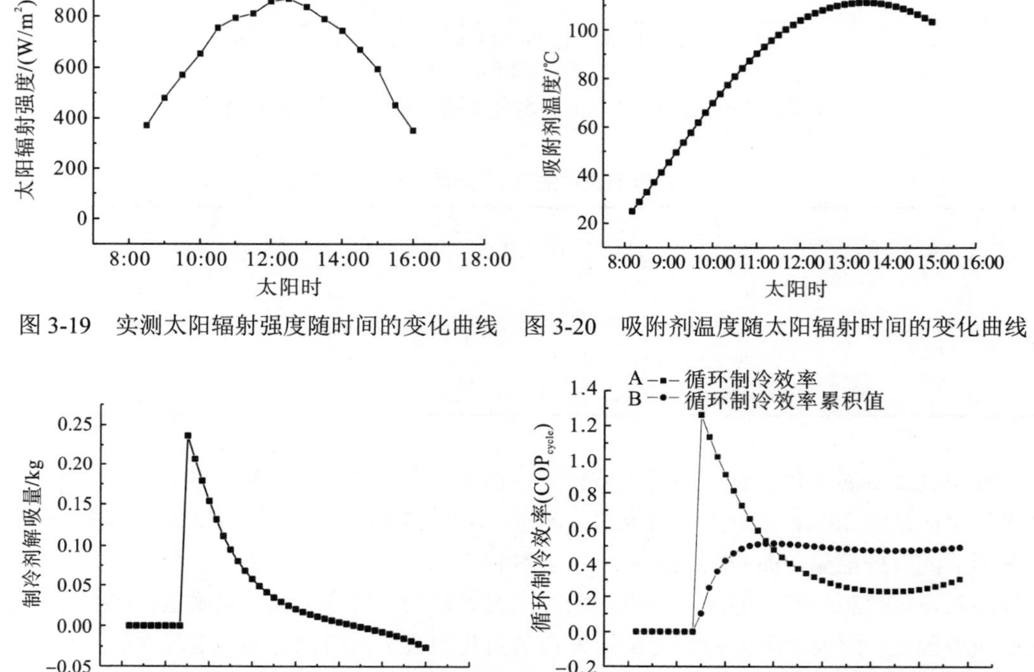

图 3-19 实测太阳辐射强度随时间的变化曲线

图 3-20 吸附剂温度随太阳辐射时间的变化曲线

图 3-21 制冷剂解吸量随太阳辐射时间的变化曲线

图 3-22 循环制冷效率随太阳辐射时间的变化关系

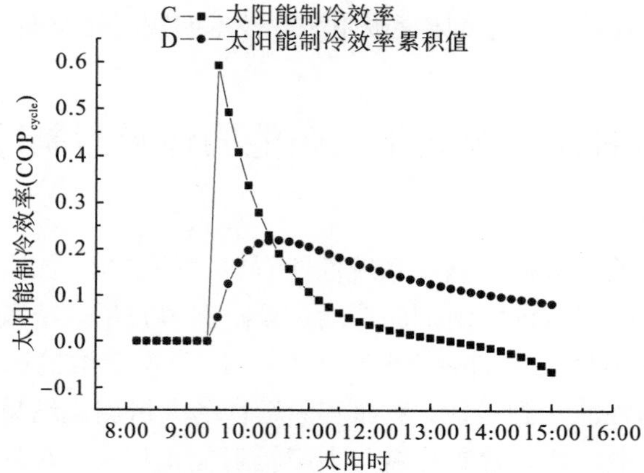

图 3-23 太阳能制冷效率随太阳辐射时间的变化关系

由图 3-20 可知，8:00 左右，随着太阳辐射能量的强度开始增强，吸附床内的吸附剂吸收太阳辐射能量后温度开始从吸附制冷后的初始温度升温。随着太阳辐射能量的升高，吸附剂的温度不断地升高。太阳辐射强度从 13:00 左右从最大值开始减弱，因而太阳辐射能提供给吸附剂的加热能量开始减少，到 13:45 左右，吸附剂温度在达到最大值 110℃之后开始下降，之后，虽然太阳能吸附集热器仍在接收太阳辐射能量，但由于集热器的散热损失大于所接收的辐射能量，吸附剂的温度开始下降。对无阀结构的太阳能制冷装置而言，吸附剂的温度达到最大值后，吸附剂不再解吸制冷剂，反而开始吸附制冷剂而产生制冷现象，这可从图 3-23 中可以清晰地看出。

图 3-21 表示吸附剂在接收太阳辐射能量的每一时间间隔内（15min）所解吸的制冷剂变化量。由该图可知，在 8:00 左右到 9:50 左右，虽然吸附剂温度不断地升高，但吸附剂尚未达到解吸制冷剂的初始解吸温度，故这一过程中吸附剂对制冷剂的解吸量为零，在图中表现为一水平线。当吸附剂温度达到解吸温度（大约 65℃）后，随着太阳辐射能的增强，吸附剂温度继续升高，并开始解吸制冷剂。从图 3-21 还可看出，解吸开始初期，相同时间间隔（15min）内解吸的制冷剂量较多，随着时间的推移，制冷剂解吸量越来越少，这主要是因为吸附集热器的温度越高，对外散热损失越大，吸附集热器从太阳辐射能中所吸收的有效能量逐渐越少，到 13:45 左右，当吸附集热器从太阳辐射能量中吸收的有效能量不足以克服吸附集热器的对外散热损失及提供吸附剂解吸制冷剂所需的解吸热量时，吸附剂对制冷剂的解吸量为零。由于太阳辐射能量在 12:30 达到峰值，并从 12:30 后逐渐减弱，因而在 13:45 之后，虽然吸附集热器不断地接收太阳辐射能量，但其对外散热损失超过从太阳辐射量中所吸取的有效能量，导致吸附剂的温度下降，对无阀结构的太阳能冰箱而言，吸附剂开始吸附制冷剂，并因此而产生制冷效果。因而，对太阳能制冷装置而言，有用的太阳辐射能只是 13:45 之前吸附集热器所吸收的辐射能量，约为 13MJ，之后的太阳辐射能量并不产生制冷效果。因而，以往的太阳能固体吸附制冷循环分析中将整天所接收的太阳辐射能量作为衡量有效太阳辐射能是不科学的；并且传统的太阳能分析计算中，对制冷剂解吸量的计算持续到太阳辐射消失，与实际测试结果的误差非常大，主要是没有充分考虑太阳能吸附集热器在实际工况下的散热损失及太阳辐射能量在实际生活中呈类似抛物线的分布情况，许多模拟分析计算假定每天的太阳辐射能量为 18～20MJ/m^2，并将这一能量作为吸附集热器的有效能量，因而所得出的模拟计算结果过于理想化。目前国内外所收集的有关太阳能制冷装置的文献暴露出一个明显的缺陷，就是仅给出某一个稳定的最终测试结果，而缺乏变工况下的实验测试报道与分析说明。

图 3-22 为循环制冷效率随太阳辐射时间的变化关系，用其衡量吸附剂解吸制冷剂所产生的制冷效果与吸附集热器所接收太阳能有效能量之比。其中，曲线 A 为瞬态的循环制冷效率，曲线 B 为积分状态下的循环制冷效率，即总加热过程的循环制冷效率。可以看出，在吸附剂未解吸制冷剂之前（9:45 之前），瞬态的循环制冷效率及总加热过程的循环制冷效率均为零。当吸附剂开始解吸制冷剂后，随着太阳辐射时间的增加，瞬态的循环制冷效率从开始的最大值逐渐下降，这与吸附剂所解吸的制冷剂的量逐渐下降相吻合。但积分状态下的循环制冷效率随太阳辐射时间的增加而逐渐增大，在 11:00 左右达到最大值，至解吸结束时保持这一值基本稳定。

图 3-23 为太阳能制冷效率随太阳辐射时间的变化关系，用其衡量吸附剂解吸制冷剂所产生的制冷效果与吸附集热器所接收太阳总辐射能量之比。其中，曲线 C 为瞬态的太阳能制冷效率，曲线 D 为积分状态下的太阳能制冷效率，即总加热过程的太阳能制冷效率，该效率就是通常人们在各类相关文献资料中所描述的太阳能冰箱的 COP。由该图可知，解吸开始前，瞬态及积分状态下的太阳能制冷效率均为零。解吸开始后，瞬态的太阳能制冷效率从开始时的最大值(0.6 左右)逐渐下降，至 13:45 左右，瞬态的太阳能制冷系数下降至零，这是因为在 13:45 时，吸附剂对制冷剂的解吸量为零。随着时间的推移，吸附集热器所吸收的太阳辐射能量不足以克服集热器的对外散热及提供吸附剂解吸制冷剂所需的解吸热量，导致吸附剂的温度开始下降，同时吸附剂开始吸附制冷剂而产生制冷效果，实际上太阳能制冷系统在吸收太阳辐射能量的过程中进入了吸附制冷的过程，因此，瞬态的太阳能制冷效率为负数。从制冷剂开始吸附制冷剂之后，吸附集热器所吸收的太阳辐射能量实际上对太阳能制冷已不再产生任何有用的效果，相反，所吸收的太阳辐射能量在计算时会使积分状态下的太阳能制冷效率 COP 下降。曲线 D 反映了积分状态下的太阳能制冷效率随时间的变化关系。解吸开始后，太阳能制冷效率随着时间的增加逐渐增加，至 10:30 左右增加至最大值(约 0.21)，之后逐渐下降，至 13:45，COP 下降至 0.12，从 13:45 开始，吸附剂对制冷剂的解吸量为零，开始吸附过程，太阳能装置的 COP 继续下降，直到太阳日照辐射消失。本实验中仅将实验时间持续到 15:00，若继续增加时间，系统的 COP 将会更低。由上面的分析可知，将传统度量 COP 的计算方法用于太阳能制冷系统的实际操作过程中，必将引起系统装置 COP 下降。大量研究进行模拟计算时均未从太阳辐射的实际特点出发，而将整天所接收的太阳辐射能用于太阳能制冷系统的有效收益，这样所得出的 COP 实际上是偏高的，在实际运行过程是无法操作的。这就是理论研究模拟计算或实际测量报道的论文多，而将实际测试与理论模拟相结合的研究报道极少的原因。因而在分析太阳能制冷装置效率及实际运行效果时，必须充分兼顾当地太阳能资源特点及吸附集热器所接收的有效太阳能辐射能量，否则，将产生较大的误差。

3.5.2 太阳能制冷装置间隙制冷工况

前面的分析中，实测的太阳辐射强度处于非常理想的状态，即太阳日照辐射过程中几乎没有云层的影响，所以太阳能制冰机能产生较为理想的制冰效果。然而实际生活中，太阳辐射强度经常受云层的影响，正如在第 2 章中所描述的实验那样，有云层的天气对太阳能制冷现象有很大的影响，本节用经实验验证所建立的模型对此进行分析说明。

为使分析计算具有连贯性，假定无云层影响的太阳辐射强度分布如图 3-19 所示，现对有云层作用的情况做详细分析。假定图 3-19 的太阳辐射强度在云层作用 1h、2h、3h 后的分布如图 3-24(a)、图 3-25(a)、图 3-26(a)所示，据此分析太阳能制冷装置在太阳辐射变化条件下制冷剂解吸量的变化情况。图 3-24(b)、图 3-25(b)、图 3-26(b)则显示出云层影响下太阳能制冰机制冷剂解吸量的变化情况，这些图较好地说明了太阳能制冷机的间隙制冷作用。将云层出现 0.5～3.0h 对系统性能的影响情况列于表 3-9 中。

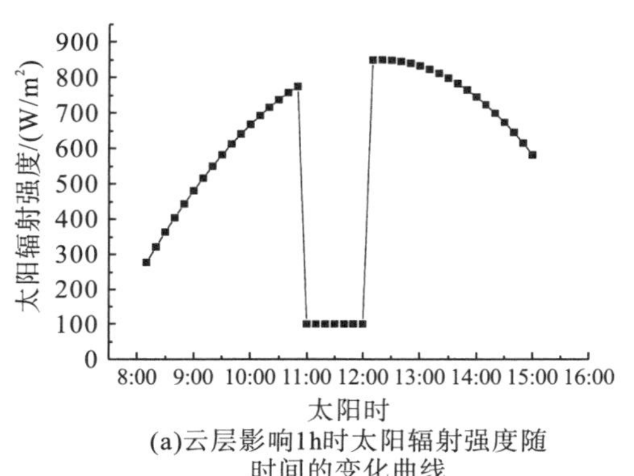

(a)云层影响1h时太阳辐射强度随时间的变化曲线

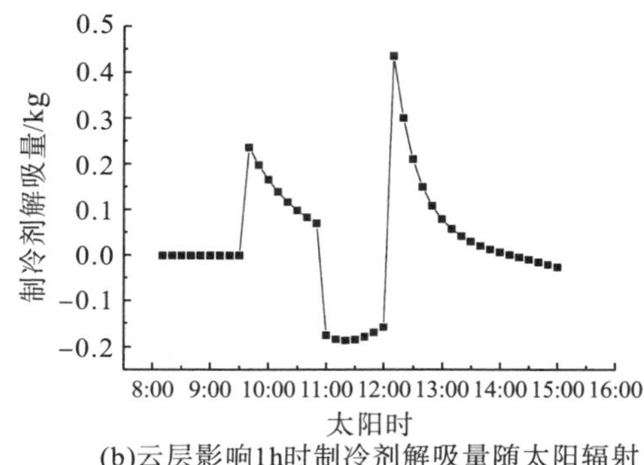

(b)云层影响1h时制冷剂解吸量随太阳辐射时间的变化曲线

图 3-24　云层影响 1h 时太阳辐射强度和制冷剂解吸量随时间的变化

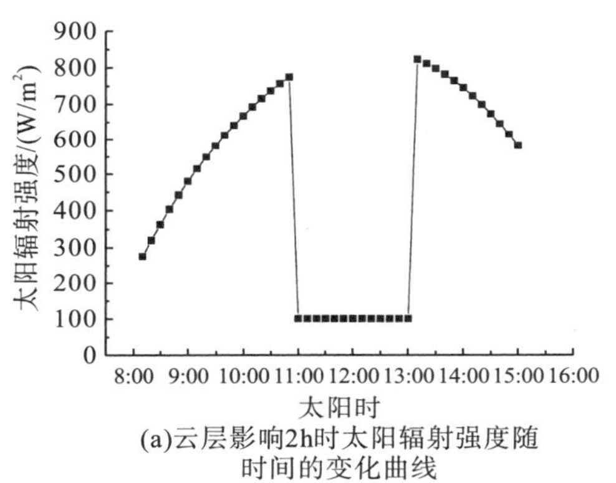

(a)云层影响2h时太阳辐射强度随时间的变化曲线

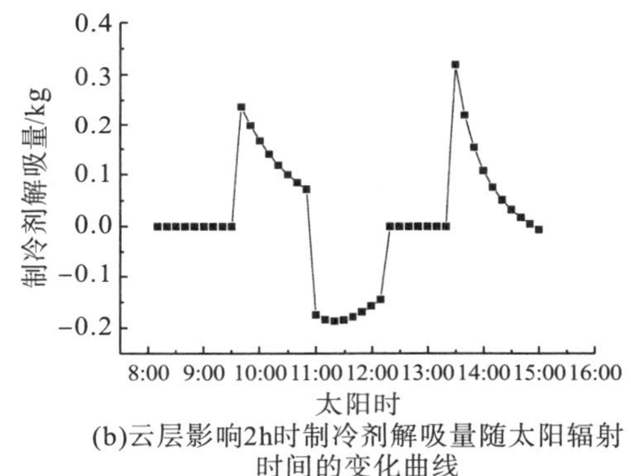

(b)云层影响2h时制冷剂解吸量随太阳辐射时间的变化曲线

图 3-25　云层影响 2h 时太阳辐射强度和制冷剂解吸量随时间的变化

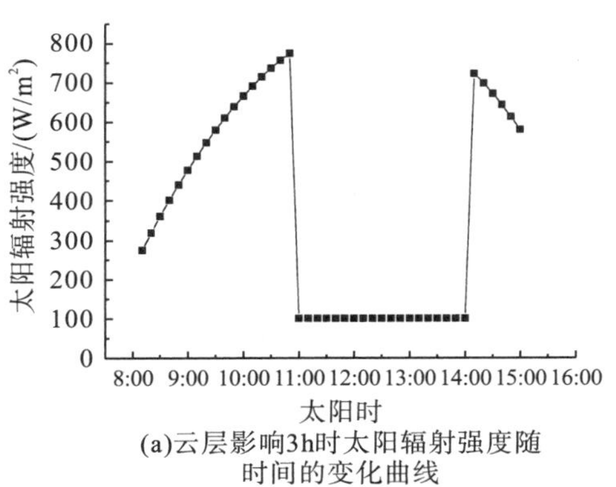

(a)云层影响3h时太阳辐射强度随时间的变化曲线

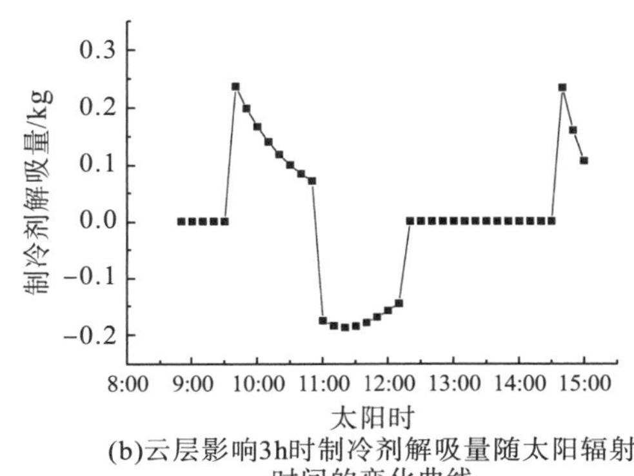

(b)云层影响3h时制冷剂解吸量随太阳辐射时间的变化曲线

图 3-26　云层影响 3h 时太阳辐射强度和制冷剂解吸量随时间的变化

表 3-9　云层作用下太阳能制冰机性能参数

云层影响时间/h	接收太阳辐射能量/MJ	制冷剂解吸量/kg	制冰量/kg	COP_{solar}
0	16.0	1.30	2.86	0.081
0.5	14.43	1.28	2.81	0.088
1.0	13.21	1.25	2.74	0.095
1.5	11.96	0.96	1.97	0.100
2.0	10.74	0.695	1.29	0.103
2.5	9.57	0.687	1.26	0.098
3.0	8.47	0.225	0.06	0.004

图3-24(a)为云层作用1h时太阳辐射强度的分布曲线(从11:00到12:00)，而图3-24(b)则为对应太阳辐射强度下的制冷剂解吸量变化情况。从图 3-24 可以看出，吸附床内吸附剂在达到初始解吸温度时开始解吸制冷剂，在 11:00，由于云层影响，太阳辐射强度降低到 100W/m^2，从 11:00 开始，吸附剂不再解吸制冷剂，反而开始对制冷剂进行吸附。可以看出，制冷剂解吸量为负值，实际上就是吸附剂吸附制冷剂过程，这一过程一直持续到 12:00，当太阳辐射强度增强时，吸附剂温度上升到一定的值后又开始重新解吸制冷剂，然后随太阳辐射强度逐渐降低，到 14:30 左右，当吸附集热器接收的太阳辐射能不足以克服解吸热及吸附器对外的散热损失时，尽管仍有太阳辐射能量作用于吸附集热器上，但吸附剂开始吸附制冷剂，对无阀结构太阳能制冰机而言，这个过程将一直持续到第二天循环重新开始。与无云层影响工况下的制冷剂解吸量相比，吸附剂吸附制冷剂的时间点从 13:45 推迟到 14:30，这是由于云层的影响，使吸附剂达到最大解吸温度的时间推迟。从图中可以明显看出，在 11:00 到 12:00 之间，存在明显的间隙制冷效果，在这一时间段内，是一个吸附过程，这将影响系统最终的制冷剂解吸量及制冰量。而对系统的 COP 而言，由于所接收的太阳能辐射能量减小，COP 反而有所增加。因而，COP 与制冰量不存在正比例关系。

图 3-25(a)为云层作用 2h 时太阳辐射强度的分布曲线(从 11:00 到 13:00)，而图 3-25(b)则为对应太阳辐射强度下的制冷剂解吸量变化情况。从图 3-25 可以看出，吸附剂在达到解吸初始温度时开始解吸制冷剂，到 11:00 时，由于云层影响，吸附剂反而吸附所解吸出的制冷剂，到 12:30 左右，吸附剂不再吸附制冷剂，系统解吸与吸附处于动态平衡状态，13:00 时，由于太阳辐射强度恢复正常，吸附剂又开始解吸制冷剂，这一过程持续到 15:00 左右。

图3-26(a)为云层作用3h时太阳辐射强度的分布曲线(从11:00到14:00)，而图3-26(b)则为对应太阳辐射强度下的制冷剂解吸量变化情况。从图 3-26 可以看出，吸附剂在达到解吸初始温度时开始解吸制冷剂，到 11:00 时，由于云层影响，吸附剂反而吸附所解吸出的制冷剂，到 12:30 左右，吸附剂不再吸附制冷剂，系统解吸与吸附处于动态平衡状态，一直持续到 14:00 时，随着太阳辐射强度恢复正常，吸附剂又开始解吸制冷剂，这一过程持续到 15:00 时左右。但由于云层影响时间较长，达 3h 之久，因而，吸附集热器所解吸的制冷剂的量较小，基本上达不到制冰效果。

由表 3-9 可知，云层作用的时间越长，制冷剂解吸量越少，制冰效果越差。COP 则根据吸附集热器所接收的太阳辐射能量而定。实际太阳能制冰机系统的运行过程中，太阳辐射强度的分布千变万化，系统运行的状况受到太阳辐射变化的强烈影响。云层作用 2h 后系统的制冰性能将受到较大的影响，而云层作用 3h 后，太阳能制冰机装置基本上不能产生制冰效果。因而，太阳能固体吸附制冰机的制冰效果受到自然条件的强烈束缚。太阳能固体吸附制冰机仅适用于太阳辐射资源丰富且云层波动较小的地域。而对太阳辐射资源较弱且常受云层影响的地域，太阳能固体吸附制冰机不具有商业化应用的价值。

3.5.3　恒温变压条件下吸附制冷系统传质特性

在前述内容中对太阳能吸附制冷系统在实际运行过程中遇到的间隙制冷工况进行了分析。在本小节中，为了分析太阳能吸附制冷系统在变温变压条件下的传质性能，将建立恒温变压传质模型进行模拟计算，并构建控温变压解吸吸附制冷系统，并进一步对模拟计算结果进行实验验证与分析。得出系统解吸过程中压强与温度对于系统传质性能影响的量化关系。

1. 恒温变压传质模型的建立与模拟计算

在对应加热解吸的第二阶段及对应冷却吸附的第四阶段，由于吸附床内吸附剂对制冷剂进行解吸及吸附，伴随着传热传质过程的发生。因此，为了便于衡量系统的传质性能，以解吸过程为主要研究对象，得出衡量系统的传质性能的指标，即解吸率和解吸速度。

以活性炭-甲醇作为工质对的吸附制冷系统，描述吸附剂对制冷剂的吸附量常采用建立在物理吸附的吸附势理论基础上的 D-A 方程，其表达式为

$$X = x_0 \exp\left(-K\left(\frac{T}{T_s}-1\right)^n\right) \tag{3-48}$$

式中，X 为吸附率，即吸附于单位质量的吸附剂孔隙中的制冷剂的质量，kg/kg；x_0 为极限吸附率；K 为吸附剂材料的结构常量；T_s 为饱和制冷剂温度，K；T 为吸附剂温度，对于恒温解吸吸附制冷系统，可视为热源温度，K；n 为工质对的特征参数。

为便于衡量吸附制冷系统解吸过程中的传质性能，与吸附率 X 所代表的含义相对应，定义解吸率 λ 为解吸过程中所解吸出的制冷剂质量与吸附剂质量的比值，单位为 kg/kg，则 λ 可表示为

$$\lambda = x_0 - x \tag{3-49}$$

联立式(3-48)与式(3-49)得到如下表达式：

$$\lambda = x_0\left\{1-\exp\left(-k\left(\frac{T}{T_s}-1\right)^n\right)\right\} \tag{3-50}$$

以甲醇为制冷剂的低压吸附制冷系统中，当甲醇处于液-气两相平衡，温度变化范围不大时，压力随温度的变化可由克劳修斯-克拉珀龙方程表示：

$$\ln P = -\frac{A}{T_s} + B \tag{3-51}$$

式中，A、B 为制冷剂的克劳修斯-克拉珀龙方程参数。

由式(3-51)变形得

$$T_s = \frac{A}{B - \ln P} \tag{3-52}$$

联立式(3-50)与式(3-52)，可得到解吸率的表达式：

$$\lambda = x_0 \left\{ 1 - \exp\left\{ -K \left[\frac{T(B - \ln P)}{A} - 1 \right]^n \right\} \right\} \tag{3-53}$$

对式(3-53)进行模拟计算，可以得到系统传质的性能与其变量之间的量化关系。在本书中，太阳能吸附制冷系统中采用的工质对均为椰壳活性炭-甲醇，克劳修斯-克拉珀龙方程中的 A、B、x_0、K、n 的参考值列于表 3-10 中。

表 3-10 以椰壳活性炭-甲醇为工质对的吸附制冷系统的克劳修斯-克拉珀龙方程系数的参考值

A	B	K	x_0	n
4432	24.65	10.21	0.284	1.39

在活性炭-甲醇工质对性能有效的工作温度范围内，与以活性炭-甲醇为工质对的太阳能吸附制冷系统在不同的辐照条件下所能达到的工作温度范围相对应，解吸温度的值分别取 80℃、90℃、100℃、110℃、120℃，在计算过程中温度值采用热力学温度，单位为 K；参考本课题组前期工作中真空压力的变化范围，压力值取绝对压力，取值范围为 1～80kPa，步长值取 1；计算当温度分别为 80℃、90℃、100℃、110℃、120℃时，随压力的不同取值得到解吸率的值，即所解吸出来的制冷剂甲醇的质量与系统中所装填的活性炭质量的比值，其单位为 kg/kg。采用表 3-10 中的方程参数值，对不同温度、不同压力条件下的解吸率的值进行计算。模拟计算值绘图结果如图 3-27 所示。

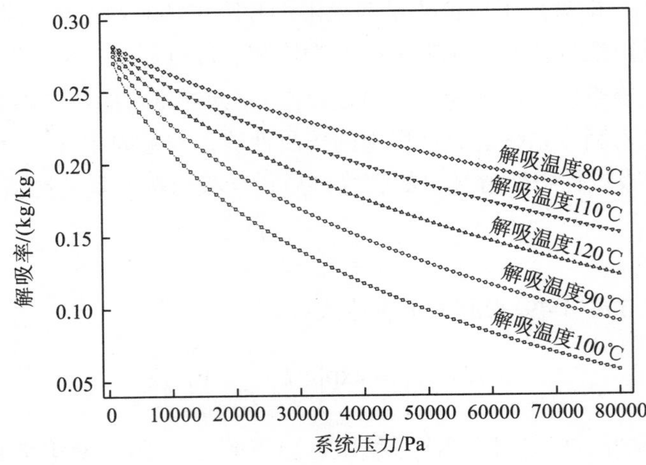

图 3-27 不同解吸温度、不同系统压力下解吸率计算值

图 3-27 为不同解吸温度、不同系统压力下解吸率的计算值。从图中可以看出，当解吸温度恒定时，对于任意解吸过程，解吸率均随系统压力的增大而降低，但这种变化是非线性的。对于任意吸附制冷系统，系统中装填的吸附剂的量是固定的，解吸率增加，也就意味着解吸量增加，即系统的传质性能提升。这是由对于吸附于吸附剂颗粒空隙中的制冷剂，当外界压力降低时，其更容易摆脱吸附剂对其的吸引，进而解吸。由此看来，解吸过程中压力适当降低，解吸量会相应增加，对于提高系统效率有积极作用。从纵向上看，当系统的压力为相同值时，解吸率随温度的升高而增大，也就是在相同的系统压力条件下，热源温度越高，解吸量越大。这是由于温度越高，可使吸附于吸附剂孔隙中的制冷剂得到更多的能量，从而使解吸变得更加容易。解吸温度提高、系统压力减小都对提高解吸率有帮助，制冷量随之增多，系统效率会随之提高。

通过模拟计算得到了不同温度、不同压力条件下的解吸率的值，为了提高吸附制冷系统的传质性能，需进一步量化在不同解吸温度下，吸附制冷系统的解吸率的增加量与压力降低值之间的数量关系。当解吸温度 T 分别为 80℃、90℃、100℃、110℃、120℃，系统压力降低值 ΔP 分别为 5kPa、10kPa、15kPa、20kPa 时，得到解吸率增加量 $\Delta\lambda$ 的值，结果列于表 3-11 中。

表 3-11　不同解吸温度下随系统压力降低解吸率 λ 的增加量(%)

条件	80℃	90℃	100℃	110℃	120℃
5kPa	9.18～17.3	6.31～12.27	4.50～8.69	3.30～6.14	2.49～4.26
10kPa	19.20～32.47	13.05～22.93	16.28～9.24	9.74～11.60	5.08～8.19
15kPa	32.28～47.54	20.24～33.25	14.15～23.58	10.37～16.81	7.74～11.96
20kPa	44.56～62.96	27.88～43.57	19.38～30.73	14.13～21.85	10.56～15.61

表 3-11 的实验数据表明，解吸温度恒定不变、压强降低相同值时，所引起的解吸率增加量不是某一个值而是一个变化范围。如图 3-27 所示，当解吸温度恒定时，解吸率随系统压力的变化是非线性的，且当压力值较低时，图 3-27 中的曲线的斜率越大，说明若使系统压力从某一较低值为起点开始降低，则解吸率的增加量更大，对于系统传质性能的提升效果更明显。

另外，由表 3-11 可以得出，对于不同热源温度条件下的解吸过程，解吸率均随压降值的增大而增大，说明对吸附制冷系统采取降压措施，降压幅度越大，对传质性能提升越有效。对比不同温度条件下，相同压降情况下的解吸率的增加量，压力降低相同值时，解吸率增量随温度升高而变小。若使系统压力降低 5kPa，当解吸温度分别为 80℃和 120℃时，解吸率的增加范围分别为 9.18～17.3 和 2.49～4.26；若使系统压力降低 10kPa，当解吸温度分别为 110℃和 120℃时，解吸率的增加范围分别为 9.74～11.60 和 5.08～8.19。说明解吸温度越低，即热源温度越低时，采取降压手段以强化传质的作用更为明显。因此，在有限热源温度下，降低系统解吸过程中的压力以强化传质，探讨温度与压力之间的补偿关系，对于吸附制冷系统效率的提升有重要意义。

针对以太阳能为驱动热源、以活性炭-甲醇为工质对的吸附制冷系统，由理论分析可以得出结论：在提高一定的解吸率时，解吸过程降低系统压力与提高解吸温度应存在对应的当量关系；在热源温度为 80～120℃时，解吸过程中系统压力每降低 10kPa，等效于热源温度升高 6～8℃。

2. 恒温变压条件下强化传质性能实验验证

为验证上述理论计算得出的系统解吸过程中压力与温度对于系统传质性能影响的量化关系及理论分析，构建控温变压解吸吸附制冷系统，对理论计算结果进行实验验证。

在本节中以椰壳活性炭-甲醇为工质对，采用相同太阳能翅片管的可以控温、调压的吸附制冷实验平台，以单元管的传质过程为研究对象，构建如图 3-28 所示的恒温解吸太阳能单元管吸附制冷系统。

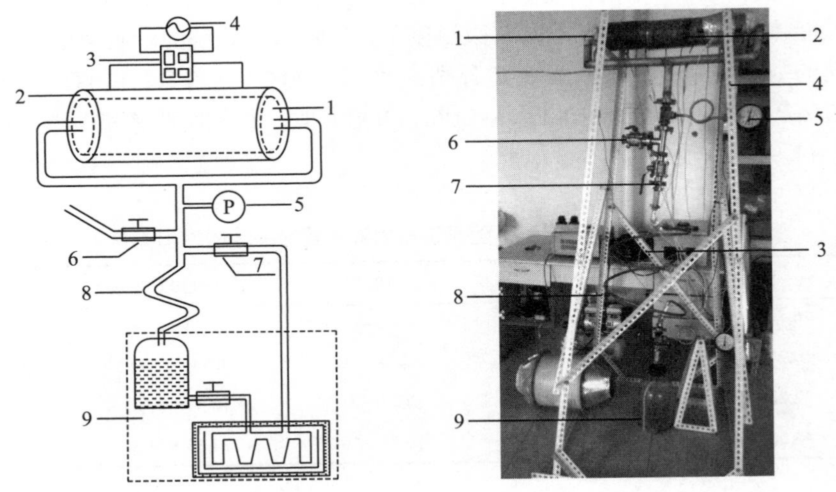

图 3-28　恒温解吸太阳能单元管吸附制冷实验系统示意图及实物图

1-吸附单元管；2-加热套管；3-智能温控箱；4-交流电源；5-真空压力表；6-第一真空阀门；7-第二真空阀门；8-冷凝器；9-储液器/蒸发器

本实验所构建的太阳能吸附制冷实验系统，可实现单元管解吸温度恒定在一定范围，主要由吸附翅片管单元、加热套管、温控箱、冷凝器、储液器/蒸发器、压力表、真空阀门、数据采集设备等组成。在太阳能吸附翅片单元管外配有以其横截面为同心圆的加热套管，且加热套管的内径与单元管的外径相同；在实验过程中，为降低接触热阻，在套管内管与翅片单元管壁所能接触的面上涂一层导热硅脂。加热套管与智能温控箱相连，设定智能温控箱的目标温度，即该单元管的解吸温度；智能温控箱与市电相连接；在该系统中将储液器与蒸发器做成一体，储液器/蒸发器用于计量解吸出的制冷剂；储液器/蒸发器容积分别为 1L 和 5L，精度为 0.005L。测量翅片单元管、冷凝器、储液器、蒸发器等多处温度，需要用到温度传感器，其型号为四线制的 PT100 温度传感器，测量精度为±0.15℃。所使用的真空压力表的测量范围为-0.1～0.1MPa，精度为 0.002MPa。

本实验系统中冷凝器所需承担的散热负荷为将吸附制冷单元管所解吸出的制冷剂甲

醇气体冷凝为液体的散热负荷，所处的环境为实验室室内环境。考虑到本实验系统中的冷凝器需要承担的散热负荷较小，选用了空冷冷凝器的形式；同时考虑到系统运行中所处的室内环境，所以在本实验中采用了强迫对流冷却的形式。实验过程中通过调控风机来控制冷凝器的温度，图 3-28 中太阳能吸附单元管吸附制冷系统实物图中左下角黄色风机(标号10)即为开展实验的过程中所使用的冷凝器的控温装置。

在单元管内装填好活性炭，经活化、与各部件密封连接、抽真空检测气密性后，通过配合使用真空阀门向系统中灌注甲醇，所有实验前的准备工作完成后，方可开始实验。

通过智能温控箱设定单元管的加热温度，即解吸温度，与基于 CPC 强化传热的吸附制冷系统的平均解吸温度相对应，设定解吸温度分别为 90℃、100℃和 110℃；实验获得不同的解吸温度和系统压力，是以改变储液器容积来实现的，对 1L 储液器、5L 储液器的解吸过程进行了实验研究。

恒温解吸太阳能单元管吸附制冷系统循环过程如下：把智能温控箱 3 设定为恒定的温度，使加热套管 2 开始对单元管 1 加热，解吸过程开始，刚开始解吸率很小。加热套管 2 持续加热单元管 1，吸附剂通过热传导获得热能，记录各压力表的数值。持续解吸达到冷凝压力时，打开阀门 7，制冷工质蒸气开始解吸，此时即为开始解吸时刻。解吸出来的制冷剂蒸气经过与冷凝器 8 换热后，冷凝为液体，储存于储液器/蒸发器 9 中，在此过程中，每间隔 5min 记录储液器中制冷剂量与各压力表数值，直到不再有制冷剂解吸出来，且真空压力表的示数逐步减小，解吸过程结束。此时解吸率达到最大值，吸附剂温度此时最高，然后，吸附剂开始冷却，而解吸率保持在解吸过程结束时的值。单元管通过对流、辐射与周围环境换热，系统压力逐渐降低直至与蒸发器压力一致。最后是蒸发制冷阶段，吸附剂吸附制冷剂，制冷效应产生，吸附剂释放显热和吸附热冷却至吸附温度，开始吸附过程。到此，完成吸附制冷循环。

实验过程中储液器中的制冷剂的量由人工读取，测试精度为 0.005L。为保证实验结果的准确性和严谨性，实验过程中两种工况下，三个不同的解吸温度的解吸量均为三次实验的平均值。

对解吸温度分别为 90℃、100℃和 110℃，储液器/蒸发器容积为 1L 和 5L 时，单元管吸附制冷系统的解吸过程进行实验研究，在本小节中将分析不同温度、不同压力下的恒温解吸太阳能单元管吸附制冷实验系统的实验结果，以解吸率、解吸过程中的平均解吸速度，以及解吸过程所持续的时间作为比较参数，得出吸附制冷系统在变压条件下的传质规律，验证理论模拟计算结果。

恒温解吸太阳能单元管吸附制冷实验系统性能参数见表 3-12 所示。可以得出，储液器/蒸发器容积为 5L 时的系统压力相比 1L 时降低了 14kPa，这也使得在相同的解吸温度下开始解吸的时间延后、解吸所需总时间减少，解吸率和平均解吸速度均提高。系统压力降低14kPa，解吸温度为 90℃时，对应解吸率提高了 20.5%；解吸温度为 100℃时，对应解吸率提高了 15.1%；解吸温度为 110℃时，对应解吸率提高了 12.1%。以解吸率的模拟计算结果作为参考，在三种实验工况下，与未降压解吸时相比，相当于解吸温度分别升高了 18℃、11℃、9℃，由此也可以得出如下结论：解吸过程中可以降压强化传质性能，且热源温度越低，降压强化传质对于系统性能的提升效果更显著。解吸温度分别为 90℃、100℃和 110℃

时，降压解吸后，平均解吸速度分别提高了 49.3%、44.6%和 37.1%。由此可以验证：降低系统解吸时的压力，系统传质性能可得到提升，同时解吸时间也会减少，并增大制冷功率。

此外，对比相同系统压力、不同解吸温度下的系统性能，由表 3-12 可知：①在储液器/蒸发器容积为 1L 的实验中，温度越高，解吸率和平均解吸速度越高：解吸率在 110℃时比在 100℃时高 19.2%，平均解吸速度也相应高出 22.8%；解吸率在 100℃时比在 90℃时高 30.4%，平均解吸速度也相应高出 34.7%；②当系统压力降低约 14kPa，解吸温度从 90℃上升至 110℃时，解吸温度每升高 10℃可使解吸率分别提高 24.4%、16.1%，相应的平均解吸速度分别提高了 30.2%、16.4%。说明在吸附制冷系统工质对性能有效的温度范围内，热源温度越高，系统传质性能越好，但系统在较低的压力下，解吸率的提升受温度影响的程度会有所减弱。

表 3-12　不同温度、不同系统压力下的系统性能参数

性能参数	蒸发器/储液器容积为 1L			蒸发器/储液器容积为 5L		
	90℃	100℃	110℃	90℃	100℃	110℃
开始解吸时间/min	32	25	25	5	5	5
解吸总时间/min	150	145	140	120	115	110
解吸率/(kg/kg)	0.112	0.146	0.174	0.135	0.168	0.195
解吸速度/[kg/(kg·mim)]	0.00075	0.00101	0.00124	0.00112	0.00146	0.00170
系统压力/kPa	27	39	48	13	25	35

图 3-29、图 3-30、图 3-31 分别描述了恒温解吸温度为 90℃、100℃和 110℃，储液器/蒸发器容积为 1L 和 5L 时解吸过程中解吸率的变化。相同温度、不同压力下的解吸过程显示：低压系统除在尚未开始解吸时与未降压解吸系统的解吸率均为零外，从开始解吸计时，在相同的解吸时刻，对于瞬时解吸率，较低系统压力比较高系统压力有更大的瞬时解吸率。

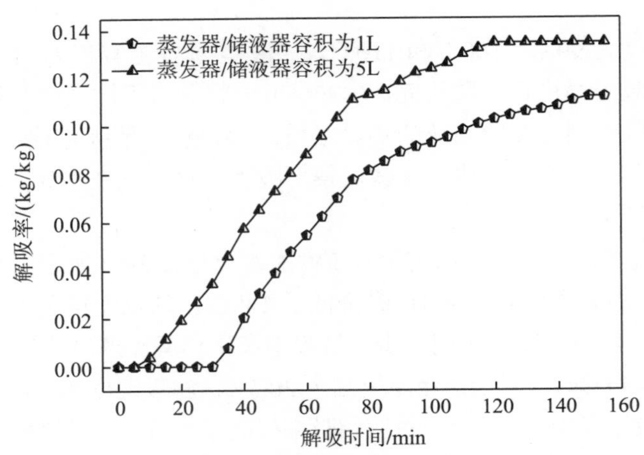

图 3-29　解吸温度为 90℃时解吸率随时间的变化

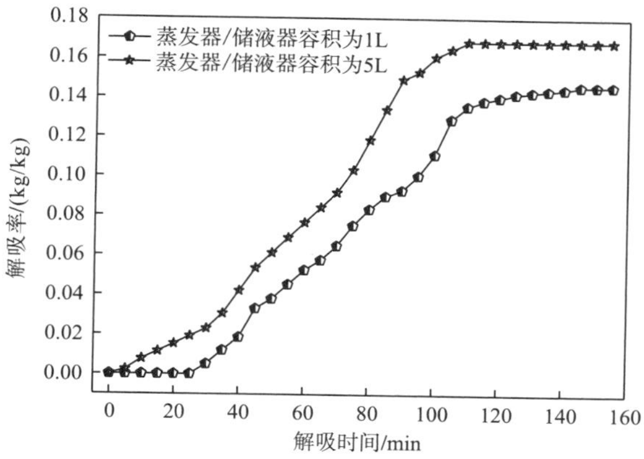

图 3-30　解吸温度为 100℃时解吸率随时间的变化

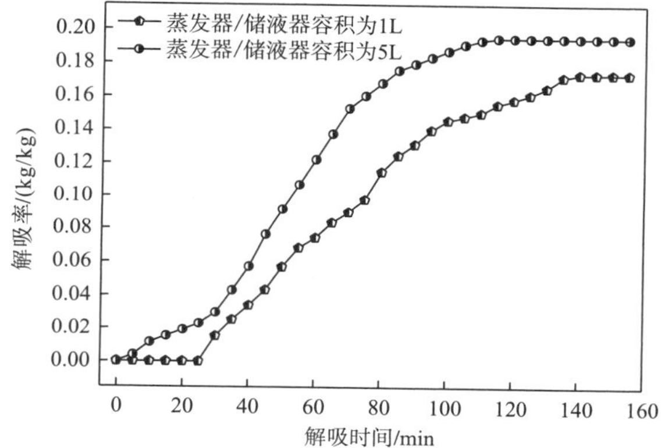

图 3-31　解吸温度为 110℃时解吸率随时间的变化

由前述分析可知，升温解吸和降压解吸均能提高系统的传质性能，为进一步研究分析解吸温度与系统压力对解吸过程中传质性能影响的耦合关系，对不同系统压力、不同解吸温度下的解吸过程进行对比分析，如图 3-32 及图 3-33 所示。

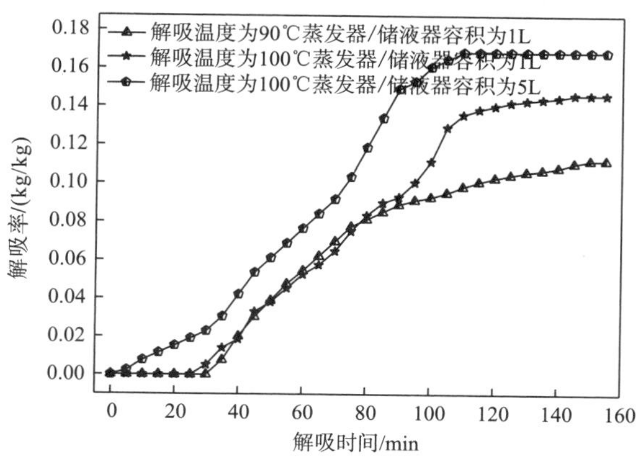

图 3-32　不同解吸温度、不同系统压力下的瞬时解吸率(一)

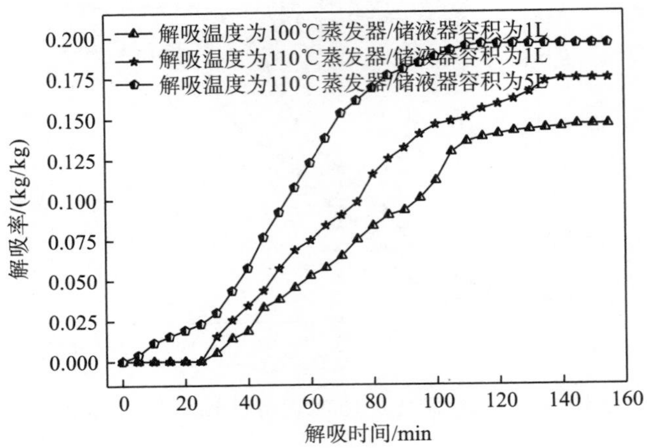

图 3-33 不同解吸温度、不同系统压力下的瞬时解吸率(二)

从图 3-32 及图 3-33 可以看出，在系统压力较低时，解吸过程中任意时刻的瞬时解吸率会更高。实验结果表明，5L 储液器系统压力、100℃解吸温度实验与 1L 储液器系统压力、90℃解吸温度实验相比，前者解吸率提高近 50%，其中温度每升高 10℃解吸率提高 30.4%，对应降压作用使解吸率提高了 19.6%；图 3-33 中，升温与降压作用使解吸率提高了 33.6%，其中升温使解吸率提高了 19.2%，降压作用使解吸率提高了 14.4%。两组实验结果均表明，升温(以每 10℃为单位)与降压强化传质(以每降低 1kPa 为单位)对提高系统解吸性能的作用近似于 1.5∶1。

3. 恒温变压传质模拟结果与实验结果对比分析

本小节构建了恒温解吸太阳能单元管吸附制冷实验系统，表 3-13 给出了理论模拟与实验对比情况。误差分析结果显示有较小的相对误差，理论、实验能较好地吻合。确保实验研究过程的准确性和严谨性，实验过程中两种工况下，三个不同的解吸温度的解吸量均为三次实验的平均值。

表 3-13 解吸率实验值与计算值比较

项目	蒸发器/储液器容积为 1L			蒸发器/储液器容积为 5L		
	90℃	100℃	110℃	90℃	100℃	110℃
模拟值	0.116	0.169	0.178	0.137	0.149	0.196
实验值	0.112	0.146	0.174	0.135	0.148	0.195
相对误差/%	3.45	13.6	2.25	1.46	0.67	0.51

从表 3-13 可以看出，实验结果较理论模拟结果偏小，分析原因：①所搭建的系统在解吸过程中甲醇会在冷凝器内壁残留，导致解吸量计数偏小；②吸收热能而被解吸出来的甲醇滞留在吸附管内没有及时有效地进入冷凝器，当温度降低时，这部分制冷剂又在吸附

床内被吸收，没有进入冷凝器被记录；③制冷剂在冷凝时的饱和蒸气压使气体冷凝不充分导致解吸量读数偏小，从而导致所计算的解吸率小于理论值。

降低系统压力，可缩短解吸时间，提高解吸率，可达到等效强化传质效果。所构建的实验验证平台中吸附/集热床仅由一根吸附制冷单元管组成，改变系统的容积仅作为本实验系统的一种降压方式，采用此种方法达到了降压解吸的效果，但对于实际的吸附制冷系统，不能单纯依靠此种方法达到提高系统效率的目的，可考虑采用增加可调控系统压力装置、增加管道泵、采用多通道循环等更容易操作控制的等效降压方法。

3.6　本 章 小 结

太阳能吸附制冷系统循环过程中伴随着复杂的传热传质过程，本章首先从吸附剂的特点出发，运用多孔介质传热传质计算的方法分析了太阳能吸附制冷装置中吸附床内的传热传质性能，针对太阳能固体吸附制冷循环的特点，给出了具体求解模型的方法。在此基础上，从吸附床的内部特性参数及外部特性参数出发，较为全面系统地分析了这些参数的改变对太阳能固体吸附制冰机的 COP 及制冰特性的影响，并对吸附床在加热过程中的各种能量关系做了详细分析。另外，对吸附床内外参数的变化以及系统实际循环过程中受大气云层影响等变工况条件下的运行特性进行模拟，得出了较为科学的模拟计算结果，且与实验结果进行了对比分析，得出的主要结论如下。

(1) 通过模拟仿真，给出了影响太阳能吸附制冷系统性能的参数变化情况。吸附床内吸附剂传热传质性能对固体吸附制冷效果有显著的影响，若吸附剂的有效导热系数增加 10 倍，系统的性能指标相应地增加 50%左右。改进吸附剂的导热系数最有效的方法就是对吸附剂进行固化成型处理、在吸附剂颗粒中添加金属氯化物或金属粉末，或将吸附剂固化在管壁上，能较好地提高金属壳体与吸附剂的传热效果。吸附剂表面与金属壳体之间的接触热阻减小 50%，则系统 COP 增加近 30%。单独地增加玻璃盖板的层数为双数及选用选择性涂层来替代普通黑漆涂层均可使太阳能固体吸附制冰机的效率提高，而同时增加玻璃盖板的层数为双数并选用选择性涂层来替代普通黑漆涂层会使太阳能固体吸附式制冰机的效率有较大的提高。

(2) 分析了太阳辐射能量在太阳能制冰系统中的能量份额。辐射到吸附床的总能量只有 35%左右的能量转换成太阳能吸附制冷循环所需的有效能量，太阳辐射总能量越强，吸附剂对制冷剂的解吸量也越大，平板太阳能吸附制冰机制冰效果就越好。太阳辐射总能量为 10～17MJ/m^2 时具有较为理想的 COP，因此对于全国乃至世界的大部分地区而言，均具备较好的太阳能制冷的条件。

(3) 分析了环境温度对太阳能吸附制冷系统的影响。随着冷凝温度的增高，太阳能制冰机系统的 COP 及制冰性能均下降，当冷凝温度超过 40℃时，系统的制冷性能变得很弱。太阳能制冰机系统的制冷性能随着蒸发温度的降低而下降。为保证太阳能制冰机系统有相对较高的 COP 及对外提供一定数量的制冰量，蒸发温度不宜太低，通常应为 −10℃≤T_e≤0℃。

(4) 揭示了升温和降压解吸对于系统传质性能提升的规律，得到了吸附制冷系统解吸过程中降压解吸以强化传质与克服温度受限二者之间的耦合关系。解吸温度越低，即热源温度越低时，降压强化传质的作用越明显。针对以活性炭-甲醇为工质对的吸附制冷系统，在热源温度为 80～120℃时，解吸过程中系统压力降低 10kPa，等效于热源温度升高 6～8℃。

第 4 章　太阳能吸收制冷

4.1　概　　述

太阳能吸收制冷是以太阳能作为驱动源使制冷工质及吸收剂两种液体混合溶液浓度发生相对变化以获取冷量。太阳能集热器吸收太阳辐射能量，用于加热发生器里的吸收剂与制冷剂组成的混合溶液，溶液受热后，发生器内压强增加，制冷剂在一定压力下蒸发吸热，变成气态进入冷凝器，然后经节流阀节流流入蒸发器内产生蒸发制冷。自蒸发器出来的低压蒸汽进入吸收器被吸收剂吸收，吸收过程中放出的热量被冷却水带走，形成的浓溶液由泵送入发生器中，被热源加热后蒸发产生的高压制冷剂蒸气进入冷凝器冷却，而稀溶液减压回流到吸收器完成一个循环。

本章将对太阳能槽式聚光集热在热水型单效吸收式空调机组系统中的应用进行分析研究，达到夏季制冷、冬季制热、春秋季产生热水的目的，在有效提高太阳能利用效率的同时，丰富太阳能热利用的方式，特别是对太阳能中高温段的利用的研究，推动太阳能吸收式空调系统的推广应用。

4.2　太阳能吸收制冷有关术语

4.2.1　吸收剂

与固体吸附制冷相似，吸收制冷的工质对为二元物质，但与吸附制冷所不同的是，吸收制冷的工质对是两种沸点相差较大的物质组成的二元溶液，其中，沸点较低的液体作为制冷剂，沸点较高的液体作为吸收剂。以太阳能溴化锂-水吸收制冷机为例，水作为制冷剂，溴化锂是吸收剂，太阳能作为吸收制冷中加热溶液产生高压蒸汽的热源。吸收剂需满足以下条件。

(1) 吸收剂的黏度、比热容较小，吸收制冷剂的能力强。

(2) 吸收剂具有很高的化学稳定性，无燃烧及爆炸危险，对人体和环境友好，且价格便宜、易获得。

(3) 吸收剂具有较低的蒸汽压，容易吸收制冷剂。

4.2.2 制冷剂

在吸收制冷系统中，制冷剂发生相变，实现制冷，系统对外输出冷量。为保持系统较好的稳定性和具有较高的效率，制冷剂需要具备以下性质。

(1) 制冷剂具有较高的蒸发潜热、良好的传热传质性能、较低的三相点以及合适的工作压力范围。

(2) 制冷剂和吸收剂都要具有较高的化学稳定性，无毒、无腐蚀、不易燃、环境友好且廉价易得。

(3) 制冷剂在吸收剂中具有较高的溶解度、较低的混合热和比热容。

(4) 在相同的压力下，制冷剂的沸点温度远远低于吸收剂的沸点温度。

根据这些要求，将吸收制冷工质按照制冷剂进行分类，主要分为五类：氨系、水系、醇系、氟系以及其他类工质对。

4.2.3 吸收制冷工质对

吸收制冷工质对是吸收制冷技术的核心组成部分，工质对的选择以及性能改善优化都关系着整个吸收制冷行业的发展方向，工质对研究的每次突破也极大地推动了吸收制冷行业的发展。目前，吸收制冷工质对根据实际要求配成不同的组合，配对的要求主要有：①制冷剂具有较高的蒸发潜热以及合适的工作压力范围；②吸收剂的黏度、比热容较小，吸收制冷剂的能力很强，在相同的压力下，制冷剂的沸点温度远远低于吸收剂的沸点温度；③制冷剂和吸收剂都有很高的化学稳定性，无燃烧及爆炸危险，对人体和环境友好，且价格便宜、易获得；④制冷剂在吸收剂中具有较高的溶解度、较低的混合热和比热容。目前吸收制冷循环中较为常用的工质对为氨-水和溴化锂-水。

氨-水工质对以氨为制冷剂，以水为吸收剂，在较大范围内两者互溶，对于大多数情况流动性稳定，可用来达到0℃以下的低温。但由于氨有刺激性气味、热效率低、质量较大、需要精馏设备且具有毒性与爆炸性，一般用于工业工艺过程。

溴化锂-水作为吸收制冷循环最常用的工质对，主要因为其具有以下优势：水作为制冷剂，其汽化潜热大、无毒无臭、环境友好、安全性好，溶液的饱和蒸气压较低，其具有强吸水性，能够吸收低温水蒸气，能量利用范围广泛；吸收剂(溴化锂)和制冷剂(水)具有很大的沸点差，使二者的混合溶液易分离且纯度高；溴化锂-水溶液的比热容较小，有利于提高循环效率；在真空状态下工作，无高压爆炸危险等。同时，溴化锂-水工质对也具有比较突出的缺点：溶液易结晶，对金属材料的腐蚀性较强，直接影响机组的性能以及整个系统的使用寿命；溴化锂-水溶液的表面张力较大，在降膜吸收过程中液膜较厚使得吸收器的容积偏大，难以实现小型化，不能制取0℃以下的冷源。

为了弥补传统吸收制冷工质对的缺陷，国内外研究者开发了很多性能较好的有机、无机和离子液体新型工质对。

4.3　太阳能吸收制冷原理

在本节中以单效溴化锂吸收制冷机为例，介绍吸收制冷系统的原理。

单效溴化锂吸收循环由制冷溶液回路、热源回路、冷却水回路和冷冻水回路构成，图 4-1 为热水型(或蒸汽型)单效溴化锂吸收制冷循环的工作原理图。工作时，由发生器、太阳能集热器(或锅炉)、储热水箱、热力水泵等组成的热源回路向机组提供作为驱动热源的热水(或蒸汽)；由蒸发器、冷冻水泵、膨胀水箱等构成的冷冻水回路向空调器或生产工艺中的冷却设备供冷；由吸收器、冷凝器、冷却水泵、冷却塔等冷却水回路向周围环境排放溶液的吸收热和制冷剂蒸气冷凝所释放的冷凝热。如果热源回路由发生器和太阳能热水器(热水锅炉)等构成，系统为热水型单效溴化锂吸收制冷循环；如果热源回路由发生器和燃料燃烧装置等构成，系统为直燃型单效溴化锂吸收制冷循环。

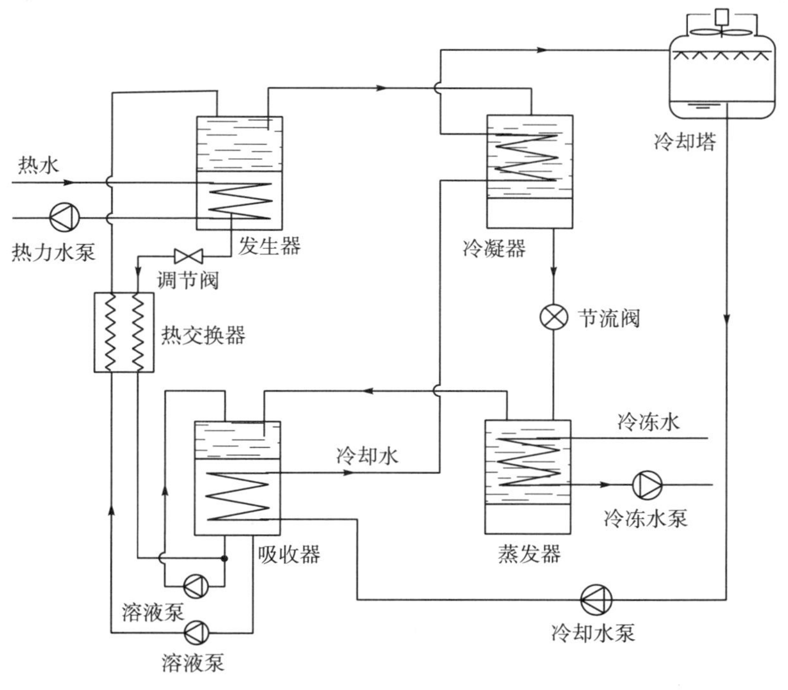

图 4-1　单效溴化锂吸收式制冷循环工作原理图

单效溴化锂吸收制冷循环溶液回路由发生器、冷凝器、蒸发器、吸收器和溶液热交换器等构成。图 4-2 为单效溴化锂吸收制冷机组循环流程图，其制冷循环过程主要由以下五个过程组成：发生过程、冷凝过程、节流过程、蒸发过程、吸收过程。

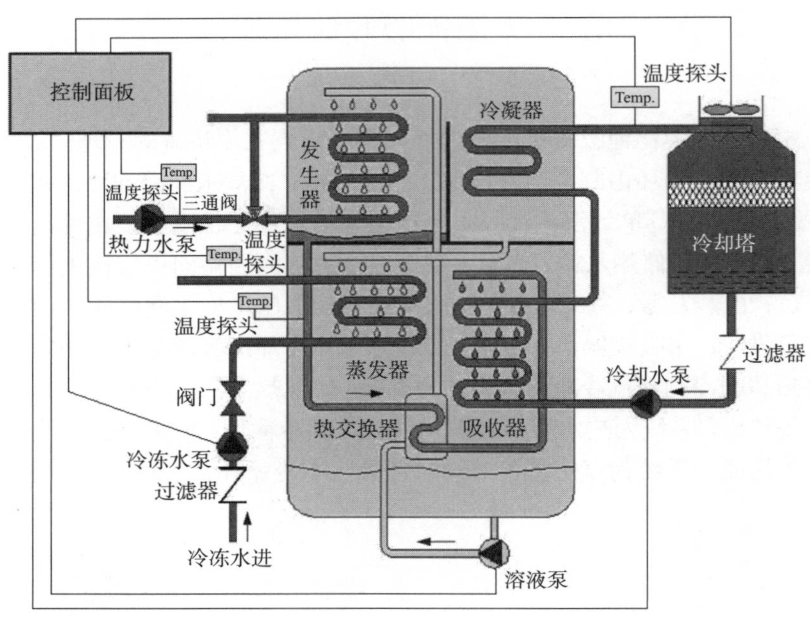

图 4-2 单效溴化锂吸收制冷循环流程图

1. 发生过程

发生器泵将吸收器内的溴化锂稀溶液送至发生器内，被外界热源加热升温直至沸腾，冷剂水不断地以水蒸气的形式从溶液中析出，形成高温高压的气态制冷剂，溴化锂—水溶液浓度不断升高，形成浓溶液。

2. 冷凝过程

在发生器不断析出的水蒸气进入冷凝器中，经冷凝器凝结成冷剂水，热量被冷却水带至机组外。

3. 节流过程

在冷凝过程中产生的冷凝水通过 U 形管节流装置进入发生器。U 形管起液封作用，防止冷凝器中的蒸汽直接进入蒸发器。

4. 蒸发过程

进入蒸发器的冷剂水由于压力降低首先闪蒸出部分冷剂水蒸气。因蒸发器为喷淋式热交换器，喷淋量要比蒸发量大许多倍，故大部分冷剂水聚集在蒸发器的水盘内，然后由冷剂水泵升压后送入蒸发器的喷淋管中，经喷嘴喷淋到管簇外表面上，在吸取了流过管内的冷媒水的热量后，蒸发成低压的冷剂水蒸气。由于蒸发器内压力较低，可以得到生产工艺过程或空调系统所需要的低温冷媒水，达到制冷的目的。

5. 吸收过程

发生器内因为制冷剂的蒸发而形成较高温度的浓溶液，自流进入吸收器，与吸收器内的稀溶液相混合形成中间浓度的溶液，由吸收器喷淋到吸收器管簇，吸收从蒸发器蒸发出来的浓度降低。该过程中散发出的吸收热由冷却水带至机组以外。

4.4　太阳能吸收制冷系统分类

国内外针对太阳能空调实用化方面进行了许多研究，大多采用实验、模拟或者两者相结合的方法，对太阳能溴化锂吸收空调机组进行性能特性分析以及系统优化设计研究。

依据吸收制冷工质对类型，常用的吸收制冷工质对有溴化锂-水（$LiBr$-H_2O）和氨-水（NH_3-H_2O），其中溴化锂-水由于 COP 高、对热源温度要求低、没有毒性和对环境友好，在实际应用中占主导地位。

依据驱动热源的利用方式，吸收制冷机组分为单效、双效、多效、多级发生等循环方式。表 4-1 为不同类型溴化锂机组的比较。由表 4-1 可知，单效溴化锂吸收制冷循环的热力系数相对较低，一般为 0.5～0.7。然而，由于这种机组对热源温度要求不高，在利用低品位能源（如余热、废热、生产过程的余热等）方面有很好的应用前景。

表 4-1　不同类型溴化锂机组的比较

机组分类	热源温度/℃	COP	优缺点
单效溴化锂机组	85～150	0.5～0.7	结构简单，驱动温度低，COP 较低
双效溴化锂机组	150～180	1.0～1.2	加热温度高，COP 较高
三效溴化锂机组	200～230	1.67～1.72	加热温度较高，COP 比双效溴化锂机组高得多，是很有发展潜力的一种类型。但因溶液温度升高而带来腐蚀问题，同时，由于发生压力较高、复杂，也给容器制造提出了更高的要求
四效溴化锂机组	250～280	1.93～2.0	加热温度过高，机组结构复杂，而获得的能效却很低

太阳能吸收制冷系统大多采用单效溴化锂-水吸收制冷机组。其结构简单、对热源的要求相对较低，可以采用平板集热器、真空管集热器或槽式聚光集热器作为驱动热源。

4.5　太阳能吸收制冷系统评价指标

以太阳能驱动单效溴化锂-水吸收制冷系统为例，整个循环在两个压力等级和三个温度源之间运行。作为评价吸收制冷机性能的关键指标，COP 反映了制冷机产生的冷量与由此所需的驱动热源量之间的比值。

$$\mathrm{COP}=\frac{Q_{\mathrm{cold}}}{Q_{\mathrm{heat}}} \tag{4-1}$$

作为评价太阳辐射转换为制冷能力的评价指标，太阳能 COP 反映了集热器接收到的太阳辐射能量转换为制冷量的份额。

$$\mathrm{COP}=\frac{Q_{\mathrm{cold}}}{IA_{\mathrm{c}}} \tag{4-2}$$

式中，I 为太阳辐射强度，W/m^2；A_c 为太阳能集热器的面积，m^2。

单效、双效和多效吸收制冷机的运行温度都必须高于最低热源温度，如果低于该值，则吸收制冷机的效率会急剧下降，甚至无法运行。

通过热能的多效利用，吸收制冷循环的 COP 可显著提高，在相同的结构尺寸和相同的运行条件下，双效和多效循环系统的 COP 远高于单效循环，但是由于双效和多效循环需要的太阳能集热器的投入成本高于单效循环，因此太阳能集热器的高效低成本是提高吸收制冷机性价比的关键。

4.6 太阳能吸收制冷空调系统设计

太阳能吸收空调系统主要由吸收制冷机组和太阳集热器两个子系统构成。图 4-3 为所构建的槽式抛物聚光集热装置(parabolic trough concentrator，PTC)——太阳能单效溴化锂

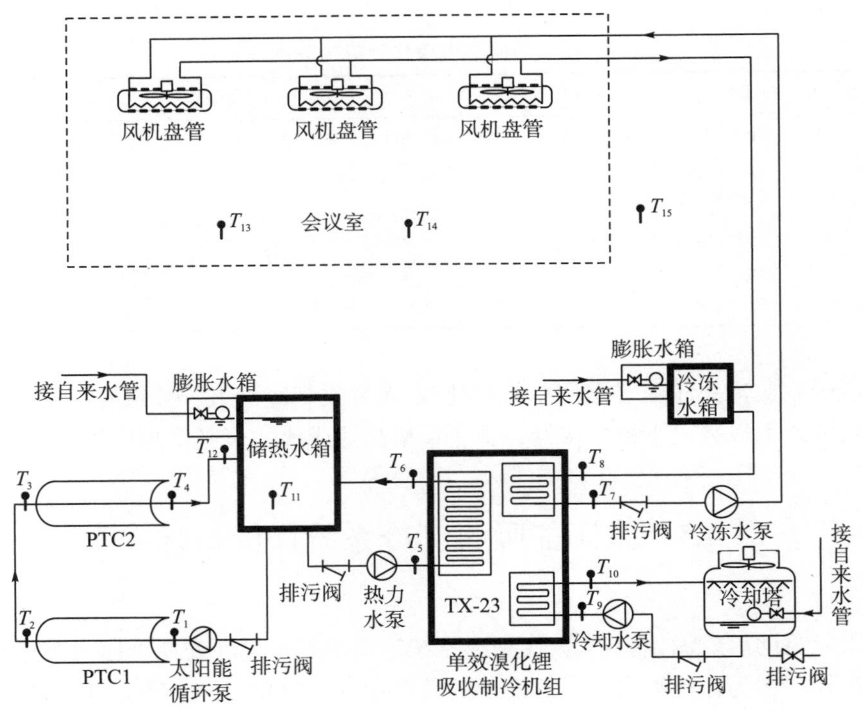

图 4-3　PTC 太阳能单效溴化锂吸收制冷系统示意图

吸收制冷系统示意图。该系统主要包括 PTC 集热阵列、储热水箱(带膨胀水箱或补水箱)、单效溴化锂吸收制冷机组(TX-23)、冷却塔和处在空调终端的风机盘管等部件，图中给出了主要的系统组成部件以及相关测试仪器和测温点的位置。

表 4-2 给出了图 4-3 中各测温点说明。图 4-4 为该 PTC 太阳能单效溴化锂吸收制冷系统实物图，图 4-5 为该系统的驱动源集热装置。

表 4-2　各测温点说明

温度探头处温度	测温点说明
T_1	PTC1 的进口温度
T_2	PTC1 的出口温度
T_3	PTC2 的进口温度
T_4	PTC2 的出口温度
T_5	制冷机组的热水进口温度
T_6	制冷机组的热水出口温度
T_7	制冷机组的冷冻水进口温度
T_8	制冷机组的冷冻水出口温度
T_9	制冷机组的冷却水进口温度
T_{10}	制冷机组的冷却水出口温度
T_{11}	储热水箱出口温度
T_{12}	储热水箱进口温度
T_{13}	会议室内温度
T_{14}	会议室内温度
T_{15}	会议室门外，楼道温度

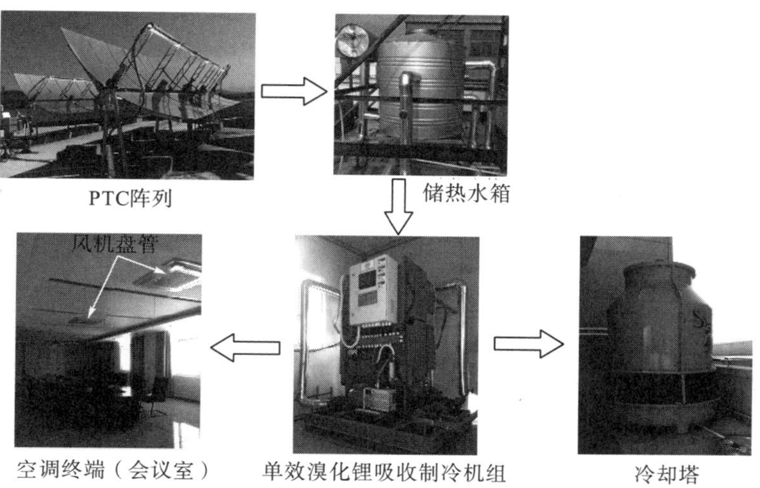

图 4-4　PTC 太阳能单效溴化锂吸收制冷系统主要部件实物图

图 4-5　太阳能吸收制冷驱动源集热装置

图 4-6 为抛物面槽太阳能聚焦集热器结构示意图。该 PTC 系统的相关参数列于表 4-3 中。接收器采用玻璃-金属真空直通管，两个 PTC 单元之间的间距(安装距离)为 5.6m。制冷机组采用江苏汇能新能源科技有限公司生产的 TX-23 型单效溴化锂吸收制冷机组。表 4-4 给出了该机组的一些参数。储热水箱的容积为 $1m^3$，可以储存 1t 的热水，其保温层厚度约为 5cm。冷却塔采用水冷的冷却方式。表 4-5 列出了该冷却塔的相关参数。空调系统面积为 $102m^2$、空间容积为 $279m^3$ 的会议室供冷，室内顶部设有 3 个风机盘管。风机盘管参数见表 4-6。

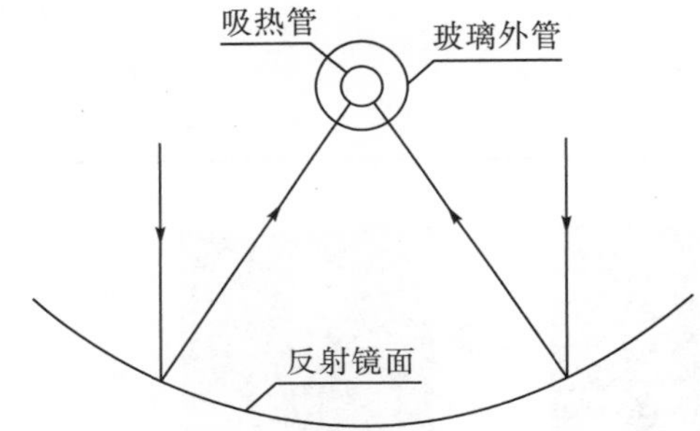

图 4-6　抛物面槽太阳能聚焦集热器结构示意图

表 4-3　PTC 参数

参数名称	参数	单位
集热面积	56	m^2
集热器轴向	南北向(ψ=0°)	—
集热器开口宽度	2.5	m
集热器总长度	26	m
抛物镜焦距	1.1	m
运行温度	50～90	℃

续表

参数名称	参数	单位
集热器行数	2	—
集热管内管的直径	4	cm
集热管玻璃的外径	11	cm

表 4-4　制冷机组参数

参数名称	参数值	单位
型号	TX-23	—
冷冻水进口温度	10.0	℃
环境温度	36.0	℃
热水进口温度	90.0	℃
功耗	2.3	kW
制冷容量	23	kW
冷冻水体积流量	4.0	m^3/h
热水体积流量	5.7	m^3/h
机组质量	1200	kg

表 4-5　冷却塔参数

参数名称	参数值	单位
型号	BLT-10	—
风量	10.5	km^3/h
冷却水量	10	m^3/h
电机功率	0.75	kW
净重	165	kg
运行质量	330	kg

表 4-6　风机盘管参数

参数名称	参数值	单位
型号	EKCW800KT	—
H(高风)	1360	m^3/h
M(中风)	1210	m^3/h
L(低风)	1100	m^3/h
供冷量	7200	W
供热量	10800	W
输入功率	130	W

测试系统包括风速风向仪、太阳直辐射表、环境温度计、若干温度探头。数据采集仪采用北京天裕德科技有限公司的 TYD-2-1 型太阳能光热性能检测仪。图 4-7 为测试系统的图片，表 4-7 为测试仪器的相关参数。

图 4-7　实验测试系统图片

表 4-7　测试仪器的相关参数

测试仪器	测量范围	精度	数据采集仪的分辨率
高温温度探头	0～300℃	±0.1℃	0.1℃
低温温度探头	0～150℃	±0.1℃	0.1℃
太阳直辐射表	0～2kW/m^2	±2%	1W/m^2
风速仪	0～70m/s	0.5m/s	0.1m/s

4.7　太阳能吸收制冷驱动源集热装置及特性

在所构建的太阳能吸收系统中，采用太阳能抛物面槽式聚光集热系统作为该制冷系统的驱动集热装置。与广泛使用的平板型太阳能集热器和真空管型太阳能集热器相比，太阳能槽式聚光集热系统可对太阳进行跟踪，其造价较高，但具有反应灵敏、集热效率高和工作流体出口温度高等优点，在太阳能中温利用领域有很好的应用前景。

太阳能槽式聚光器是太阳能单效溴化锂吸收制冷系统的主要部件之一，对太阳能槽式聚光器性能的研究是太阳能单效溴化锂吸收制冷系统研究的基础。太阳能槽式聚光器由跟踪装置驱动并跟踪太阳，利用具有聚光性质的抛物槽式反射镜面把太阳直射光线反射聚焦到真空集热管上，真空集热管吸收太阳能并传给工作流体，工作流体由循环泵装置驱动循环。

图 4-6 为该抛物面槽太阳能聚焦集热器结构示意图。该抛物槽面聚光器是利用高反射率抛物反射镜面将近似平行的太阳入射光线聚焦于真空集热管的集热装置。金属直通式真空集热管主要由金属吸热管与玻璃外管组成，其中金属吸热管表面有高温选择性涂层。直通式真空管具有运行温度高(300～400℃)和易于组装、便于串联等特点。

4.7.1　集热管的设计及其热性能

集热管是槽式聚光集热器的重要部件，其性能直接影响到集热系统的热效率。目前已经得到广泛采用，或已做出理论分析研究和概念设计的集热管主要有玻璃-金属真空直通集热管、腔体集热管和复合轻体集热管。目前，大部分抛物面槽式集热器采用直通式真空管作为吸收器，其中以德国 Schott 公司和以色列 Solel 公司的产品最为著名，我国的一些公司(如北京天瑞星光热技术有限公司、山东华援新能源有限公司等)也在开发生产直通式真空管。下面将主要对两种集热管的结构及其性能进行分析，并通过实验对其热性能进行比较研究。

1. 腔体集热管的设计及其性能

腔体集热管是槽式集热器的一项新型设计。为解决腔体集热管存在光孔宽度较小、结构较为复杂、机械强度不高以及受热容易变形等问题，本课题组在对比国内在该领域研究成果的基础上，设计了一种三角形(V 形)腔体集热管。图 4-8 为该腔体集热管的结构示意图和实物图片。在图 4-8 的实物图片中，上管的吸收层为阳极氧化层，下管的吸收层为黑油漆涂层。图 4-9 为腔体集热管的热网，表 4-8 给出了图 4-9 中热阻的含义。

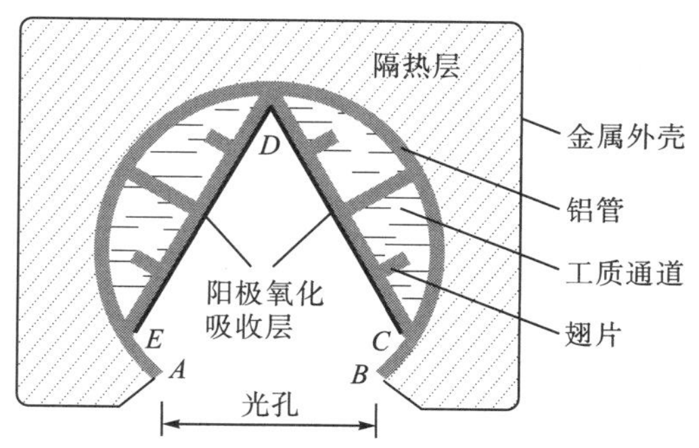

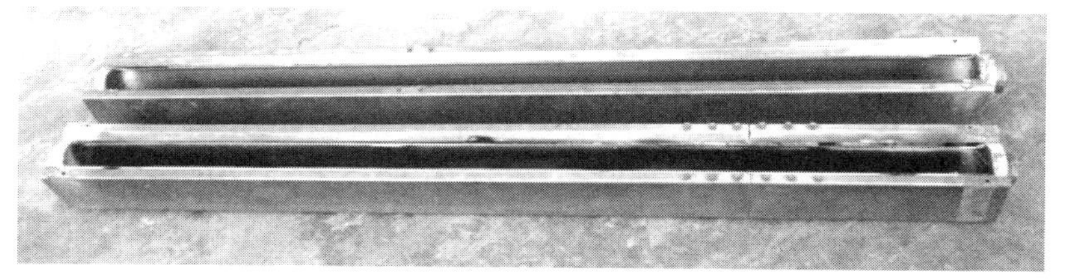

图 4-8　腔体吸收器横截面示意图(上)和实物图片(下)

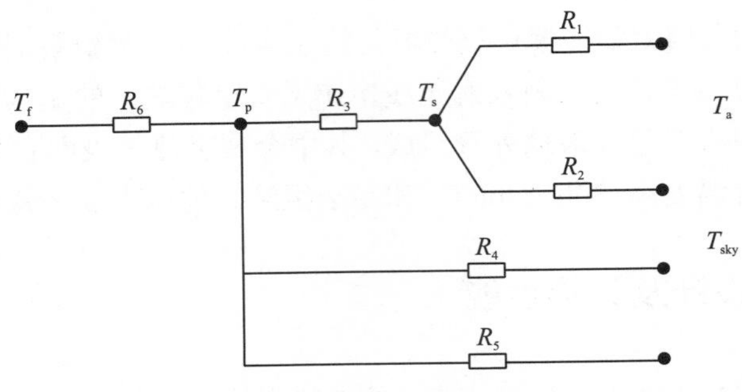

图 4-9　腔体集热管的热网

在图 4-9 中，T_f、T_p 和 T_s 分别为工质温度、金属管(铝管)温度和金属外壳温度。

表 4-8　图 4-9 中热阻的含义

热阻	定义
R_1	金属外壳与环境之间的辐射换热热阻
R_2	金属外壳与环境之间的对流换热热阻
R_3	工质管道外壁与腔体金属外壳之间的导热热阻
R_4	腔体吸收面通过光孔与环境之间的辐射换热热阻
R_5	腔体吸收面通过光孔与环境之间的对流换热热阻
R_6	工质与工质管壁之间的对流换热热阻

下面对图 4-8 所示的腔体集热管的热性能进行简要分析。为便于分析，假定腔体集热管金属外壳的温度均匀一致，图 4-8 中 *BC*、*CD*、*DE* 和 *EA* 段的温度也均匀一致。

(1) 金属外壳与环境之间的辐射换热。金属外壳与环境之间的辐射换热系数可表示为

$$h_{s,a}=\sigma\varepsilon_s(T_s^4-T_a^4) \tag{4-3}$$

其中，ε_s、T_s 和 T_a 分别为金属外壳的辐射率、金属外壳的温度和环境温度。

(2) 金属外壳与环境之间的对流换热。这一换热过程与金属-玻璃直通管的玻璃外层与环境之间的对流换热类似，可按照式(4-5)和式(4-6)计算。

(3) 工质管道外壁与腔体金属外壳之间的导热热阻 R_3(单位：$m^2{\cdot}K/W$)。为简化分析，可将金属外壳等效为与铝管同圆心的圆弧结构。这样，热阻 R_3 可表示为

$$R_3=\frac{d_s\ln\left(\dfrac{d_s}{d_{Al}}\right)}{2k_s}\left(1-\frac{\varphi_{ADB}}{360}\right) \tag{4-4}$$

式中，d_s、d_{Al}、k_s 和 φ_{ADB} 分别为金属外壳等效圆弧的直径、铝管直径、隔热层的导热系数和图 4-8 中的$\angle ADB$。

(4) 腔体吸收面通过光孔与环境之间的辐射换热。将图 4-8 中的 *BCDEA* 作为辐射面，则该辐射面通过腔体光孔 *AB* 向环境的辐射换热损失为

$$q_r=\varepsilon_c A_{AB}\sigma T_p^2 X_{BCDEA,AB} \tag{4-5}$$

式中，ε_c、A_{AB}、T_p 和 $X_{BCDEA,AB}$ 分别为阳极氧化层的发射率、*AB* 表面面积、表面 *BCDEA* 的温度和表面 *BCDEA* 对表面 *AB* 的角系数。

利用求角系数的交叉法可求得

$$X_{BCDEA,AB}=1 \tag{4-6}$$

这样，式(4-5)可简化为

$$q_{\mathrm{r}}=\varepsilon_{\mathrm{c}}A_{AB}\sigma T_{\mathrm{p}}^{2} \tag{4-7}$$

综上分析，可得腔体开口的辐射热损系数为[34]

$$h_{v,a}=\frac{q_{\mathrm{r}}}{A_{\mathrm{a}}(T_{\mathrm{p}}-T_{\mathrm{a}})} \tag{4-8}$$

由此可得，腔体集热管的热损系数为

$$U_{\mathrm{L}}=\frac{1}{\dfrac{1}{h_{\mathrm{w}}+h_{\mathrm{s,a}}}+R_{3}}+h_{\mathrm{v,a}} \tag{4-9}$$

式中，h_{w}、$h_{\mathrm{s,a}}$ 为腔体外壳与环境之间的对流换热系数和辐射换热系数。

2. 全玻璃真空隔热集热管的设计及其性能

在前面分析和讨论的玻璃-金属集热管的集热效率较高。然而，这种集热管也存在诸多缺点和不足。例如，玻璃管与金属管之间的封接技术要求高，玻璃管与金属管之间的熔封接头易破损等。因此，这种集热管的成品率往往较低，产品价格较为昂贵，在一定程度上限制了槽式太阳能的推广应用。为此，有人提出了采用全玻璃真空隔热的制造真空集热管的设计方案，并利用目前广泛使用的单端开口的真空集热管进行了相关的实验研究。然而，利用单端开口的集热管来作为聚光集热器的接收器的应用价值不大。因此，根据全玻璃真空隔热的思路，设计一种新型的具备全玻璃真空隔热的直通集热管，并对其热力学性能进行分析，测试其集热效率。

3. 集热管的设计及其热物理模型分析

图 4-10 为全玻璃真空隔热集热管的结构示意图，主要由全玻璃真空外套和外表面设有吸收涂层的内插金属管组成。其中，在全玻璃真空的外层设有向外突出的缓冲结构，这样，可以避免玻璃管内外层因温度不同引起线膨胀不同而导致玻璃管断裂。由于内外玻璃管的内外层都是透明的，太阳管线可以直接投射到内插金属管的吸收涂层上，热能经金属管壁传至管内的工质，从而实现辐射能-热能的转换过程。玻璃管与金属管之间设置有弹性支撑环，支撑环设置于玻璃管的两端。这样可以避免玻璃管与金属管之间的大面积接触。内玻璃层和金属管之间为空气层。

图 4-11 为济南鑫诺太阳能管业有限公司设计生产的两端开口的全玻璃真空集热管图片。

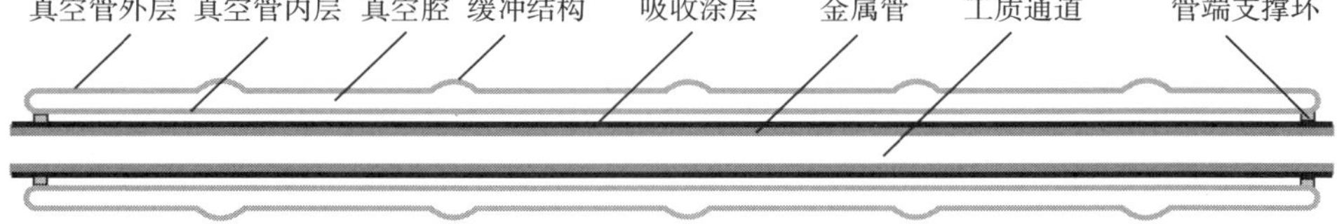

图 4-10　全玻璃真空隔热集热管的结构示意图

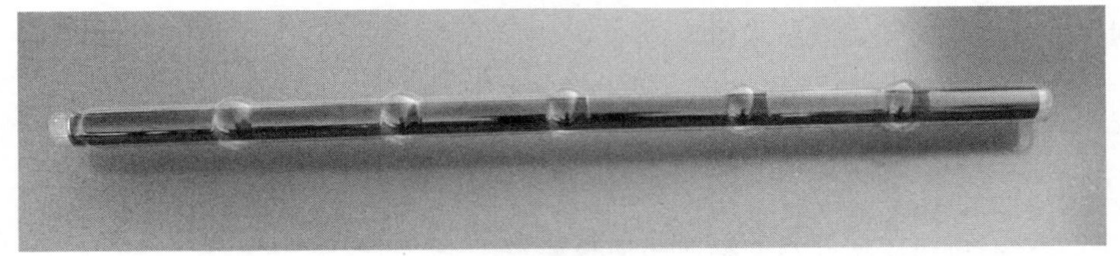

图 4-11　两端开口的全玻璃真空管

图 4-12 和图 4-13 分别为全玻璃真空隔热集热管的热物理模型和热阻网络，表 4-9 为相关热阻的含义。显然，该结构的集热管的能量转换过程和热网比传统真空集热管要复杂一些，因为太阳辐射能要经过两层玻璃层和一层空气层。为了便于进行热性能分析，作如下假设。

(1) 真空玻璃罩内外层的温度和接收管温度在其横截面上均匀一致。

(2) 真空玻璃罩内外层之间的对流换热为零。

(3) 忽略集热管与聚光器之间的辐射换热。

(4) 忽略金属接收管壁的热阻。

(5) 忽略热量沿管端部方向的传递损失。

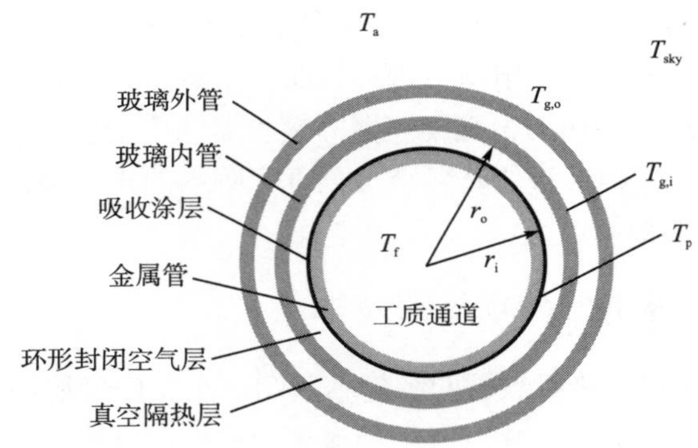

图 4-12　全玻璃真空隔热集热管的热物理模型

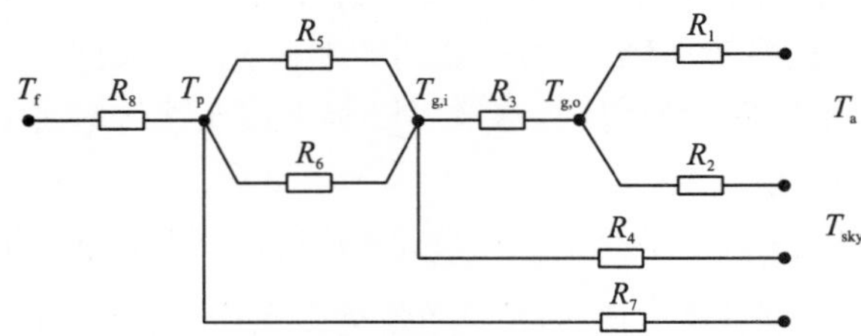

图 4-13　全玻璃真空隔热集热管的热阻网络

在图 4-12 和图 4-13 中，T_f、T_p、$T_{g,i}$ 和 $T_{g,o}$ 分别为工质温度、金属管温度、玻璃内管温度和玻璃外管温度。

表 4-9　全玻璃真空隔热集热管有关热阻的含义

热阻	定义
R_1	外玻璃管与环境之间的对流换热热阻
R_2	外玻璃管与环境之间的辐射换热热阻
R_3	内外玻璃管之间的辐射换热热阻
R_4	内玻璃管与环境之间的辐射换热热阻
R_5	内玻璃管与内插金属管空气间隙之间的辐射换热热阻
R_6	内玻璃管与内插金属管空气间隙之间的对流换热热阻
R_7	内插金属管与环境之间的辐射换热热阻
R_8	工质与内插金属管之间的热阻

全玻璃真空隔热集热管热损系数的理论分析如下。

(1) 玻璃管外壁面对环境的辐射换热。玻璃管外壁面对天空和空气的辐射换热系数分别为

$$h_{\mathrm{g,o,sky}}=\sigma_0\varepsilon_{\mathrm{g}}\frac{T_{\mathrm{g,o}}^4-T_{\mathrm{sky}}^4}{T_{\mathrm{g,i}}-T_{\mathrm{a}}} \tag{4-10}$$

$$h_{\mathrm{g,o,a}}=\sigma_0\varepsilon_{\mathrm{g}}\frac{T_{\mathrm{g,o}}^4-T_{\mathrm{a}}^4}{T_{\mathrm{g,i}}-T_{\mathrm{a}}} \tag{4-11}$$

其中，ε_{g}、$T_{\mathrm{g,o}}$、T_{sky}、$T_{\mathrm{g,i}}$ 和 T_{a} 分别为玻璃罩的辐射率、玻璃罩外层的温度、天空温度、玻璃罩内层的温度和环境温度。

(2) 玻璃管外壁面对环境的对流换热。玻璃管外壁面与环境之间的对流换热受环境因素的影响很大，有风时为强制对流换热，无风时为自然对流换热。当风速为 v_{w}（单位：m/s）时，外玻璃层外壁对环境的对流换热系数可以采用如下经验公式来计算：

$$h_{\mathrm{w}}=5.7+3.8v_{\mathrm{w}} \tag{4-12}$$

若为自然对流，则外玻璃层外壁对环境的对流换热系数可以采用式(21-13)来计算：

$$\mathrm{Nu_m}=\frac{h_{\mathrm{w}}d_{\mathrm{g,o}}}{k_{\mathrm{a}}}=\left\{0.06+\frac{0.387\sqrt[6]{\mathrm{Ra_d}}}{\left[1+\left(\dfrac{0.559}{\mathrm{Pr}}\right)^{9/16}\right]^{8/27}}\right\}^2 \tag{4-13}$$

其中，$\mathrm{Nu_w}$ 为玻璃管外层外壁对环境换热的努塞尔数；$\mathrm{Ra_d}$ 为以玻璃管外层直径为特征尺度的雷利数；Pr 为空气的普朗特数，Pr=0.56～0.72；k_{a} 为空气的热导率；$d_{\mathrm{g,o}}$ 为玻璃外管的直径。

(3) 玻璃管内外壁之间的辐射换热。假定玻璃管内外壁面均为灰度面，其间的辐射换热为包管间的辐射传热问题。根据相关辐射换热的基本原理可知，内外管之间的辐射换热系数可表示为

$$h_{\mathrm{g,g}}=\sigma\left[\frac{1}{\varepsilon_{\mathrm{g}}}+\frac{d_{\mathrm{g,o}}}{d_{\mathrm{g,i}}}\left(\frac{1}{\varepsilon_{\mathrm{g}}}-1\right)\right]^{-1}\frac{T_{\mathrm{g,o}}^4-T_{\mathrm{g,i}}^4}{T_{\mathrm{g,i}}-T_{\mathrm{a}}} \tag{4-14}$$

其中，$d_{g,i}$ 为外层玻璃管的内直径；$d_{g,o}$ 为内层玻璃管的外直径。

(4) 玻璃管内层外壁面对环境的辐射换热。玻璃管内层外壁面对空气的辐射换热系数为

$$h_{g,i,a}=\sigma\varepsilon_g\frac{T_{g,o}^4-T_a^4}{T_{g,i}-T_a} \tag{4-15}$$

(5) 接收管外壁与玻璃管内层之间的换热。假定玻璃管内外壁面均为灰度面，则其间的辐射换热同样为包管间的辐射传热问题。这样，两者之间的辐射换热系数可表示为

$$h_{p,g}=\sigma\left[\frac{1}{\varepsilon_p}+\frac{d_{p,o}}{d_{g,i}}\left(\frac{1}{\varepsilon_g}-1\right)\right]^{-1}\frac{T_p^4-T_{g,i}^4}{T_p-T_{g,i}} \tag{4-16}$$

其中，$T_{g,i}$、$d_{g,i}$ 分别为内层玻璃管的内壁面温度和内直径；$d_{p,o}$、ε_p 分别为接收管的外直径和外壁面的红外辐射率。

(6) 内玻璃管与内插金属管空气间隙之间的对流换热。这是典型的环形封闭腔自然对流换热的情形。对于此类问题，蒋常建等[27]根据导热理论推得的努塞尔数为

$$\mathrm{Nu}_\delta=\frac{k-1}{\ln k} \tag{4-17}$$

式中，δ 为图 4-12 全玻璃真空管的环形封闭空气层的外径 r_o 和内径 r_i 的差值；k 为 r_o 和 r_i 的比值。

根据计算结果：对于 k=2.6～1.0 和 Ra=5×10^3～5×10^6，求得

$$\mathrm{Nu}_\delta=0.260\mathrm{Ra}_\delta^{0.225}k^{0.575} \tag{4-18}$$

(7) 内插金属管与环境之间的辐射换热。假定玻璃管内外壁面均为灰度面，其间的辐射换热为包管间的辐射传热问题。根据相关辐射换热的基本原理可知，两者之间的辐射换热系数可表示为

$$h_{p,g}=\sigma\left[\frac{1}{\varepsilon_p}+\frac{d_{p,o}}{d_{g,i}}\left(\frac{1}{\varepsilon_g}-1\right)\right]^{-1}\frac{T_p^4-T_{g,i}^4}{T_p-T_{g,i}} \tag{4-19}$$

其中，$T_{g,i}$、$d_{g,i}$ 分别为内层玻璃管的内壁面温度和内直径；$d_{p,o}$、ε_p 分别为接收管的外直径和外壁面的红外辐射率。

根据图 4-12 的热网和以上的分析，可得集热管的热损系数为

$$U_L=\frac{1}{\dfrac{1}{h_w+h_{g,a}}+R_3+\dfrac{1}{h_{p,g}}+\dfrac{R_5R_6}{R_5+R_6}} \tag{4-20}$$

4. 集热管的集热性能实验

本实验的目的主要是测试全玻璃真空隔热集热管的集热性能，并与玻璃-金属真空管、腔体集热管的集热性能进行比较。

主要的实验研究内容如下。

实验一：黑油漆涂层与高效选择性吸收涂层的集热管的吸收性能测试。在本节的实验中，由于条件的限制，需要采用黑油漆代替高效选择性涂层进行实验。因此，有必要首先对采用黑油漆涂层与高效选择性吸收涂层的集热管的集热效率进行测试，以比较两者的吸

收性能。

实验二：在精确跟踪太阳的条件下，测量采用全玻璃真空隔热集热管集热的槽式集热器的集热效率。

实验三：测量采用普通真空管的槽式集热器的集热效率。在这种情况下，太阳光线只透过一层玻璃即可到达吸收层，这与采用传统的玻璃-金属真空集热管的情况相似。

实验四：在普通真空管的外部套上一个玻璃管后，测量采用普通真空集热管的槽式集热器的集热效率。在这种情况下，太阳光线要透过两玻璃层后才到达吸收层，其光学性能与测试实验二相似。

实验五：测量采用腔体集热管的槽式集热器的集热效率。

图 4-14 为本实验系统示意图。主要的实验器材包括：1.84m^2 的槽式集热器(PTC)，1.5m 长的全玻璃真空隔热集热管，1.5m 长全玻璃真空管，1.2m 长的三角腔体集热管，口径为 7cm 的玻璃管，循环泵，流量计，储热水箱，风速仪，直辐射表，热电偶(温度探头)，数据采集仪等。图 4-15 为实验系统实物图，系统采用二维跟踪方式(跟踪精度达 0.07°)。

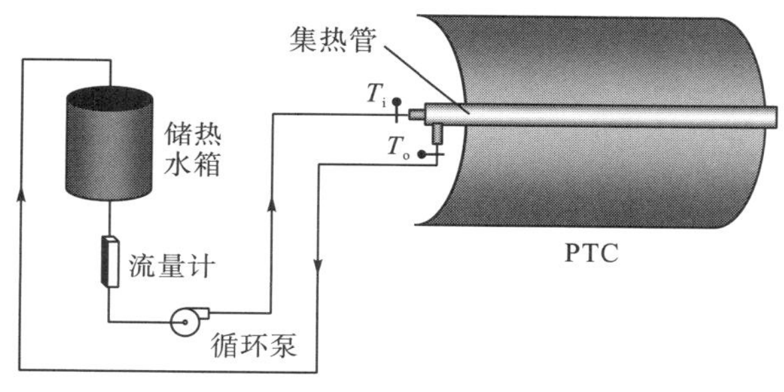

图 4-14　实验系统示意图

图 4-15　实验系统实物图

图 4-16 为实验用全玻璃真空隔热集热管结构示意图及实物图。该集热管是在普通全玻璃真空管(单端开口)的基础上改装而成的，不设置选择性吸收涂层，在玻璃内管中置入一根外表面涂有吸收涂层的金属管。金属管的进出口靠得较近，为了使工质(水)从进口流入金属管腔后能顺利到达金属管的另一端，而后从出口流出，金属管内设置有管径较小的

引水管。金属管与玻璃管内层之间的两端各设置有一个具有弹性的支撑环，以使玻璃管和金属管保持同轴。真空玻璃管的参数如下：玻璃管外层直径为 59mm，玻璃管内层直径为 42mm，管长 1.5m；内插金属管为不锈钢管，其外径为 30mm，管厚 1mm，管长 1.4m。

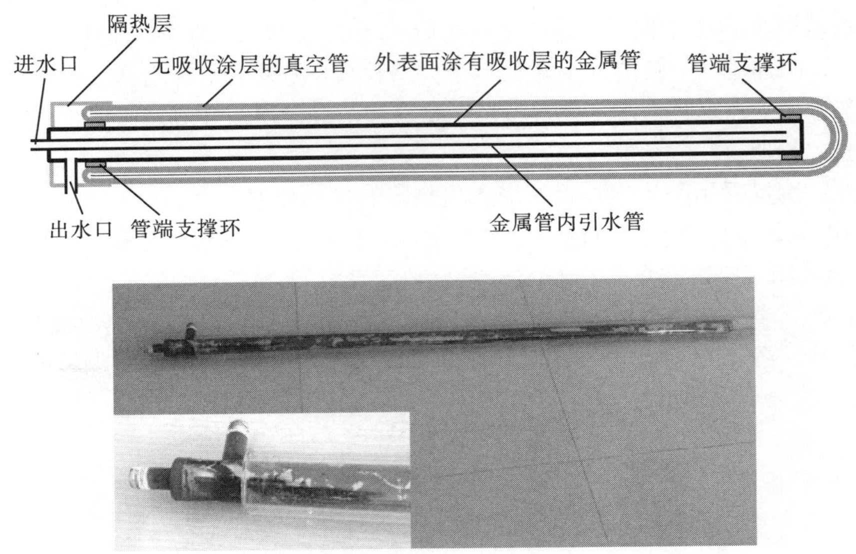

图 4-16　实验用全玻璃真空隔热集热管结构示意图(上)及实物图(下)

图 4-17 为普通真空集热管结构示意图。与图 4-16 一样，该管内设置有引水管。该集热管与玻璃金属真空直通管是一样的，只是热阻 R_6 的材料不同(图 4-17 中的热阻 R_6 的材料为玻璃，而玻璃金属真空直通管中的热阻 R_6 的材料为金属)。玻璃真空管的内外径及长度与图 4-16 的相同。

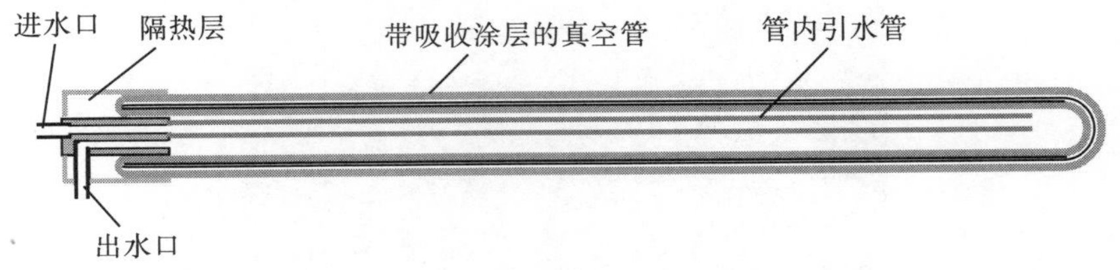

图 4-17　普通真空集热管结构示意图

图 4-18 为在图 4-17 的基础上，套上一个口径较大的玻璃管(其中，上图为横截面示意图，中图为纵截面结构示意图，下图为实物图)。玻璃真空管的内外径及长度与图 4-17 的相同，外加的玻璃管的管径为 70mm，管长 1.5m，管厚 3mm。图 4-19 为实验用集热管(图 4-18 所示的集热管)的热阻网络，表 4-10 给出了各热阻的含义。在图 4-18 和图 4-19 中，T_f、T_1、T_2、T_3 和 T_4 分别为工质温度、玻璃真空管内管内壁温度、玻璃真空管内管外壁温度、玻璃真空管外管内壁温度和外玻璃管温度。

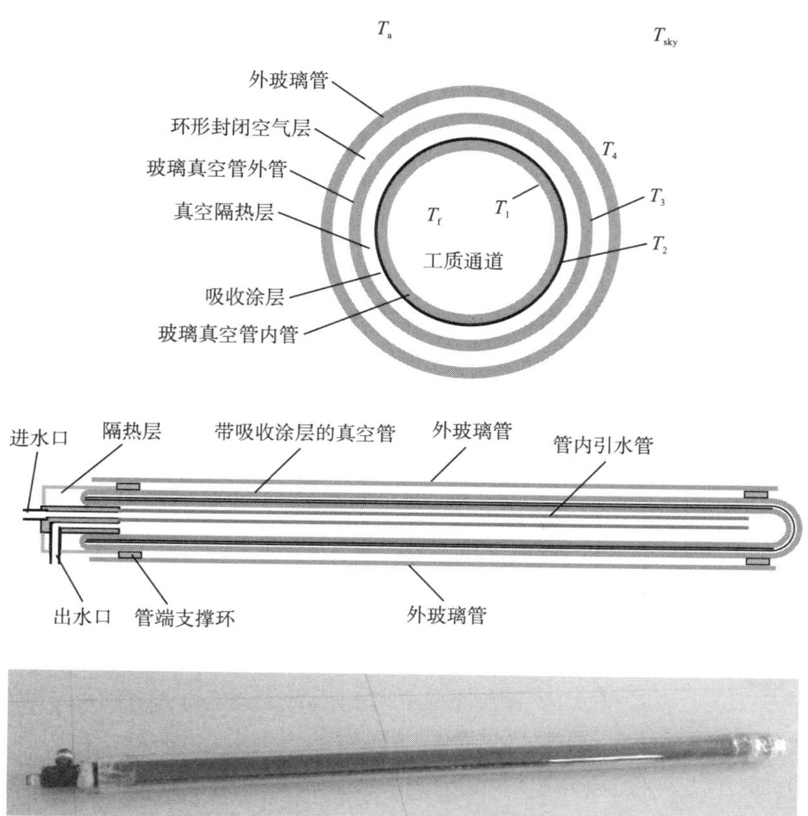

图 4-18　在真空管外套上一玻璃管的真空集热管结构示意图和实物图

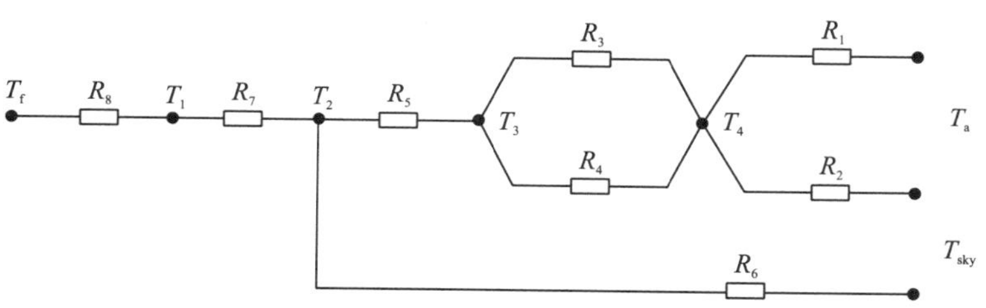

图 4-19　图 4-18 所示的集热管的热网

对比图 4-13 和图 4-19 所示的热阻网络，可以发现它们具有一些共同点：①两者太阳能光线都经过双透明玻璃层后到达吸收涂层；②两者都具有真空隔热功能。所不同的是，它们真空隔热的位置不同。

表 4-10　图 4-19 的热阻的含义

热阻	定义
R_1	外玻璃管与环境之间的对流换热热阻
R_2	内外玻璃管之间的辐射换热热阻

续表

热阻	定义
R_3	真空玻璃管外层外壁与外加玻璃管之间的对流换热热阻
R_4	真空玻璃管外层外壁与外加玻璃管之间的辐射换热热阻
R_5	内外玻璃管之间的辐射换热热阻
R_6	内玻璃管外壁与环境之间的辐射换热热阻
R_7	内玻璃管的导热热阻
R_8	工质与内玻璃管之间的对流换热热阻

由于本实验用的 PTC 采用二维跟踪方式，太阳光线垂直入射，系统的瞬时集热效率表示为

$$\eta_{\text{te,ins}} = \frac{Q_{\text{u}}}{I_{\text{b}} A_{\text{c}}} \tag{4-21}$$

由于很容易测量传热工质在集热管两端的温度、工质的质量流量等参量的数值，系统的瞬时集热效率常用下式表示：

$$\eta_{\text{te,ins}} = \frac{m_{\text{F}} c_{\text{p}} (T_{\text{o}} - T_{\text{i}})}{I_{\text{b}} A_{\text{c}}} \tag{4-22}$$

式中，m_{F}、c_{p}、T_{i}、T_{o}、I_{b}和 A_{c} 分别为传热工质的质量流量、工质的定压比热容、工质在集热管的进口温度(简称进口温度)、工质在集热管的出口温度(简称出口温度)、太阳直辐射值和 PTC 的集热面积(光孔面积)。

实验结果如图 4-20～图 4-24 所示，图中的 v_{w} 表示风速，横坐标的时间为北京时间。其中，图 4-20 中的 $\eta_{\text{te,ins,1}}$ 为采用高效涂层的测量结果(瞬时集热效率)，$\eta_{\text{te,ins,2}}$ 为采用油漆吸收涂层的测量结果(瞬时集热效率)；图 4-21、图 4-22 和图 4-23 分别为采用图 4-16、图 4-17 和图 4-18 所示集热管的 PTC 系统瞬时集热效率的测试结果；在图 4-24 中，$\eta_{\text{te,ins,1}}$ 为采用油漆吸收涂层的测量结果(瞬时集热效率)，$\eta_{\text{te,ins,2}}$ 为采用氧化吸收层的测量结果(瞬时集热效率)。

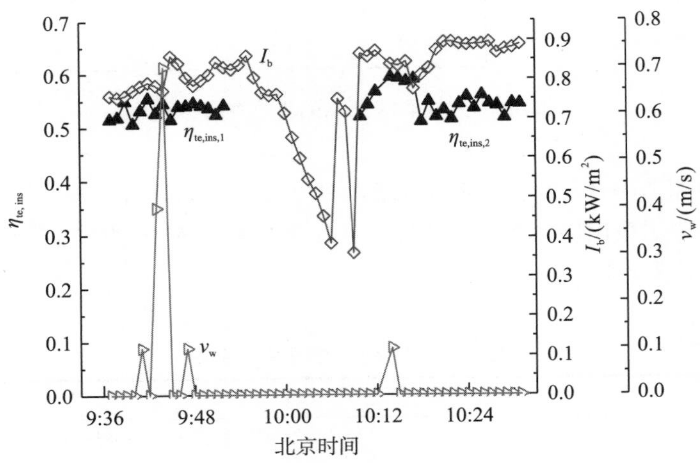

图 4-20 实验一的测试结果

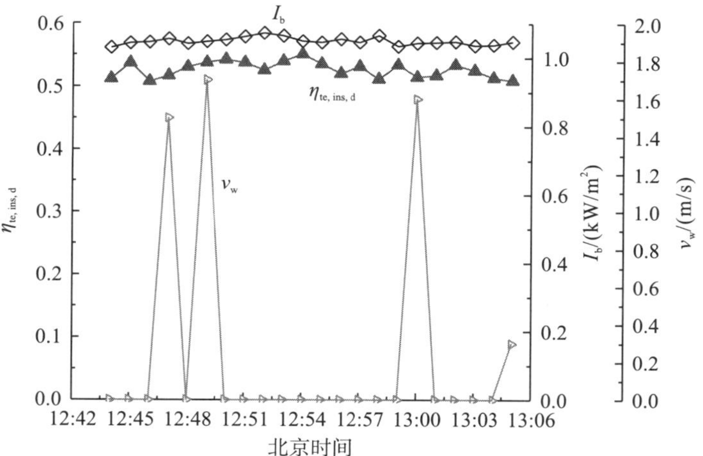

图 4-21　实验二的测试结果

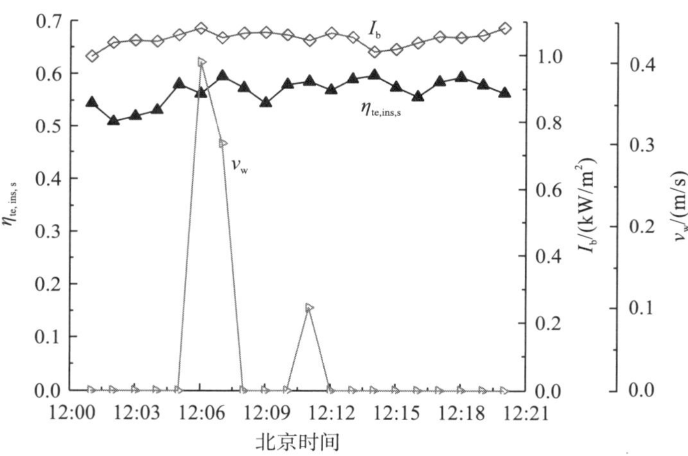

图 4-22　实验三的测试结果

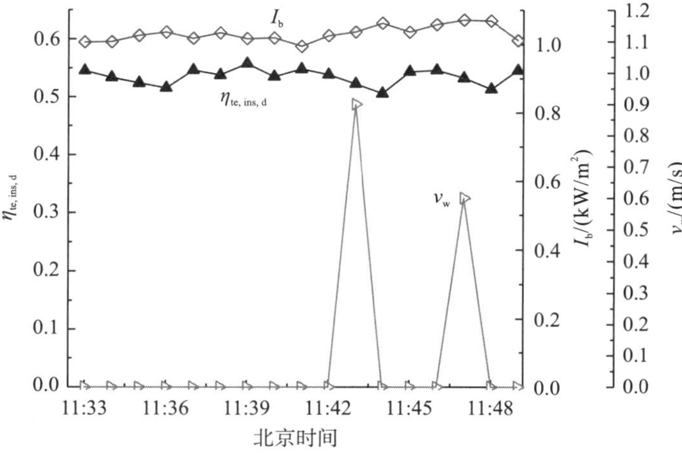

图 4-23　实验四的测试结果

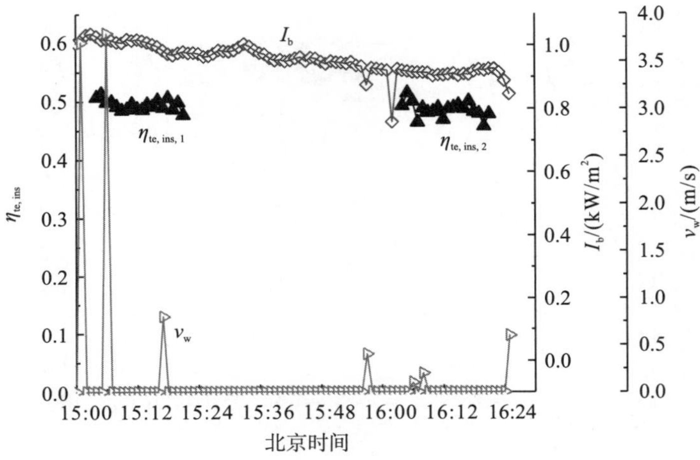

图 4-24 实验五的测试结果

图 4-20～图 4-24 的系统平均集热效率见表 4-11。本实验的运行温度在 100℃以内。由于条件的限制，一些实验用的集热管的涂层采用黑油漆涂层，而不是常规集热管所采用的高效吸收涂层。为了使两者具有可比性，首先测量分别采用油漆涂层和高效涂层的槽式系统的集热效率，测试结果如图 4-20 所示。显然，$\eta_{te,ins,1}$与$\eta_{te,ins,2}$的测试结果基本一致，均在 0.520 左右。也就是说，在 100℃以内的运行温度范围，可以利用油漆涂层代替高效涂层来进行实验研究。

在表 4-11 中，实验二和实验四的结果几乎相等，说明全玻璃真空隔热集热管与双层集热管的集热效率基本相同，其效率同为单层投射的集热管(传统的玻璃-金属真空集热管)的 93%左右。

表 4-11 不同实验的平均测试结果的比较

实验	实验结果图	集热效率平均值	集热效率平均值与 $\eta_{te,ins,s}$ 平均值之比
实验一	图 4-20，$\eta_{te,ins,1}$	0.522	—
	图 4-20，$\eta_{te,ins,2}$	0.526	—
实验二	图 4-21，$\eta_{te,ins,d}$	0.527	0.929(0.527/0.567)
实验三	图 4-22，$\eta_{te,ins,s}$	0.567	—
实验四	图 4-23，$\eta_{te,ins,d}$	0.534	0.942(0.534/0.567)
实验五	图 4-24，$\eta_{te,ins,1}$	0.521	0.918(0.521/0.567)
	图 4-24，$\eta_{te,ins,2}$	0.519	0.915(0.519/0.567)

采用腔体的 PTC 系统的集热效率相对较低，主要原因是腔体集热管的倾角(腔体集热管开口平面与水平面之间的夹角)对集热效率的影响很大，倾角越大，热损也越大(尤其是无透明窗的情况下)。在实验过程中，腔体的倾角达到 60°左右。另外，$\eta_{te,ins,1}$

与 $\eta_{te,ins,2}$ 几乎相等，说明在运行温度 100℃以内，阳极氧化层与油漆涂层的吸收率基本相同。

5. 有关问题的讨论

1) 不同真空集热管的管端热损

玻璃-金属真空集热管的管端是由金属做成的，管与管之间的连接一般采用焊接或螺纹连接等方法，管节的长度一般较长，连接后很难保持整个集热管的整体直线性(图 4-25)，这样在使用过程中必然造成较大设计误差，容易导致较高的光学泄漏，降低其集热性能。如图 4-26 所示，该管节采用焊接的方式，管节长为 15cm，单支集热管长为 2m。管节占整个集热管的 7.5%。由于管节是由金属做成的，其热损显然比较大。

图 4-25　玻璃-金属真空管整体的直线性

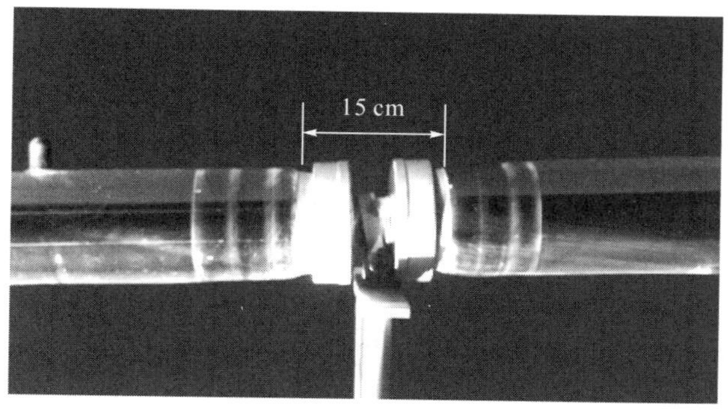

图 4-26　玻璃-金属真空管之间的连接

全玻璃真空隔热集热管的管端的外部是玻璃材料，单个内插金属吸收管可以做得很长，外部玻璃真空套管依次套上即可(图 4-27)，更容易连接，管节的长度也可以做得很短，且更容易保持整个集热管的直线性，设计误差更小。玻璃的导热系数为 1.2W/(m·K)，远小于金属的导热系数。因此，全玻璃真空隔热集热管的管端热损将小于传统真空集热管。

不同类型集热管的比较见表 4-12。

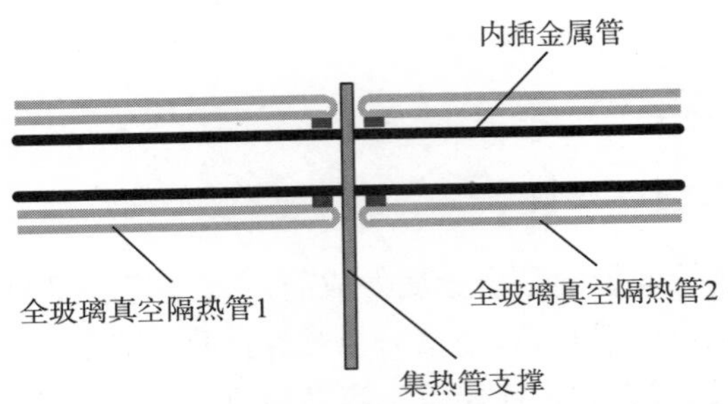

图 4-27 全玻璃真空隔热集热管之间的连接

表 4-12 不同类型集热管的比较

项目	玻璃-金属真空集热管	腔体集热管	全玻璃真空隔热集热管
集热效率	集热效率较高，一般为 0.56～0.65	相对较低，是玻璃-金属真空集热管的 90%～95%	相对较低，是玻璃-金属真空集热管的 90%～93%，与腔体集热管相当
制造难度	较大	较小	较小
制造成本	成品率相对较低，成本较高，价格昂贵	较低	成品率相对较高，成本较低
连接难度	较难	较易	简单
适用范围	适用温度范围可达 400℃以上	适用温度范围在 300℃以下	适用温度范围在 250℃以下
管端热损	较高	较低	较低

2) 全玻璃真空隔热集热管可行性简析

根据实验结果和表 4-12 可知，全玻璃真空隔热集热管是具有开发潜力的，在技术上也是可行的，主要依据如下。

(1) 热效率问题。在 100℃以内的集热效率为传统真空管的 90%以上，与传统腔体集热管相当。

(2) 工艺问题。全玻璃真空隔热集热管的关键在于外部真空管套的制造。对于全玻璃真空隔热集热管，其真空套可用高硼硅玻璃材料制作，其外观与图 4-11 相似，不同的只是不设置吸收涂层。高硼硅玻璃是一种高强度玻璃材料，其软化温度达 800℃以上，且其线膨胀系数比普通玻璃小得多。

(3) 成本问题。对于全玻璃真空隔热集热管，真空外层的成本在 25 元之内，加上内插的镀阳极氧化吸收层的不锈钢管或铝管，其成本在 50～60 元，每米的成本在 100 元之内。

(4) 运行温度范围问题。可用于 200℃，特别是 150℃左右的温度范围的直接蒸汽，可用于吸收式制冷领域。

4.7.2 聚光集热系统的结构设计

不同结构参数的 PTC 系统的能流分布情况是不同的，而不同的能流分布情况对应的系统的集热效率可能也是不同的。这就涉及系统的结构设计优化问题，也就是如何选择聚光器和接收器的参数，使系统的光学性能、热学性能总体上最优化。如果参数选择不恰当，可能会造成焦斑宽度过大、能流密度过低，甚至出现光学泄漏、系统稳定性降低、热效率偏低等问题。本节将对 PTC 系统相关的结构设计优化问题进行一些理论分析。

1. 集热管的安装高度

对于圆柱面接收管，随着集热管安装位置的升高(在一定的 Δz_0 范围内)，焦面能流密度逐渐增大，而宽度减小。能流密度的增大意味着系统有可能获得更高的集热温度和更高的集热效率。因此，在安装玻璃-金属集热管时，可以将集热管的高度适当地提高(即 $\Delta z_0>0$)，Δz_0 可以选择在 0 与 $0.28d_r$ 之间(d_r 为集热管直径)，Δz_0 太大容易导致光学泄漏(聚光光线一部分不能落在集热管上)而造成一定的能量损失。

图 4-28 为黑腔体集热管在不同安装高度的集热效率测试结果。其中，T_{av} 为腔体进出口温度的平均值，h_w 为腔体集热管光孔平面与抛物槽反射镜最低点的距离。结果显示，在安装高度 h_w=1.18m 位置的瞬时集热效率最高(在 h_w=1.18m 位置的瞬时集热效率比 h_w=1.20m 位置的瞬时集热效率约高出 7%，比 h_w=1.21m 位置的瞬时集热效率约高出 35%)。

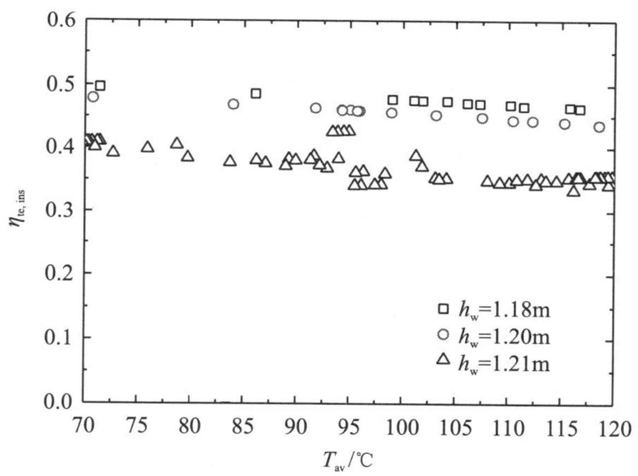

图 4-28　黑腔体集热管在不同安装高度的集热效率测试结果

图 4-29 为平面接收器在不同安装高度的能流分布的实测结果。能流密度分布随安装高度的变化而变化。由图可知，随着平面接收器高度的降低，焦面能流峰值从中心逐渐移向两侧，出现两个峰值，呈现 M 形。在槽式太阳能热电联产系统中，接收面一般为平面形。

值得指出的是，理论计算结果是将 PTC 看作理想光学系统获得的，在实际设计中，不同 PTC 系统的精密度差别往往很大，其焦面能流密度分布与理论计算结果的差异也往往很大，能流密度分布最优的位置也难以确定。因此，在实际应用中，PTC 系统难免出现光学误差。因此，为了获得最好的集热效果，在安装集热管时，集热管的固定支架应设计成可上下左右调节的结构。在调试时，将集热管从下往上或从上往下进行调节，测定不同位置的集热温升，温升最大的位置为集热管的最优安装高度。

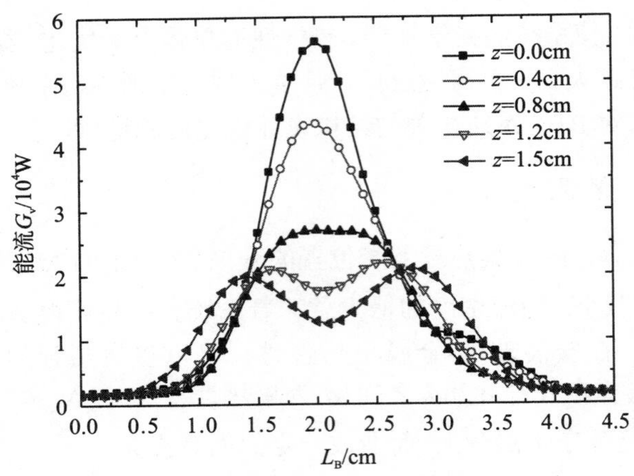

图 4-29 平面接收器在不同安装高度的能流分布的实测结果

对于热电联产系统，应根据太阳电池片的宽度寻找最佳的焦面宽度，通过测试接收器在不同安装高度的电学效率和热学效率，综合考虑电学效率和热学效率（系统总效率）来确定最优的安装位置。

2. 边缘角的选择问题

在聚光太阳能系统中，边缘角指的是聚光器开口边缘与焦点连线的半张角。对于给定开口宽度的抛物槽式聚光器，焦距f越大，边缘角越小，反之亦然。因此，对于给定开口宽度w的抛物槽式聚光器，选择边缘角的问题，也就是选择焦距的问题。

关于 PTC 的最佳焦距问题，对于无镜面加工和跟踪误差的理想光学系统，镜面反射的太阳光完全落到接收管（圆柱形接收管）上的平均光迹长度为

$$R_n = f + \frac{w^2}{48f} \tag{4-23}$$

于是有

$$\frac{R_n}{w} = \frac{1}{m} + \frac{m}{48} \tag{4-24}$$

式中，m为聚光器的相对宽度。

在式(4-24)中对m求导，并令导数为零，可得当$m = 4\sqrt{3}$时，有

$$\frac{R_n}{w} = \frac{\sqrt{3}}{6} \tag{4-25}$$

由此可得，最佳理论焦距为

$$f_{opti} = \frac{\sqrt{3}+\sqrt{2}}{12}w \tag{4-26}$$

根据式(4-26)，当w=3m 时，f_{opti}=0.79m；当w=5.76m 时，f_{opti}=1.51m。对应的边缘角为 68°。然而，在目前的实际应用中，对于w=3m 的 PTC，其焦距一般取 1.2m；而对于w=5.76m 的 PTC，其焦距一般取 1.71m。

以上是接收器为圆管的情形。对于采用腔体集热管或平面接收器的情形，在选择边缘

角时，就要考虑反射的太阳光线能否都进入腔体开口或平面接收器的给定范围。

图 4-30 为采用平面接收器的 PTC 系统的焦斑宽度示意图，其中的 DH 为平面接收器的位置。图中，令直线 DH 为腔体接收器的开口平面或接收器平面所在的位置，当 $\theta=\theta_s$ 时，线段 DH 的长度即为腔体接收器的半开口宽度(或平面接收面给定半宽度) W_h。根据几何关系，可推得

$$\tan\alpha=\frac{h+\Delta z}{\frac{w}{2}} \tag{4-27}$$

$$\tan(\alpha+\theta_S)=\frac{h}{\frac{w}{2}-W_h}=\frac{f-\frac{w^2}{16}-\Delta z}{\frac{w}{2}-W_h} \tag{4-28}$$

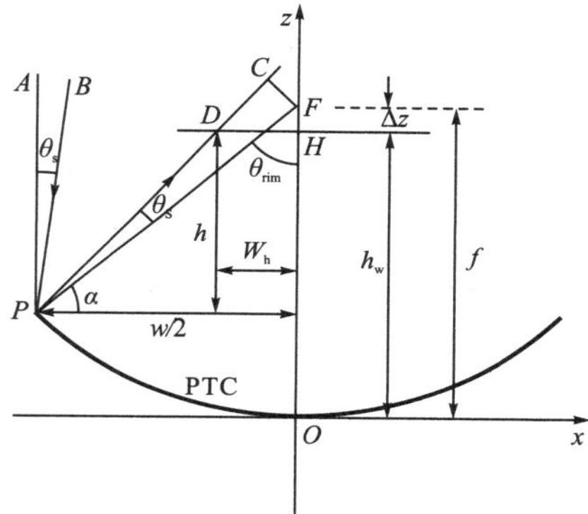

图 4-30　平面接收器的焦斑宽度示意图

边缘角 θ_{rim} 表示为

$$\theta_{rim}=\arctan\left(\frac{\frac{w}{2}}{f-\frac{w^2}{16f}}\right) \tag{4-29}$$

或

$$\theta_{rim}=\frac{\pi}{2}-\alpha=\frac{\pi}{2}+\theta_S-\arctan\left(\frac{f-\frac{w^2}{16f}-\Delta z}{\frac{w}{2}-W_h}\right) \tag{4-30}$$

如考虑跟踪精度的影响，式(4-30)写为

$$\theta_{rim}=\frac{\pi}{2}+\theta_S+\frac{\Delta\alpha_p}{2}-\arctan\left(\frac{f-\frac{w^2}{16f}-\Delta z}{\frac{w}{2}-W_h}\right) \tag{4-31}$$

式中，$\Delta\alpha_p$ 为跟踪精度。

根据式(4-31)，在 w、Δz 和 W_h 给定的情况下，θ_{rim} 随 f 的变化而变化。当 w=3cm、W_h=3cm 时，θ_{rim} 随 f 的变化而变化，如图 4-31 所示。对于采用腔体集热管的情形，当 w=3cm、f=1.2m、W_h=3cm 时，θ_{rim} 选择在 63°～65°为宜。Δz 的改变对 θ_{rim} 的影响不大。例如，Δz 从 0.0cm 变到 2.0cm，θ_{rim} 的变化不到 4°。

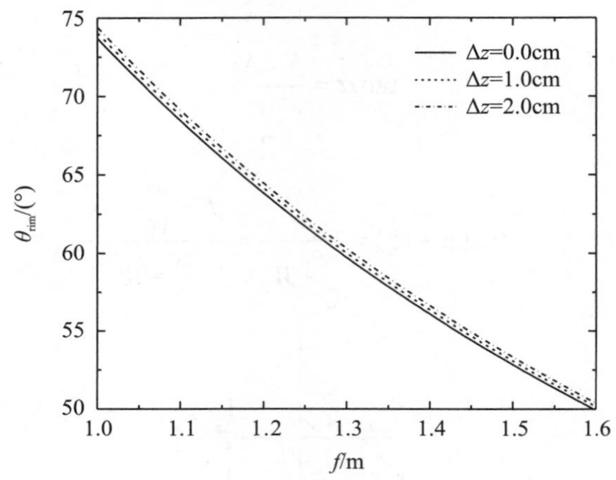

图 4-31 边缘角-焦距关系曲线(V 形腔体)

图 4-32 为采用腔体的 PTC 系统的边缘角随跟踪精度的变化曲线，在计算中，取 w=3m，W_h=3cm，Δz=0.0cm。对不同焦距的计算结果显示，边缘角随跟踪精度的变化较小。对于 f=1.0m 的情形，当 $\Delta\alpha_p$ 从 0°增大到 1.0°时，θ_{rim} 从 56.08°变到 57.07°，变化约 1°；而对于 f=1.4m 的情形，当 $\Delta\alpha_p$ 从 0°增大到 1.0°时，θ_{rim} 从 73.69°变到 74.68°，变化也仅 1°左右。

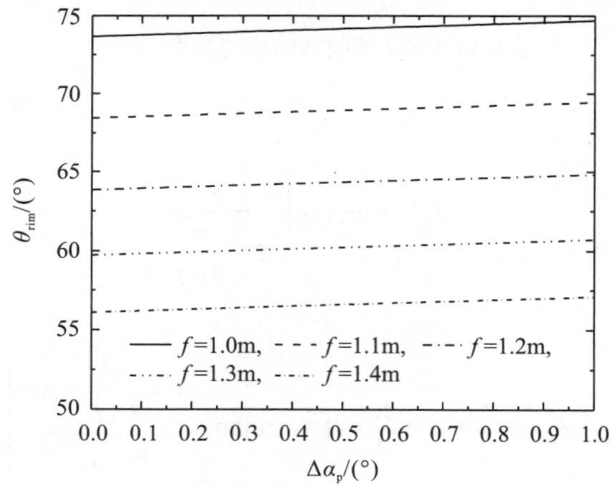

图 4-32 边缘角-跟踪精度关系曲线

3. 圆柱形接收器的最小半径

减小圆柱形接收器半径可以获得更高的焦面能流密度。然而，过小的接收器半径将引起很大的光学泄漏。这就涉及最小接收器半径的问题。在图 4-30 中，如接收器的中心轴经过焦点 F，则线段 FC 即为其最小半径 R_{min}。根据图 4-30 中的几何关系，容易推得

$$R_{\min} = \left(f + \frac{w^2}{16f}\right)\sin\theta_S \tag{4-32}$$

考虑跟踪精度因素后，式(4-32)可改写为

$$R_{\min} = \left[f + \frac{w^2}{16f}\sin(\theta_S + \Delta\alpha_p)\right] \tag{4-33}$$

图 4-33 为最小接收管半径随焦距的变化关系。这是在不考虑系统的机械误差、光学误差和跟踪偏差的理想情况下计算得到的结果。对于 f=1.2m、w=3m 的 PTC 系统，$R_{\min}$=0.77cm。图 4-34 给出了最小接收管半径随跟踪精度的变化关系。显然，在 $\Delta\alpha_p$ 从 0° 到 0.5° 的范围，$R_{\min}$ 与 $\Delta\alpha_p$ 几乎呈线性关系。在实际应用中，必须考虑机械误差、光学误差、跟踪偏差等因素，其接收管的半径最好选择为理论计算结果的 2～2.5 倍。

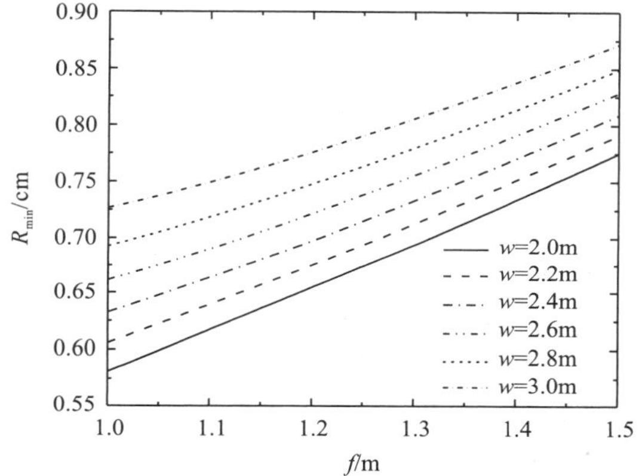

图 4-33　最小接收管半径随焦距的变化关系

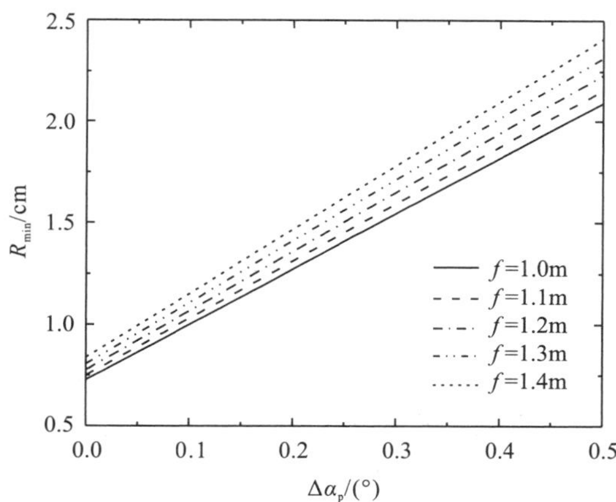

图 4-34　最小接收管半径随跟踪精度的变化关系(w=3m)

4. 腔体接收面的宽度问题

随着 V 形腔体张角的增大，焦面的宽度变小，而能流密度变大。能流密度的变大意味着可能获得更高的集热温度和提高系统的热效率。然而，在 V 形腔体开口宽度不变的情况下，随着张角的增大，吸收面沿焦面宽度方向的长度变小。如图 4-35 所示，令腔体的开口宽度为

a，两吸收面的宽度均为 b。根据辐射换热的相关理论，表面 AB 和 AC 对表面 BC 的角系数为

$$X_{AB+AC,BC}=1 \tag{4-34}$$

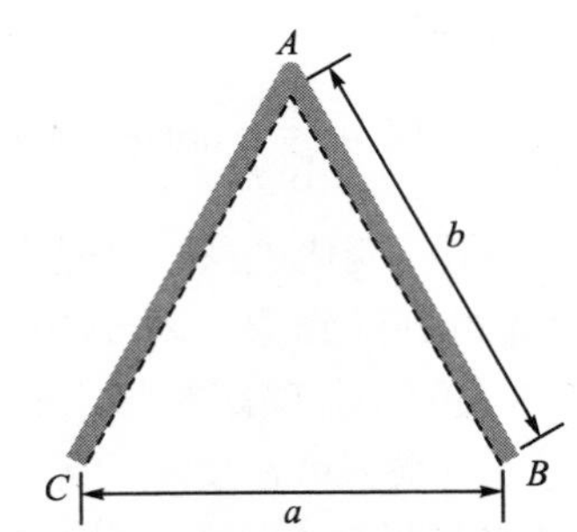

图 4-35 V 形腔体集热管的辐射角系数

显然，腔体接收面的张角$\angle BAC$不影响表面 AB 和 AC 对表面 BC 的角系数。然而，随着张角$\angle BAC$ 的增大，接收面的能流密度也增大，可提高系统的集热温度。选择腔体接收面的张角在 45° 附近时接收面的能流分布相对比较均匀。研究表明，能流分布越均匀，系统的热性能越好(即对于给定的接收器，系统的最优化程度取决于最好的接收位置和最一致的能流密度分布)。虽然进一步增大张角可以获得更高的能流密度，但腔体接收面通过光孔的辐射换热损失也更大。腔体接收面通过光孔的辐射能可表示为

$$E_a = JA_a \tag{4-35}$$

式中，J 为腔体接收面的辐射能流，W/m^2，A_a 为光孔面积，m^2。

显然，当 A_a 不变时，J 越大，E_a 也越大。因此，在设计 V 形腔体集热管时，应通过比较不同张角($\angle BAC$)与系统热效率的关系，找出最佳的设计张角。

同理，其他结构的腔体(如弧形腔体)也可以通过研究吸热面的宽度与系统热效率的关系来确定其最佳吸热面宽度。

5. 复合槽型聚光器的优化设计

在圆柱形、V 形腔体等接收器中，焦面能流密度的中心部分往往出现极小值的现象。为了获得焦面中心部分较大能流的结果，可以采用复合槽型聚光器的设计方式。在采用该种结构形式时，应合理地选择 x_0 和 Δz_0 值。

在实际进行系统设计时，应综合考虑各种影响和制约系统热效率的因素，以取得最优的系统设计效果。例如，增加焦距(减小边缘角)可以获得更高的能流密度，但系统的稳定性会降低。因此，在合理选择焦距的同时，对于采用圆柱形集热管的情形，可以适当地增加集热管的安装高度，或者适当减小接收管的半径；对于采用 V 形腔体集热管的情形，可以适当减小腔体集热管的安装高度，或者适当增大其吸收面的张角。

4.7.3 聚光集热系统的热效率

PTC 系统所吸收的热量(瞬时集热功率)为

$$P_{\text{tc,ins}} = m_{\text{F},1}c_{\text{p}}(T_4 - T_1) \tag{4-36}$$

式中，$m_{\text{F},1}$、c_{p} 分别为在图 4-3 中流经 PTC 集热管的水流量(集热流量)和水的定压比热容；T_1 和 T_4 的含义见图 4-3 和表 4-2。

则 PTC 的瞬时集热效率由下式计算：

$$\eta_{\text{te,ins}} = \frac{m_{\text{F},1}c_{\text{p}}(T_4 - T_1)}{I_{\text{b}}A_{\text{c}}\cos\theta} \tag{4-37}$$

由于屋顶场地方位的因素，PTC 阵列在下午 4:30 以后就出现被邻近建筑物遮挡的情况，因此，测试实验只能在 4:30 之前的时间段内进行。测试实验是在多风少云的天气条件下进行的，风速峰值达到 8m/s。这样的天气条件对 PTC 的集热效率的影响是很大的，因为这样的风速容易使 PTC 系统频繁剧烈摇晃，聚光焦线频繁移出集热管。

图 4-36 为 PTC 系统效率测试结果。其中，图 4-36(a)为大气透明度较低的情形，在太阳直辐射为 0.40～0.52kW/m^2 时，其瞬时热效率为 0.47～0.55，瞬时功率为 13～16kW；图 4-36(b)为大气透明度较高的情形，在太阳直辐射为 0.80～0.90kW/m^2 时，其瞬时热效率为 0.50～0.62，瞬时功率为 24～27kW。计算过程取水的质量流量为 0.602kg/s。

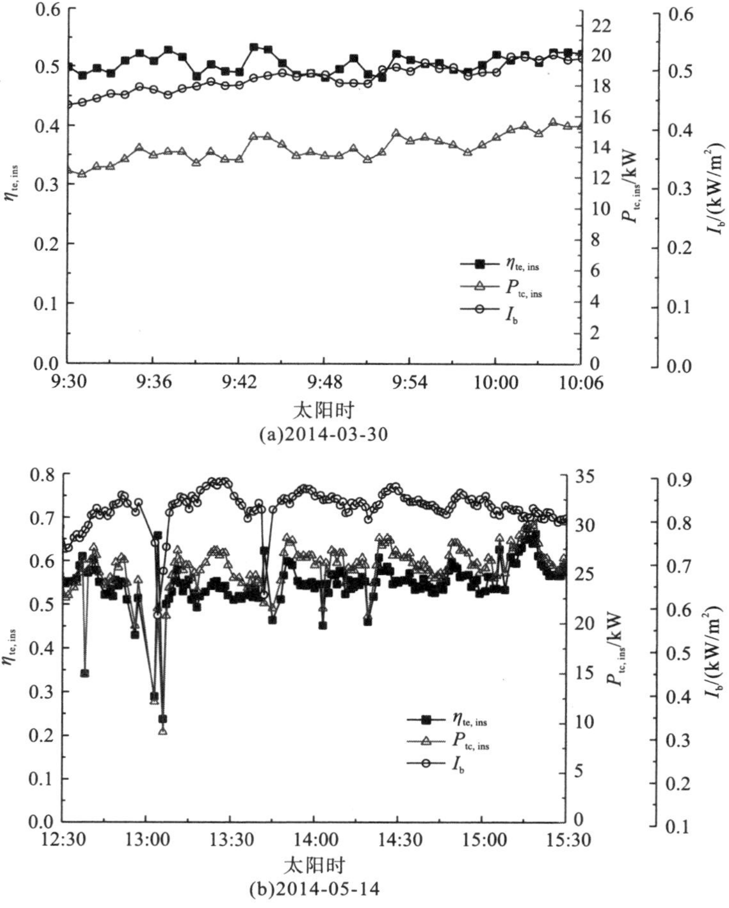

图 4-36　PTC 系统瞬时效率和功率的测试结果

4.8 太阳能吸收制冷空调系统性能

4.8.1 系统制冷性能

本实验研究测试了前述构建的太阳能吸收式制冷系统的制冷特性，包括机组的制冷性能(制冷量/供热量)；系统的制冷性能；运行温度对机组制冷性能的影响；结合昆明地区的气候条件，测量不同天气条件下的系统制冷特性，根据运行结果，给出集热系统与用能系统的容量匹配关系。因此，在实验中，需要测量太阳直辐射值、风速、环境温度、PTC进出口温度、储热水箱集热端的进出口温度，以及制冷机组的加热端、冷冻端、冷却端的进出口温度，空调终端(室内)的温度等参数。

1. 制冷机组制冷过程能量分析

吸收式制冷消耗热能，常以热力系数(或称之为制冷性能系数，或简称为制冷系数) η_r 作为经济性评价指标。热力系数 η_r 定义为吸收式制冷系统获取的制冷量 P_r 与消耗的热量 P_g 之比，即

$$\eta_r = \frac{P_r}{P_g} \tag{4-38}$$

通常，在给定的条件下，制冷系数越大，制冷循环的经济性越好。需要注意的是，制冷系数只表示吸收式制冷机组工作时，制冷量与所消耗的加热量的比值，与通常所说的机械设备的效率不同，其值可以小于 1、等于 1 或大于 1。

在吸收式制冷循环中，工质对在发生器中从高温热源吸收热量，在蒸发器中从低温热源吸收热量，在吸收器和冷凝器中向外界放出热量，而溶液泵只是提供输送溶液时克服管道阻力和重力位差所需要的动力，所消耗的机械功很小。对于理想的制冷循环，根据热力学第一定律得

$$P_g + P_e + P_{sp} = P_a \tag{4-39}$$

式中，P_{sp} 为溶液泵的功率。

设制冷循环是可逆的，发生器里热媒温度是 T_g，蒸发器中被冷却的温度为 T_e，环境温度为 T_a。则吸收式制冷循环单位时间内引起外界熵变的情况如下。

(1) 发生器热媒的熵变为

$$\Delta S_g = \frac{-P_{g,a}}{T_g} \tag{4-40}$$

(2) 蒸发器被冷却物的熵变为

$$\Delta S_e = \frac{-P_{e,a}}{T_e} \tag{4-41}$$

(3) 周围环境的熵变为

$$\Delta S_a = \frac{-P_a}{T_a} \tag{4-42}$$

根据热力学第二定律，系统引起外界总熵的变化大于或等于零，即

$$\Delta S = \Delta S_g + \Delta S_e + \Delta S_a \geqslant 0 \tag{4-43}$$

联立式(4-40)、式(4-41)和式(4-42)，得

$$\frac{P_g(T_g - T_a)}{T_g} \geqslant \frac{P_e(T_g - T_a)}{T_g} - P_{sp} \tag{4-44}$$

忽略泵的功率，则吸收式制冷循环的热力系数为

$$\eta_r = \frac{P_e}{P_g} \leqslant \frac{T_e(T_g - T_a)}{T_g(T_a - T_e)} \tag{4-45}$$

吸收式制冷循环最大热力系数为

$$\eta_{r,max} = \frac{T_g - T_a}{T_g}\frac{T_e}{T_a - T_e} = \eta_{pc}\eta_{oc} \tag{4-46}$$

式中，$\eta_{pc} = (T_g - T_a)/T_g$，为工作在高温热源温度 T_g 和环境温度 T_a 间正卡诺循环的热效率；$\eta_{oc} = T_e/(T_a - T_e)$，为工作在低温热源温度 T_e 和环境温度 T_a 间逆卡诺循环的热效率。

由此可见，理想吸收式制冷循环可看作是工作在高温热源温度 T_g 和环境温度 T_a 间正卡诺循环与工作在低温热源温度 T_e 和环境温度 T_a 间逆卡诺循环的联合，其热力系数最大值 $\eta_{r,max}$ 是吸收式制冷理论上所能达到的热力系数的最大值，其值只取决于三个热源的温度，与其他因素无关。

在实际过程中，由于存在不可逆损失，吸收式制冷循环的热力系数总小于相同热源条件下理想的循环热力系数，二者之比就是吸收式制冷循环的热力学完善度 $\beta(=\eta_r/\eta_{r,max})$。热力学完善度越大，表示循环的不可逆损失越小。

由于制冷机组内部的结构较为复杂，在系统运行过程中，能量的传递转换过程也较复杂。因此，这里不具体研究机组内部各能量转换环节的过程，只研究机组的制冷性能。也就是只研究机组消耗的热能与产生冷能的数量关系。

根据图 4-3，发生器消耗的热功率为

$$P_g = m_{F,g}c_p(T_6 - T_5) \tag{4-47}$$

在蒸发器中，水蒸发时从冷冻水吸收的热功率为

$$P_e = m_{F,e}c_p(T_7 - T_8) \tag{4-48}$$

冷却器和吸收器向冷却水排放的热功率为

$$P_c = m_{F,c}c_p(T_{10} - T_9) \tag{4-49}$$

式(4-47)～式(4-49)中，$m_{F,g}$、$m_{F,c}$、$m_{F,e}$ 分别为制冷机组热水端、冷冻水端和冷却水端的质量流量；T_5～T_{10} 分别为制冷机组热水端、冷冻水端和冷却水端的进出口温度。

吸收式制冷消耗热能，常以热力系数(或称为制冷性能系数，或简称为制冷系数) η_r 作为经济性评价指标。热力系数 η_r 定义为吸收式制冷系统获取的制冷量 P_r 与消耗的热量 P_g 之比。根据上述分析，忽略溶液泵对循环水所做的功，循环的制冷系数可表示为

$$\eta_r = \frac{P_e}{P_g} = \frac{m_{F,e}c_p(T_7 - T_8)}{m_{F,g}c_p(T_6 - T_5)} = \frac{m_{F,e}(T_7 - T_8)}{m_{F,g}(T_6 - T_5)} \tag{4-50}$$

2. 系统制冷性能测试与结果分析

为测试系统的制冷性能，在太阳辐射条件满足制冷机组运行的不同条件下进行了相关的实验研究。

实验时间：2014 年 3 月至 5 月。

实验地点：云南太阳能某企业(位于昆明市内)。

由于机组需要在 50℃以上的温度下才能运行，因此，在实验过程中，首先对水箱中的水进行加热，当水箱中的水温达到 65℃以上时，启动制冷机组。储热水箱的水量在 400kg 以上。为了揭示机组在不同运行温度下的制冷性能，实验过程中，一般情况下，当加热温度降到 40℃左右才停止实验。集热循环的水质量流量为 0.602kg/s，机组热水流量约为 1.36kg/s，冷冻水流量约为 0.90kg/s，冷却水的流量约为 1.57kg/s。

实验结果如图 4-37～图 4-40 和表 4-13 所示。图 4-37～图 4-40 给出了 6 天不同天气条件下相关参数的时间曲线(不同参数随时间的变化关系)，表 4-13 给出了所有实验的制冷性能结果。

其中，图 4-37 为实验过程中太阳直辐射和风速随时间的变化情况；图 4-38 为制冷机组的运行温度情况，即给出了制冷机组加热端、冷冻端和冷却端的进出口温度随时间的变化情况(图中 T_5～T_{10} 的含义见表 4-2)；图 4-39 为制冷机组的制冷系数和制冷量的变化情况；图 4-40 给出了在制冷运行过程中室内温度(空调终端)的变化情况。

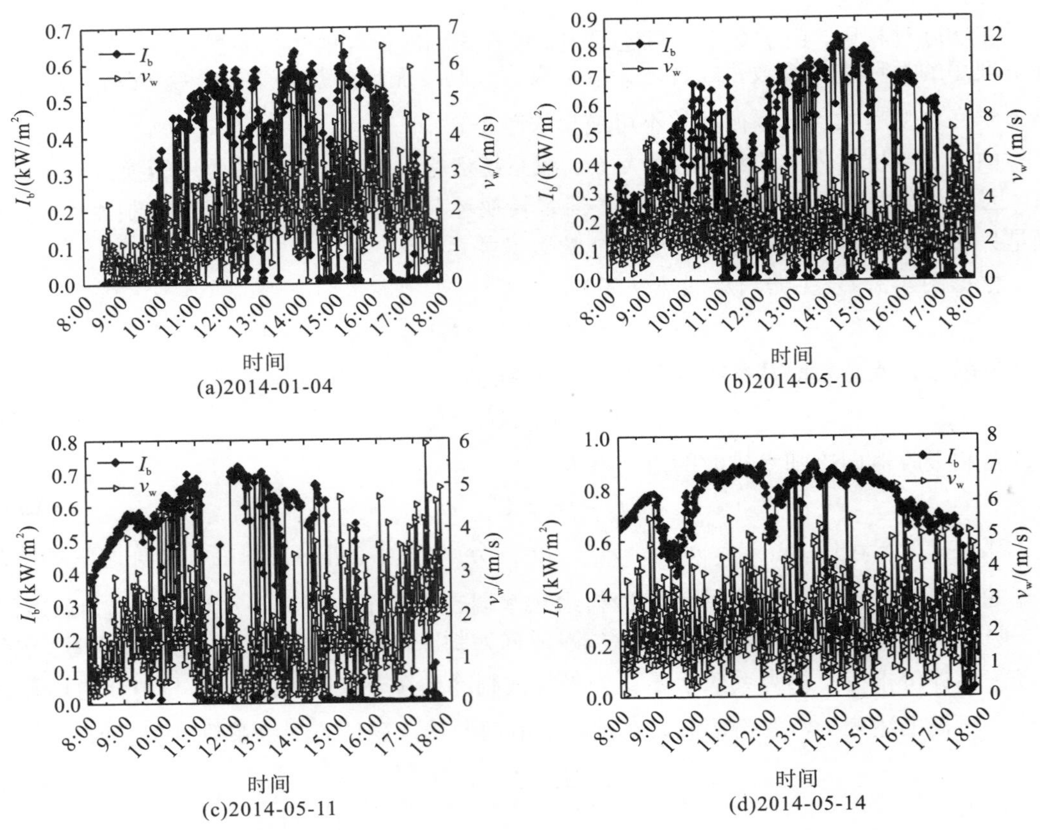

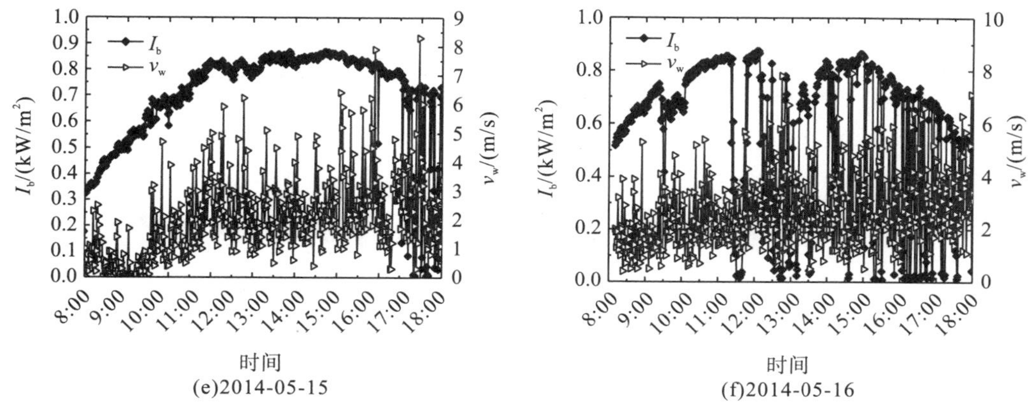

图 4-37　太阳直辐射和风速随时间的变化

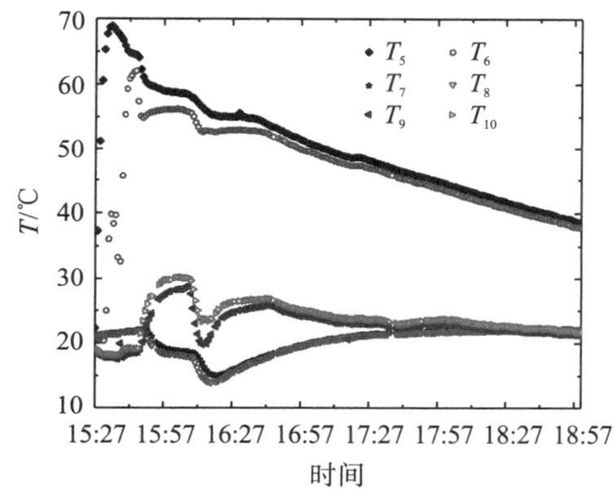

T_5 T_6 T_7 T_8 T_9 T_{10}

T/℃

时间

(a)2014-04-04

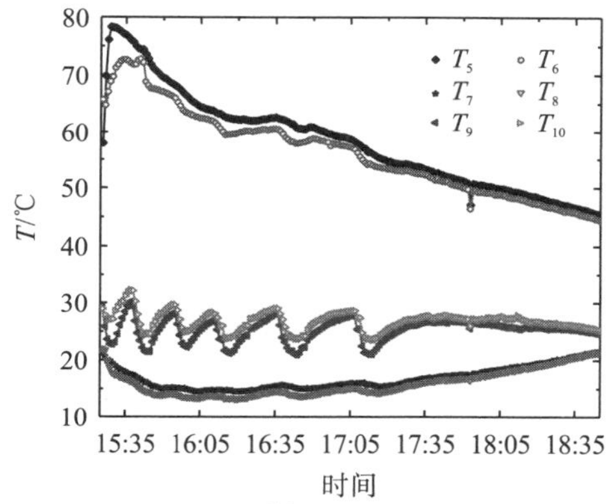

时间

(b)2014-05-10

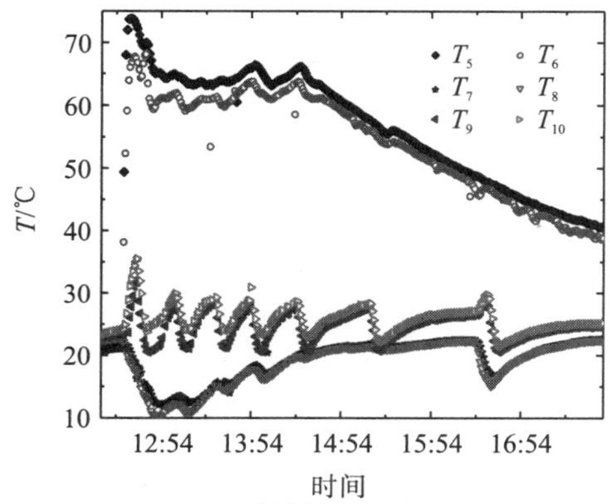

时间

(c)2014-05-11

时间

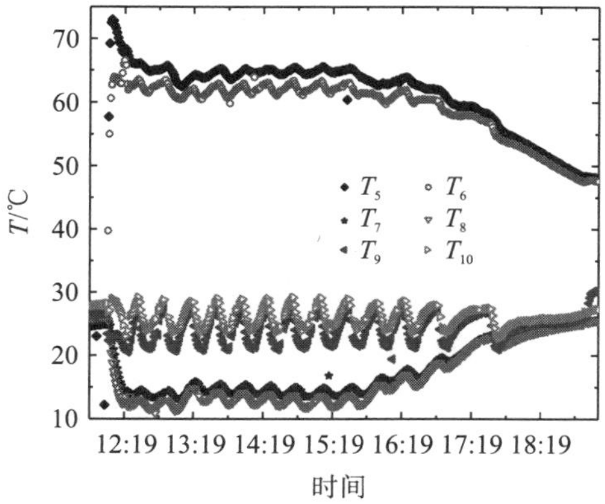

(d)2014-05-14

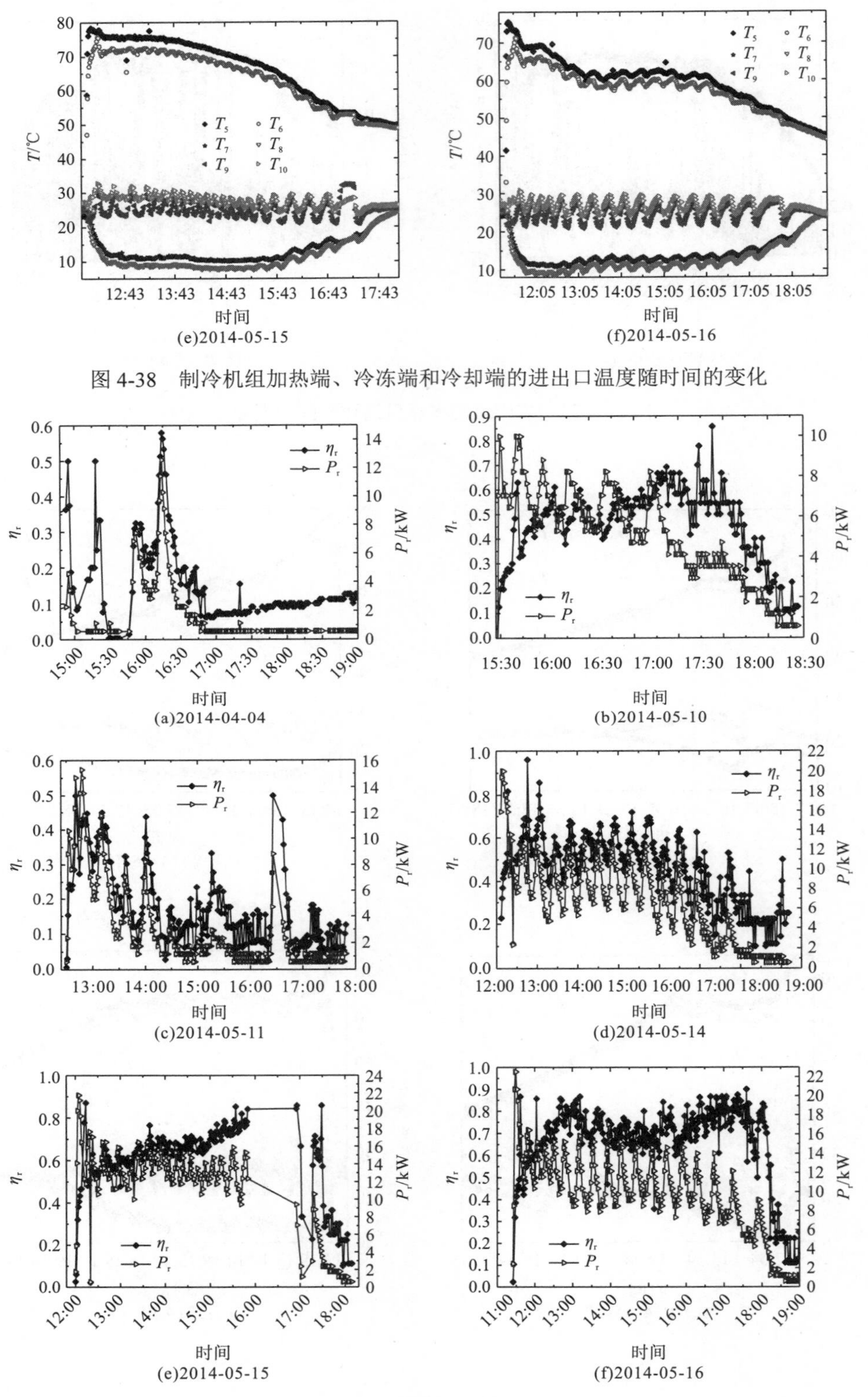

图 4-38 制冷机组加热端、冷冻端和冷却端的进出口温度随时间的变化

图 4-39 机组制冷系数和制冷量

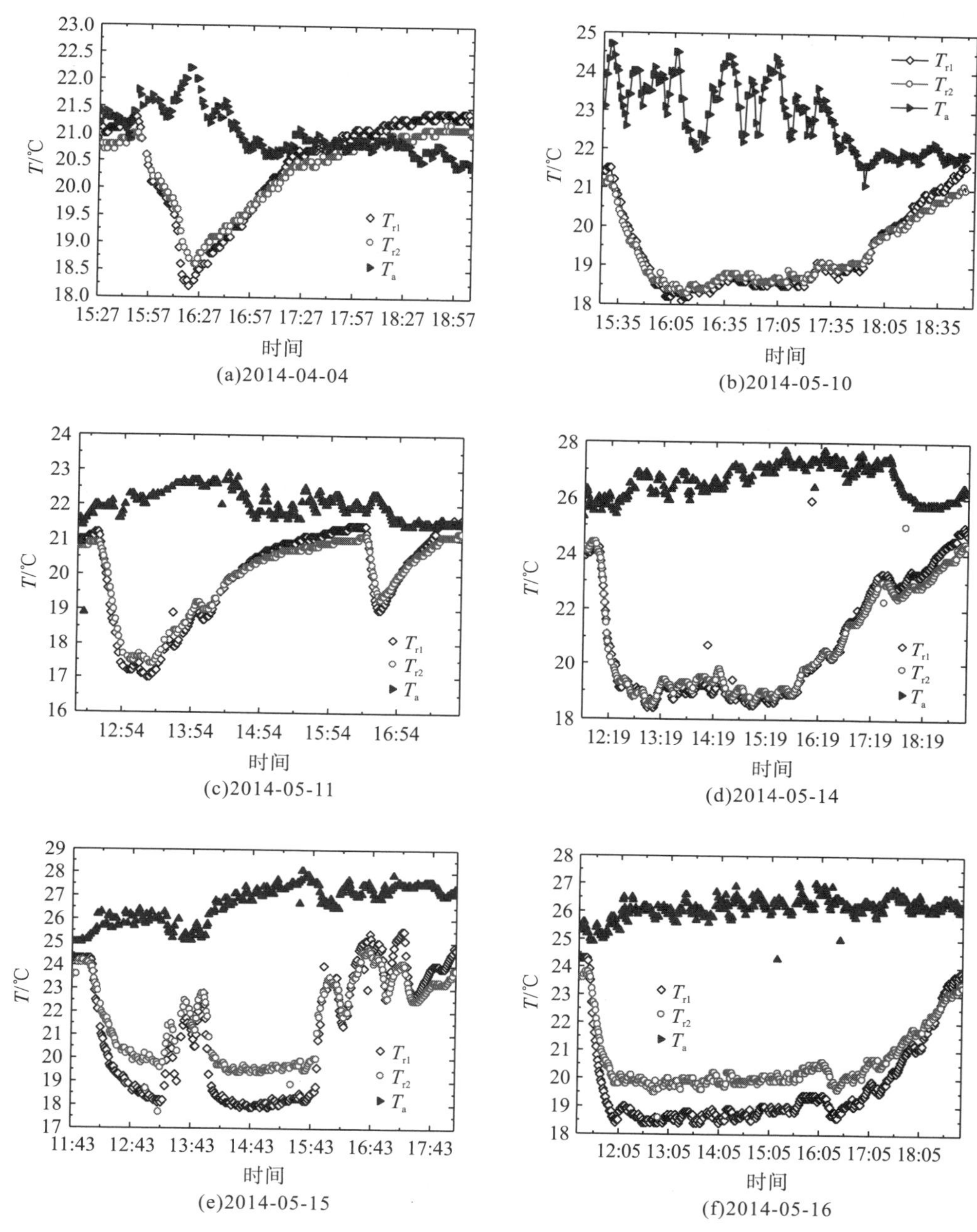

图 4-40　制冷过程室内温度的变化情况

表 4-13　制冷系统的平均制冷性能系数

实验日期(2014 年)	天气条件	总辐射量 I_i/MJ	总制冷量 Q_r/MJ	机组平均制冷系数	系统平均制冷系数	开机温度/℃
4 月 4 日	多云多风	448	54	0.18	0.12	85
5 月 10 日	多云多风	643	84	0.21	0.13	90.6

续表

实验日期（2014年）	天气条件	总辐射量 I_i/MJ	总制冷量 Q_r/MJ	机组平均制冷系数	系统平均制冷系数	开机温度/℃
5月11日	多云多风	549	58.3	0.17	0.106	91.3
5月13日	晴朗多风	1300	220	0.51	0.168	92.5
5月14日	晴朗多风	1200	170	0.45	0.142	92.2
5月15日	晴朗多风	1122	234	0.57	0.208	92.5
5月16日	晴朗多风	1120	267	0.58	0.231	91.9
5月17日	晴朗多风	1280	284	0.51	0.22	93.1
5月18日	晴朗多风	1262	313	0.547	0.248	82.8
5月19日	晴朗少云多风	877	288	0.59	0.228	86.1
5月20日	多云多风	690	158	0.51	0.21	85
5月21日	晴朗多风	967	270	0.57	0.27	83.7
5月22日	晴朗多风	1110	262	0.474	0.236	74.9
5月24日	晴朗多风	1084	234	0.5	0.215	64.5

表4-13中的太阳总辐射量由下式计算得到：

$$I_{\mathrm{i}} = \int_{t_{\mathrm{s,bt}}}^{t_{\mathrm{s,st}}} A_{\mathrm{c}} I_{\mathrm{b}} \cos\theta (1-\eta_{\mathrm{oel}}) \mathrm{d}t_{\mathrm{S}} \tag{4-51}$$

其中，$t_{\mathrm{s,bt}}$、$t_{\mathrm{s,st}}$ 分别为PTC系统开始跟踪聚光集热的时刻和停止跟踪聚光集热的时刻。

为了便于比较、分析和讨论，图4-37～图4-40中的不同图之间都是按实验日期一一对应的，如在这4个图中的(a)～(f)的实验日期的顺序都是一样的。实验结果显示：

(1)在多天的实验过程中经历了不同的天气，但无论是多云还是晴朗均为多风天气，最高风速达到8m/s，大多为2～5m/s。这样的风速对PTC系统的集热效率影响较大。在多云天气条件下，机组平均制冷系数和平均系统制冷系数都比较低，这是由于在该天气下，集热系统的集热量较少，运行温度相对较低，另外，由于云层遮太阳时，热媒泵一直在运行，这将造成更大的管路热损。因此，平均制冷系数和平均系统制冷系数都比较低。而在晴朗天气条件下，系统的集热量较大，运行温度较高，因此，可以获得更高的制冷系数、制冷量和系统制冷系数。实验结果显示，制冷机组的平均制冷系数为0.17～0.59，系统的制冷系数为0.106～0.270。

(2)如图4-38所示，运行温度(加热温度)为39～80℃，冷冻水温最低达到9℃，冷却水温度在20～35℃变化，且在运行过程中间歇启动。

从图4-38可以看出，在刚开机时，热水进口温度是先下降后再慢慢回升，而冷冻水出口温度则迅速下降一段时间后再慢慢趋于稳定。在机组刚开机时，溴化锂溶液的浓度很低，因此在加热后水蒸气发生量很大，耗费的热量大于太阳能热水系统的加热量，导致热水箱温度不断下降。当溴化锂溶液浓度增加到一定值后，此时，发生过程耗费的热量开始小于太阳能集热系统的集热量，热水温度开始回升。此外，发生器出口的溴化锂溶液的浓度在此过程中是升高的，因此吸收器内的吸收过程是不断增强的，冷冻水出口温度是在一直降低的，这一时间段可称为机组的启动阶段。

启动阶段持续时间与热水进口温度有关，热水进口温度越高，发生器内的反应就越剧烈，溴化锂溶液浓度升高的速度和对水蒸气的吸收量的增加就越快，机组内的溴化锂溶液浓度才能快速达到正常运行时的浓度，冷冻水温度才能迅速地降低下来。从机组开始稳定运行制冷的时候一直到机组关机，从热水进口温度和冷冻水出口温度的时间曲线中可发现一个规律：热水进口温度越高，冷冻水出口温度越低。

当热水进口温度升高时，发生器的发生量增大导致发生器出口溴化锂溶液的浓度增大，溴化锂溶液在吸收器内的吸收量也相应增大，其结果就是蒸发温度和冷冻水出口温度降低。反之，当热水进口温度降低时，冷冻水出口温度升高。

(3) 在一般情况下，热水进口温度的变化幅度都比较小，发生器的热水进出口温差的变化也比较小，当机组的制冷量 P_r 升高时，制冷系数 η_r 也升高。根据图 4-39 中制冷量和制冷系数的变化趋势，可以发现在大多数情况下，制冷量增加时，制冷系数升高；制冷量减少时，制冷系数降低。然而，在一些时候，制冷量和制冷系数的变化趋势是有所不同的。如图 4-39(b) 所示，在 15:30～17:42 时间段，机组的制冷系数从约 0.20 升至约 0.65，此后制冷系数逐渐降至 0.1 左右，而制冷量在总体上是由大变小(从约 10kW 降至约 1kW)；而在图 4-39(d) 中，除在开机的初始阶段外，制冷系数和制冷量随时间的变化情况基本上是一致的。在太阳辐射的强度突然降低的情况下，热水箱内的热水温度的降低速度比较快，发生器的发生量迅速减小，发生器的热水进出口温差也相应减小。然而，此时机组的溴化锂溶液的浓度的降低还是比较缓慢，吸收器的溴化锂溶液的浓度还是比较高，因此吸收量的减小并不是很明显。因此，虽然制冷量也在下降，但其下降的速度比发生量降低的速度慢。因此，此时出现了制冷量降低制冷系数反而升高的现象。

(4) 由图 4-40 可知，在制冷开始的半小时内，室内温度下降较快，当降低到某一数值时，室内温度趋于稳定，或开始回升。环境温度越低，室内所能达到的最低温度也越低。图 4-40(e) 的室内温度在 13:13～14:00 和 15:50～16:00 时段出现大幅回升的现象，这是由于在该时段门窗大开的缘故。

上述实验结果并非系统的极限结果，而是由多种因素造成的。也就是说，该系统还存在诸多不完善的地方。只要对系统进行合理的优化，系统的制冷系数将得到较大的提高。在以下各节中，将对如何提高系统的制冷系数问题进行较为详细的分析和讨论。

1) 加热温度对机组制冷性能的影响

图 4-41 给出了制冷系数和制冷量随加热温度的变化关系，图中的 T_5 为加热端的热水进口温度。图中显示，机组的制冷量随着加热温度的升高而增大，随着加热温度的降低而减小；而制冷系数总体上也是随着加热温度的升高而增大，随着加热温度的降低而减小。图中显示在加热温度大于 70℃ 出现制冷系数变得很小的情况，这是由于在该温度段，机组处于启动阶段，需要消耗大量的热量使发生器内的溶液温度升高到正常运行的程度。

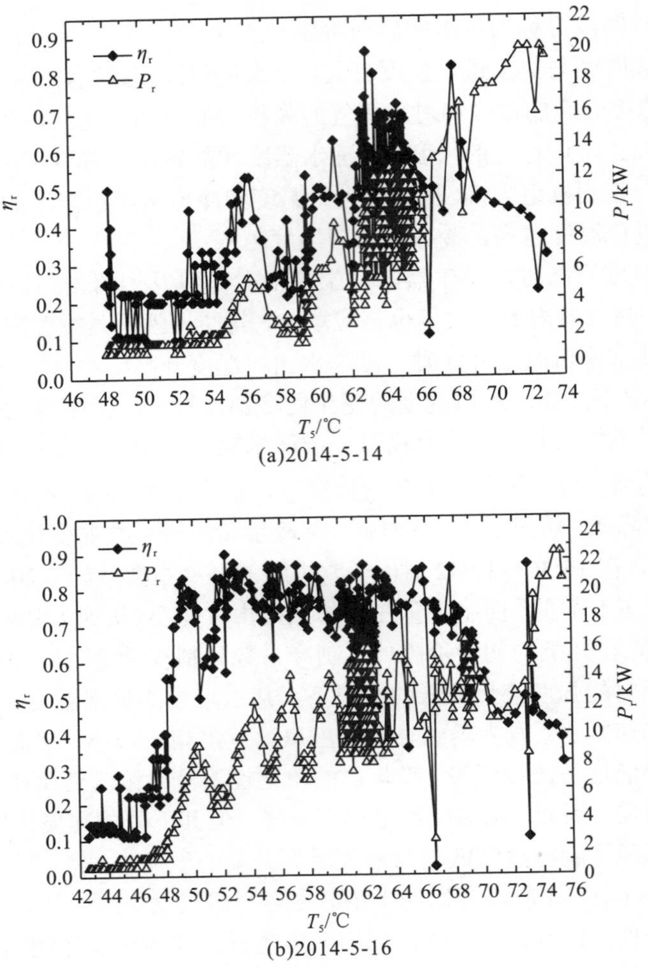

图 4-41 机组制冷系数和制冷量随运行温度的变化关系

溴化锂吸收式制冷机的制冷量可以表示为

$$P_r = \frac{p_{ref} G_a (\xi_g - \xi_a)}{\xi_g} \tag{4-52}$$

式中，P_r为制冷量，kW；p_{ref}为单位制冷量，其值为水的汽化潜热，可近似地认为不变。因此，蒸发器的冷剂水蒸发量$G_a(\xi_g - \xi_a)/\xi_g$是影响制冷量的主要因素。当加热温度下降时，首先是发生器内溶液温度与浓度降低，制冷剂发生量减小，发生器出口溶液的浓度降低，吸收器的溶液吸收水蒸气的能力减弱，蒸发压力和蒸发温度升高，制冷量减小。加热温度对机组制冷性能的影响可以在h-ξ图(焓-浓度图)上表示出来(图 4-42)。图中，实线 1-2-3-4-1 为设计工况下的制冷循环。当加热温度降低时，发生器内的溴化锂溶液的温度降低，发生量减小，冷凝温度降低，冷凝压力也由P_c降低到P_c'，发生器出口的溶液的浓度也由ξ_g降低到ξ_g'。同时，由于吸收器内吸收溶液的浓度降低，吸收量减小，导致

蒸发压力由 P_e 升高到 P_e'，吸收器出口的稀溶液的浓度也由 ξ_a 降低到 ξ_a'。虚线 1′-2′-3′-4′-1′ 表示加热温度降低后的制冷循环，此时冷剂水的蒸发量为 $G_a(\xi_g'-\xi_a')/\xi_g'$，比原制冷工况下的蒸发量小。因此，机组的制冷量也就比原工况下小。

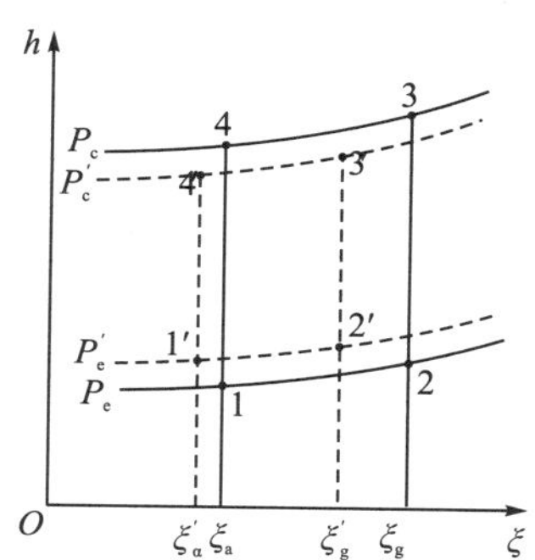

图 4-42　加热温度对制冷性能的影响

2）冷却温度对机组制冷性能的影响

在吸收式制冷系统中，冷却水的作用是排除吸收器中的吸收热和冷凝器中的冷凝热。因此，吸收器和冷凝器冷却水进出口温度差的大小关系到吸收过程和冷凝过程的剧烈程度，通过观察吸收器和冷凝器冷却水进出口温度差了解吸收过程和发生过程进行的程度。

图 4-43 为冷却温度对机组制冷性能的影响情况，图中的 T_9、T_{10} 分别为制冷机组冷却水端的进出口温度。由于冷却泵是间歇启动的，故冷却水的温度随时间的变化曲线呈波动形状。由图可知，在冷却水温度差最大值处，冷却水进出口温度差约为 1.4℃，在冷却水温度差最小值处，冷却水进出口温度差约为 3℃；当冷却水进口温度为 21℃时，制冷系数约为 0.68；而当冷却水进口温度达到 27.6℃时，制冷系数则降到约 0.39。

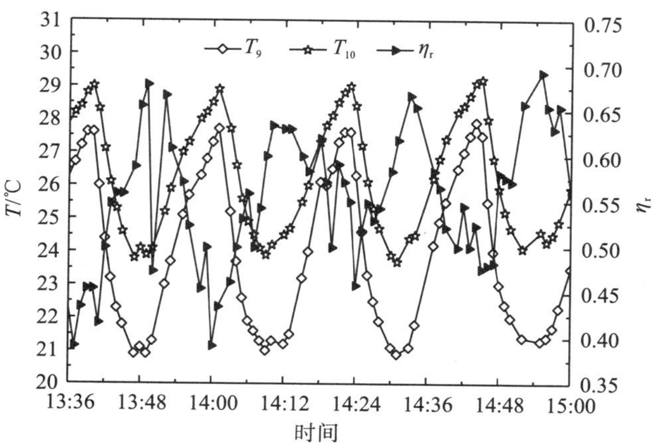

图 4-43　冷却温度对机组制冷性能的影响(2014-05-14)

因此，为了获得更高的制冷量，应采用温度尽可能低的水进行冷却，且最好进行连续冷却。

另外，值得指出的是，冷却水进口温度过低将降低吸收器出口稀溶液温度并提高发生器出口浓溶液质量分数，增加了浓溶液产生结晶的可能性。

3)启动温度对机组制冷性能的影响

这里所说的启动温度是指制冷机组开机时，储热水箱的水所达到的最高温度。由于储热水箱为普通水箱，其内的气压与外部气压相当。因此，水箱内的水的沸点不会很高，在昆明地区，水的沸点在 93℃左右。系统效率与水箱的进出口温度差($T_{12}-T_{11}$)有关，随着 T_{11} 的升高，$T_{12}-T_{11}$ 将趋于零，即系统的集热效率趋于零，如图 4-44 中的 10:00～12:00 的时间段，这必然影响系统制冷的性能系数。因此，在加热时，水箱内的水温达到 85℃左右开机最为合适。

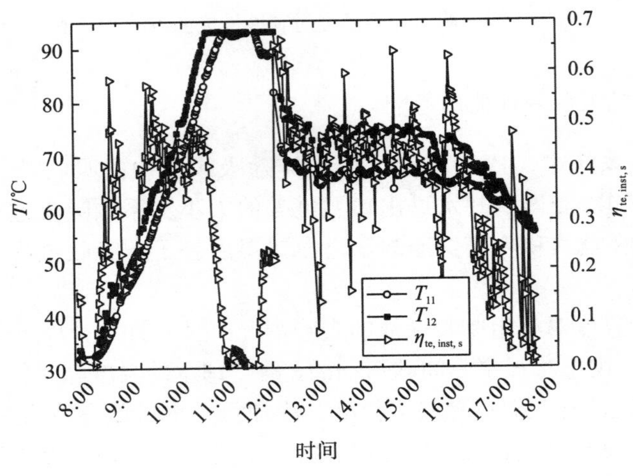

图 4-44　储热水箱进出口温度对系统效率的影响

4)机组制冷量与面积的匹配关系

图 4-45 给出了建筑物空调制冷系统负荷的组成框图。图中表示出了建筑物空调室内的冷负荷与制冷系统负荷的形成过程及组成。显然，建筑物空调室内的冷负荷与制冷系统负荷的形成过程及组成是非常复杂的。

在分析机组制冷量与面积的匹配关系问题时，要知道特定房间的得热量和冷负荷。得热量和冷负荷是两个概念不同而又互相关联的量。房间得热量是指某一时刻由室内和室外热源进入房间的热量总和。冷负荷是指为维持室温恒定，在某一时刻应从室内除去的热量。瞬时得热量中以对流方式传递的显热得热和潜热得热部分，直接散发到房间空气中，立刻构成房间瞬时冷负荷；而以辐射方式传递的得热量，首先为围护结构和室内物体所吸收并贮存其中。当这些围护结构和室内物体表面温度高于室内温度后，所贮存的热量再以对流方式逐时放出，形成冷负荷。由此可见，任一时刻房间瞬时得热量的总和未必等于同一时刻的瞬时冷负荷。只有在得热量中不存在以辐射方式传递的得热量，或围护结构和室内物体没有蓄热能力的情况下，得热量的数值才等于瞬时冷负荷。

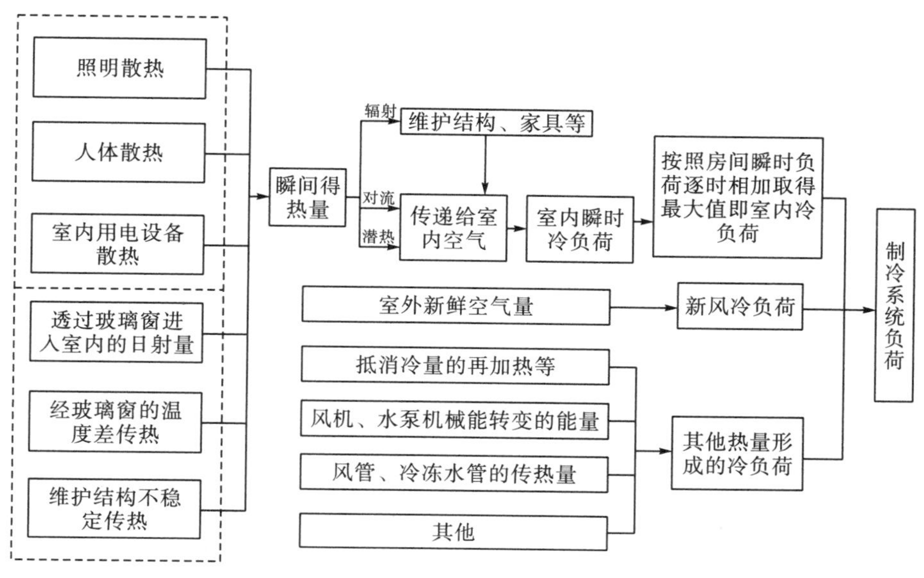

图 4-45　建筑物空调制冷系统负荷的组成框图

空调制冷系统的冷负荷应包括室内冷负荷、新风冷负荷(是制冷系统冷负荷中的主要部分)、制冷量输送过程的传热和输送设备(风机、泵)的机械能所转变的得热量和某些空调系统因采用了冷、热量抵消的调节手段而得到的热量，以及其他进入空调系统的热量(如采用顶棚回风时，部分灯光热量被回风带入系统)。值得指出的是，制冷系统的总装机冷量并不是所有空调房间最大冷负荷的叠加。因为各空调房间的朝向、工作时间并不一致，它们出现最大冷负荷的时刻也不会一致，简单地将各房间最大冷负荷叠加势必造成制冷系统装机冷量过大。因此，应对制冷系统所服务的空调房间的冷负荷逐时进行叠加，以其中出现的最大冷负荷作为制冷系统选择设备的依据。

由于建筑物的结构多种多样，相同建筑类型的结构同样存在较大的差异。因此，很难给出统一标准的空调负荷指标。但在进行安装空调时，可参考表 4-14 给出的空调负荷指标来确定制冷量与房间面积的匹配关系，其匹配关系可表示为

$$Q_{\mathrm{r}}-Q_{\mathrm{p,r,loss}}=\sum_{i=1}^{m_{\mathrm{r}}}n_{\mathrm{r},i}P_{\mathrm{rli},i}A_{\mathrm{r},i}t_{\mathrm{r},i} \tag{4-53}$$

其中，Q_{r}、$Q_{\mathrm{p,r,loss}}$、n_{r}、P_{rli}、A_{r}、t_{r} 分别为机组的制冷量、机组到各房间的管路总冷量损失、制冷终端空间(如客房、会议室等)数量、冷负荷指标、房间面积和供冷时间；m_{r} 为制冷终端空间类型(建筑类型)的数量，如制冷终端有客房、会议室和办公室三种空间类型，则 $m_{\mathrm{r}}=3$。

表 4-14 空调冷负荷指标

建筑类型	冷负荷 P_{rli}
	W/m^2
住房、公寓、标准客房	114～138
西餐厅	200～286
中餐厅	257～438
火锅城、烧烤	465～698
小商店	175～267
大商场、百货大楼	250～400
理发、美容室	150～225
会议室	210～300
办公室	128～170
中庭、接待室	112～150
图书馆	90～125
展厅、陈列室	130～200
剧场	180～350
计算机房、网吧	230～410
有洁净要求的厂房、手术室等	300～500

注：数据来自《暖通空调系统设计手册》。

根据表 4-13 的实验结果，以 5 月 18 日的制冷量(Q_r=313MJ)来对 n_r 个 18m^2 的标准客房进行空调制冷，假定当日的供冷时间 t_r 为 8h，在忽略管路冷量损失的情况下，该制冷量可以供冷的房间数为

$$n_r = \frac{Q_r}{P_{rli}A_r t_r} = \frac{313}{114 \times 18 \times (3600 \times 8)} = 5.296$$

即制冷量大约可以为 5 个 18m^2 的标准客房供冷 8h。

根据前面的分析，系统的制冷量可以利用式(4-54)来估算：

$$Q_r = I_i \eta_{tc,s} \eta_r \tag{4-54}$$

其中，$\eta_{tc,s}$、η_r 分别为系统的集热效率和制冷机组的制冷系数。

4.8.2 系统在供暖模式下的性能

一个太阳能制冷系统，在热带地区，也许一年四季都可以进行制冷应用。然而，如果该系统位于高纬度地区，一年的四季变化非常明显，冬冷夏热。要充分发挥系统的功效，最好的方式就是采取夏天供冷、冬天供暖的方式。对于制冷模式，前面已经做了较为详细的研究。这一节将对 PTC 驱动的制冷系统的供暖模式的供暖性能进行分析和讨论。

1.系统供暖能量分析

相对于制冷模式来说，系统在供暖模式下的能量转换过程相对简单。系统的得热量就是集热系统的集热量，即

$$P_{tc,s} = m_{F,1}c_p(T_{12} - T_{11}) \tag{4-55}$$

式中，$m_{F,1}$为在图 4-3 中流经 PTC 集热管的水流量(集热流量)；T_{12}、T_{11}分别为储热水箱的进口温度和出口温度。

实际上，在供暖模式下，可以不考虑制冷机组的参数，除非采用具有热泵功能的机组。因此，本实验系统的供暖模式可直接采用机组换热的方式进行供热。因此，系统的得热量表示为

$$P_{tc,s} = K_{hc}m_{F,1}c_p(T_{12} - T_{11}) \tag{4-56}$$

式中，K_{hc}为机组在供暖模式中的换热系数(制冷机组相当于一个换热器)。

当忽略管路热损时，在任意室外温度 T_a 下，根据稳定条件下的热平衡原理，建筑物的采暖热负荷 Q_1 等于建筑物内散热器的散热量 Q_2，也等于采暖系统的供热量 Q_3。其中：

$$Q_1 = qV(T_R - T_a) \tag{4-57}$$

$$Q_2 = kA(T_m - T_R) = aA(T_m - T_R)^{1+b} = aA\left(\frac{T_s + T_r}{2} - T_R\right)^{1+b} \tag{4-58}$$

$$Q_3 = m_F c_w(T_s - T_r) \tag{4-59}$$

式中，k 为散热器在工况下的传热系数，W/(m^2·℃)；A 为散热器的传热面积，m^2；q 为建筑物在实际工况下的采暖体积热指标，W/(m^2·℃)；V 为建筑物的外部体积，m^3；a、b 为试验确定的散热器传热特性系数。

2. 供暖性能实验结果

供暖一般都是在环境温度较低的情况下进行的。为测试系统的供暖性能，在不同条件下进行了 3 次实验。

与制冷模式不同，由于供暖模式下的能量转换过程较为简单，也就是只通过制冷机组的换热过程(此时制冷机组只充当换热器的作用，其热水端和冷冻水端分别为换热器的输入端和输出端)。因此，运行温度要求不是很高。在供暖模式下，储热水箱的水量在 400kg 以上。集热循环的水质量流量为 0.602kg/s，机组热水流量约为 1.36kg/s，冷冻水流量约为 0.90kg/s。

实验结果如图 4-46～图 4-48 所示。其中，图 4-46 为实验过程中太阳直辐射和风速随时间的变化情况。图 4-47 为机组的运行温度情况，即给出了机组输入端和输出端的进出

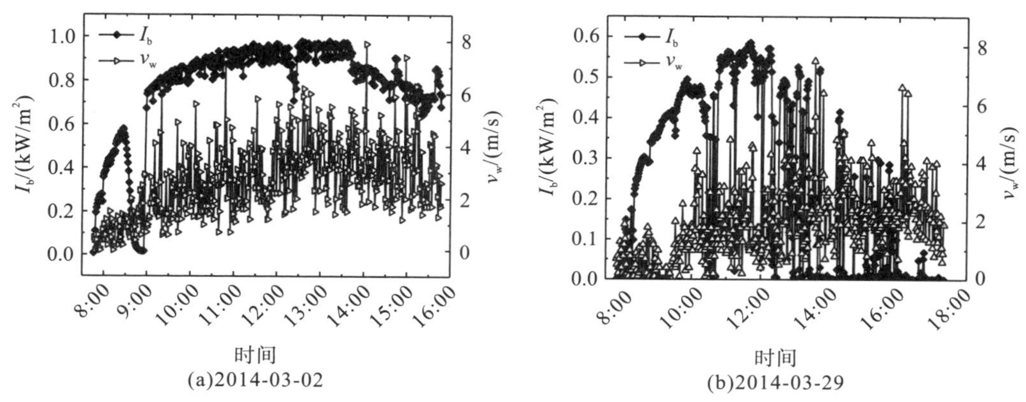

(a)2014-03-02 (b)2014-03-29

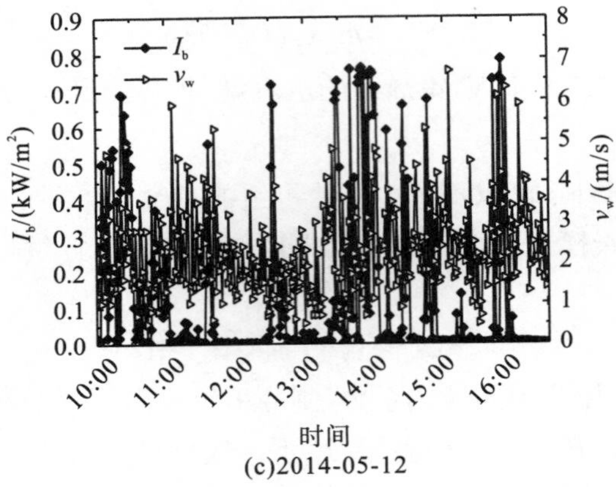

(c)2014-05-12

图 4-46 太阳直辐射和风速随时间的变化

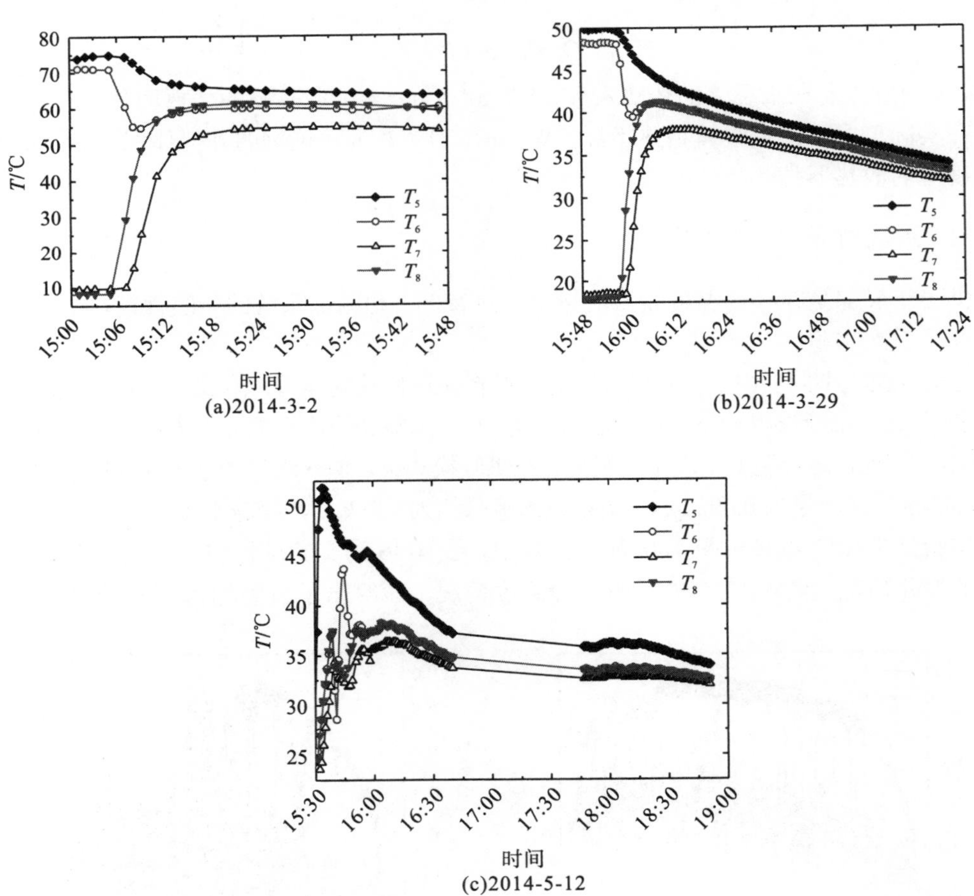

图 4-47 制冷机组在供暖模式下的运行温度

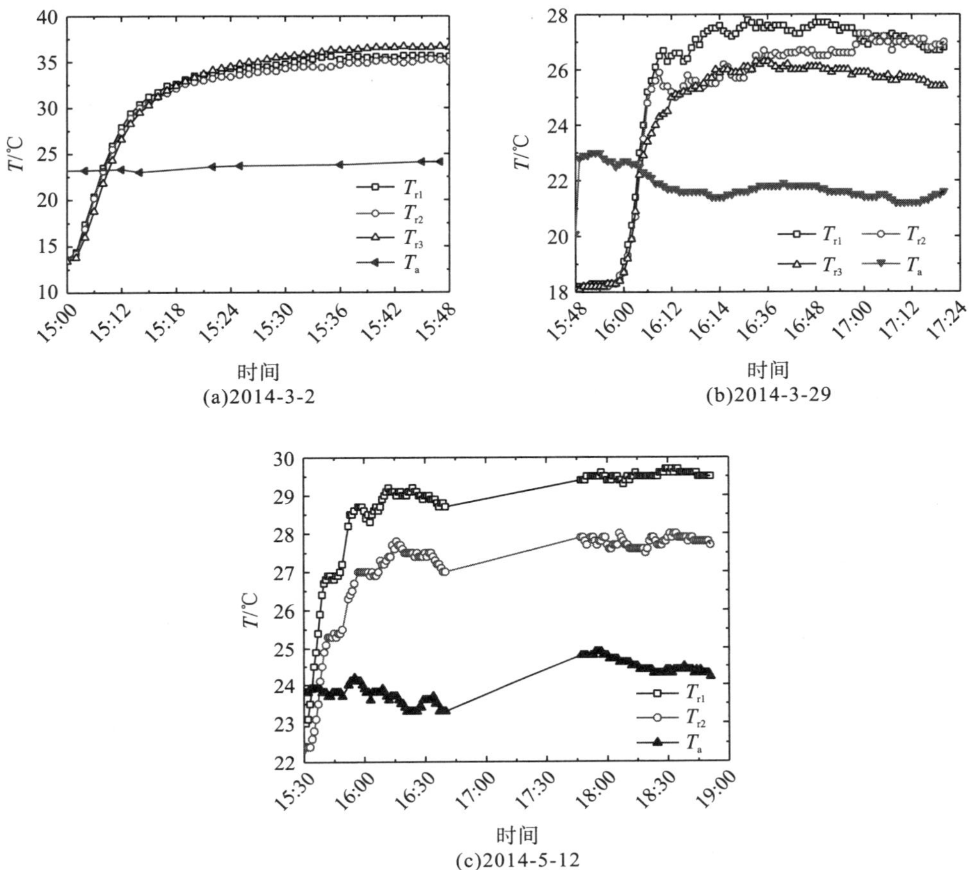

图 4-48　在供暖模式下，室内温度的变化情况

口温度随时间的变化情况，其中 T_5～T_8 的测量位置见图 4-3(只是 T_7 和 T_8 此时为换热器的输出端的进出口温度)。图 4-48 给出了在供暖运行过程中室内温度(空调终端)的变化情况(其中，T_{r1}、T_{r2}、T_{r3} 为室内温度，T_a 为图 4-3 中的 T_{15}，测量楼道的温度)。

表 4-15 为系统在不同天气条件下的得热量。

表 4-15　系统的得热量

实验日期(2014 年)	天气条件	总辐射量 I_i/MJ	得热量 Q_h/MJ	平均得热率
3 月 2 日	晴朗多风	1032	412	0.399
3 月 29 日	多云多风	423	164	0.387
5 月 12 日	多云多风	197	81	0.411

在三次实验中，3 月 2 日和 3 月 29 日的供暖实验是在制冷实验之后开始的，因此，初始时间的室内温度较低(低于环境温度 5～10℃)，环境温度为室外温度；5 月 12 日的实验为多云多风天气，在 14:45～17:45 这一时间段内，温度探头出现故障，无法正常记录数

据。图 4-48 显示，运行温度越高，室内的温度也越高。供暖开始后，在 10min 之内，室内温度上升很快。3 月 2 日的运行温度较高，通往空调终端(室内)的热水温度约为 60℃，室内温度从约 14℃上升至 35℃左右，高于环温约 13℃；3 月 29 日和 5 月 12 日的运行温度较低，在 50℃以下，通往空调终端(室内)的热水温度为 35～40℃，室内温度高于环温 3.5～6℃。系统的平均得热率约为 0.4。

3. 系统制热量与制热面积的匹配关系

由图 4-47 可知，建筑物空调室内的冷负荷与制冷系统负荷的形成过程及组成是非常复杂的。同样，建筑物空调室内的热负荷与供暖系统负荷的形成过程及组成也是非常复杂的。只是，在制冷和供暖过程中，很多换热环节的流量传递方向相反而已。

在分析和计算系统制热量与空调终端面积的匹配关系时，首先要估算集热系统的集热量，可以根据式(4-55)和式(4-56)进行估算；再考虑空调匹数与面积的关系(空调匹数表示空调的制冷量和制热量大小，用字母 P 表示，1P 约为 2500W)。由表 4-16 可知，不同类型的建筑空间的制冷空调负荷指标是不同的。同样，不同类型的建筑空间的制热空调负荷指标也是不同的。对于客房(或普通卧室)的情形，可以参考传统电驱动冷暖挂机的热负荷指标进行搭配，如表 4-16 所示。表中，不同匹数给出的热负荷指标略有不同，在计算时可以取其平均值。例如，对于客房或普通卧室，其热负荷指标可取 355.9～637.8W/m^2，或者取 355.9W/m^2 和 637.8W/m^2 的平均值，即 496.9W/m^2；对于客厅，其热负荷指标可取 368.9～698.9W/m^2，或者取 368.9W/m^2 和 698.9W/m^2 的平均值，即 533.9W/m^2。

表 4-16 空调热负荷指标

建筑空间类型	匹数/P	制热面积/m^2	热负荷 P_{hli}/(W/m^2)
客房或普通卧室	1	8～14	312.5～546.8
	1.3	9～16	361.1～642.0
	1.5	10～18	375.0～675.0
	1.8	12～22	375.0～687.5
客厅	2	13～24	384.6～710.1
	2.5	18～33	347.2～636.6
	3	20～40	375.0～750.0

注：表中的相关数据来自 http：//www.meilele.com/article/bangong/830.html(2014-8-13)。

4. 制热量与制热面积的匹配分析

与制冷量与面积的匹配关系一样，供热过程中的能量交换环节是非常复杂的。因此，很难给出统一标准的空调热负荷指标。但在安装制热空调时，可根据上述给出的参考值来确定制热量与制热面积的匹配关系。与前面的制冷空调相类似，其匹配关系可表示为

$$Q_{\mathrm{p}}-Q_{\mathrm{p,h,loss}}=\sum_{i=1}^{m}n_{\mathrm{h},i}P_{\mathrm{hli},i}A_{\mathrm{h,i}}t_{h,i} \tag{4-60}$$

其中，Q_{h}、$Q_{\mathrm{p,h,loss}}$、m、n_{h}、P_{hli}、A_{h}、t_{h}分别为系统的制热量、机组到各房间的管路总热损、制冷终端空间数量、房间类型(如卧室、会议室等)数量、热负荷指标、房间面积和供热时间。

根据表 4-15 的实验结果，以 3 月 2 日的制冷量(Q_{h}=412MJ)来对n_{h}个 16m^{2}的标准客房进行空调制热。根据上述匹配关系，以 1.5P(即 3.75kW)的制热量匹配 16m^{2}的标准客房来计算，取制热负荷指标P_{hli}=496.9W/m^2。假定当日的采暖时间t_{h}为 8h，在忽略管路热损的情况下，该制冷量可以供热的房间数估算为

$$n_{\mathrm{h}}=\frac{Q_{\mathrm{h}}}{P_{\mathrm{hli}}A_{\mathrm{h}}t_{\mathrm{h}}}=\frac{412}{496.9\times16\times(3600\times8)}=3.24 \tag{4-61}$$

即 412MJ 的制热量大约可以同时为 3 个 16m^{2}的标准客房供暖 8h。

根据前面的分析，系统的得热量可以利用下式来估算：

$$Q_{\mathrm{h}}=I_{\mathrm{i}}\eta_{\mathrm{tc,s}} \tag{4-62}$$

4.9　太阳能吸收制冷空调系统负荷计算示例

暖通空调设备容量的大小主要取决于热负荷、冷负荷、湿负荷的大小。热负荷是为了保持建筑物的热湿环境，在单位时间内需要向房间供应的冷量；相反，为了补偿房间失热在单位时间内需向房间内供应的热量称为热负荷；为了维持房间相对湿度，在单位时间内需从房间除去的湿量称为湿负荷。本节中将对空调系统的冷、热负荷起主要作用的负荷进行模拟计算。

基于云南昆明地区气候条件并结合该地区某企业办公楼会议室建筑围护结构等参数作为模拟计算对象，利用冷热负荷计算软件对该建筑进行冷热负荷模拟计算，根据计算结果进行空调机组以及集热系统的设备选型，并搭建太阳能空调系统的实验平台。

4.9.1　负荷计算对象模型建立

1. 建筑地理位置和室外气象参数

1)建筑地理位置

模拟计算地点：云南省昆明市；
经度：102.68°；纬度：25.02°。

2)夏季室外气象参数

夏季大气压：80820.0Pa；

夏季空调室外计算干球温度：26.2℃；
夏季空调室外计算湿球温度：20.0℃；
夏季空调室外计算日平均温度：22.4℃；
夏季空调室外计算相对湿度：0.68；
夏季空调室外计算平均风速：1.8m/s。

3）冬季室外气象参数

冬季大气压：81350.0Pa；
冬季空调室外空调计算干球温度：3.9℃；
冬季空调通风计算温度：4.9℃；
冬季空调室外空调计算相对湿度：0.72；
冬季空调室外计算平均风速：2.0m/s。

4）地表面温度

地表面年平均温度：17.1℃；
地表面最冷月平均温度：8.7℃；
地表面最热月平均温度：23.0℃。

2. 会议室几何模型建立

该建筑为某企业办公楼四楼主会议室，面积为 100m^2；该建筑外立面有约为 20m^2 的单层透明玻璃窗户，外立窗户面朝向为东偏北 30°，部分窗户可打开，会议室空调系统为卡式两管制风机盘管。会议室平面几何图如图 4-49 所示。

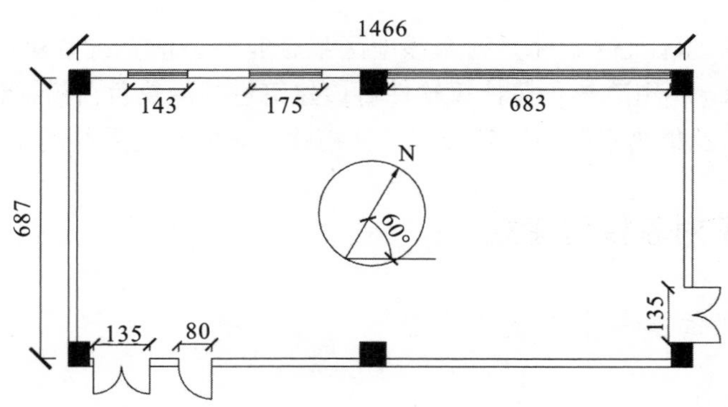

图 4-49　会议室平面几何示意图(单位：cm)

在利用冷热负荷模拟计算软件进行计算时，可以根据该建筑物的实际情况，在模拟软件的材料数据库中选取相应的维护结构参数，使其传热系数满足模拟计算要求。具体参数见表 4-17。

表 4-17 围护结构参数

围护结构	传热系数/[W/(m²·℃)]	围护结构材料
外墙	0.71	混凝土加气混凝土 280
内墙	2.38	240 砖墙
楼板	2.27	钢筋混凝土
地面	0.47	40mm 混凝土
外窗	4.7	单层塑钢
内门	3.35	木框单层实木门

3. 室内负荷计算参数设定

此计算模型房间主要用于公司会议以及接待工作。该办公楼仅有此房间为空调房间，其余房间为非空调房间。围护结构参数在软件材料数据库中调用，如表 4-17 所示。计算建筑最大冷热负荷时，由于人体相对昆明气候条件为热源，夏季选取房间人数为 25 人，冬季为 0 人，其他冷热源设置相同。

会议室房间内夏季空调温度设置为25℃，冬季空调温度设置为20℃，房间通风设置为逐时通风。计算耗冷热量时，当室外新风温度低于室内控制温度时，在房间通风换气能力范围内加大换气次数，通过新风带走室内热量。当达到最大换气次数仍不能满足室内温度要求时，开启空调，取最小换气次数。由于该建筑物为会议室，具有不定时工作的性质，所以空调的作息时间设置为全天都开，通过计算一天时间内最大逐时负荷值来设计空调系统。

4.9.2 空调系统冷热负荷计算

利用建筑冷、热负荷模拟计算软件对昆明气候条件下该会议室冷、热负荷值进行计算。借助鸿业冷热负荷计算软件，在该软件气象参数管理器中调取云南省昆明市典型年气候数据。对会议室的冷负荷进行模拟分析。

1. 冷、热负荷计算依据

1) 外墙及屋面温差传热冷、热负荷

$$CL_q = FK(t_w - t_n) \tag{4-63}$$

$$t_w = (t_{lo} - t_{dl})C_\alpha C_\rho \tag{4-64}$$

式中，CL_q 为屋顶和外墙传热形成的逐时冷、热负荷，W；F 为外墙和屋顶的面积，m²；K 为传热系数，W/(m²·℃)，根据屋顶与外墙的不同结构选用不同的传热系数；t_w 为外墙和屋顶的综合冷负荷计算温度的逐时值，℃，根据外墙和屋顶的不同类型可按式(4-64)计算得到；t_n 为室内空调设计温度，℃；t_{lo} 为外墙和屋顶的冷负荷计算温度的逐时值，℃，根据屋顶和外墙的不同类型选用；C_α 为外表面放热系数修正值；C_ρ 为围护结构外表面日射吸收系数修正值。

式(4-64)中，t_{dl} 为围护结构的地点修正值，℃，见参考文献[25]；如表中不包括所设计地点时，可采用气象条件与之相近的附近地点修正值，或按下式计算：

$$t_{dl} = t'_z - t_z \tag{4-65}$$

式中，t'_z 为昆明地区的日平均室外空气综合温度，℃；t_z 为昆明地区的日平均室内空气综合温度，℃。

2）外窗温差传热冷、热负荷

$$CL_{ch\cdot1}=F_{ch}K_{ch}C_{k1}C_{k2}[(t_{1c}+t_{d2})-t_n] \tag{4-66}$$

式中，$CL_{ch\cdot1}$ 为外窗温差传热形成的逐时冷、热负荷，W；F_{ch} 为外窗窗口面积，m^2；K_{ch} 为外窗传热系数，W/($m^2\cdot$℃)；C_{k1} 为不同类型窗框的外窗传热系数修正值；C_{k2} 为有内遮阳设施时外窗的传热系数修正值；t_{1c} 为外窗的逐时冷负荷计算温度，℃；t_{d2} 为外窗逐时冷负荷计算温度的地点修正值，℃；t_n 为室内设计温度，℃。

太阳辐射透过玻璃窗进入空调房间形成的逐时冷、热负荷，计算公式如下：

$$CL_{ch\cdot2}=C_sC_nC_a[F_1J_{ch\cdot zd}C_{cl\cdot ch}+(F_{ch}-F_1)]J_{sh\cdot zd}C_{(cl\cdot ch)N} \tag{4-67}$$

式中，$CL_{ch\cdot2}$ 为透过玻璃窗进入空调房间或区域的太阳辐射热形成的逐时冷、热负荷，W；C_s 为窗玻璃的遮挡系数；C_n 为窗内遮阳设施的遮阳系数；C_a 为窗的有效面积系数；$C_{cl\cdot ch}$、$C_{(cl\cdot ch)N}$ 为冷负荷系数，其中 $C_{(cl\cdot ch)N}$ 为北向冷、热负荷系数；F_1 为窗上受太阳直接照射的面积，m^2；F_{ch} 为外窗面积(包括窗框，即窗的墙洞面积)，m^2；$J_{ch\cdot zd}$ 为透过标准窗玻璃的太阳总辐射照度，W/m^2；$J_{sh\cdot zd}$ 为透过标准窗玻璃的太阳散射辐射照度，W/m^2。

3）人体散热冷、热负荷

人体散热形成的冷负荷与散湿量计算公式如下：

$$CL_r=n(q_1C_{d\cdot r}+q_2)C_r \tag{4-68}$$

$$W_r=nWC_r \tag{4-69}$$

式中，CL_r 为人体散热引起的冷、热负荷，W；n 为空气调节房内的人数，人；q_1 为每个人散发的显热量，W；q_2 为每个人散发的潜热量，W；$C_{d\cdot r}$ 为人体显热散热冷负荷系数，该系数取决于人员在室内停留的时间，即进入室内时算起至计算时刻的时间，对于人员密集的场所，如电影院、剧场、会场、体育馆等，由于人体对围护结构和室内家具的辐射量相应减少，可取 $C_{d\cdot r}$=1，若在全天 24h 内室温不能保持恒定(如夜间停止使用供冷系统)，可取 $C_{d\cdot r}$=1；C_r 为群集系数；W_r 为人体的散湿量，kg/h；W 为每个人的散湿量，g/h；式中所示数值适用于成年男子，成年女子的散热量和散湿量为成年男子对应数值的 85%，儿童为成年男子的 75%。

4）照明散热冷、热负荷

照明散热形成的冷负荷计算公式如下：

$$CL_1=Nn_1C_{cl\cdot1} \tag{4-70}$$

式中，CL_1 为照明散热形成的冷负荷，W；N 为白炽灯的功率，W；n_1 为灯具的同时使用系数，即逐时使用功率与安装功率的比例；$C_{cl\cdot1}$ 为照明散热形成的冷负荷系数，根据灯具类型和安装情况，按照不同的空调设备运行时间和开灯时间及开灯后的小时数取用。

新风负荷计算公式如下：

$$CL = \rho_{空气} G_w \frac{i_n - i_w}{3600} \tag{4-71}$$

式中，$\rho_{空气}$ 为空气密度，kg/m^3；G_w 为空气流量，m^3/h；i_n 为夏季空调室内状态点焓值，kJ/kg；i_w 为夏季空调室外状态点焓值，kJ/kg。

2. 会议室负荷模拟

在冷热负荷计算软件气象参数管理器中调取云南省昆明市典型年气候数据，由统计结果可以看出，昆明市地区最热月为 6 月与 7 月，最冷月为 12 月，由于 6 月(20.1℃)平均气温略高于 7 月(20℃)，所以选择 6 月与 12 月作为基准(6 月为最热月，12 月为最冷月)。其典型年各月平均温度变化如图 4-50 所示。

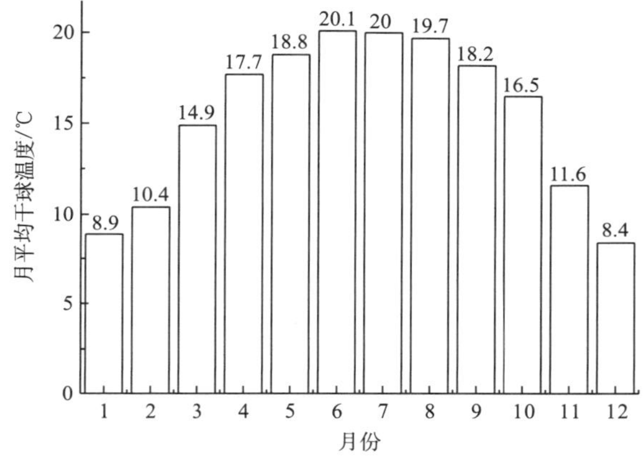

图 4-50　昆明地区典型年每月平均温度变化图

昆明地区最热月、最冷月逐日最高温度、最低温度变化趋势如图 4-51 所示。从该曲线图可以看出，该地区逐日最高温度、最低温度出现在 6 月 14 日与 12 月 25 日，故选择 6 月 14 日与 12 月 25 日为典型日。其室外逐时温度变化曲线如图 4-52 所示。由图可以看出，在典型日内，室外较高温度段出现在 14:00～18:00 时间段，其最高温度出现在 16:00(干球温度为 28.8℃)。

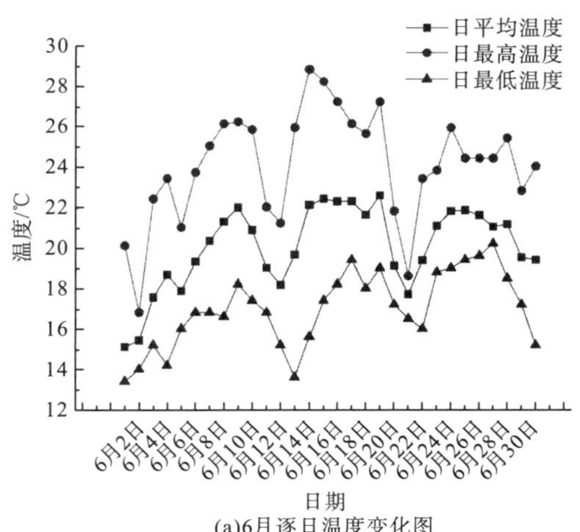

(a)6月逐日温度变化图

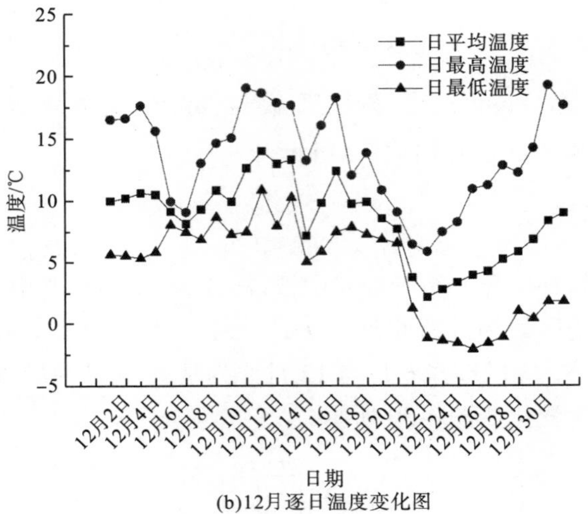

(b)12月逐日温度变化图

图 4-51　典型月份逐日温度变化图

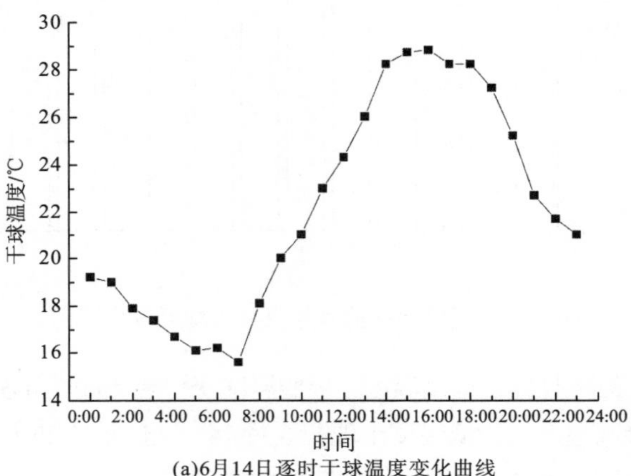

(a)6月14日逐时干球温度变化曲线

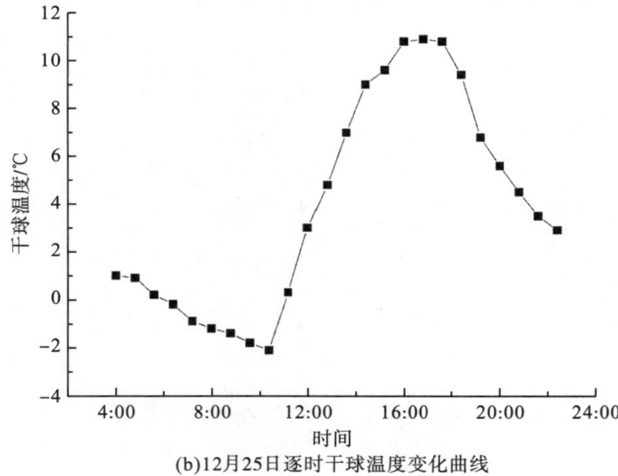

(b)12月25日逐时干球温度变化曲线

图 4-52　典型日逐时干球温度变化曲线

从图 4-52(a)可以看出，昆明地区典型日下午时段室外温度都在 25℃以上，由热工分区可知昆明地区属于夏热冬冷地区，室外温度一般在 6:00～7:00 为全天的最低值，而 14:00～18:00 温度达到全天的最高值，16:00 温度最高为 28.8℃。图 4-52(b)中，最低温度出现在 8:00，最低温度为−2.1℃。

以 6 月 14 日的室外干球温度变化为基准，计算该地区某公司办公楼会议室的逐时太阳总辐射强度和逐时冷负荷，其统计结果见表 4-18，同时也可以将全天的太阳辐射强度和冷负荷的趋势在图 4-53 和图 4-54 中表示出来。

表 4-18　昆明地区某公司会议室室外温度、冷负荷以及太阳辐射强度统计表

时刻	室外干球温度/℃	太阳总辐射/(W/m^2)	冷负荷/W
0:00	19.2	0.00	4808
1:00	19.0	0.00	4735
2:00	17.9	0.00	4663
3:00	17.4	0.00	4612
4:00	16.7	0.00	4517
5:00	16.1	0.00	4539
6:00	16.2	0.00	4567
7:00	15.6	25.00	4735
8:00	18.1	180.56	4984
9:00	20.0	391.67	5221
10:00	21.0	611.11	5460
11:00	23.0	800.00	5668
12:00	24.3	933.33	5826
13:00	26.0	988.89	6273
14:00	28.2	1000.00	6936
15:00	28.7	947.22	7801
16:00	28.8	825.00	8712
17:00	28.2	630.56	9299
18:00	28.2	405.56	9263
19:00	27.2	108.33	5354
20:00	25.2	19.44	5178
21:00	22.7	0.00	5056
22:00	21.7	0.00	4932
23:00	21.0	0.00	4910

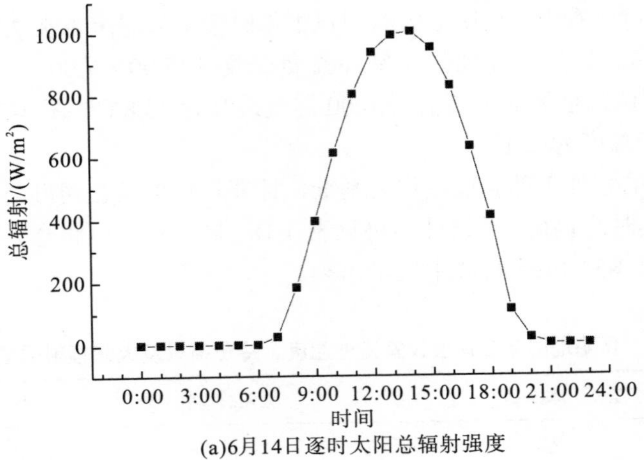

(a)6月14日逐时太阳总辐射强度

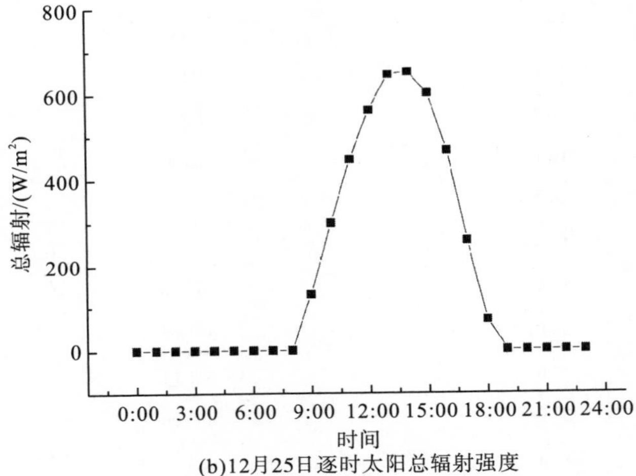

(b)12月25日逐时太阳总辐射强度

图 4-53 典型日逐时太阳总辐射强度

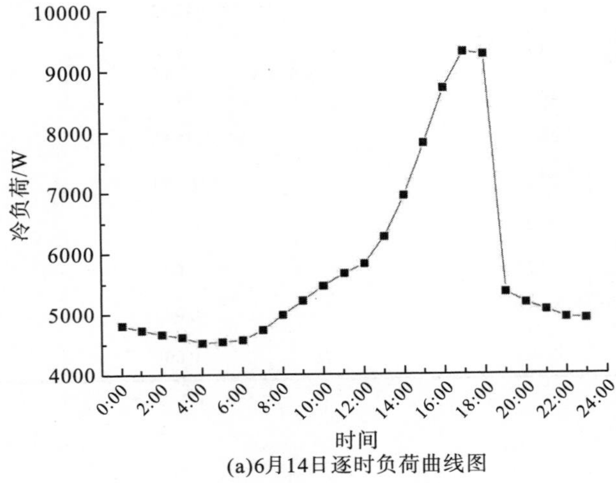

(a)6月14日逐时负荷曲线图

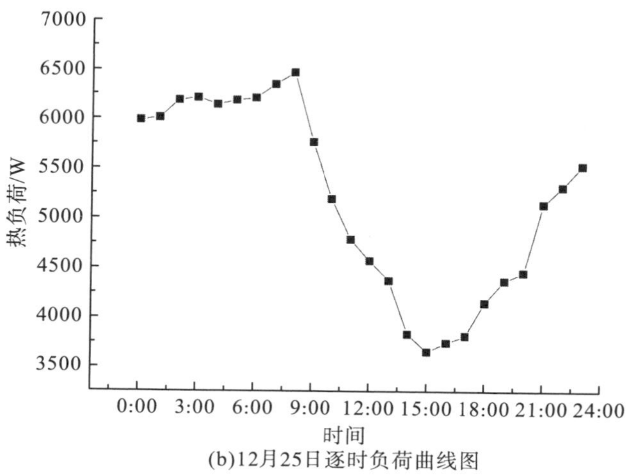

(b)12月25日逐时负荷曲线图

图 4-54　典型日逐时负荷曲线图

由于人相对于会议室是发热源，在计算夏季空调最大冷负荷时取会议室人数为 25 人，而在计算冬季空调最大热负荷时会议室人数取值为 0。从图 4-53 可以看出，昆明地区太阳辐射强度在 12:00～16:00 达到一天的峰值。而从图 4-54 可以看出，该会议室(面积为 $100m^2$)这段时间的冷负荷值也开始逐渐升高，到 17:00 达到夏季空调冷负荷最大值 9299W，这是由于白天的这一时间段太阳辐射强烈，造成室内温度有所升高，所需的空调负荷也会相应地增大。到夜间虽然没有太阳辐射，但由于人员密集，灯光和设备等因素的影响，也会造成对空调负荷的影响，只是负荷值相较白天低。而冬季的空调热负荷与夏季空调冷负荷则相反，太阳辐照度与空调热负荷呈负相关关系，冬季空调热负荷白天比晚上要高，该会议室冬季最大空调热负荷值为 6472W，单位面积最大热负荷值为 $64.72W/m^2$。

4.10　本 章 小 结

本章首先讲述了太阳能吸收制冷的相关基础理论，构建了采用槽式聚光器驱动的单效溴化锂吸收制冷系统，对驱动热源装置的性能进行了理论分析和实验研究，对所构建的太阳能吸收制冷系统的制冷与供暖性能进行了模拟计算与实验研究，以期对太阳能吸收制冷的产业化推广使用提供参考。

本章所研究的太阳能单效溴化锂吸收制冷系统，系统的初投资主要包括热水型单效溴化锂吸收空调机组、太阳能槽式聚光集热器及蓄热水箱、室内风机盘管等部件。与太阳能吸附制冷系统相比较，太阳能吸收制冷系统具有较高的制冷性能，但系统要求的驱动热源的温度高于吸附制冷系统，由于目前太阳能槽式聚光集热器的价格过高，系统的初期投资成本过大，尤其是前端的集热装置需要较大的投入，因此降低太阳能槽式聚光集热器的价格或者寻找其他廉价高效的太阳能集热器是太阳能吸收空调系统较好的出路。但从长远发展来看，采用太阳能集热驱动的吸收空调系统显著地减少了有害气体以及碳排放量，所带来的社会效益以及环境效益是巨大的。

通过第 2 章、第 3 章对太阳能吸附制冷系统的理论计算与实验研究及第 4 章对太阳能吸收制冷系统的研究，我们可以看出利用太阳能光热驱动的两大类制冷系统有如下特点。

(1) 太阳能吸附制冷系统的设计相对简单，吸附工质对可以与集热器设计为一体，有利于集热温度的提升。但吸附集热器的传热能力需要通过增加传热翅片、固化吸附工质等多种方法来提升，且传质能力需通过增加管道泵改变传质能力、改善传质通道等方法实现。另外，随着吸附制冷功率的增加，吸附床制作工艺将更复杂、系统体积更庞大，特别是真空系统的保障在实际运行过程中难以长期维持，对太阳能吸附式制冷系统是一个较大的问题。再者，太阳云层的波动性及太阳能辐射强度的大小对于太阳能吸附制冷系统而言，依然是太阳能吸附制冷系统效率提升的一大障碍。这使太阳能吸附制冷系统在实用过程中的稳定性及保障率受到巨大的影响。同时，太阳能吸附制冷系统在夏天可以进行制冷，但在冬季时装备的闲置率会使投资回报率大大降低。这些因素均是影响太阳能吸附制冷实用化的关键因素，在今后的研究中仍需要从吸附材料性能提升、装置优化、灵敏度、循环可靠等方面继续开展理论研究及实验验证。

(2) 太阳能吸收制冷在太阳能制冷过程中，经历时间较长、示范项目较多、研究关注度较高，多个国家的研究人员至今依然在积极探索，并不断用计算机进行模拟优化以期使之实用化。太阳能吸收制冷可在夏天用集热器热水驱动吸收制冷机，并在冬天用热水直接进行供暖，系统装置的利用率较高，且集热装置与制冷装置分开，因此在制冷功率增大时分系统设计较为容易操作与控制。但系统效率的提升依赖于集热系统驱动热源的提升。传统平板集热器及真空管集热器很难运行于高温热水环境下连续提供驱动热源，往往采用聚光装置，通常采用 CPC 集热器，甚至很多研究采用槽式跟踪聚光装置进行集热，这样可保证吸收制冷机高效工作，但这会导致集热装置成本过高、控制运行相对复杂、投资回报率低等。特别是采用双效制冷时高温需求对系统的集热要求会使成本过高。因此选择成本较低、运行稳定且合适的集热系统与吸收制冷进行高效匹配仍是太阳能吸收制冷走向商业化的关键所在。

(3) 太阳能光热制冷系统由于受到太阳辐射能量功率密度及太阳辐射云层的影响，将会严重制约其性能稳定性及功率输出恒定性。因此，多能互补保障太阳能光热制冷热源十分重要，如采用生物能源、化石能源燃烧以提供太阳能不足时的能源份额，采用热能储能方式保障制冷系统连续运行，采用冷热联供或冷热电联供等多能互补的方式，这些方式将成为太阳能光热制冷有效利用的途径，但必须考虑成本的核算才会具有商业价值，从而推向民用。

(4) 随着光伏发电成本的下降及推广普及，太阳能光伏制冷将提供另外一条可行的可再生能源制冷途径，这部分内容将在后续章节中介绍。其余的太阳能制冷，如热电制冷、太阳能喷射制冷等可查阅相关文献。

第 5 章　太阳能光伏制冷

5.1　概　　述

太阳能光伏制冷不仅包含了采用太阳能光伏阵列发电驱动蒸汽压缩式制冷，还包括了新型的太阳能光伏半导体制冷、热声制冷及磁致制冷。现阶段制冷效率较低且技术有待完善的半导体制冷、热声制冷及磁致制冷的产业化发展及规模化利用仍受到一定制约。因此本章主要介绍的太阳能光伏制冷是采用太阳能光伏发电驱动制冷效率高、结构简单紧凑、技术成熟的蒸汽压缩式制冷。

5.1.1　太阳能光伏制冷现状与前景

众所周知，太阳能光伏发电将太阳能转化为高品位电能，可直接用于驱动工农业生产设备及人们日常生活中的各种电器，具有广阔的发展前景，因此被认为是全球优先发展的可再生能源之一。太阳能光伏发电在可再生能源利用中的占比逐年增加，图 5-1 给出了全球可再生能源增长情况。

截至 2022 年底，全球可再生能源累计装机 3652.2GW，由图 5-1 可以看出，2022 年新增装机 333.5GW，同比增长 11.8%。2022 年可再生能源增长最快的是光伏，光伏增长高达 34.7%，全球光伏发电年装机容量如图 5-2 所示。实现光伏发电快速增长的主要原因是大幅度的成本削减，从 2010 年到 2022 年，光伏发电成本下降 81%。

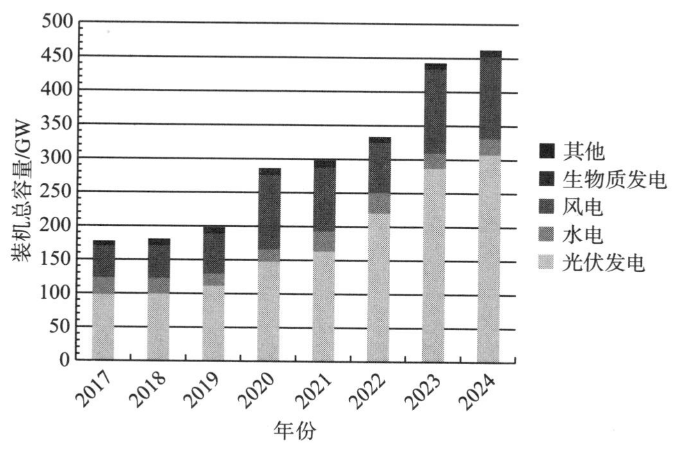

图 5-1　2008～2017 年全球可再生能源装机容量(数据来源于国际能源署)

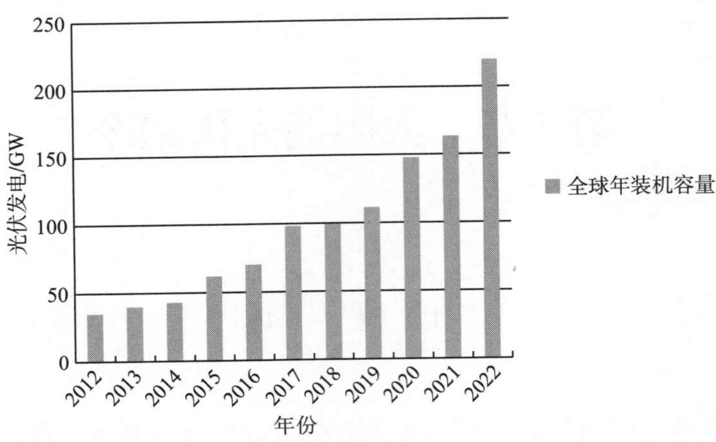

图 5-2 全球光伏发电年装机容量(数据来源于国家能源署)

目前，光伏产量及光伏电池转化效率不断增加，光伏组件成本逐年降低。《2015 中国新能源发电分析报告》显示，2009～2014 年全球光伏组件成本下降了 75%，全球大型光伏电站平均度电成本从 2010 年的 1.97 元/(kW·h)下降到 2014 年的 0.98 元/(kW·h)，度电成本减少了约 50%，其中分布式光伏电站度电成本减少幅度超过 60%。与此同时，光伏组件光电转化效率逐年提高，2015 年多晶硅与单晶硅组件的光电效率分别提高到了 18.7%和 20.4%。因此，随着太阳能光伏技术的发展，太阳能光伏发电成本终将降到与化石燃料发电成本相当的水准。更重要的是，随着光伏发电的普及，全球温室气体的排放量也将逐年减少。国际能源组织预测，到 2050 年，全球光伏发电的 CO_2 累计减排量将达到 40 亿吨。全球光伏发电 CO_2 减排量如图 5-3 所示。

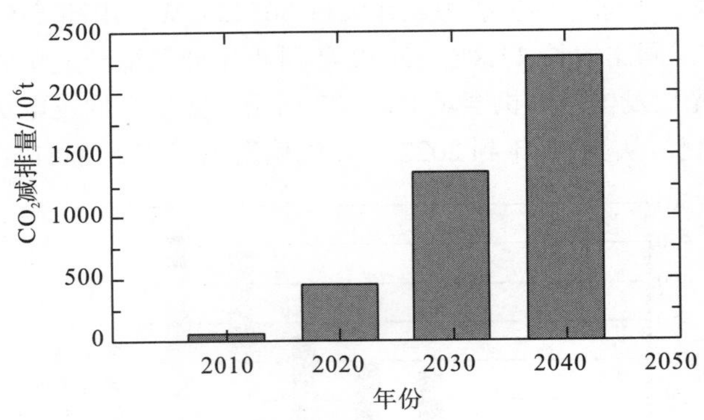

图 5-3 全球光伏发电 CO_2 减排量

数据来源：Renewable 2013 Global Status Report

综上所述，随着光伏组件成本的有效降低及光电转换效率的提高，光伏发电在未来能源结构中占有重要的地位。因此，太阳能光伏制冷的研究近年来呈现出较好的发展态势。

1834 年，第一台蒸汽压缩式制冷系统研制成功，推动世界经济快速发展，极大地提高了人们的生活水平。近年来，随着光伏技术的发展与进步，国内外学者们对采用太阳能光伏驱动的蒸汽压缩式制冷系统开展了大量的研究工作，研究的对象主要有太阳能光伏冰箱和太阳能光伏空调，为解决太阳能间歇性带来的影响，还将蓄能系统与光伏制冷相结合，提出了光伏直驱与冰蓄冷的耦合技术。

5.1.2　太阳能光伏冰箱研究现状

电冰箱是人们家庭生活中必备的家用电器，因此较多学者对光伏能源驱动电冰箱的性能开展了研究工作。Enibe[28]提出了采用光伏能源驱动电冰箱的可能性。1996 年 Kattakayam 和 Srinivasan[29]研究了一台 100W 交流冰箱的性能，压缩机型号为 R-12，采用光伏组件驱动，配有蓄电池和逆变器等装置，研究结果表明，系统运行后减少了 25%～30%的能量消耗。2000 年 Kattakayam 和 Srinivasan[30]对冰箱的制冷、回温、稳态和制冰特性进行了详细的实验研究和分析，也给出了系统效率，同时还对冰箱负载变化及开门次数对制冰性能的影响情况进行了研究。2011 年土耳其的 Bilgili[31]采用模拟与实验相结合的方式分析了不同蒸发器温度下的光伏冰箱性能。当蒸发器温度为 10℃时，制冷系数为 4.37～6.24；当蒸发器温度为-10℃时，冰箱的制冷系数为 2.20～2.85。学者还对光伏冰箱在不同环境温度及不同工况下的运行特性通过模拟计算与实验测试进行了研究[32-35]。众多研究结果表明，冰箱系统与光伏输出能源匹配较好，但系统制冷效率有待提高，因此系统结构优化及系统部件间的能量匹配耦合成为研究重点。

为提升光伏冰箱系统性能，Kattakayam 和 Srinivasan[29]对采用光伏驱动的家用冰箱的热性能进行了分析研究。文中给出的能量流向图表明，只有 10.5%的太阳能由光伏组件转化为电能，89.5%的能量耗散到大气环境中。转化为电能的能量中蓄电池消耗 10.5%的能量，逆变器消耗 22%的能量，控制器消耗 4%的能量，压缩机马达消耗 20%的能量，只有 44.74%的能量传递给冰箱的蒸发器。该文献的研究工作为光伏冰箱部件与结构的优化提供了重要参考。

在光伏冰箱系统结构优化上，1999 年 Toure 和 Fassimou[36]为减少储存过程中的能量损失，设计了含有三个储物格的光伏冰箱，通过自动化控制优化了各个储物空间的冷量分配。2004 年 Kaplanis 和 Papanastasiou[37]对直流光伏冰箱的变频压缩机性能进行了分析及优化，文中首次将线缆损失纳入系统损失，并对各部件间的线缆长度进行了优化，还通过分析系统性能，优化了系统结构，以减少系统热损失。

为优化光伏冰箱系统部件间的能量匹配关系，2001 年泰国的 Sukamongkol 等[38]对变电流负载的光伏组件系统性能进行了动态模拟预测，且构建了实验平台进行验证，模拟结果与实测数据吻合较好。系统部件的能量传递及匹配耦合的研究结果为系统部件间的能源转化传递的匹配优化提供了较好的参考。Mba 等[39]则采用 MATLAB 软件对光伏制冰系统运行过程进行仿真研究，并分析了系统在不同光伏组件条件下的运行特性，优化了系统部件间的能量供需关系。

为提升光伏冰箱系统运行的稳定性和普适性，Aktacir[40]设计了一种多功能光伏冰箱，通过实验研究了系统运行工况，当室内外平均温度分别为 26.3℃和 24.9℃时冰箱最低温度可达-10.6℃，且该光伏冰箱在不同地区均可稳定运行。Tina 等[41]设计了一种监控和管理偏远地区光伏冰箱系统的软件，可实时监测系统运行状况，记录数据自动反馈到终端，对光伏冰箱系统运行状况进行评估，为系统优化与稳定运行提供参考依据。

国内南昌大学的曹娟华等[42]提出光伏制冷技术关键问题是提高光伏组件光电转换效率、系统能量优化、系统运行有效控制及优化匹配三个方面。上海交通大学的刘群生等[43，44]对太阳能光伏直流冰箱系统的能量管理和系统匹配等问题进行了深入研究分析，给出了太阳光伏直流冰箱系统的优化策略。北京工业大学的刘忠宝等[45]对太阳能光伏直流有、无冰蓄冷的冰箱进行了对比实验研究，得出带冰蓄冷的冰箱较常规冰箱有较大优势的结论。广东工业大学的陈观生等[44，45]从经济性、可靠性、价格等方面对太阳能光伏冰箱与太阳能吸附冰箱进行比较，结果表明，太阳能光伏冰箱节能明显，制冷效率更高。

5.1.3 太阳能光伏空调研究现状

空调系统也是改善人们生活居住条件的重要电器，与冰箱工作原理相同，均采用蒸汽压缩机压缩制冷剂达到制冷的目的。相比于冰箱-30～0℃的制冷温度，空调制冷温度通常维持在 4～10℃，因此空调具有较高的制冷效率。

1994 年美国的 Parker 和 Dunlop[48]研究了住宅用并网光伏空调系统，采用模拟比较分析方法对基本建筑和节能建筑进行研究。研究结果表明，强化建筑本身的节能性要比扩大光伏阵列规模更加省钱，还提出分时电价有利于光伏空调系统的推广发展。2001 年 Green 等[49]分析了太阳能光伏空调的优势和不足，优势为该系统可利用市场上的成熟产品组合而成，且各部件均为成熟的技术，系统 COP 可达 0.56。2007 年埃及的 Naser 和 Shaltout[50]对光伏空调系统的投资成本提出了一个优化方案，采用限制空调电机的电流和使用最大功率跟踪功能减少光伏组件数量，进而降低初始投资成本，并通过优化空调电机转速降低运行成本。在 2010 年和 2013 年泰国学者[51，52]对小型热电空调的性能进行研究，系统制冷性能与经济性能均较好。为确保空调供冷品质，2009 年中国的 Huang 和 Tuan[53]对空调节能机理进行了数值计算分析。采用流体力学计算(computational fluid dynamic，CFD)软件建立了模型，使空调进风口的最佳速率为 0.3m/s，最佳出口压力为 2Pa，出风口离天花板的最佳距离为 0.5m。2014 年 Fan 和 Ito[54]还对空调运行过程中室内环境的空气进行了模拟分析。2015 年 Castellanos 等[55]设计了一种离网型光伏能源系统以满足居民的制冷供暖需求。同年，Rabhi 等[56]则将除湿与太阳能光伏空调相结合，取得了较好的制冷效率。2015 年，Balaji 等[57]为提高空调制冷性能，对空调结构进行优化，将空调部件效率提升了 31%。为解决光伏驱动空调系统的技术难题，学者还对采用光伏并网驱动空调系统运行[58-60]及空调系统的压缩机结构优化进行了研究[61]。

国内上海交通大学制冷与低温工程研究所对光伏空调系统进行了实验测试研究[62，63]；合肥工业大学的茆美琴对光伏空调及其制冷技术进行了研究，优化配置了光伏空调系统各参量，并对电池阵列最佳倾角进行优化，还对光伏空调系统的驱动技术进行了研究分析，研究结果表明，采用两相驱动技术可实现单相交流电动机的变频调速，采用脉宽调制技术大大改善了电机的运行性能，提出了光伏空调系统各参量的优化配置方法[64，65]。1996 年广东工业大学进行了并网空调系统的研究。结果表明，在晴天少云时，太阳能发电系统可为空调系统提供 30%的电能[66]。还有学者对光伏并网系统及光伏离网系统的运行特性进行了对比分析并提出了优化控制策略[67-69]。

5.1.4 光伏直驱制冷系统研究现状

因为太阳能具有间歇性，在太阳能光伏制冷系统中，为确保输出电能的稳定性，需要能量储存设施来弥补太阳能间歇性的不足。可采用光伏+电网联合供能及光伏+蓄电池复合能源系统两种方式确保电能输出的稳定性。受限于光伏并网的技术与政策，第一种方式适合大型集中供冷系统，而户用光伏冰箱与户用空调则通常采用蓄电池维持电能稳定。因此，市面上 85%以上的光伏制冷系统采用光伏+蓄电池复合供能模式，即在 Boost 升压电路后接上蓄电池用于稳定直流母线电压。但蓄电池的寿命及环保问题是光伏制冷系统规模化与产业化应用的瓶颈。因为蓄电池使用寿命只有 3～5 年，在光伏制冷系统 15～20 年的生命周期内需要更换蓄电池 3～5 次，且蓄电池价格较高，因此在整个系统的投资运行成本中，蓄电池的成本占比较大。2009 年 Modi 等[70]采用 RETScreen 4 模拟计算了印度斋浦尔(Jaipur)地区光伏冰箱的经济性能。计算条件如下：压缩机每天工作 15h，每周工作 7 天；光伏组件和蓄电池的生命周期分别为 24 年和 5 年，蓄电池和逆变器的工作效率分别为 80%和 90%，蓄电池的最大放电深度为 65%，温室气体排放年限为 21 年。结果表明，如果不采用碳排放方法计算，系统不具有经济性能。

2000 年突尼斯的 Cherif 等[71]动态模拟了不带蓄电池的交流压缩机的光伏冰箱，他们对该冰箱在不同天气条件时的性能进行了分析对比，还分析了系统在变负载情况时光伏组件供能的可靠性，最后与采用蓄电池的传统光伏冰箱进行了对比分析。系统采用了带最大功率点跟踪(maximum power point tracking，MPPT)的 DC/DC 控制器，确保光伏组件工作在最大功率点，采用脉宽调制(pulse width modulation，PWM)的 DC/AC 逆变器控制和优化各个部件。通过分析还可以看出，当光伏组件功率为 200W，负载为 1000(W·h)/d，每年需要的能量为 179kW·h，可存储的能量为 115kW·h，满足率为 87%。

基于环保优先与经济可行，2007 年希腊的 Axaopoulos 等[72]率先尝试摒弃蓄电池、控制器和逆变器，直接采用光伏组件驱动直流变速制冰机，采用新型控制器控制四个 Danfoss BD35F-Solar 直流变频压缩机并联工作。采用复合压缩机系统可大大降低压缩机启动的功率，降低压缩机的辐照度阈值下限。采用具有最大功率点控制策略的控制器，提高了系统效率，光伏组件实际转化效率为 9.2%，压缩机的太阳能辐照度阈值下限由至少 400W/m^2 下降到 150W/m^2。采用峰值功率为 440W$_p$ 的直流变频压缩机后，单天最大制冰量为 17kg。

5.1.5 冰蓄冷空调系统研究现状

当压缩机采用变频技术后，制冷系统可以摒弃蓄电池直接工作在光伏能源系统下，不仅减少系统投资运行成本，还保护了环境。但在光伏制冷系统中，蓄电池还具备储能功能，用于储存光伏组件驱动制冷系统后的剩余电量。若不采用储能装置，则导致太阳能利用不完全，浪费资源。因此为确保太阳资源的充分利用，在光伏制冷系统中可采用其他能量储存的方式替代蓄电池储存太阳能。美国 SOLUS 制冷公司研制出一种光伏直流冰箱，采用水-丙烯/乙二醇相变材料替代蓄电池进行蓄冷，减轻系统重量，测试结果表明，当环境平均温度为32℃时，冰箱内温度仍能稳定保持在 1.4℃左右[73]。2012 年 Laidi 等[74]在光伏冰箱研究过程中，将原有冰箱的蒸发器改为共晶蒸发器 AC15（装有 2.1L 10%乙二醇和 90%水的共晶盐）储能，可有效解决原厂蒸发器结霜而降低冰箱性能的问题，最小蒸发器温度为-22℃，平均 COP 为 4.84。

在相变储能技术中，冰蓄冷技术成熟且价格低廉，被大规模应用于空调制冷领域，对电力系统起到“移峰填谷”作用。大型建筑采用冰蓄冷空调后，可转移 50%的峰值电力负荷，且运行费用只有吸收式制冷系统的 1/3[75]。Chief 和 Dhouib[71]采用潜热值较高的水进行蓄冷，较大程度上减少了成本。Blas 等[33]采用同种储能方式对牛奶进行保鲜，2007 年 Eltawil 和 Samuel[76]采用了同种方式对马铃薯进行保鲜存储。此外，冰蓄冷也被用于鲜鱼保鲜[77-79]。由于冰蓄冷空调系统具有较好的应用前景，因此，冰蓄冷空调系统运行过程中的能量和㶲效率也被广泛地研究[80, 81]。研究结果表明，采用冰蓄冷空调系统可减少电能消耗。此外，冰蓄冷空调系统的经济性能与投资回报期也被广泛研究[82-85]。冰蓄冷空调系统的运行策略分为部分蓄冷策略和全蓄冷策略[86, 87]，部分蓄冷策略是利用晚上谷电制取部分冷量，白天供冷高峰期则利用制冷机组与蓄冷装置联合供应冷负荷需求；全蓄冷策略则是白天的冷负荷完全由晚上谷电制取的蓄冷冰供应，制冷机组晚上工作，白天停机。

5.1.6 光伏空调系统与冰蓄冷空调系统应用现状

现今，光伏空调系统已步入产业化推广与商品化生产阶段。1991 年三洋公司成功研制出无逆流并网光伏空调系统。美国 Solar Panels Plus 公司则推出太阳能光伏组件+蓄电池复合能源系统驱动的直流变频空调。系统光伏组件功率为 0.8kW，蓄电池容量为 225～395A·h，最大制冷能力为 5.2kW，最大制热能力为 6.0kW。

2010 年 12 月 8 日，珠海格力电器公司推出我国首台自主研发的太阳能变频空调，空调额定功率为 1.5P，适合一般家庭使用，采用有逆流并网技术，空调不使用时，可将太阳能光伏组件发出的电能并入城市电网。该公司又于 2014 年推出新型光伏双机并联增焓多联式空调系统。2010 年 12 月 10 日，美的公司也发布了一款无逆流并网光伏空调，该空调采用“直流供电准并网技术”，即空调采用直流电驱动，在中国市场正式推出[88]。

相比光伏空调，冰蓄冷空调系统产业化发展较早，且已大规模商业化应用。截至 2012 年底，我国已建成冰蓄冷及水蓄冷空调项目 980 个，以冰蓄冷项目为主，其中冰蓄冷项目 802 个，水蓄冷项目 178 个[89]。表 5-1 给出了国内 17 个典型的冰蓄冷空调项目及蓄冰技术。

表 5-1 国内典型冰蓄冷项目与蓄冰设备[90]

序号	项目名称	建筑面积/m^2	蓄冷量/RTh	蓄冰设备
1	嘉兴华庭街主力百货地下超市	20000	6125	美国 Paul Mueller 片冰机
2	杭州建设银行（银泰广场）	31000	2820	美国 BAC-TSU-594MS 型

续表

序号	项目名称	建筑面积/m^2	蓄冷量/RTh	蓄冰设备
3	西北电力集团公司调度通讯楼	35000	3564	美国 BAC-TSU-594MS 型
4	上海浦东国际儿童医学中心	40000	4500	美国 BAC-TSC-300M 型
5	中央电视台音像资料馆	45000	3564	美国 BAC-TSC-297M 型
6	西安咸阳国际机场候机楼	52000	13680	美国 BAC-TSC-380M 型
7	四川邮政管网中心大楼	56730	7616	美国 BAC-TSC-238M 型
8	国家电力调度中心	80000	7120	美国 BAC-TSU-972M 型
9	上海东华大学	94000	6536	美国 Paul Mueller 片冰机
10	上海科技城	96000	9240	美国 BAC-TSU-920MS 型
11	浙江金华时代广场	140000	11880	法国 CIAT 冰球
12	北京中石化办公用房	173035	18240	美国 BAC-TSC-380 型
13	上海中凯城市之光	240000	6840	美国 BAC-TSC-380M 型
14	中国中央电视台新台	550000	22800	美国 BAC-TSC-950S 型
15	北京中关村西区区域供冷	900000	28560	美国 BAC-TSC-306S 型
16	广州大学城	7240000	252000	美国 BAC-TSC-7121MFS 型

5.1.7　小结

经国内外学者多年持续研究，太阳能光伏制冷在产品结构、系统运行效率和制冷性能方面不断获得改进和发展，且光伏制冷研究已取得较好的成果并走上了产业化的发展道路。但太阳能间歇性这个核心问题仍然困扰着光伏制冷的研究与应用。为解决这个难题，现阶段主要采取并网发电和蓄电池辅助两种办法来确保光伏组件输出电能的稳定性。但是采取的并网发电和蓄电池辅助的办法都有局限性，主要体现在以下两个方面。

(1) 光伏+并网模式驱动制冷系统是依靠电网容量来消除太阳能的波动与间歇性对光伏阵列输出电能的影响。目前并网技术已十分成熟，在电网大容量的包容下，制冷系统能稳定可靠运行。但由于光伏阵列输出的电能具有很大的波动性，接入电网后对电网的电能势必造成一定的冲击，因此从电力安全角度考虑，目前电网还不允许数量众多的小型分布式光伏电站接入。因此采用并网蓄能驱动制冷系统的模式受限于电网接纳程度。

(2) 光伏+蓄电池模式驱动制冷系统是利用蓄电池维持光伏阵列输出电能的稳定性并储存光伏阵列产生的剩余电能。目前，光伏发电、蓄电池储能及蒸汽压缩机制冷均属于十分成熟的技术，市面上大部分的光伏空调均采用此种模式。配备蓄电池后，增加了系统设计制造的复杂性及投资和维护成本，在经济性方面无法与市电驱动的空调相比，但适用于无电网且炎热的沙漠、孤岛和河谷等特殊区域。蓄电池成本过高，生命周期短及污染环境等问题也制约了光伏空调的发展。

随着全球能源紧缺，在环境保护的主旨下，光伏发电势必会在未来世界能源结构中占有重要地位，因此光伏制冷也将是制冷领域的重要组成部分。解决目前光伏制冷储能难这一技术难题将成为光伏制冷研究工作的首要任务。由此，本书提出采用技术成熟且价格低廉的冰蓄冷储存能量，该技术能同时解决太阳能的波动性与间歇性，对太阳能光伏制冷系统性能的改进与提升具有重要的影响[91-97]。

5.2 光伏制冷系统的原理及分类

光伏制冷是利用太阳能光伏发电驱动制冷设备运行，其工作原理如下：光伏电池片内部在太阳光的照射下产生直流电流，经过逆变器转换为交流电用于驱动制冷设备的蒸汽式压缩机运行，将制冷剂压缩为高温高压的蒸汽，经冷凝器冷凝，在蒸发器里吸热制冷。目前，光伏制冷主要分为光伏冰箱和光伏空调两大类。

5.2.1 光伏发电系统

1. 光伏电池及其相关原理

光伏电池是以半导体 P-N 结上接收太阳光照产生光生伏打效应为基础，直接将光能转换成电能的能量转换器。其工作原理是[98, 99]：当太阳光照射到半导体表面，半导体内部的 N 区和 P 区中原子的价电子受到太阳光子的冲击，通过光辐射获得超过电池禁带宽度 E_g 的能量，脱离共价键的束缚从价带激发到导带，由此在半导体材料内部产生很多处于非平衡状态的电子-空穴对。这些被光激发的电子和空穴，或自由碰撞，或在半导体中复合恢复到平衡状态。其中复合过程对外不呈现导电性能，属于光伏电池能量自动损耗部分。一般希望更多的光激发载流子中的少数载流子能运动到 P-N 结区，通过 P-N 结对少数载流子的牵引作用而漂到对方区域，对外形成与 P-N 结势垒电场方向相反的光生电场。一旦接通外电路，即可有电能输出。把众多这种单片光伏电池通过串并方式组合在一起，构成光伏电池组件，在太阳能的作用下输出功率足够大的电能。

如图 5-4 所示：①指在电池表面被反射回去的一部分光线；②是刚进电池表面被吸收生成电子-空穴对的光线，其中大部分是吸收系数较大的短波光线，但是它们来不及到达 P-N 结就已被复合而还原，所以它们对产生光生电动势没有贡献；③指在 P-N 结附近被吸收生成电子-空穴对的那部分光线，它们是使光伏电池能够有效发电的光线，这些光生非平衡载流子在 P-N 结特有的漂移作用下产生光生电动势；④指辐射到电池片深处，距离 P-N 结较远处才被吸收的光线，虽能产生电子-空穴对，但在到达 P-N 结之前已被复合，只有极少部分产生光生电动势；⑤是指被电池吸收，但由于能量较小不能产生电子-空穴对的那部分光线，其能量只能使光伏电池温度上升；⑥是指没有被电池吸收而透射过去的少部分光线。由此可见，产生光生电动势的光线为③，所以应该尽可能增加其比例，才能提高光伏电池的光电转换效率。所谓光电转换效率，是指受光照的光伏电池所产生的最大输出功率占入射到该电池受光几何面积上全部光辐射功率的百分比。照射到光伏电池表面的太阳光为多波长复合光，随着各波长光的增加其在光伏电池中的穿透深度也相应变化。光伏电池对光能的吸收系数随太阳光光波波长的不同而不同。它对短波吸收系数较大，对长波吸收系数较小，光伏电池吸收太阳光的波长范围为 0.2～1.25μm。对于进入电池内部的太阳光，只有光子能量 $\varepsilon \geqslant E_g$ 的光线，才能激发出电子-空穴对，而那些光子能量 $\varepsilon \leqslant E_g$

的光线，则不能激发出电子-空穴对，只会升高太阳光伏电池的温度。此外，已产生的电子-空穴对，也有一部分会过早复合还原，对光生电池没有起到作用，造成光能的部分损失。当一束太阳光辐射到物体表面时，部分光穿透物体表面进入物体内部，还有一部分会被物体表面反射回去。为制造高效率光伏电池，反射系数越小越好，因而制造光伏电池的过程中常使用减反射膜技术或其他技术尽可能减少反射。理论分析表明，从光电转换效率来看，禁带宽度为 1.1～2.0eV 的材料均可以制造出效率较高的光伏电池，最佳禁带宽度为 1.5eV。由硅基光伏电池特性分析可知，目前实验室内的最大光电转换效率可达 22%以上，而常规光伏电池平均效率为 17%。光伏电池等效电路理想模型和实际模型如图 5-5 所示。

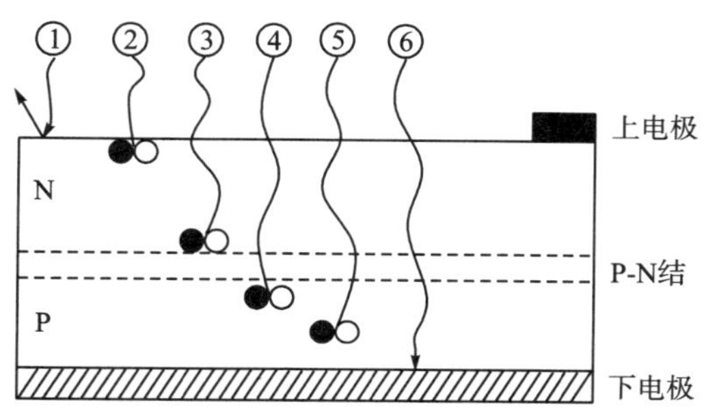

图 5-4　光伏电池受光情况

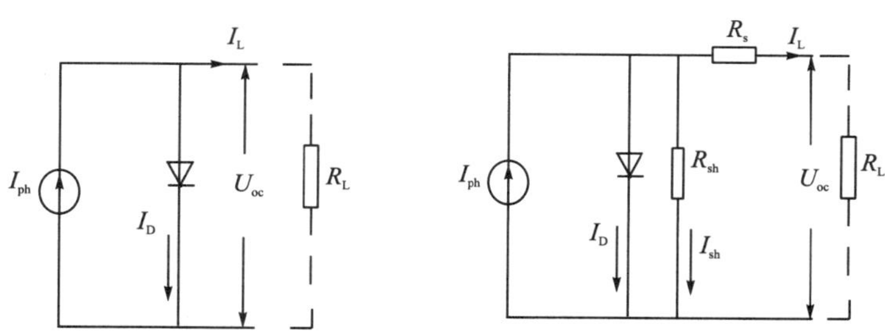

图 5-5　光伏电池的等效电路

图 5-5 中，I_{ph} 为光生电流，正比于光伏电池面积和入射光辐照度。$1cm^2$ 光伏电池的 I_{ph} 为 16～30mA。当环境温度升高时，I_{ph} 也略微上升，温度每升高 1℃，I_{ph} 会上升 78μA 左右。I_D 为暗电流，指光伏电池在无光照时，在外电压作用下 P-N 结内流过的单向电流，无光照情况时硅基光伏电池的基本行为特性类似普通二极管。I_D 的大小反映当前环境温度下，光伏电池 P-N 结自身所能产生的总扩散电流的变化情况。I_L 为光伏电池输出的负载电流。U_{oc} 为电池的开路电压，与入射光辐射照度的对数成正比，与电池工作温度成反比，与电池面积大小无关。R_L 为电池的外负载电阻，R_s 为串联电阻，一般小于 1Ω，由电池体电阻、表面电阻、电极导体电阻、电极与硅表面间接接触电阻和金属导体电阻等组成。

R_{sh} 为旁路电阻，一般为几千欧，由电池表面污染和半导体晶体缺陷引起的漏电流所对应的 P-N 结漏泄电阻和电池边缘的漏泄电阻等组成。

R_s 和 R_{sh} 为硅基光伏电池本身的固有电阻，相当于光伏电池的内阻。由于串联内阻 R_s 很小，并联电阻 R_{sh} 很大，在进行理想电路计算时，它们可以忽略不计。因此，理想等效电路只相当于一个电流为 I_{ph} 的恒流源与一个二极管并联(图 5-5)。此外，硅基光伏电池还应包括由 P-N 结形成的结电容和其他分布电容。由于光伏电池是直流设备，通常没有交流高频分量，因此高频电容可以忽略不计。

由上述定义，可得等效电路中光伏电池各变量的方程如下[100-103]：

$$I_D = I_0\left[\exp\left(\frac{qU_D}{AkT}\right)-1\right] \tag{5-1}$$

$$I_L = I_{ph} - I_D - \frac{U_D}{R_{sh}} = I_{ph} - I_0\left[\exp\left(\frac{q(U_{oc}+I_L R_S)}{AkT}\right)-1\right]-\frac{U_D}{R_{sh}} \tag{5-2}$$

$$I_{sc} = I_0\left[\exp\left(\frac{qU_{oc}}{AkT}\right)-1\right] \tag{5-3}$$

$$U_{oc} = \frac{AkT}{q}\ln\left(\frac{I_{SC}}{I_0}+1\right) \tag{5-4}$$

其中，I_0 为光伏电池内部等效二极管 P-N 结反向饱和电流，它与该电池材料自身性能有关，反映光伏电池对光生载流子最大的复合能力，通常情况下它是常数，不受光照强度的影响；I_{sc} 为电池的短路电流；U_D 为等效二极管的端电压；q 为电子电荷；k 为玻尔兹曼常数；T 为热力学温度；A 为 P-N 结品质因子。

弱光条件下，$I_{ph} \ll I_0$，有 $U_{oc} = \frac{AkT}{q}\frac{I_{ph}}{I_0}$；而强光条件下，$I_{ph} \gg I_0$，又使得

$$U_{oc} = \frac{AkT}{q}\ln\left(\frac{I_{ph}}{I_0}\right) \tag{5-5}$$

由此可见，太阳光强较弱时，硅基光伏电池开路电压随光照强度呈近似线性变化；而当太阳光较强时，U_{oc} 则随光强呈对数关系变化。硅基单层光伏电池的开路电压一般为 0.5～0.58V。

理想情况下的等效电路的方程为

$$I_L = I_{ph} - I_D - \frac{U_D}{R_{sh}} \approx I_{ph} - I_D \tag{5-6}$$

2. 光伏电池伏安特性曲线

由式(5-1)～式(5-6)，可得光伏电池的电压-电流关系曲线，简称伏安特性曲线(图 5-6、图 5-7)。图 5-7 中暗特性曲线位于一、三象限，即无光照时的光伏电池伏安特性曲线；光伏电池受光照后的特性曲线位于一、三、四象限。由式(5-6)还可得，因 R_{sh} 为数千欧，故 U_D / R_{sh} 项可忽略不计，对应每个辐照通量密度的 I_{sc} 均为一个常量。沿着电流变化方向，将暗特性曲线向下移动和短路电流 I_{sc} 大小相等的量值，就可得光伏电池的伏安特性曲线。硅基光伏电池的短路电流和光生电流均与太阳光辐照度成正比，因此可通过测量标准光伏

电池组件短路电流这一简便方法，来确定某个硅基光伏电池工作时的太阳辐照条件，便于对比分析。

光伏电池输出特性还可用另一种形式来表达，也是使用最多的一种表达方式，如图 5-8 所示。将上述曲线中的电流值取反，即把曲线绕 x 轴上翻转 90°，在光照下输出电流为正值，光伏电池输出电流与输出电压均与太阳辐照量成正比，也就是说，不同光照条件下可得到不同特性曲线。光伏电池伏安特性曲线与纵坐标的交点为短路电流 I_{sc}，与横坐标的交点为开路电压 U_{oc}。

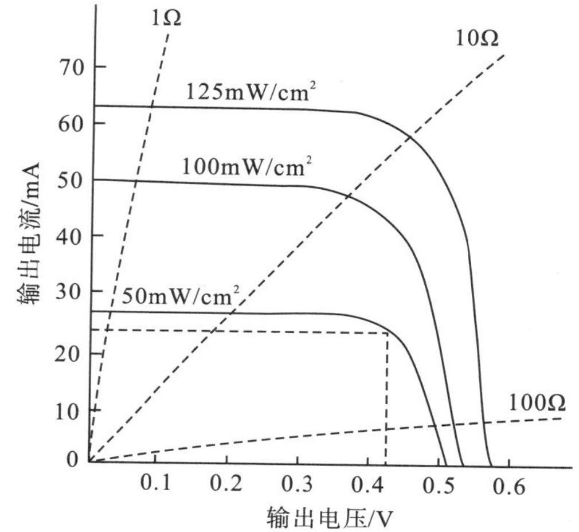

图 5-6　硅电池的电压-电流关系曲线

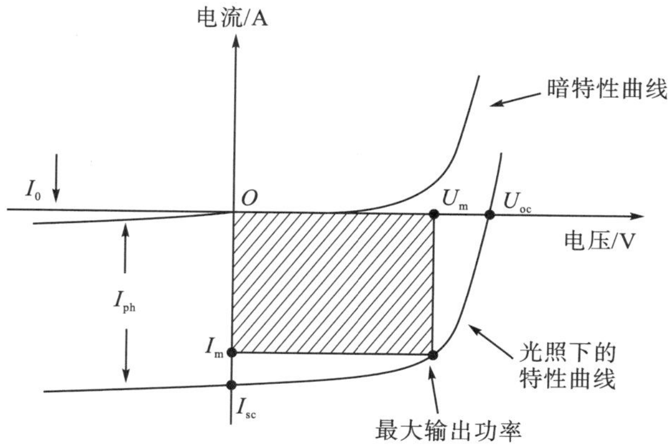

图 5-7　硅电池在不同光照下的伏安特性曲线

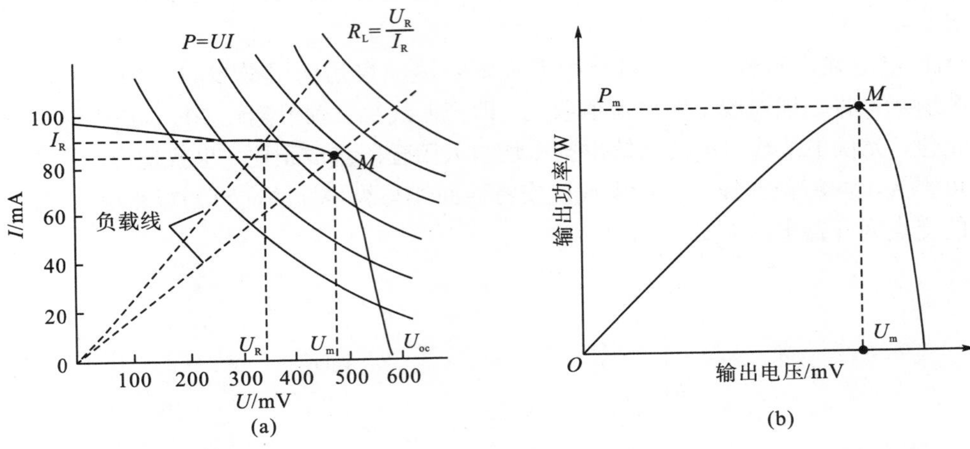

图 5-8 光伏电池的输出特性

3. 光伏电池阵列性能分析[104]

单体光伏电池是光伏电池阵列的最基本单元，光伏电池片面积较小，输出电能也有限，一般不能满足负载用电的要求，也不便于安装使用，所以通常不能直接使用。因此要将几片、几十片和几百片单体光伏电池片根据负载需要，经过串、并联连接起来构成组合体，再将组合体通过一定的工艺流程封装成组件，引出正负极引线，即可对外供电。封装前的组合体称为光伏电池模块组件，而封装后的组合体称为光伏电池组合板(光伏电池组件)，其输出电压一般是十几伏到几十伏。此外，还可将若干光伏电池板根据负载大小，再次串、并联组成较大供电装置，称为光伏阵列。

设计制作光伏阵列时，需根据负荷用电量、电压、功率、光照等情况，确定光伏电池阵列各个参数和光伏电池的串、并联数量。将光伏电池板串联使用时，总的输出电压为单个电池组件输出电压之和，总的输出电流受电池组件中工作电流最小的限制，总的输出电流等于组件中最小电流值。所以选择工作电流相等或近似相等的电池组件方可串联使用，以免造成资源浪费。若将电池组件并联起来工作，则总的输出电压为各电池组件工作电压的平均值，而总电流为各单个电池组件工作电流之和。

确定光伏电池的串联数，即光伏阵列总的输出电压时，主要考虑负载电压要求，同时也要考虑蓄电池的浮充电压、温度及控制电路等的影响。最佳选择是让负载工作于光伏阵列伏安特性曲线的最大工作点位置，光伏阵列串联后的伏安特性曲线如图 5-9(a)所示。确定光伏电池板并联数，即光伏阵列输出电流时，主要考虑负载每天的总耗电量、当地年平均峰值、日辐照量，同时考虑蓄电池的充电效率、电池表面不清洁和老化等不良因素，光伏电池组件的并联数乘以每个支路最佳工作电流即为蓄电池的充电电流，光伏阵列并联后的伏安特性曲线如图 5-9(b)所示。

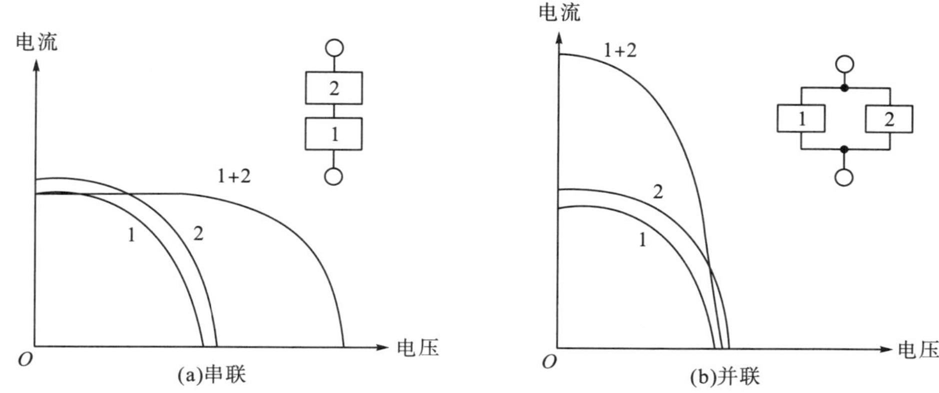

图 5-9　硅基光伏电池阵列串、并联的输出特性

4. 光伏阵列性能测试

1) 电性能测试条件

早期对光伏电池板与光伏阵列电性能进行测试所用光源为理想条件下的自然光源，它的优势为使大面积光伏阵列受光均匀，测试结果真实可信，经济实用，但自然光源的辐射强度既不稳定也不可调，作出随光强连续变化的特性曲线的实验周期很长，这些都是早期测试条件的局限性。

国际电工委员会颁布的 IEC 标准规定光伏电池的测试标准条件如下：太阳辐照量为 $1000W/m^2$、环境温度为 25℃、大气质量为 AM1.5。考虑到光伏发电系统经常工作于光强较弱的条件下，光伏电池在低辐照下的特性输出对整个系统的发电能力和系统性能也有较大影响，为此 IEC 标准中又新增加了在低辐照度条件下光伏电池的测试标准：太阳辐照量为 $200W/m^2$、环境温度为 25℃、大气质量为 AM1.5。

2) 输出性能测试

光伏电池阵列的输出特性测试指在特定光照条件和温度下测试电池阵列输出功率并画出伏安特性曲线，了解光伏阵列光电转换能力，以及电池内部等效电路中的串、并联电阻，半导体 P-N 结等具体参数。测试基本电路图如图 5-10 所示，左边是待测光伏电池的等效电路，右边是测量电路。

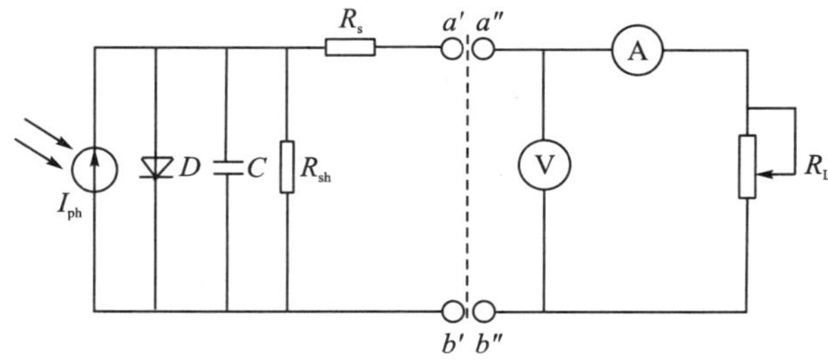

图 5-10　光伏电池输出特性的测试原理图

当负载电阻R_L较小时，电池输出电压很低，电流表测出负载R_L上的电流即为短路电流I_{sc}；当负载R_L调到足够大直至断路时，输出电流为0A，此时电压表测量值为开路电压U_{oc}，通过不断调节负载电阻R_L，可得多组光伏电池阵列的输出电压值和电流值，绘制出I-U特性曲线，即为电池阵列的伏安特性曲线，可用下式表示［式中参数定义同式(5-3)］：

$$I = I_{ph} - I_0 \left\{ \exp\left[\frac{q}{AkT}(U - I_L R_s) \right] - 1 \right\} \tag{5-7}$$

3) 串联电阻的测量[105, 106]

串联电阻是反映光伏电池阵列电性能的另一个重要参数，在不同条件下测得电池阵列的两条伏安特性曲线并进行比较，可间接得到电池串联内阻，具体方法有两种。

一种方法是光、暗特性曲线比较法。如图5-11(a)所示，图中曲线1是光照条件下电池的伏安特性曲线，曲线2是在无光照条件下的伏安特性曲线，曲线3为曲线2经过纵轴反向位移得到。接近U_{sc}处时在1、2两条曲线水平面上提取ΔU值，根据公式$R_s = \Delta U / I_{sc}$，可算出串联电阻R_s的值。

另一种方法为不同光照强度下的曲线比较法。如图5-11(b)所示，曲线1和曲线2分别为在两种不同光强条件下测得的电池阵列的两条伏安特性曲线。在最大功率点处分别取电压差ΔU和电流差ΔI_{sc}，由公式$R_s = \Delta U / I_{sc}$可算出串联电阻R_s值。进行上述测试时一定要避免测试条件不当带来的较大误差，其中包括光强的不稳定、X-Y坐标记录仪的零点漂移、机械缝隙等，特别是不同光强带来的温度不同，最好将电池安装在散热片上，并要求接触良好。

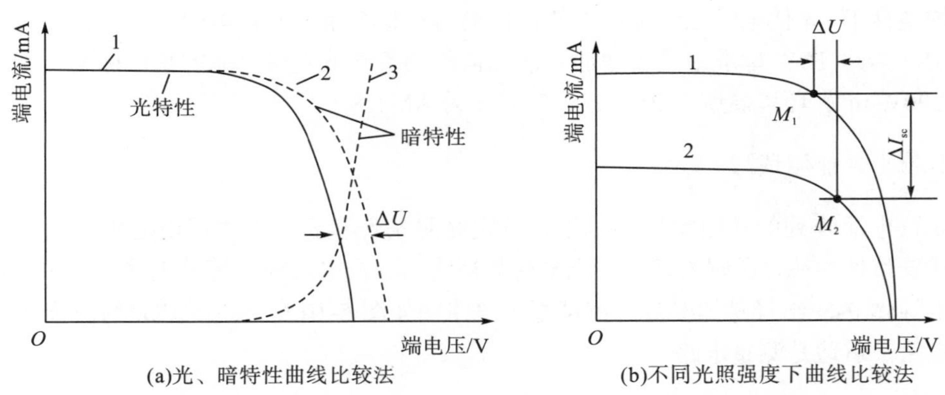

图5-11 串联电阻的两种测量方法

5. 光伏发电系统

光伏发电系统由光伏阵列、控制器、蓄电池和逆变器四大主要部件组成。

1) 光伏阵列

光伏电池利用光生伏打效应，将接收的太阳能转换为直流电能，电池组件的性能对整个系统的效率有着重要的影响。其主要参数如下。

(1) 开路电压 V_{oc}，电池正负极之间的电压，其大小取决于电池片的串联数量。

(2) 短路电流 I_{sc}，电池短路时的电流，其大小取决于太阳辐射的强度。

(3) 峰值功率 P_m，在环境温度为 25℃、辐照度为 1000W/m^2 时，光伏组件的最大输出功率，其大小取决于太阳辐射的强度和电池板的工作温度。

(4) 光电转换效率 η，指电池组件产生的最大输出功率与组件几何面积上所接收太阳能辐射功率的百分比。

根据所用材料的不同，太阳电池主要可分为四种类型[107]：①硅太阳电池；②多元化合物薄膜太阳电池；③有机物太阳电池；④纳米晶太阳电池。薄膜太阳电池、有机物太阳电池和纳米晶太阳电池的转换效率较高，但是成本也比较高，目前来说光伏发电系统中应用的主要还是硅太阳电池。

太阳电池输出性能的主要影响因素如下。

(1) 太阳辐照度。太阳辐照度对太阳电池性能的影响是最大的，辐照度变化时电池的输出电流、电压也会变化，两者之间的变化几乎是线性正相关的关系，即太阳电池的输出功率随着辐照度的增强(减弱)而增大(减小)。

(2) 工作温度。影响太阳电池性能的另一个重要因素就是工作温度，包括环境温度和电池片的温度。电池所接收的太阳能辐射只有一部分转化为电流，大部分的辐射能量被转换成了热量，电池片的温度每升高 1℃，电池的输出功率就减小 0.4%～0.5%。

2) 控制器

在光伏发电系统中，光伏控制器主要是控制光伏组件对蓄电池充放电。在光伏发电系统中光伏组件的寿命在 25 年以上，很少会出现故障，而蓄电池由于其特殊性需要定期维护和更换，而且蓄电池成本一般都会占到系统总投资的 30%左右，如果在充放电过程中控制器经常出现故障，使整个系统无法正常运行，不仅会给系统部件带来一定的损害，而且也会造成一些经济损失。所以控制准确、运行稳定的控制器是蓄电池能够正常工作的基础。同时控制器还应该有以下功能[108]：①防止负载、控制器、逆变器等部件内部短路；②防止光伏组件阵列和蓄电池极性的反接；③具有防雷击引起的击穿保护；④具有温度补偿的功能；⑤具有防反充功能，防止蓄电池向电池板反向充电。其主要参数如下。

(1) 系统电压。系统电压是指光伏发电系统的直流工作电压，户用发电系统使用比较多的是 12V、24V、48V。

(2) 最大充电电流。最大充电电流是指由光伏阵列输入控制器的最大电流，根据功率大小分为 5～300A 多种类型。

(3) 电路自身损耗。自身损耗也叫空载损耗，为了提高光伏组件的转换效率，控制器的自身损耗要尽可能地降低，最大自身损耗不能超过其额定充电电流的 1%，根据电路不同自身损耗一般为 5～20mA。

(4) 蓄电池过充、过放保护电压。过充电保护电压一般根据需要及蓄电池类型的不同，设定在不同的电压值，对 12V、24V 和 48V 的系统，一般设为 14.4V、28.8V 和 57.6V；

关断恢复电压一般设为 13.2V、26.4V 和 52.8V。过放电保护电压也称为欠压关断电压，对 12V、24V 和 48V 的系统，一般设为 11.1V、22.2V 和 44.4V；关断恢复电压设为 12.4V、24.8V 和 49.6V。

(5) 蓄电池的浮充电压。对 12V、24V 和 48V 的系统，浮充电压一般为 13.7V、27.5V 和 54.8V。

控制器的类型分为以下几类。

(1) 串联型。利用机械继电器控制充电过程，开关触点或固态开关器件将光伏阵列和蓄电池串联起来，当蓄电池充满电后切断充电回路，在夜间关断光伏阵列防止蓄电池反充。串联型控制器一般用在较高功率的光伏发电系统，控制器的功率大小由继电器容量决定。

(2) 并联型。当蓄电池充满电时，光伏阵列将输出的电流分流到内部并联的模块上以热的形式消耗掉。并联型控制器一般用在较低功率、小型的系统中，由于没有继电器之类的机械部件，也没有串联回路的压降，使用起来简单方便、比较可靠，但是因为采用了旁路的方式，如果光伏阵列中有被污染或遮挡的电池片，容易引起热斑效应。

(3) 脉宽调制型。它是以 PWM 脉冲方式控制光伏阵列的输入。当蓄电池快要充满电时，脉冲的宽度变窄，电流减小，当蓄电池电压降低时，脉冲宽度变宽，电流增大，通过脉冲的频率波形来控制充电时间的长短，对蓄电池的使用寿命影响很小。

(4) 最大功率点跟踪型。这类控制器可以实时监测电池板是否在峰值功率点工作，如果不在最大功率点工作，调制输出占空比，改变输出电流，再次采集实时数据，判断是否需要改变占空比，通过这种寻优的方式来保证光伏组件始终在最大功率点运行，从而充分利用光伏组件输出的能量；同时采用 PWM 的调制方式，改变脉冲电流，提高充电效率。

3) 蓄电池

在光伏发电系统中，蓄电池有着很重要的作用。蓄电池一直处于频繁的充放电循环中，过充和过放的情况经常发生，所以太阳能光伏发电系统对蓄电池有很多要求：①深循环放电的性能高；②使用寿命长；③对过充和过放电耐受力强；④免维护或少维护；⑤高温、低温下有良好的充放电特性；⑥性价比高；⑦转换效率高。

蓄电池的主要功能有以下几个方面。

(1) 储能。在前文提到，由于太阳能的间歇性和不连续性，在太阳能辐照度良好时冰箱由光伏阵列供电进行制冷，光伏组件多余的电量储存在蓄电池中，在夜间或阴雨天气，光伏阵列的输出不能满足冰箱工作的要求，此时由蓄电池作为动力源输出电量，解决了发电与用电不同步的问题。蓄电池在光伏交流冰箱系统中和光伏阵列并联工作，一起承担供电任务。

(2) 稳流。在多云天气条件时光伏阵列输出的电量一直变化，控制器的输出电流也随着变化，冰箱压缩机会出现频繁的启停，对压缩机的性能和使用寿命造成较大的损害，甚至使其不能正常工作，而此时蓄电池的储存空间和充放电特性为光伏阵列的输出功率和能量调节提供条件，起到稳定电流的作用，提供启动电流。

(3) 提供启动电流。冰箱作为感性负载，启动时会产生浪涌电流和冲击电流，即需要很大的瞬间电流，一般是额定工作电流的 6～10 倍，但是光伏组件受到其自身性能的限制，可能达不到冰箱要求的启动电流，而蓄电池具有低内阻性和良好的动态特性，可以满足冰箱对电流的要求，给压缩机提供瞬间大电流。

蓄电池的主要技术参数有以下几个。

(1) 蓄电池的电动势。电动势是指蓄电池开路时正极与负极的电势差，大小取决于蓄电池中的化学反应过程。电动势是蓄电池理论上的输出能量量度之一，在其他条件相同的情况下，电动势越高，理论输出能量越大[109]，蓄电池的电动势表示为

$$E_{oc} = E^{\ominus} + \frac{RT}{nf}\ln\frac{a(H_2SO_4)}{a(H_2O)} \tag{5-8}$$

式中，E_{oc} 为蓄电池电动势，V；$E^{\ominus}$ 为标准电动势，V；R 为摩尔气体常数，8.3J/(mol·K)；a 表示活度。T 为热力学温度，K；f 为法拉第常数，96500C/mol；n 为化学反应中得失电子的数目。

(2) 蓄电池的效率。蓄电池的化学反应过程中有一定的能量损失。蓄电池的效率大小表示其在化学反应过程中的可逆性，而造成效率减小的因素有很多，如自放电、内电阻的存在、电极的极化等都会消耗自身的能量。

(3) 蓄电池的容量。蓄电池的容量一般分为充电容量和放电容量，蓄电池充电时输入的电量称为充电容量，输出的容量称为放电容量，充满电后的蓄电池放电至终止电压时输出的电量称为蓄电池的容量。

$$Q_c = \int_0^t I_c \mathrm{d}t \tag{5-9}$$

$$Q_d = \int_0^t I_d \mathrm{d}t \tag{5-10}$$

(4) 荷电状态(state of charge，SOC)。蓄电池的荷电状态一般用蓄电池的剩余容量 Q_r 与标称容量 Q_b 的比值表示：

$$SOC = \frac{Q_r}{Q_b} \tag{5-11}$$

(5) 放电深度(depth of discharge，DOD)。蓄电池储存的能量并不能全部输出，通常用蓄电池输出的容量与标称容量的比值表示：

$$DOD = 1 - SOC = \frac{Q_b - Q_r}{Q_b} \tag{5-12}$$

蓄电池的放电深度(DOD)决定着蓄电池的使用寿命，在同等条件下，放电深度越大，蓄电池寿命越短，但是在系统设计时并不能选择太小的放电深度，DOD 值太小，蓄电池输出的电量就会减少，不但浪费蓄电池的能量，还增加了系统成本，一般来说蓄电池放电深度选取在 60%～70%的范围内为最佳。

蓄电池主要有铅酸蓄电池、镍铬蓄电池、锂离子蓄电池、镍氢蓄电池等几种，镍铬、锂离子、镍氢电池的成本较高、维护复杂[110]，所以在光伏发电系统中用到最多的是铅酸蓄电池。

铅酸蓄电池按结构形式分为开口式、排气式、密封阀控式，按维护方式分为普通式、少维护式、免维护式，按使用环境可分为移动式和固定式。在光伏制冷系统中应用最多的

是普通铅酸蓄电池和胶体铅酸蓄电池。胶体铅酸蓄电池是对普通铅酸蓄电池中的液态电解质进行了改进，变成乳胶状的半凝固状态，在安全性、充放电特性和使用寿命等方面有所改进，同时在价格方面也比普通铅酸蓄电池高。

蓄电池性能的主要影响因素有以下几个。

(1) 环境温度。蓄电池能够正常运行的温度为20～40℃，最佳的运行温度为25℃，温度每升高5℃，蓄电池的使用寿命就会减少10%，并且容易发生热失控。

(2) 环境湿度。蓄电池能够正常运行的湿度为5%～95%，环境湿度太高，会在蓄电池表面结露，容易引起短路；环境湿度太低，又容易出现静电。

(3) 灰尘。由于固定式的铅酸蓄电池长时间放置，表面会附着大量灰尘，蓄电池容易短路，安全阀堵塞失效。

4) 逆变器

逆变器的作用是将直流电转换为交流电以供交流负载使用，主要由逆变桥、控制逻辑电路和滤波电路组成，一般的家用冰箱都是交流压缩机，而光伏组件和蓄电池提供的都是直流电，必须由逆变器作为中间部件过渡。由于逆变器大多数都在偏远地区的光伏发电系统中工作，出现故障很不方便维修，所以逆变器必须运行稳定、可靠、安全，同时还具有以下功能：①欠压、过压保护；②短路、过流保护；③防极性反接；④防雷击保护。其主要技术参数有以下几个。

(1) 额定输出电压。在稳定运行时，逆变器的电压波动不能超过额定电压的5%；在负载运行波动时，电压波动不能超过额定电压的10%；逆变器输出的交流电压频率在正常工作条件时波动应该在1%内，而且在光伏发电系统中蓄电池单独供电时，蓄电池的端电压变化较大，此时逆变器在系统工作电压范围内应能输出额定电压值，起到稳压的作用。

(2) 逆变器效率。逆变器的高效率对提高系统的有效发电量和降低发电成本有重要的影响。由于目前太阳电池的成本较高，所以对于逆变器有很高的效率要求，特别是低负荷供电时，仍然要求其有较高的效率[111]。

(3) 负载功率因数。负载功率因数是逆变器带感性负载或容性负载的能力，感性负载冰箱的功率一定的条件下，逆变器的功率因数越低，逆变器的容量越大、成本越高，同时系统中的回路电流也就越大，系统效率越低。

(4) 过载性能。负载启动时功率可能是额定功率的几倍，此时要求逆变器在特定的启动功率条件下能持续工作一定的时间。当启动功率为额定值时，逆变器能够稳定连续运行4h以上；当启动功率是额定值的125%时，逆变器能够稳定连续运行1min以上；当启动功率是额定值的150%时，逆变器能够稳定连续运行10s以上。高性能的逆变器能够做到连续5次启动而不损坏功率部件。逆变器的主要类型见表5.2。

表5.2 逆变器的类型

划分标准	类型
按波弦性质	正弦波逆变器
	方波逆变器

续表

划分标准	类型
按源流性质	阶梯波逆变器
	有源逆变器
	无源逆变器
按并网类型	离网型逆变器
	并网型逆变器
按拓扑结构	推挽逆变器
	半桥逆变器
	全桥逆变器
按功率大小	大功率逆变器
	中功率逆变器
	小功率逆变器

目前光伏发电系统中应用比较多的是正弦波逆变器。方波逆变器调压范围不够宽，保护功能不够完善，噪声较大。阶梯波逆变器使用的功率开关较多，使得光伏阵列接线和蓄电池的充电方式变得复杂，还容易受到干扰。户用发电系统输出的电量不会并入公共电网，一般使用离网式逆变器。

5.2.2　光伏冰箱系统

光伏冰箱的实验最早开始于 1981 年，由美国太阳能电力公司在印度安装的一个原型系统进行测试[68]。由于光伏冰箱可以有效地利用强烈的日照进行工作，因此研究人员在 1989 年就已经开始将光伏冰箱应用于热带地区疫苗的储藏。光伏冰箱分为光伏直流冰箱与光伏交流冰箱两种。

1. 光伏直流冰箱系统

光伏直流冰箱由光伏电池将太阳能转化为直流电驱动，直流冰箱通常采用半导体制冷模式。半导体制冷采用半导体材料的热电效应来实现。半导体的热电效应主要指塞贝克效应、佩尔捷效应、汤姆逊效应以及焦耳效应和傅里叶效应，其中佩尔捷效应在直流冰箱中应用较多[112]。光伏直流冰箱采用直流电驱动，无需逆变装置，可减少逆变器上的能量损失，且制冷过程中无机械转动部分，运行无噪声、无振动、无磨损，使用寿命长，维护简便[113]，光伏直流冰箱工作原理图如图 5-12 所示。

光伏直流冰箱主要由光伏电池阵列、控制器、蓄电池和冰箱组成。太阳电池为单晶硅太阳电池，白天太阳电池阵列接收太阳光，在光伏电池的 P-N 结上产生光伏效应，直接将光能转化为电能，输出直流电。其中一部分直接供给冰箱，另一部分进入蓄电池储存起来，以备晚上或阴天使用。控制器使功率输出始终处于最佳状态，同时控制蓄电池的过充电和过放电，保证其使用寿命。光伏制冷冰箱实物如图 5-13 所示。

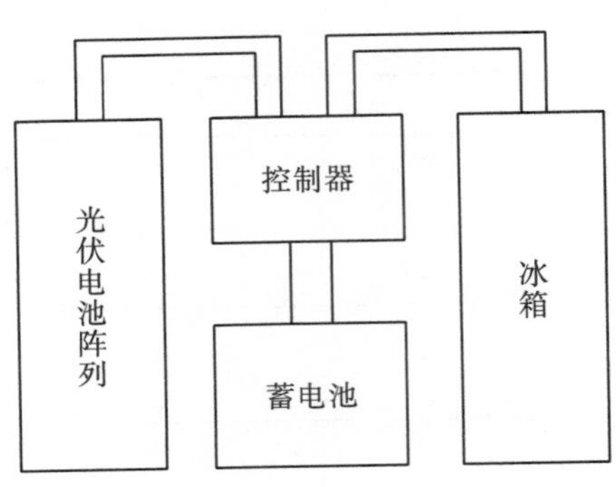

图 5-12　光伏直流冰箱工作原理图

(a)光伏阵列

(b)控制器与蓄电池

(c)直流冰箱

图 5-13　光伏直流冰箱

2. 光伏交流冰箱系统

光伏交流冰箱系统由光伏组件、控制器、逆变器、蓄电池和家用冰箱等部件组成，如图 5-14 所示。

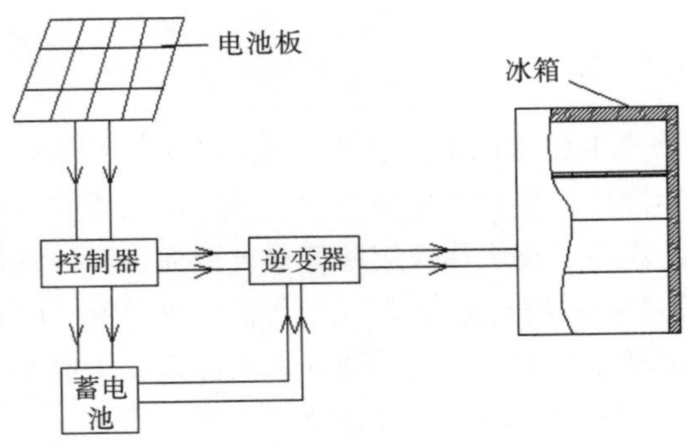

图 5-14　太阳能光伏交流冰箱系统原理图

在日照充足时，太阳电池板接收太阳辐射，将太阳能转化为直流电，直流电经逆变器转换为交流电输出至冰箱，驱动压缩机制冷；多余的电量经控制器储存到蓄电池中。在阴雨天气或夜间，由于电池板的电量不足以带动冰箱工作，此时蓄电池输出直流电经逆变器转换为交流电，输出至冰箱，驱动其工作进行制冷，达到“移峰填谷”的目的，实现太阳能的高效利用。光伏交流冰箱的实物照片如图 5-15 所示。

图 5-15　光伏交流冰箱

5.2.3　光伏空调系统

光伏空调系统主要由太阳电池板、控制器、逆变器、蓄电池和空调等部件组成，工作原理图如 5-16 所示。

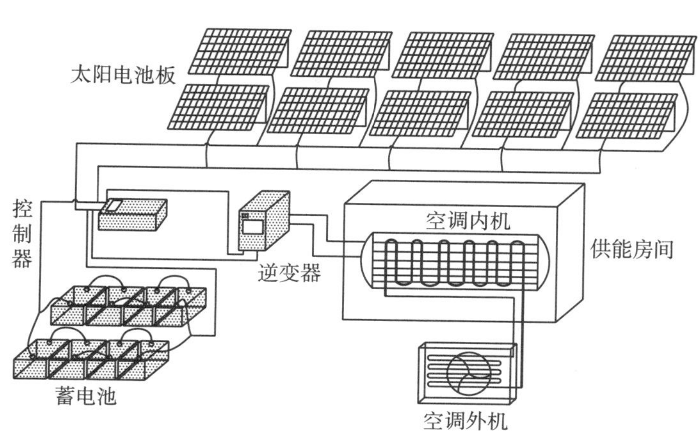

图 5-16　光伏空调系统工作原理图

光伏空调的三种运行模式的工作原理如下所示。

(1) 太阳电池板和蓄电池联合供电系统工作原理：光伏发电单元产出的电能通过光伏

控制器、逆变器被转换成普通交流电为空调主机供能，光伏发电单元产出的多余的电量储存在蓄电池中，以备太阳辐射较低时或完全无辐射情况下为空调主机运行提供能量。

(2) 蓄电池单独供电系统工作原理：蓄电池中储存的电能通过控制器、逆变器转换成普通交流电为空调主机供能，实现系统的独立运行。

(3) 太阳电池板单独供电工作原理：当太阳辐射达到一定条件，电池板组件的输出电能可满足空调主机正常运行时，电池板产出的电能通过控制器、逆变器将直流电能转换为交流电能为空调主机供能，光伏空调的实物如图 5-17 所示。

(a)光伏阵列

(b)控制器与逆变器

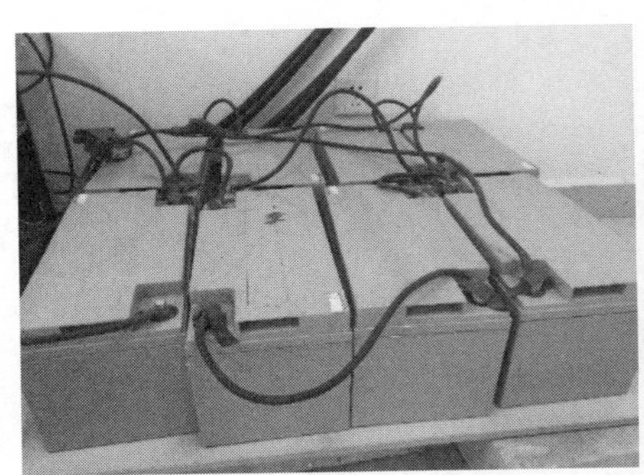

(c)蓄电池组

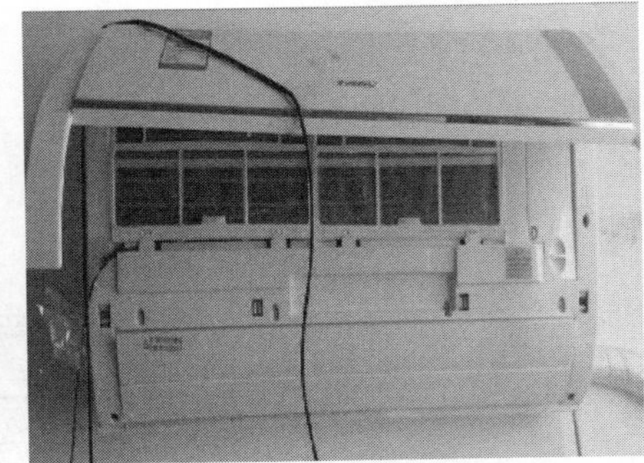

(d)空调室内机

图 5-17 光伏空调系统

5.3 光伏冰箱系统的设计及性能特性

5.3.1 光伏直流冰箱系统

1. 光伏直流冰箱系统介绍

市场上常见的便携式冰箱为交直流冷热双用冰箱，直流电采用 12V 供电，交流电采用 220V 供电，受限于制冷模式，利用半导体材料热电效应制冷的冰箱的温度通常在 0℃以上，适用于冷藏。本节选用市场上常见的 JX-118E 型直流冰箱作为研究对象，冰箱额定功率为 60W，冰箱容积为 12L，制冷方式的设计温度为 5℃，或比环境温度低 20～25℃，制热方式的设计温度为 65℃。

根据直流冰箱的额定功率，对系统的部件进行了优选。

(1) 光伏阵列。由于直流冰箱的电压为 12V，冰箱运行在直流工况时的电流高达 5A，因此选择电压较低的两块 S-90C (80W) 单晶硅太阳电池组件并联、坐北朝南 30° 倾角安装，在维持系统电压的情况下增加了光伏阵列的输出电流，确保冰箱直流工况正常运行。其中每块组件的面积为 $0.6m^2$，开路电压与短路电流分别为 22.0V 和 4.97A，最大功率点的电流和电压分别为 4.44A 和 18.0V。

(2) 控制器。光伏阵列最大输出电流为 10A 左右，而负载的运行电压为 12V，因此选择 PHOCOS CHARGE (12/24V/10A) 控制器。

(3) 通常蓄电池的容量可通过如下公式进行计算：

$$\mathrm{CA} = \frac{EN}{\theta_{\max}(1-\zeta)\eta_s\gamma} \tag{5-13}$$

其中，CA 为蓄电池容量，A·h；E 为半导体制冷装置运行一天的耗电量，A·h/d，冰箱每天运行 10h；N 为蓄电池单独驱动直流冰箱运行的天数，设计值为 3 天；$\theta_{\max}$ 为蓄电池的最大放电深度，取 80%；ζ 为线路损失系数，取 5%；η_s 为蓄电池的安时效率，取 80%；γ 为温度校正系数，取 1.2。

根据计算结果，选择 6FM200 (12V200A·h) 蓄电池作为整个系统的储电单元。

2. 光伏直流冰箱系统特性

光伏直流冰箱系统性能测试平台如图 5-13 所示。对光伏直流冰箱系统在制冷和制热工况下的运行特性开展实验研究。实验选择在昆明地区 4 月、5 月的典型晴天进行，测试时间为 09:00～17:00，实验期间无云朵遮挡，累计辐照量为 $20.4MJ/m^2$，实验期间光伏阵列的累计发电量高于直流冰箱耗电量，可认为直流冰箱完全由太阳能发电驱动。由于冰箱是额定功率运行，认为太阳辐照度的变化对直流冰箱的制冷供热性能的影响可忽略。

1) 光伏驱动制冷冰箱变负载制冷特性

基于光伏驱动直流冰箱，通过改变冰箱负载研究冰箱的制冷特性，在空箱和满载 (1200mL 水) 两种情况下进行对比实验。测试结果如图 5-18 所示。

由图 5-18 (a) 可知，开机后空箱内温度降得较快，运行前 60min，冰箱降温较快，运行一段时间后，冰箱开始进入稳定状态，在 17:00 实验结束时，箱内温度在 8.0～9.0℃的范围内波动，持续实验到第二天清晨，箱内温度在 5℃左右。由图 5-18 (b) 可知，带负载后箱内温度在开始的 90min 下降较快，而负载温度则一直平缓、均匀地下降，但随着时间的推移，负载温度的下降幅度略大于箱内温度，在 17:00 实验结束时，箱内温度及负载温度仍未达到稳定低温，此时箱内温度为 12℃左右，当实验持续到第二天早晨时，负载温度和箱内温度分别降低到 5.5℃和 5.8℃。对比两图可知，由于负载比热容较大，空载时箱内温度下降较快。此外，由于制冷系统的制冷过程受环境温度影响较大，白天实验室环境温度平均值为 28℃，此时空载稳定温度为 8℃，当夜间环境温度降至 20℃左右时，空载温度和负载温度均降至额定值 5℃左右，只是负载降温速率较慢。

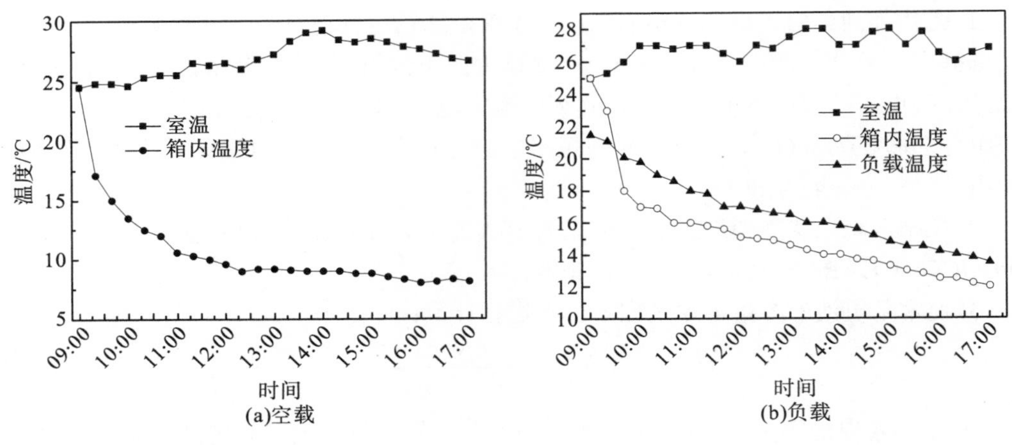

图 5-18 光伏驱动直流冰箱制冷特性

2) 光伏驱动制冷冰箱变负载制热特性

保持负载不变的情况下研究空载和满载时冰箱的制热特性，测试结果如图 5-19 所示。由图 5-19(a)可得，空载运行过程中，箱内温度上升很快，120min 达到最高温度 64.8℃。然后进入保温状态，保温过程中，冰箱内的温度会周期性波动，周期约为 10min，箱内温度为 56.0～64.0℃。由图 5-19(b)可知，带负载制热工况时，开机运行后，箱内温度急剧升高，210min 后进入稳定的周期性运转，温度在 62.0～68.0℃波动。带负载运行时，负载温度在 120min 内上升较快，150min 后上升较慢。空载时箱内温度的上升速度比带负载时快，在开机运行的 30min 以内，箱内温度升高了 40.0℃，带负载后的温升为 33.4℃。空载的稳定温度为 64.8℃，带负载后箱内的稳定温度在 68.0℃左右。此外，空载和带负载后从开机到稳定工作所用时间、稳定后箱内温度的波动范围和周期也相差较大：空载用时 120min 进入稳定工作状态，稳定工作后的波动周期为 10.0～12.0min；带负载后进入稳定工作状态的时间则为 150min，稳定工作后的波动周期为 9.0～10.0min。

对比图 5-19(a)和图 5-19(b)可得，空载升温速率快，在开始试验的 30min 内空载温升为 40℃，带载温升为 33.4℃，但带负载运行的最高温度要略高于空载，主要原因是负载为水，比热容较大，具有储热效率，在热惯性的影响下，负载温度略高于空载，且稳定工作后的波动周期短。

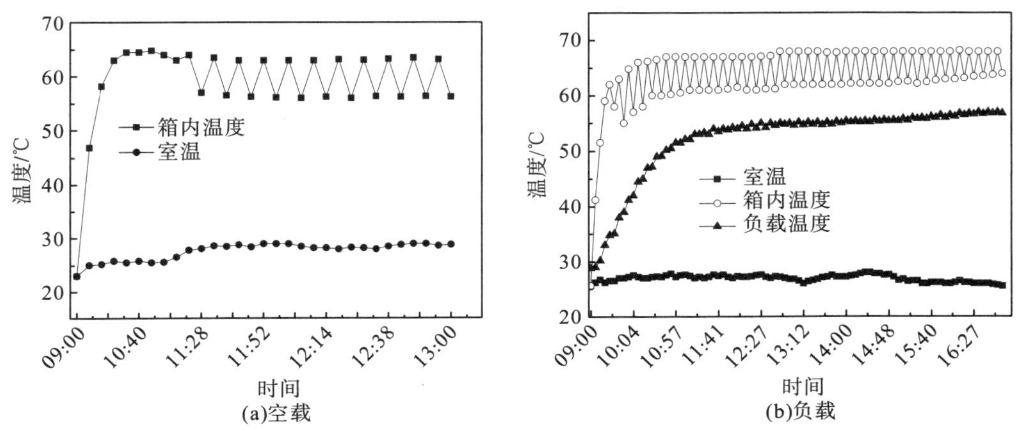

图 5-19　光伏驱动直流冰箱制热特性

3. 市电驱动冰箱特性

该系统所使用冰箱为交-直流冷热双用冰箱，为对比研究该冰箱半导体热电效应的制冷特性，采用交流电供电，对冰箱的制冷或制热性能进行了测试与分析。

1) 市电驱动空载和负载的制冷特性

由图 5-20(a) 可知，摆放冰箱的房间的温度不断升高，导致箱内温度下降较慢，当室温升至 27.0℃以上时(60min 后)，箱内温度则随着室温的变化而变化，最后箱内温度稳定在 11.0℃，受室温变化的影响，箱内温度波动较大，最高反弹至 13.2℃。由图 5-20(b) 可知，在开机后的 60min 内箱内温度下降较快，而负载温度在 70min 内下降相对较快，此时箱内与负载达到相同的温度。运行至 220min 时，箱内温度降至最低的 14.9℃。在 240min 后。室温超过 30.0℃，此时箱内温度略高于负载温度。当运行到第二天早上 8:30 时，箱内温度及负载温度均为 7.5℃，持续观察 30min 后，温度均无变化。

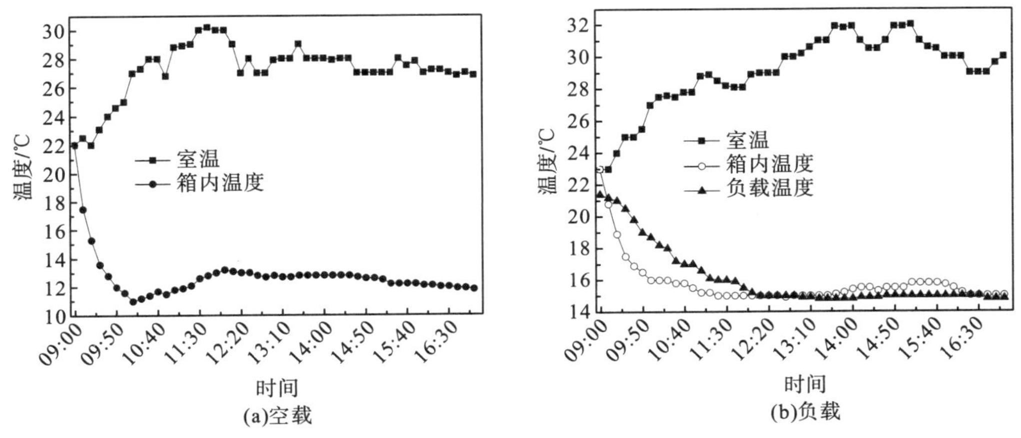

图 5-20　市电驱动直流冰箱制冷特性

2）市电驱动空载和负载的制热特性

由图 5-21（a）可知，开机后，空载箱内温度迅速升高，在 60min 内达到最大值（71.8℃）。随后进入稳定状态，且箱内温度呈现周期性波动，温度波动范围为 59.0～66.0℃，波动周期为 9.0～11.0min。对比图 5-20（a）和图 5-19（a）可知，两种情况都是箱内温度先升至最高温度，然后进入周期性工作，在周期性工作过程中，一个周期内的最高温度和最低温度均在不断降低，最后稳定在一范围内，即进入保温状态。

图 5-21（b）为市电驱动带负载的冰箱制热特性，箱内温度在开始的 42min 内上升较快，达到 59.0℃，然后进入周期性工作，在一个周期内的最高温度和最低温度仍在不断变化。在运行 120min 后，箱内温度进入稳定状态，在 58.0～63.0℃波动，工作周期为 9.0～10.0min。而负载温度则在 88min 内上升较快，最高温度达到 52.0℃。当冰箱进入周期性工作后，负载升温幅度逐渐减小，最后稳定在 56.0℃。对比图 5-21（a）和图 5-21（b）可知，带负载运行时，箱内温度到稳定阶段所耗时间比空载运行短，但最高温度也更低。这主要是因为，负载占据了箱内空间，因此负载箱内空气少于空载，导致带负载运行时，箱内空气升温速度高于空载，但由于负载为水，比热较大，因此负载升温较慢，因此箱内空气给负载加热，箱内最高温度低于空载。

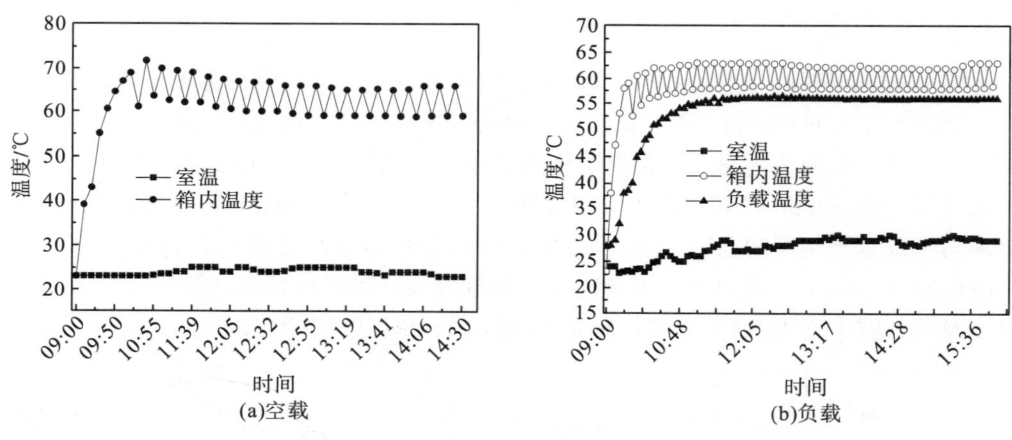

图 5-21 市电驱动直流冰箱制热特性

对比图 5-21（b）和图 5-19（b）可知，市电驱动带负载冰箱制热时，由于负载为水，比热较大，且负载质量较大，因此导致在实验开始的 30min 内，箱内温度升高了 30.0℃，但负载温度只升高了 4.3℃，到第一次停机工作用时 42min。实验结束时，箱内温度升高 35.0℃，负载温度升高 11.7℃。光伏驱动的带负载冰箱制热时，箱内温度在开始的 30min 内升高 33.0℃，负载温度升高 3.8℃，到第一次停机工作用时 35min。实验结束时，箱内温度升高 36.4℃，负载温度升高 6.0℃，稳定工作后的波动周期均为 9.0～10.0min，420min 后负载温度均稳定在 56.0℃，而市电驱动时负载达到稳定的 56.0℃仅耗时 145min。稳定工作后，市电驱动的带负载的冰箱温度在 58.0～63.0℃波动，光伏驱动的带负载的冰箱温度在 62.0～68.0℃波动。两种驱动模式下直流冰箱运行在制冷及供热工况下的结果见表 5-3。由表 5-3 可知，直流冰箱的制冷效率在 0.30 左右，制冷效率受环境温度影响较大，环境温度越高，制冷效率越低，带负载时制冷效率略高于空载，主要是带负载运行后箱内空气减少，漏热量减少，在一定程度上提升了制冷效率。直流冰箱的制热效率略高于制冷效率，制热效率在 0.35 左右，且制热效率随着环境温度的增高略有增加。采用光伏驱动冰箱运行在制冷工况或制热工况时的效率基本保持在 0.022～0.024，效率较低的主要原因是直流冰箱制冷或制热效率不高，直流冰箱的另外一个主要缺点是，制冷温度最低只能达到 5℃，只能用于冷藏，不适用于冷冻。受限于制冷效率与最低温度，光伏驱动的半导体制冷模式的直流冰箱的规模化应用受到限制。

表 5-3　直流冰箱性能测试结果

类型	模式	工况	太阳辐射量(MJ/m^2)	环境温度/℃	箱内稳定温度/℃	负载稳定温度/℃	冰箱运行功率/W	冰箱效率	太阳能利用率
光伏	制冷	空载	20.4	26.7	8.0	8.0	52.58	0.356	0.022
		带载	20.6	27.4	12.0	14.0	55.65	0.362	0.024
	制热	空载	19.9	25.4	64.8	64.8	53.54	0.368	0.024
		带载	20.7	26.3	68.0	53.3	56.23	0.372	0.024
市电	制冷	空载	—	28.4	11.0	11.0	60	0.29	—
		带载	—	29.5	14.9	15.4	60	0.292	—
	制热	空载	—	24.6	66.0	66.0	60	0.328	—
		带载	—	24.8	63	56.0	60	0.328	—

4. 小结

本节提出并构建了一种光伏直流冰箱系统，对该系统的制冷、制热性能进行了实验研究，系统直接依靠太阳电池驱动，通过热电效应实现制冷和制热，并对实验中与用电网供电情况下的性能进行了比较。实验表明，制冷时该系统能维持箱内温度在 5.0～10.0℃，能满足食品或食物的保鲜；制热时能维持箱内温度在 62.0～68.0℃，能对食物进行加热和保温。该光伏驱动直流冰箱系统运行稳定，可用于户外郊游、无电网、勘察、施工等缺电地区，对食物、食品等进行保鲜或保温。此外，该系统直接依靠太阳能驱动冰箱制冷或制热，不仅降低了系统运行维护成本，还实现了节能降耗。

5.3.2　光伏交流冰箱系统

1. 光伏交流直流冰箱系统

传统的市售冰箱用的是 220V（或 110V）、50Hz（或 60Hz）的交流电，所以，人们最容易想到也最容易实现的方法，就是用一个可以将直流电转变成交流电的逆变器把市售冰箱和太阳电池连接起来。一个典型的太阳能光伏交流冰箱系统通常包括太阳电池板、控制电路、逆变电路、蓄电池、交流冰箱等部件，控制电路和逆变电路有时集成为一体。由于太阳能是不连续的，为了保证冰箱在夜晚和阴雨天也能连续工作，一般要在系统中配备蓄电池[114]（蓄电池也在系统中起到稳压的作用），并且配备带有避免蓄电池过充电、过放电保护功能的控制器。在日照情况下，太阳电池组件接收太阳光的辐射能，并将其转化为直流电能作为系统的电能来源。控制电路则用来控制整个系统的工作状态，并对蓄电池起到过充电保护、过放电保护的作用。蓄电池能够储存系统运行时多余的电能[97]，供制冷系统在夜晚和阴雨天气使用，实现能量的移峰填谷。直流电经逆变电路逆变后即驱动交流压缩机，使制冷系统工作。

实验中的交流冰箱为某厂家生产的采用蒸汽压缩式制冷方式的冰箱，额定电压为220V，额定功率为90W，冷藏容积为77L，冷冻容积为33L。所采用逆变器额定电压为24V，因此蓄电池系统中必须选用额定电压为12V，容量为100A·h的两块阀控式铅酸蓄电池串联使用，采用峰值功率为190W的单晶硅电池组件一块。

2. 光伏交流冰箱系统性能测试设备及测试方法

对于利用太阳辐射能工作的太阳能光伏交流冰箱，系统的性能会因为日总辐射量的不同而不同，一天中的太阳总辐射量在晴天、阴天等天气状况下各不相同，即使同为晴天，夏季和秋季也不同，甚至同一个季节的日总辐射量也会有较大的差别，因此，需要用一台太阳辐射表（TRM-2 型）来测量日总辐射量，并以此数据作为所设计系统太阳能光伏交流冰箱实验测试功率的研究基础。环境温度直接影响系统的负荷，并对太阳电池、蓄电池的工作性能有一定的影响，可以用 PTS-3 型环境温度湿度传感器测试太阳能光伏交流冰箱工作的环境温度。为得到太阳电池、蓄电池等的工作情况，要用 FD-1 型太阳能发电测试系统测量太阳电池、蓄电池等的电流电压。根据需要在冷冻室中放置不同质量的纯水[比热容为 3.31kJ/(kg·K)]，以模拟冰箱实际使用时的储存物，同时也起到稳定冷冻室、冷藏室温度和蓄冷的作用。并可用 TRM-2 型太阳能热水测试系统通过合理布线测得冰箱内各点的温度。各测量参数及测试点布置见表 5-4。

表 5-4 测量参数及测试点布置

参数	单位	测点位置
温度	℃	环境
太阳辐照度	W/m^2	环境
直流电流	V	太阳电池、蓄电池
直流电压	A	太阳电池、蓄电池
电功率	W	冰箱
耗电量	kW·h	冰箱
风速	m/s	环境

为准确测得实验中系统工作时的各个参数，在系统中合理布置了各测试仪器，如图 5-22 所示。

各个测试量使用的测试仪器的精度及测试对象总结见表 5-5。

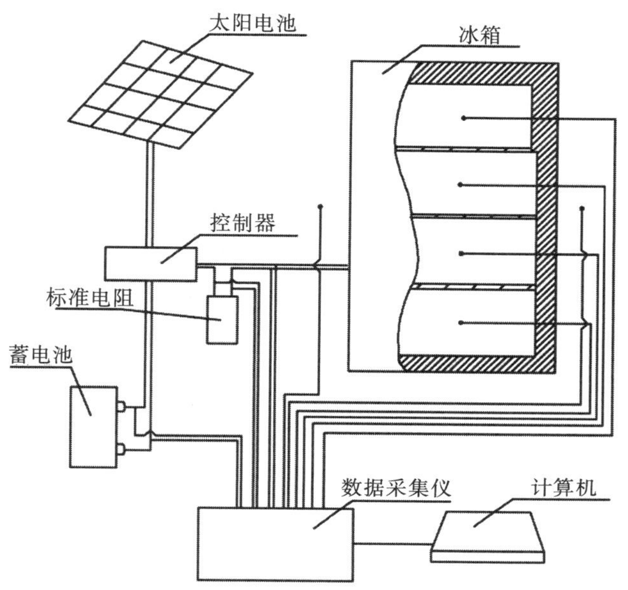

图 5-22　太阳能光伏交流冰箱系统实验测试布线图

表 5-5　实验测试仪器系统

仪器	测试精度	测试对象
TRM-2 型太阳能热水测试系统		冰箱内温度分布
FD-1 型太阳能发电测试系统		各部件电流、电压
TBQ 型太阳能总辐射表	≤2%	实验时的太阳辐照度
PTS-3 型环境温度湿度传感器	±0.1%	环境温度
EC-9S(X)型数字风速传感器	±(0.30+0.03)m/s	风速

3. 光伏交流冰箱系统性能分析

为测试该太阳能光伏交流冰箱系统的运行规律及各部件性能，分别选取晴天、多云等各种典型天气状况进行实验，根据实验需要还要在冰箱中放置不同负载。实验测试主要分两部分内容：一是测试系统在各种天气条件下的实际运行效果；二是测试各部件的性能，研究系统的匹配度。在具体的测试中，主要测量全天的辐照度、电池板电压和电流、蓄电池电压和电流、冰箱功率、冰箱耗电量、室外温度等数据。

1)空箱实验结果与分析

图 5-23～图 5-25 为一天中辐照度和环境温度的变化，一天中最大辐照度为 1050W/m^2。这一天中，中午前后到下午天空有云，这些云会对辐照度产生很大的影响。由图可知，太

阳辐射的辐照度为 200～1100W/m^2，环境温度为 19.5～25.5℃。由实验数据计算得到测试期间的累计辐照量为 13MJ/m^2。

如图 5-26 所示，当阳光照射到太阳电池阵列上时，其电压就开始不断升高，当大于蓄电池电压后便开始为蓄电池充电。电池组件的端电压受辐照度和环境温度的综合影响，而辐照度对太阳电池的工作电压影响不大，辐照度变强时，工作电压略有增大。由于本实验系统中有蓄电池，蓄电池在系统中也起到了一定的稳压作用。

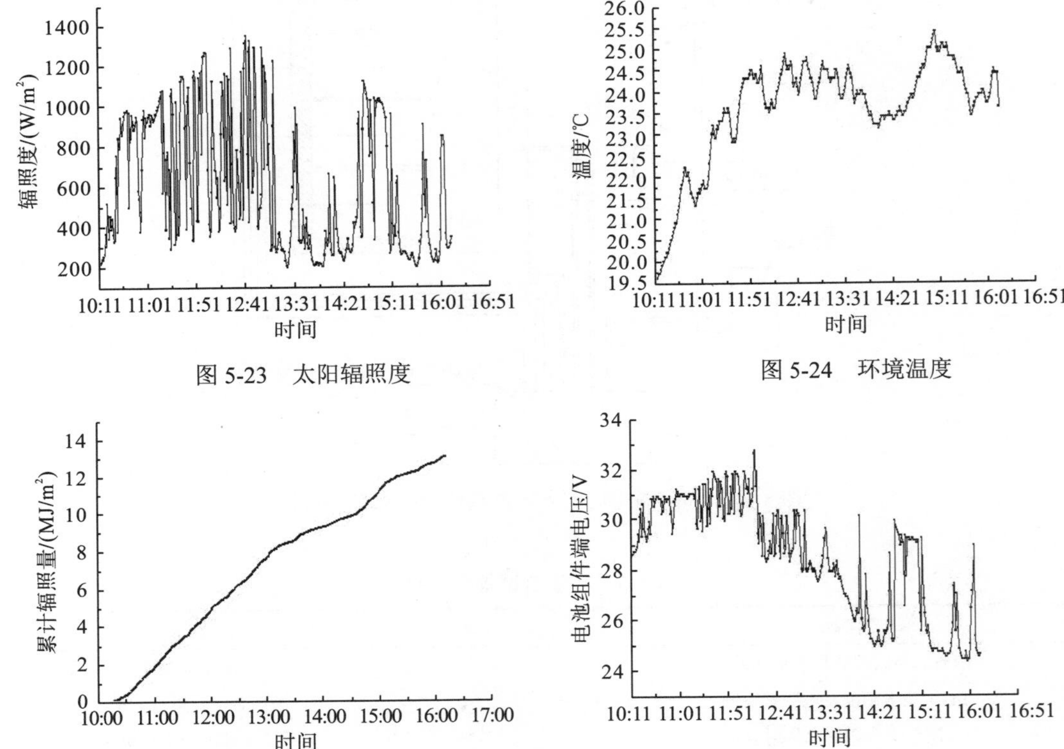

图 5-23　太阳辐照度

图 5-24　环境温度

图 5-25　累计辐照量变化

图 5-26　光伏组件电压变化

如图 5-27 所示，太阳电池表面温度一定时，太阳电池的工作电流随辐照度的变化基本上呈线性变化[115]，在辐照度一定时，太阳电池的工作电流随环境温度[116]的变化呈线性变化。光伏阵列可以将产生的电能先储存到蓄电池中；在冰箱运行的初始阶段，由于室内温度和设定温度之间的温差较大，冰箱起初在高功率的状态下运行，这时负载电流大于太阳电池阵列产生的电流，需要蓄电池提供部分电量；当冰箱运行一段时间后，室内温度上升，冰箱的功率下降，阵列就可以在为冰箱提供电能的同时还为蓄电池充电；下午辐照度下降，阵列产生的电流也逐渐下降直到为零，在这个阶段就需要蓄电池将中午时段储存的电量释放出来供冰箱运行。图 5-28 为实验时间内发电功率的变化曲线。可以看出，电池组件的发电功率和辐照的变化趋势基本一致，说明发电功率主要受辐照度的影响，由于实验时间内有大量云的影响，累计的辐照量只有 13MJ/m^2，全天太阳能阵列的发电量也会受此影响，发电量为 0.57kW·h。实验时间内电池累计发电量如图 5-29 所示。

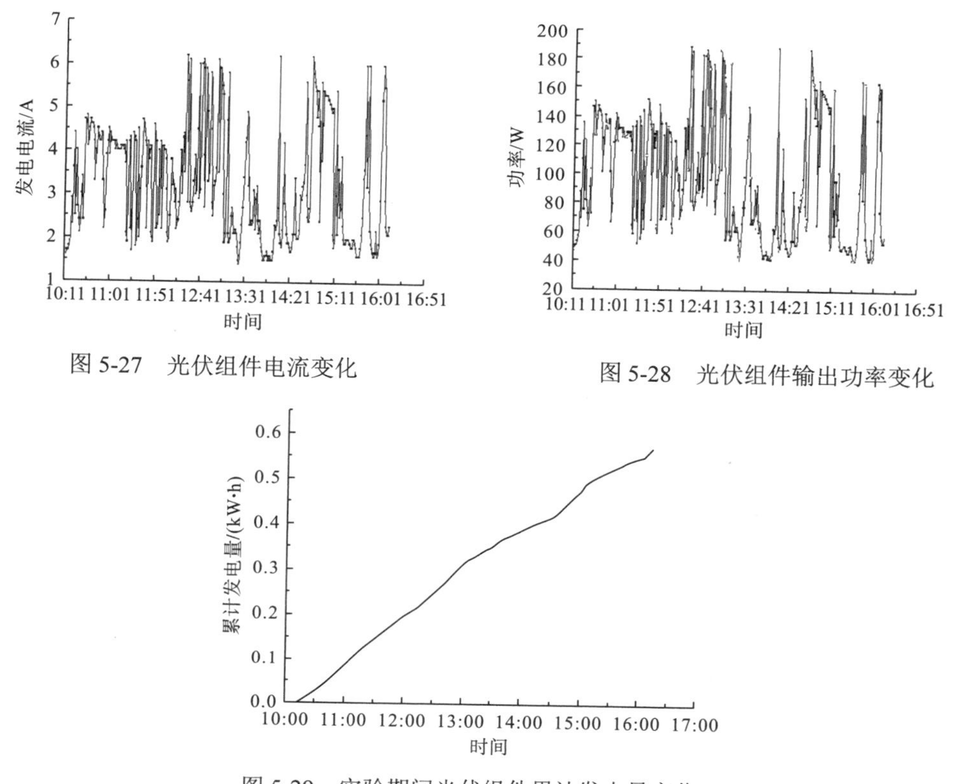

图 5-27　光伏组件电流变化

图 5-28　光伏组件输出功率变化

图 5-29　实验期间光伏组件累计发电量变化

图 5-30 为实验过程中冰箱的温度变化。开机运行约 0.5h 时，冷冻室和冷藏室的温度分别迅速降低到−12℃和 0℃，实验测得冰箱空载运行 24h 的耗能为 0.4kW·h。这是因为冰箱内为空载，制冷热负荷较小，使得冰箱消耗较小的功率便可使冰箱内温度迅速降低。此后冰箱开始进入稳定运行状态。冰箱内外温差、保温层都是影响冰箱性能的重要因素，因此在使用时应尽量避免冰箱箱体被太阳照射，以减小冰箱的负荷，减少能耗。

冰箱压缩机工作时间也主要受辐照量的影响，不同辐照量时冰箱运行时间如图 5-31 所示。可以看出，冰箱运行时间与辐照量呈正相关关系。这是因为电池组件产生的直流电能是系统主要的电力来源，而电池组件的发电量则主要受辐照量影响。

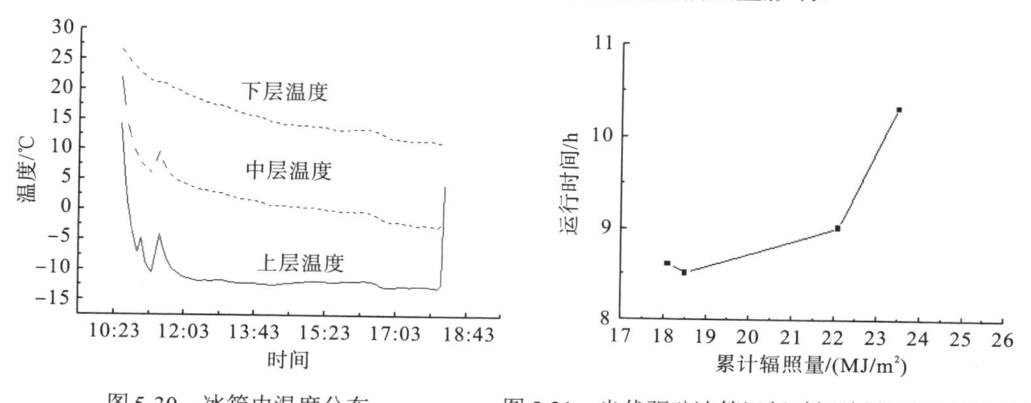

图 5-30　冰箱内温度分布

图 5-31　光伏驱动冰箱运行时间随累计辐照量的变化

2) 负载实验结果与分析

晴天带负载实验的时间为09:33～19:33，在冷冻室放置了3kg纯水。图5-32和图5-33为实验当天的辐照度和环境温度的变化，一天中最大辐照度为1051W/m^2，实验时间内的环境温度为20.5～27.5℃，累计辐照量随时间的变化如图5-34所示。由实验数据计算得到全天的累计太阳辐射总量为22.3MJ。图5-35为全天太阳电池组件的工作电压变化情况。由于试验系统中采用了控制器，保证了电池组件的电压不会超过蓄电池的过载电压。电池组件的端电压变化幅度较小，使得系统工作在较小的电压波动范围内。

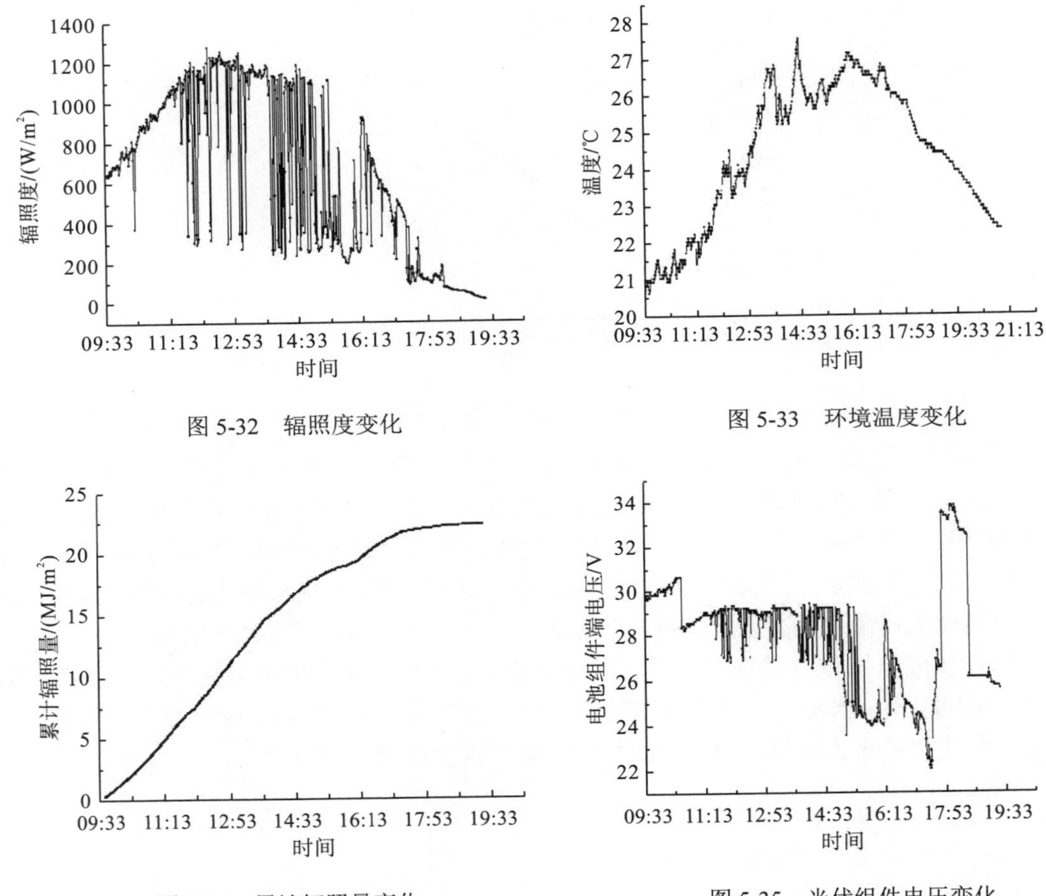

图5-32 辐照度变化

图5-33 环境温度变化

图5-34 累计辐照量变化

图5-35 光伏组件电压变化

图5-36为系统运行过程中光伏阵列输出电流的变化情况，冰箱运行过程中的额定功率为90W，电流为0.4A左右。由于光伏电池片具有输出电流大的特性，因此实验测试的光伏组件输出电流远大于冰箱运行电流，但由于光伏输出电压较低，因此光伏组件输出的功率基本上与冰箱运行功率相匹配。当光伏组件输出功率大于冰箱运行所需功率时，多余电量储存到蓄电池中，当光伏组件输出功率不够时，蓄电池补充不足的部分确保冰箱稳定

运行。图 5-37 和图 5-38 分别为试验时间内发电功率及累计发电量的变化情况。由图 5-37 可以看出，光伏组件发电功率的变化和辐照量基本一致，最高达 187.24W。电池组件的功率还受环境温度的影响，测试时段的环境温度为 20.5～27.5℃，全天的累计辐照量为 22.3MJ/m^2，全天太阳能阵列的发电量为 0.92kW·h。系统能量利用按照以下方式进行自动分配：当发电功率大于负载功率时，由电池板为负载提供电量，电池板发电量分成两部分，一部分不经过蓄电池直接进入逆变器供负载使用，其余电量进入蓄电池储存；当发电功率小于负载功率时，由电池板和蓄电池共同为负载提供电量；发电功率为零时，由蓄电池提供全部电量。由图 5-39 可知，开机连续运行约 3h 后，冷藏室的温度稳定在 4℃左右，而冷冻室的温度稳定在−8℃。与空载实验相比，带负载时用的时间要长得多，这是因为在此过程中，制冷系统要将箱内纯水的热负荷带走[98]。

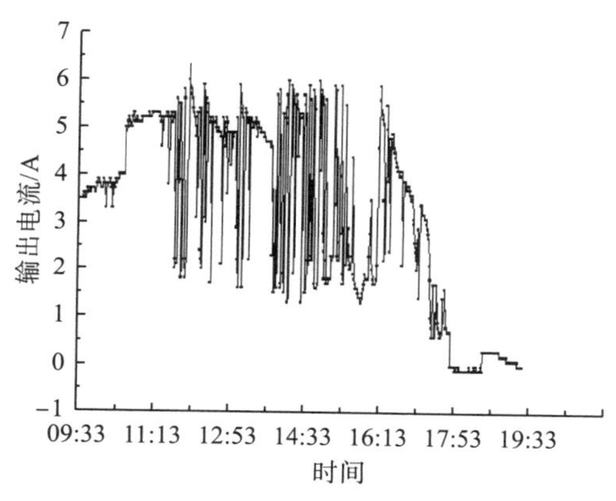

图 5-36　光伏组件输出电流的变化

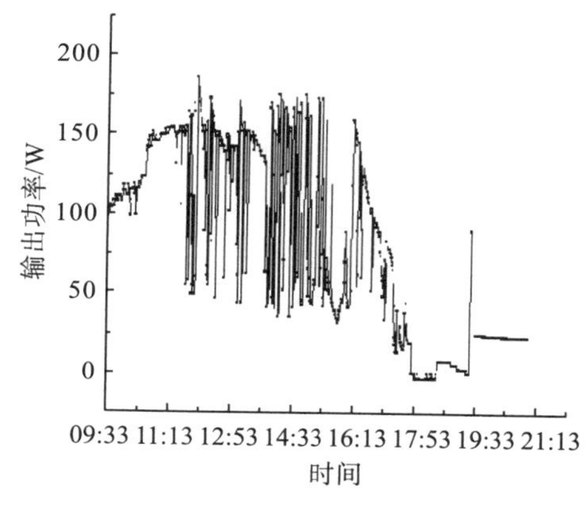

图 5-37　光伏组件输出功率的变化

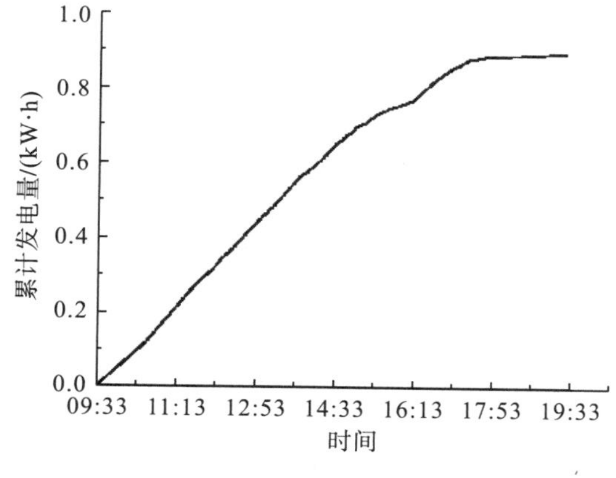

图 5-38　光伏组件累计发电量的变化

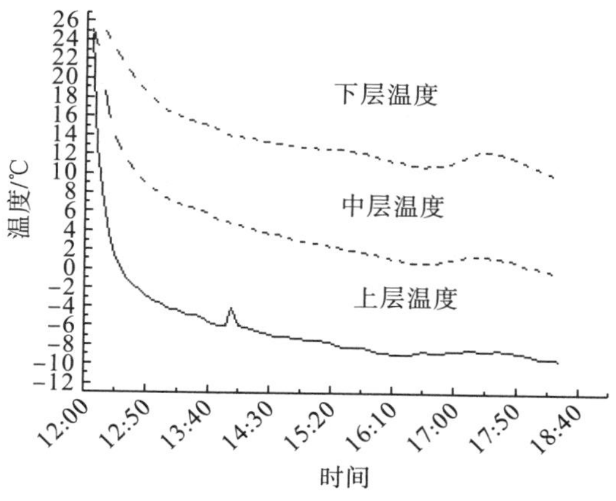

图 5-39　冰箱内温度的变化

压缩机运行时实际上主要受辐照量的影响，实验测定了带负载时冰箱运行时间和辐照量的关系，如图 5-40 所示。此外，还测试了带负载时不同辐照度下系统的制冷性能，见表 5-6。

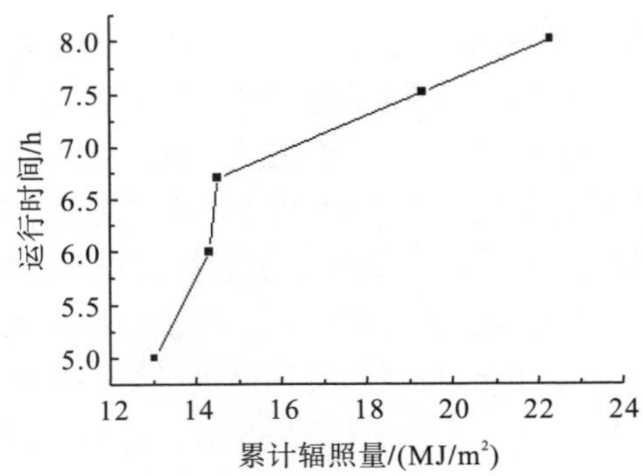

图 5-40 光伏驱动冰箱运行时间随累计辐照量的变化

表 5-6 不同辐照量下的光伏交流冰箱带负载的制冷性能

参数	日期				
	7.6	7.7	7.10	7.12	7.31
接收辐射总量/MJ	7.9	9	9.23	14.5	13.4
冰箱内最低温度/℃	−9.1	−13.1	−9.3	−9.2	−6.1
制冰量/冷水量/kg	2.3/0.7	0.5/4.5	0.3/4.7	0.3/4.7	0.3/2.7
制冷量/MJ	0.98	0.76	0.7	0.7	0.89
COP_{solar}	0.12	0.052	0.067	0.078	0.064

由表 5-6 可知，光伏交流冰箱系统带负载运行时系统效率(COP)最高可达 0.12，一般可以稳定在 0.05～0.12。

下面分析不同负载量下的实验结果。

在冷冻室分别放入 5kg、6kg 和 7kg 水，将测温度的铂电阻置于水中，该实验过程中累计辐照量均为 10MJ。为了更详细地分析冰箱的整个运行过程，将实验过程分为制冷阶段和稳定运行阶段。

3) 制冷阶段的测试与分析

制冷阶段是负载放入冰箱内从室温降至 0℃并结冰的阶段。图 5-41 为不同负载量温度随时间的变化情况，5kg、6kg、7kg 水降到 0℃分别用时 110min、180min 和 220min。图 5-42 为压缩机温度随时间的变化曲线。可以看出，箱内负载质量越大，压缩机的工作温度越高，这是因为在冰箱制冷过程中，制冷剂在循环回路中不能充分散热，造成排气压力较高，从而使气缸内排气温度较高，导致压缩机的温度也较高。

制冷系数 COP 可以判定系统性能好坏，一般用系统的制冷量 Q 与系统接收的太阳能 Q_s 之比表示为

$$\mathrm{COP} = \frac{Q}{Q_s} \tag{5-14}$$

$$Q = c_1 m_1 \Delta t_1 + \gamma m_2 + c_2 m_2 \Delta t_2 \tag{5-15}$$

$$Q_s = IA \tag{5-16}$$

式中，c_1 为水的比热容，取值 4.2×10^3J/(kg·℃)；m_1 为水的质量，kg；Δt_1 为水温的变化，℃；γ 为水的固化潜热，335kJ/kg；m_2 为冰的质量，kg；c_2 为冰的比热容，取值 2.1×10^3J/(kg·℃)；Δt_2 为冰温度的变化，℃；I 为辐照度，W/m^2；A 为电池板面积，m^2。

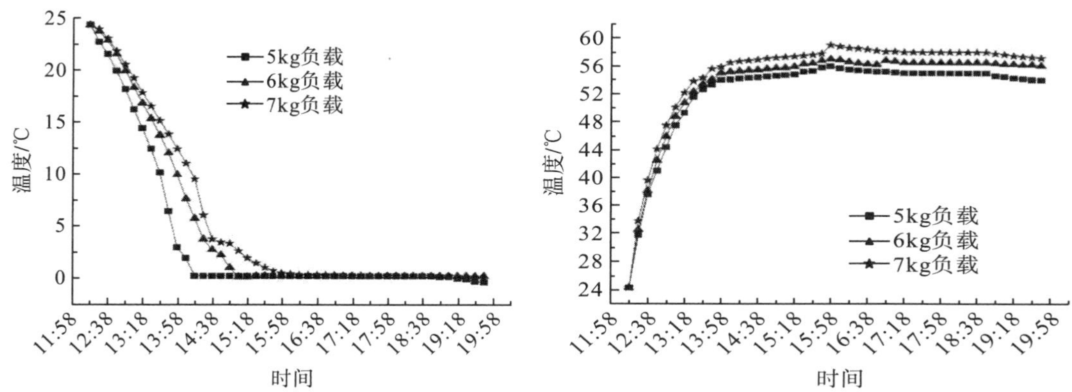

图 5-41　不同负载时箱内温度的变化

图 5-42　不同负载时冰箱压缩机温度的变化

图 5-43 为制冷阶段系统效率 COP 的变化曲线。可以看出，在开机运行到 13:58 时，装有 5kg、6kg 和 7kg 负载的光伏冰箱运行的 COP 分别为 0.27、0.18 和 0.25，初始降温阶段负载温度和负载质量都对系统效率产生影响，降温快和质量大的 COP 均较高。由图 5-41 可以看出，实验中冰箱刚开机运行时，不同负载的温度变化范围波动较大，5kg 负载降温最快，因此 5kg 负载的系统效率最高，其次为 7kg 负载，效率最低的是 6kg 负载，实验结果还说明了此阶段温度对系统效率的影响高于质量的影响。当系统运行到 14:38 时，水温降至 0℃，此时水开始相变凝结成 0℃冰块，水发生相变的过程中温度不变，释放了内部潜热，此时释放的能量只与负载质量相关，此时不同负载量的 COP 分别为 0.16、0.18 和 0.19。质量越大，制取的 0℃的冰块越多，释放的能量越多，系统效率越高。相变阶段，7kg 负载的 COP 是 6kg、5kg 负载的 1.2 倍和 1.4 倍。在辐照度一定的条件下，制冷阶段系统效率 COP 不仅取决于负载的质量而且还与制冷过程中负载的温度变化相关，初始降温阶段，温度的影响高于质量的影响，负载发生相变的阶段只与质量有关。

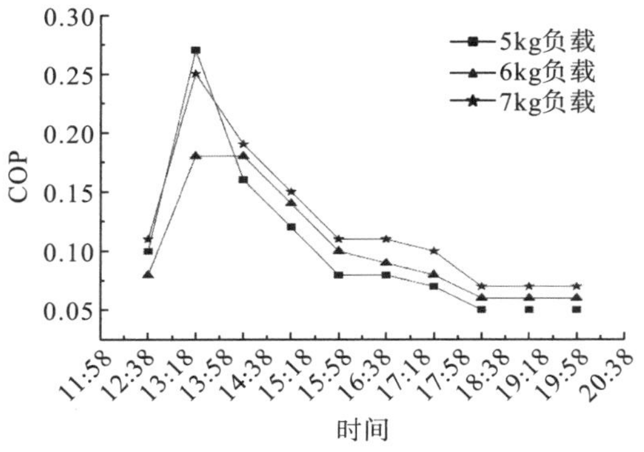

图 5-43　不同负载时冰箱的 COP 变化

4）稳定运行阶段的测试与分析

稳定运行阶段是指负载从 0℃冰块持续降温至设定温度-20℃的过程。图 5-44 是冰箱从制冷阶段逐渐进入到稳定运行阶段的过程中，冰箱内负载温度的变化曲线。

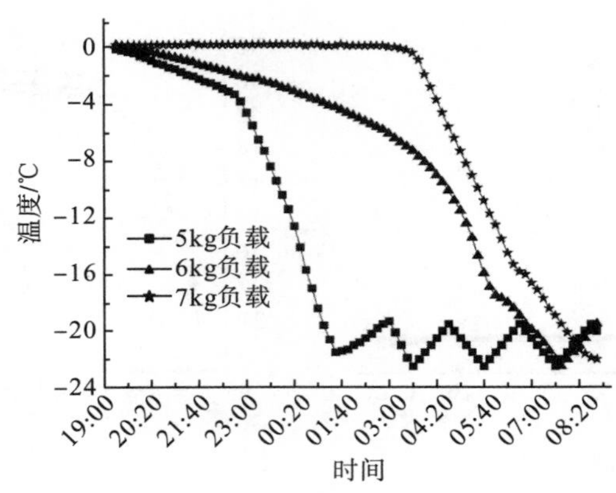

图 5-44 不同负载量箱内负载温度变化

由图 5-44 可知，从开机运行到不同负载达到设定温度-20℃时分别用时 791min、1151min 和 1232min，造成较大差距的主要影响因素是负载的冷却速度和时间[45]。冷却速度是单位时间内物体温度的减少量，用 V 表示，假设物体刚开始温度为 t_0，经过时间 τ 后物体的平均温度为 t_1，那么冷却速度 V 为

$$V = \frac{t_0 - t_1}{\tau} \tag{5-17}$$

对于同一物体不同形状、大小的冷却时间 τ 为

$$\tau = \frac{\rho c}{4.65\lambda}\delta\left(\delta + \frac{5.3\lambda}{\alpha}\right)\lg\left(\frac{t_0 - t_1}{t_1 - t_r}\right) \tag{5-18}$$

式中，ρ 为物体密度，kg/m^3；c 为物体的比热容，J/(kg·k)；λ 为物体内部导热系数，$W/(m^2 \cdot K)$；δ 为物体厚度，m；α 为对流换热系数，$W/(m^2 \cdot K)$；t_r 为冷却介质温度，K。

结合实验数据由式(5-17)可计算出不同负载的冷却速度分别为 1.94℃/h、1.34℃/h 和 1.23℃/h。同时可知 6kg 与 7kg 负载达到设定温度时 5kg 负载已经经历了 3～4 个周期。由公式(5-18)可知，在进入稳定运行阶段时，负载的冷却时间取决于负载厚度 δ，实验中测得 5kg、6kg 和 7kg 负载的厚度分别为 5.4cm、7.2cm 和 8.1cm。

由于实验持续时间较长，冰箱运行时，白天采用光伏发电与蓄电池共同驱动，晚上则采用蓄电池单独供能。白天光伏发电部分用于驱动冰箱运行，剩余部分储存在蓄电池内，当辐照度不够时，蓄电池输出电能补充光伏能量的不足；夜间蓄电池供能驱动冰箱运行，蓄电池用于驱动的能量一部分来自白天光伏储存的太阳能，另一部分来自蓄电池自身储存的电能。图 5-45 是不同负载量蓄电池端电流的变化曲线，整个实验过程在晚上进行，系统由蓄电池单独供电。

在负载过冷阶段，由于负载冰块是显热蓄冷，且设定了负载达到的温度值，因此系统效率在此阶段均与达到相同负载温度的时间相关，由于负载量的不同，因此负载达到设定温度的时间不同，5kg、6kg 和 7kg 负载达到-20℃分别用时 791min、1151min 和 1232min。由图 5-45 可知，到第二天 09:00，载有 5kg 负载时冰箱已稳定工作了 3 个周期；载入 6kg 负载时冰箱才刚刚进入工作周期；而 7kg 负载时，负载温度还未达到最低值，冰箱还未达到周期工作。5kg 负载比 6kg、7kg 负载分别早进入工作周期 7h、9h。图 5-46 为负载过冷阶段冰箱功率的变化情况，与图 5-45 有相似的变化趋势。

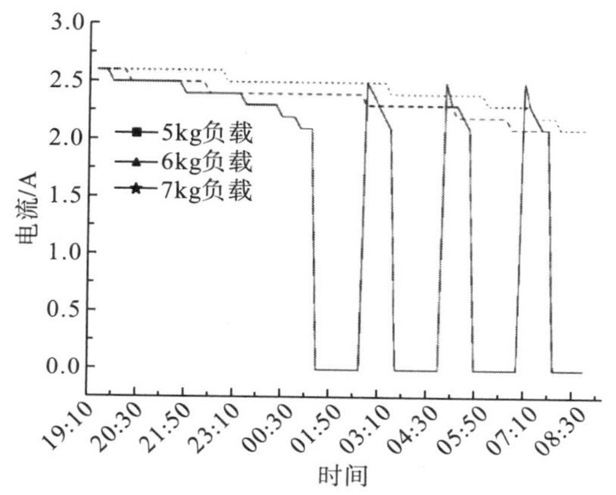

图 5-45　不同负载时蓄电池电流的变化

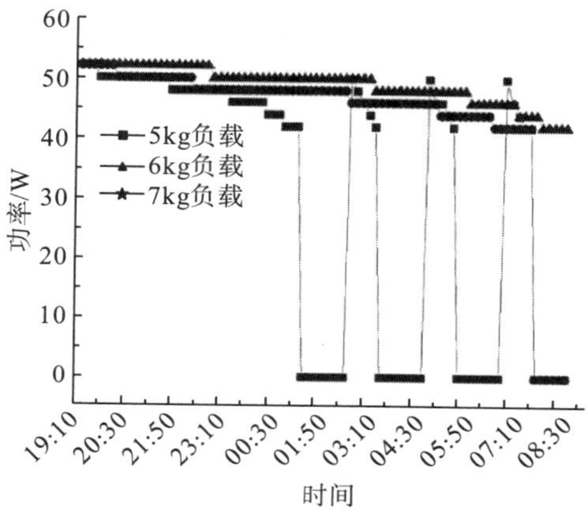

图 5-46　不同负载时冰箱功率的变化

带有不同负载的光伏冰箱系统运行特性见表 5-7。

表 5-7　不同负载量系统性能对比

负载/kg	发电量/(kW·h)(试验段/晴天)	制冷量/(kW·h)	冰箱功耗/(kW·h)	光伏制冷量/(kW·h)	COP	COP_{solar}
5	0.44/0.92	0.67	1.1	0.27	0.61	0.081
6	0.44/0.92	0.80	1.9	0.18	0.42	0.054
7	0.44/0.92	0.94	2.3	0.18	0.40	0.053

表 5-7 为光伏交流冰箱系统在相同的累计辐照量($10MJ/m^2$)下，冰箱带不同负载时系统特性参数的对比。可以看出，在开展不同负载测试试验时，试验段的累计辐照量均为 $10MJ/m^2$，累计发电量为 0.44kW·h，5kg、6kg 和 7kg 水分别达到-20℃时，冰箱功耗分别为 1.1kW·h、1.9kW·h 和 2.3kW·h，电能消耗量远高于光伏发电量，光伏发电量不足部分由蓄电池补充。由于 5kg 水降温到-20℃所用的时间比 6kg 水和 7kg 水分别少了 7h 和 9h，因此 5kg 负载下冰箱的 COP 为 0.61，比 6kg 和 7kg 负载分别高出 45.2%和 52.5%。冰箱的 COP 随着负载温度的降低而逐渐减小，实验测得 5kg 水从 25℃降至 0℃时冰箱 COP 为 3.70，系统效率 COP_{solar} 为 0.27，当降至-20℃时，冰箱的 COP 降至 0.61，系统效率 COP_{solar} 由 0.27 降至 0.081。在同样温度时增加负载量会增加制冷时长，导致制冷效率下降。因此，

在冰箱使用时不应将负载温度设置得过低，导致冰箱超负荷运行，不仅浪费能量，而且降低了冰箱的运行寿命。

此外，从表 5-7 得知，实验阶段光伏组件所接收的 $10MJ/m^2$ 的辐照量产生了 0.44kW·h 电能，而 5kg、6kg 和 7kg 水在冰箱经历的降温、相变及过冷三个阶段共消耗的电能分别为 1.1kW·h、1.9kW·h 和 2.3kW·h，因此所储存的太阳能不足以驱动负载运行三个阶段。实验记录显示，在昆明地区，典型晴天的累计辐照量可达到 $22MJ/m^2$，由表 5-7 可知，在典型晴天时，光伏冰箱的光伏组件全天可发电 0.92kW·h，基本上可以驱动 5kg 水达到设置的-20℃的冷冻温度。因此可得，本实验所构建的光伏冰箱的最佳运行冷冻负载应为 5kg，此负载在典型晴天可由光伏驱动达到冷冻温度。

4. 小结

本节对不同天气状况下光伏驱动的交流冰箱系统的工作性能进行了实验测试和分析。电池组件的发电电流和发电功率主要受辐照度影响，发电电流和发电功率与辐照度基本上呈线性关系，辐照量为 $13MJ/m^2$ 和 $22MJ/m^2$ 时的发电量分别为 0.57kW·h 和 0.92kW·h；辐照度对电池组件工作电压的影响则不大，随着辐照度的增加，电池组件工作电压略有增加，试验中系统工作电压一般稳定在 20～33V；空载和带负载时冰箱内的最低温度分别达到-12℃和-15℃，都可满足制冷需求。带负载时光伏冰箱的 COP 可稳定在 0.05～0.12。

另外，本节开展了冰箱不同负载量的实验研究，系统空载时用时 75min 箱内冷冻室温度降到 0℃，用时 150min 冷藏室温度降到 5℃用时，运行 210min 后冰箱进入稳定运行阶段。分别带载 5kg、6kg 和 7kg 水后光伏冰箱运行在初始降温阶段的 COP_{solar} 分别为 0.27、0.18 和 0.25。当水温达到 0℃时，水开始相变凝结成冰，此时系统效率与负载质量相关。当负载进入过冷阶段后，此时系统效率则与冰箱运行达到设定负载温度的时间相关。5kg、6kg 和 7kg 负载运行时，达到冷冻室设定温度-20℃分别用时为 791min、1151min 和 1232min，在系统稳定运行阶段冰箱的累计功耗分别为 1.1kW·h、1.9kW·h 和 2.3kW·h，系统效率 COP_{solar} 分别为 0.081、0.054 和 0.053，与初始降温阶段相比，分别降低了 70%、70%和 78.8%，效率降低较大，能量浪费较大，因此在冰箱使用时不应将负载温度设置得过低，否则会导致冰箱超负荷运行，降低使用寿命。

基于太阳能高效利用，本实验所采用的光伏冰箱在典型晴天时，190W 的光伏组件接收了 $22MJ/m^2$ 的累计辐照量后产生了 0.92kW·h 的电能，完全用于驱动 90W 的冰箱提供约 0.67kW·h 的冷量。

5.4 光伏空调系统的构建及实验

本节设计并搭建分布式独立光伏空调系统，并对系统电压与各部件参数——电池板容量、逆变器容量与电压、控制器部件容量等进行选择，本系统设计使用场所为商用 $25m^2$

左右的办公室采暖、制冷，设计保障天数为 1 天。

首先由系统制冷、采暖房间冷热负荷来决定空调功率与类别，并根据空调功率参数确定系统能耗，进一步确定电池板阵列(太阳能发电系统)、逆变器参数，最后由上述参数决定蓄电池容量与控制器参数等。详细系统设计流程如图 5-47 所示。

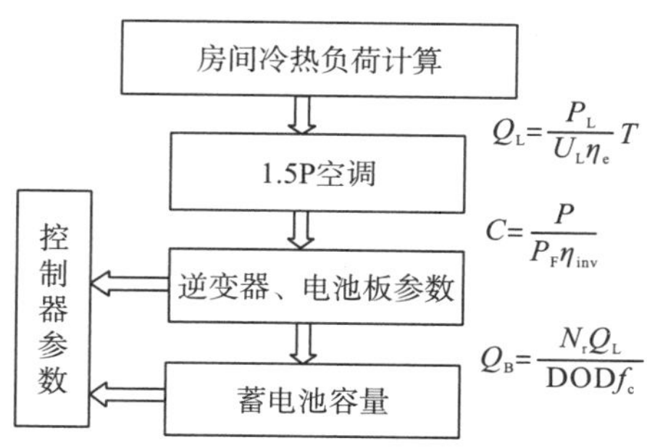

图 5-47　光伏空调系统设计流程

5.4.1　光伏空调系统设计与构建

1. 房间冷热负荷计算

本系统安装在云南师范大学四楼北边的一办公室内，有效面积为 23.3m^2，体积为 88.3m^3；其维护结构主要由隔断木墙、玻璃、混凝土墙等组成，光伏控制器、逆变器等设备室内放置，电池板架设在室外平台[116]。房间实物图如图 5-48 所示。房间冷热负荷计算见表 5-8 和表 5-9。

图 5-48　采用光伏空调的办公室

表 5-8 办公室的冷负荷

地点	围护结构			传热系数(K)/[W/(m²·℃)]	室内外计算温差(t_w-t_n)/℃	温差修正系数(α)	基本耗热量(Q′)/W	房间总冷负荷(Q)/W
	名称及方向	面积计算/(m×m)	面积/m²					
隔断办公室	东墙(木隔断)	8.3×2.8	23.24	0.2	6	1	27.888	1971.39
	东墙(玻璃)	8.3×0.64	5.312	1.2	6	1	38.2464	
	东墙(混凝土)	8.3×0.36	2.988	1.8	6	1	32.2704	
	西墙(混凝土)	8.3×3.8	31.54	1.8	6	1	340.632	
	南墙(木门)	2.0×1.4	2.8	0.2	5	1	2.8	
	南墙(门玻璃)	1.92×0.59	1.133	1.2	5	1	6.798	
	南墙(墙体)	2.8×0.81	2.268	1.33	5	1	15.0822	
	北墙(混凝土)	2.8×0.9	2.52	1.8	10	1	45.36	
	北墙(玻璃)	2.8×2.6	7.54	1.2	10	1	90.48	
	地面	8.3×2.8	23.24	1.6	5	1	185.92	
	顶面	8.3×2.8	23.24	1.6	5	1	185.92	

表 5-9 办公室的热负荷

地点	围护结构			传热系数(K)/[W/(m²·℃)]	室内外计算温差(t_w-t_n)/℃	温差修正系数(α)	基本耗热量(Q′)/W	房间总热负荷(Q)/W
	名称及方向	面积计算/(m×m)	面积/m²					
隔断办公室	东墙(木隔断)	8.3×2.8	23.24	0.2	6	1	27.888	2287.74
	东墙(玻璃)	8.3×0.64	5.312	1.2	6	1	38.2464	
	东墙(混凝土)	8.3×0.36	2.988	1.8	6	1	32.2704	
	西墙(混凝土)	8.3×3.8	31.54	1.8	6	1	340.632	
	南墙(木门)	2.0×1.4	2.8	0.2	5	1	4.48	
	南墙(门玻璃)	1.92×0.59	1.133	1.2	5	1	10.8768	
	南墙(墙体)	2.8×0.81	2.268	1.33	5	1	24.13152	
	北墙(混凝土)	2.8×0.9	2.52	1.8	10	1	54.432	
	北墙(玻璃)	2.8×2.6	7.54	1.2	10	1	108.576	
	地面	8.3×2.8	23.24	1.6	5	1	223.104	
	顶面	8.3×2.8	23.24	1.6	5	1	223.104	

综上所述，该隔断办公室的冷负荷为 1971.39W，热负荷为 2287.74W，依此数据来确定该房间采暖制冷所需空调功率大小。

2. 空调

由前文得出房间冷负荷为 1971.39W，房间热负荷为 2287.74W，则空调制冷制热量必须大于房间冷热负荷才可实现房间的正常采暖、制冷，由于本节的光伏空调系统中所使用的空调为普通家用空调，结合房间冷热负荷，采用 1.5P 变频空调。

采用变频机[117，118]有以下几个方面的好处：

(1) 可实现软启动。启动时电流不需要为正常工作电流的 6～10 倍的大电流，因此变频空调启动时对供电电源不会造成损害。

(2) 制冷、采暖时变频压缩机初始工作频率可达到 150Hz，因而采暖、制冷速度更快。

(3) 变频空调控制精度更高，可实现温度±1℃的调节，在特殊使用地点甚至可达到设定温度±0.5℃。

(4) 比普通空调节能 20%～40%。

所采用的空调详细参数见表 5-10。

表 5-10　1.5P 冷暖型变频空调参数

参数	取值
运行频率范围	最小运行频率 1Hz
额定制冷量/W	3200 (450～3800)
额定制热量/W	3800 (880～4500)
循环风量/(m^3/h)	600
制冷、制热季节能效比	4.25/2.76
全年能效	3.58

3. 逆变器

为确定逆变器的容量需要知道负载的功率、负载的功率因数和逆变器效率等条件。空调在制热模式下输入功率更大，最大为 2270W；空调的功率因数为 0.85，额定逆变效率为 93%，因此，逆变器的容量由式 (5-19) 计算。

$$C_n P_F \eta_{inv} = P_L \tag{5-19}$$

式中，C_n 为逆变器容量；P_L 为空调功率；P_F 为空调功率因数；η_{inv} 为逆变器效率。

由式 (5-19) 可计算得到逆变器容量 C_n 为 2.97kV·A，由此可确定逆变器的额定容量为 3kV·A。与此同时，由于正弦波逆变器具有电磁干扰小、逆变效率高等优点，所以选用了一台 3kV·A 的正弦波逆变器，逆变器的主要参数见表 5-11。

表 5-11　逆变器参数

参数	赋值
型号	KFNB48-3000C
额定输出功率/W	3000
最大输出功率/W	3150
输入电压/V	48
输出电压/V	220AC
输出频率/Hz	50
自动保护功能	过载、短路、过温、反接、欠过压
冷却形式	风冷

由于逆变器容量确定为3kV·A，输入电压为48V，因此其他部件应与逆变器部件电压匹配。因此，蓄电池、控制器等其他部件的额定电压均应为48V才能与之匹配。

4. 光伏阵列

由于市场产品中，单晶硅电池板的效率是最高的，且性价比较高，所以采用单晶硅太阳能光伏板。太阳能光伏组件的技术参数见表5-12。

表5-12 太阳能光伏组件技术参数

参数	赋值
产品型号	DJB-245
峰值功率/W	245
最大功率点电压/V	31.5
最大功率点电流/A	7.78
开路电压/V	41.8
短路电流/A	8.3
峰值功率温度系数/(%/℃)	−0.45
电压温度系数/(%/℃)	−0.34
电流温度系数/(%/℃)	0.05

由于上述逆变器部件以及蓄电池、控制器部件系统电压均为48V，因此此处电池板输出电压要满足蓄电池的浮充电压57.6V，能够为蓄电池进行充电，并还需考虑电池板电压温度系数和电池板防反充二极管的压降以及在太阳辐射没达到峰值时输出电压的影响。因此，要想为蓄电池充电，良好地与系统各部件间进行匹配，电池板输出电压必须达到64V，因此选用两块太阳电池板串联，以能到达输出电压。计算如式(5-20)所示：

$$V_s = N_s V_0 \tag{5-20}$$

式中，V_s为太阳电池板输出电压，V；N_s为串联数；V_0为单个电池板输出电压，V。

为了满足负载的用电需求，太阳能发电系统输出电压应满足要求，发电量也必须满足负载一天的能耗需求，因此应通过并联方式增加发电系统的发电量。所需的组件并联数N_p如式(5-21)所示：

$$N_p = \frac{Ef_\theta}{mI_m \eta_B f_e \mathrm{SP}} \tag{5-21}$$

式中，E为空调日功耗，测量值为341.7A·h；f_e为单晶硅太阳电池板损失补偿系数；f_θ为太阳电池组件倾角修正系数，取0.9；I_m为单片太阳电池在标准测试条件下(AM1.5，1000W/m^2，25℃)的最大功率点电流；η_B为蓄电池的充电效率，取0.9；SP为灰尘阻挡因子，取0.96；m为标准测试条件的光强下每天的平均日照小时数，昆明地区气候资源条件下取4.26h。计算得N_p为5.16，取整数为5。因此，太阳电池阵列有5组串并联，每个组有两块电池板串联，阵列的峰值功率为2.45kW。

5. 蓄电池

蓄电池在整套系统中主要有储存能量、提供启动电流、缓冲等作用。蓄电池的容量则需依据实际使用需要进行配置，其中电压需和系统的工作电压相同，容量应满足负载保障系数设定的功耗需求。蓄电池容量配置过大，系统成本将大幅增加；蓄电池容量配置过小，则不能满足在太阳电池没有电能输出的情况下负载保障系数设定的功耗的要求。

采用阀控式免维护铅酸蓄电池，由于系统电压为 48V，因此本系统蓄电池串并联数量为：4 只串联满足电压需求，2 组并联满足系统容量需求[119]，计算如式(5-22)所示。

$$Q_b = \frac{P_d}{V_X} \frac{a}{\eta_{inv} \cdot \mathrm{DOD}} \tag{5-22}$$

式中，Q_b为蓄电池容量，A·h；P_d为负载保障系数设定功耗，kW·h；V_X为系统电压，V；η_{inv}为逆变器效率；DOD 为蓄电池理论放电深度。

本系统中设计的保障率为保障商用办公室白天 10h 工作时间内空调的正常运行。由上述参数计算可得，系统中蓄电池为 4 只串联，2 组并联，容量确定为 130A·h。

6. 控制器

控制器的最大输出电流需要由空调的最大功率、太阳能发电系统的最大输出电流共同决定。由上述确定的空调部件以最大功率运行时，若单靠蓄电池供能，则其最大输出电流为 30A 左右，太阳能发电系统最大输出电流为 39.5A，因此系统中控制器部件电流参数必须大于 40A，控制器的详细参数见表 5-13。

表 5-13 控制器参数

参数	赋值
型号	PHOCOS-PL-60
额定电流/A	60
额定电压/V	48
欠压/V	42
欠压恢复/V	48
过压/V	57.8
过压恢复/V	56
浮充电压/V	57.6
静态损耗/W	≤0.09

7. 光伏空调系统

由上述对房间冷热负荷、空调、控制器、逆变器、太阳能光伏组件及蓄电池容量的计算分析结果可得到光伏空调系统各部件参数，详见表 5-14。

表 5-14　光伏空调系统部件参数

部件名称	部件型号	参数名称	数值
电池板阵列	JN-DJB-245	额定功率	2.45kW (2 个串，5 组并)
控制器	PHOCOS-PL-60	额定电压	48V
		最大电流	60A
逆变器	KFNB48-3000C	额定电压	48V
		额定容量	3kW
蓄电池	6-GFMJ-65	额定电压	48V (4 只串，2 组并)
		额定容量	130A · h
空调	KFR-32G/(32580) FNX-A3	制冷输入功率	0.1～1.4kW
		制热输入功率	0.19～1.57kW

5.4.2　光伏空调系统性能测试与分析

1. 光伏空调系统性能评价指标

太阳能光伏空调系统性能评价指标主要包括系统效率、系统保障率、太阳电池阵列发电效率、部件性能及部件匹配性能等。

系统效率是评价系统性能优劣的重要指标，对于分布式独立光伏空调系统可表述为，空调主机的制热量或制冷量与太阳电池组件所接收的太阳辐射能的比值，如式(5-23)所示。

$$\mathrm{COP}=\frac{Q_{nl}}{E_{nl}}=\frac{\int_{T_0}^{T_n}\int_{t_0}^{t_n}C_{\mathrm{p}}\rho m\mathrm{d}T\mathrm{d}t}{\left(E_0+E_1+\cdots+E_n\right)\times 60} \tag{5-23}$$

式中，E_{nl} 为电池板接收到的辐射能，MJ；Q_{nl} 为联合供电模式空调制冷/热量，W。

系统保障为系统在正常工作条件下能否满足设计使用条件的标准。表述为分布式独立光伏空调系统能提供的电能与空调主机(终端)一天所需要的电能的比值，在系统的设计使用时间条件下，系统保障率需达到 1 以上才能完全满足设计使用需求，详见式(5-24)。

$$Z=\frac{E_{nl}}{Q_{ns}}=\frac{\left(E_0+E_1+\cdots+E_n\right)\times 60}{\int_{t_0}^{t_n}p\mathrm{d}t}=\frac{\left(E_0+E_1+\cdots+E_n\right)\times 60}{p_1t_1+p_2t_2+p_3t_3+\cdots+p_nt_n} \tag{5-24}$$

式中，Q_{ns} 为市电模式空调制冷/热耗电量，kW·h；p 为功率。

式(5-23)、式(5-24)中，COP 为系统效率；Q_{nl} 为空调主机的制热或制冷量；E_{nl} 为太阳能组件发电单元所接收到的太阳辐射能；E_i 为太阳电池组件单位时间接收的辐射能；C_{p} 为空气比热，取值 1.005kJ/(kg·K)；m 表示空调主机标准出风量；ρ 表示空气密度，取 1.2～1.5kg/m^3；t_0、t_1、t_2、…、t_n 表示时间；T 为室内实时温度。

2. 光伏空调系统性能测试与分析

实验主要针对光伏空调系统的采暖性能与制冷性能进行测试分析，测试了太阳能光伏阵列、控制器、逆变器和蓄电池等部件的主要运行参数，如电流、电压、辐照度等，同时还对系统终端空调部件的运行性能进行了测试，最后对比分析了光伏空调与光伏热泵的采暖性能。采用的主要测试设备如图 5-49 所示。

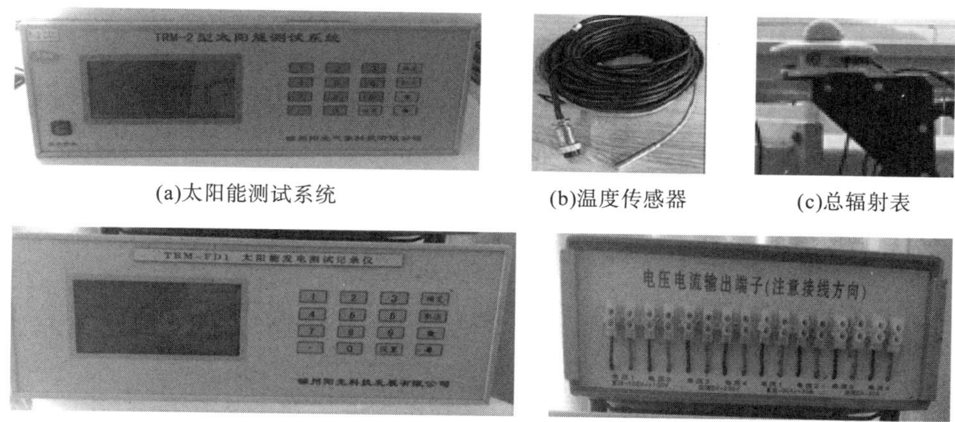

(a)太阳能测试系统　(b)温度传感器　(c)总辐射表

(d)太阳能发电系统测试仪　(e)系统电路集成仪

图 5-49　光伏空调系统性能测试设备

用 TRM-FD-1 太阳能发电测试系统监测并记录光伏阵列的输出电流和电压、蓄电池的电流电压及空调系统运行过程中的电流与电压情况；用 TRM-2 型太阳能测试系统采集并记录光伏阵列周围的环境情况，如太阳辐照度、风速及环境温度，同时还用于监测和采集空调室内机输出温度的变化情况；TBQ 型太阳能总辐射表用于测量光伏阵列表面所接收的太阳能总辐射值；精度为 0.1 的四线制 Pt100 热电阻温度传感器用于测量室内温度的变化情况。

1) 采暖性能分析

(1) 市电驱动空调采暖性能分析。

首先采用市电供电测试空调系统的采暖特性，确保空调系统正常运行。实验中空调开启时间为 8:00～17:00，空调设定温度为 25℃，图 5-50 显示了市电驱动下采暖过程中的室内温度与室外温度对比曲线，图 5-51 为系统采暖过程中空调能耗变换情况。

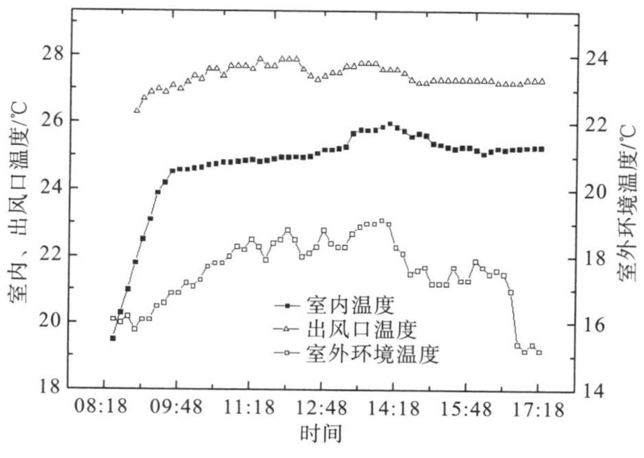

图 5-50　室内外温度变化情况

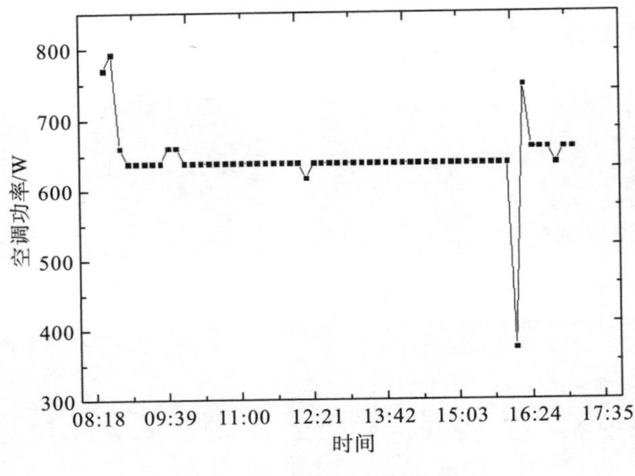

图 5-51　空调功率变化

测试结果表明，在空调制热模式下，经过 50min 采暖室内温度从 19.2℃提升到 24℃，当采暖室内达到设定温度之后，空调制热量明显减小并维持室内温度。在实验过程中，空调功率变化如图 5-51 所示。空调刚开机的前 50min 左右空调功率为 700～800W，采暖室内温度达到设定温度后空调主机功耗维持在 650W 左右，利用公式计算得到空调主机在整个实验过程中的耗电量，以及基于空调主机出风量 600m^3/h 可计算得出空调主机的制热量，由空调能耗和制热量即可计算出空调主机在整个实验过程中的平均效率(COP)，详细计算如下。

空调能耗 Q_{ns1} 计算如下：

$$Q_{ns1}=\left(p_0t_0+p_1t_1+p_2t_2+p_3t_3+\cdots+p_nt_n\right)=\int_{t_0}^{t_n}p\mathrm{d}t \tag{5-25}$$

式中，p_0、p_1、p_2、…、p_n 表示对应时间点空调的实时功率；t_0、t_1、t_2、…、t_n 为时间，整个空调运行时间内空调主机的耗电量由式(5-20)计算，可得到 Q_{ns1} 为 3.78×10^7J。

本系统中所使用的空调主机是美的 KFR-32GW-A3 型 1.5P 变频空调，其标准风量 m 为 600m^3/h。

根据空调主机制热量的室内外温度曲线、空调出风量等参数可计算出空调主机实时制热量 Q_{ns2}，详见下式。

$$Q_{ns2}=\int_{T_0}^{T_n}\int_{t_0}^{t_n}C_{\mathrm{p}}\rho m\mathrm{d}T\mathrm{d}t \tag{5-26}$$

式中，C_{p} 表示空气比热容，取值 1.005kJ/(kg·K)；m 表示空调主机标准出风量；ρ 表示空气密度，取 1.2～1.5kg/m^3；t_0、t_1、t_2、…、t_n 表示时间；T 为实时室内温度。

空调系统效率的计算如下式所示。

$$\mathrm{COP}=\frac{Q_{ns2}}{Q_{ns1}} \tag{5-27}$$

由式(5-26)和式(5-27)计算可得空调设备的耗电量 Q_{ns1} 为 3.78×10^7J，空调制热量 Q_{ns2} 为 1.368×10^8J。由此可得到在市电驱动下空调制热工况的采暖效率为 3.7。

(2) 光伏驱动空调供暖性能分析。

为对比分析光伏驱动与市电驱动的空调供暖性能，在 12 月选取了室外环境温度与市电采暖测试情况接近的一天进行采暖实验，实验过程中空调开启时间为 8:00～17:00，空调设定温度为 25℃，采暖过程中电池板发电功率与光伏阵列表面温度变化情况、电池板发功率与辐照度变化曲线、室内外温度变化情况以及系统采暖过程中的空调用电功率曲线如图 5-52～图 5-55 所示。

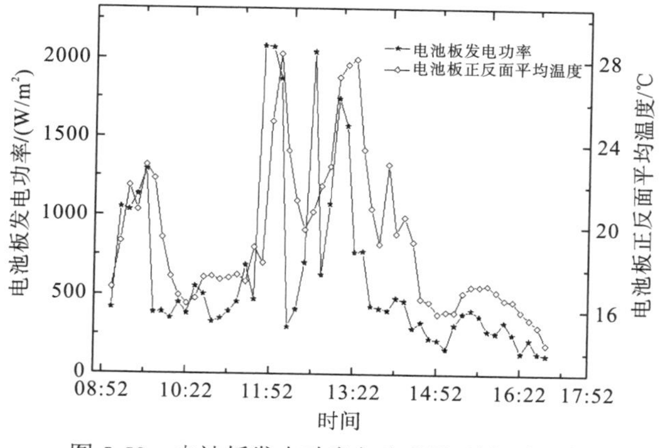

图 5-52　电池板发电功率与光伏阵列表面温度

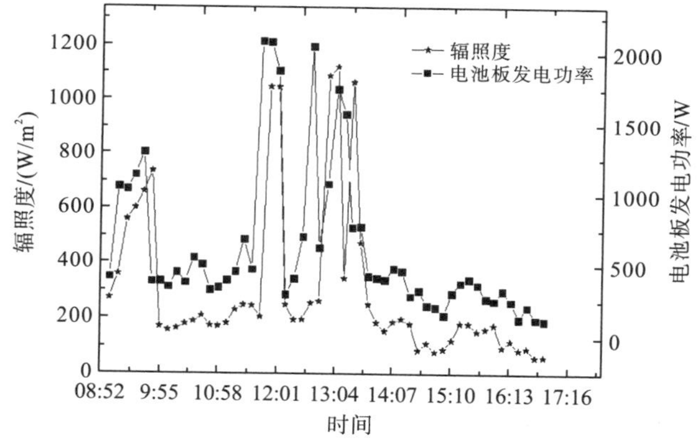

图 5-53　太阳辐照度与电池板发电功率

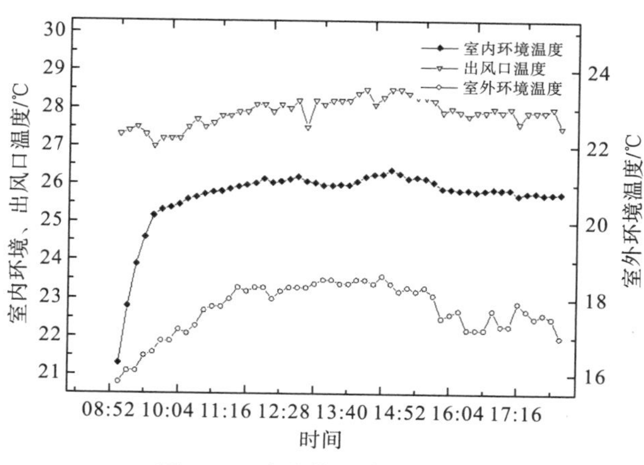

图 5-54　室内外温度变化情况

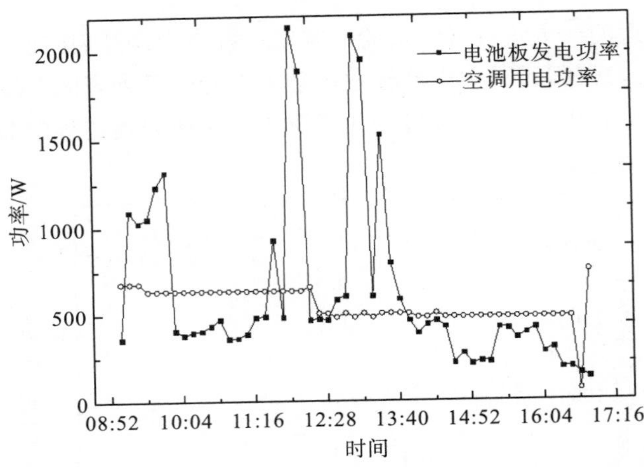

图 5-55 电池板发电功率与空调用电功率

由上述室内外温度变化、辐照度与电池板发电量、电池板温度与发电量曲线可得室内温度从 20.1℃上升到 25.2℃耗时 50min 左右，当电池板温度达到 35℃左右时，电池板发电功率随电池板温度的升高而有所降低。太阳电池板发电功率随辐照度增大而增大，实验当天电池板最大发电功率为 2200W，最小发电功率为 290W。实验当天辐照度最大达到 1050W/m^2，达到标准辐照 1000W/m^2 累计时长约为 2h，在实验过程中空调主机运行较稳定，能达到市电采暖的效果。当电池板发电功率较低时，蓄电池电流波动较大，由此蓄电池与太阳电池组件形成一种互补关系来确保空调主机的正常运行。当太阳能辐照在 675W/m^2 左右时太阳电池组件的输出功率可达 1150W 左右，可满足空调主机的能耗需求；当辐照高于 675W/m^2 时，多余的电能可存储在蓄电池中在辐照不足或无辐照情况下满足空调主机的能耗需求。

由图 5-56 可知在实验中蓄电池的充放电情况。蓄电池电压波动较小，均在 55V 左右，而由于太阳辐射强度的波动而导致蓄电池充放电波动较大，其中电流为负值代表蓄电池正处于充电情况，电流为正值代表蓄电池处于放电情况，实验中蓄电池最大的充电电流为 23A，最大放电电流为 28A。在实验当天，由于太阳辐照度较强，太阳电池组件输出的电能满足空调主机运行电能需求时间占比较大，充电时间小于蓄电池放电时间占比。

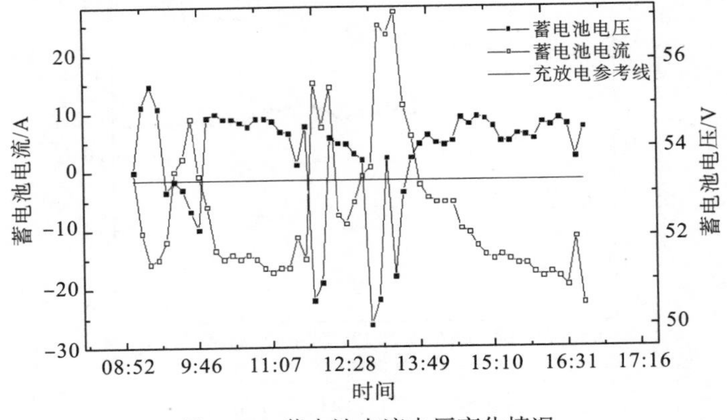

图 5-56 蓄电池电流电压变化情况

由上述数据基于空调主机出风量(600m^3/h)可计算得到空调主机在整个实验过程中的制热量，通过太阳辐射强度与电池板有效采光面积可得到实验过程中电池板所接收到的太阳辐射能，通过蓄电池在整个实验过程中电流、电压变化可得到整个实验过程中蓄电池所释放或储存的电能，由以上几个参量可计算出空调主机在整个实验过程中的平均效率(COP)，详细计算如下。

当天太阳电池板所接收到的累计辐照量可由下式得到。

$$E_{n10} = \left(E_0 + E_1 + \cdots + E_n\right) \times 60 \tag{5-28}$$

由式(5-28)可计算得出太阳电池板单位面积上当天累计辐照量为 12.6MJ。

太阳电池板的总发电量 Q_{n11} 的计算公式如下：

$$Q_{n11} = Q_0 + Q_1 + \cdots + Q_n \tag{5-29}$$

空调日累计制热量 Q_{n12} 的计算公式为

$$Q_{n12} = \int_{T_0}^{T_n} \int_{t_0}^{t_n} C_p \rho m \mathrm{d}T \mathrm{d}t \tag{5-30}$$

式中，C_p 表示空气比热容，取值 1.005kJ/(kg·K)；m 表示空调系统出风口的风量；ρ 表示空气密度，取 1.2～1.5kg/m^3；t_0、t_1、t_2、…、t_n 表示时间；T 为室内实时温度。

由式(5-30)计算得到光伏空调的当日累计制热量为 4.28×10^6J。

同时还要计算蓄电池当天具体的充放电情况，如下式所示：

$$Q_{n13} = \sum_{i=1}^{n} V_i I_i t_i = V_1 I_2 t_1 + V_1 I_2 t_1 + \cdots + V_n I_n t_n \tag{5-31}$$

式中，V_i 表示 t_i 时刻的电压；I_i 表示 t_i 时刻的电流。

依次求和即可得到蓄电池当天的充放电情况。计算可得蓄电池储存了来自太阳电池释放的 58A·h 的电能。

光伏空调系统效率计算公式如下所示：

$$\mathrm{COP} = \frac{Q_{n12}}{E_{n10}} \tag{5-32}$$

计算得到光伏空调系统采暖效率(COP)为 0.34。

(3)蓄电池独立驱动空调供暖性能分析。

为得到光伏空调系统在太阳辐射较弱或无太阳辐射时系统的采暖性能，选取了室内外环境温度与上述实验条件相差不大的一天进行蓄电池单独供电的采暖性能实验。本次试验空调开机时间为 08:30～12:00 和 14:00～17:00，空调温度设定为 25℃，图 5-57～图 5-59 呈现了蓄电池独立驱动空调制热工况下的空调功率变化、室内外温度变化及蓄电池放电过程中电流电压的变化情况。

由图 5-57～图 5-59 可知，整个供暖过程中室内外温差保持在 10.5℃左右。空调最大电流为 3.6A，最小电流为 0.1A，蓄电池最大电流为 16.9A，最小电流为 0.1A，过程中空调功率呈周期性变化，几乎每小时电流波动一次，原因在于每当室内温度达到设定温度后空调就会降低频率来维持室内温度从而降低能耗。由式(5-25)～式(5-27)计算出该蓄电池单独供电驱动空调制热工况的效率(COP)为 3.57。

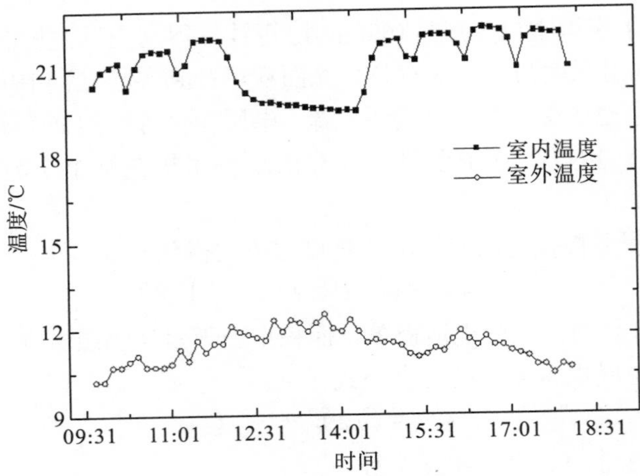

图 5-57　室内外环境温度变化

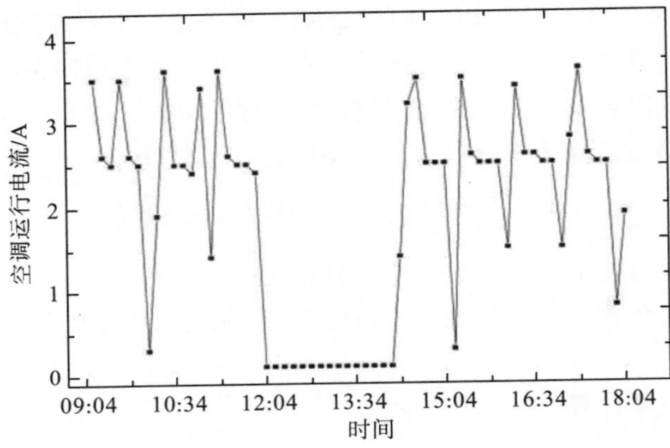

图 5-58　空调运行电流变化

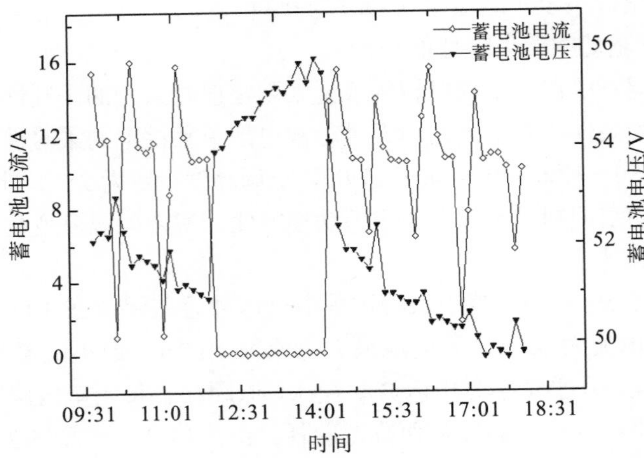

图 5-59　蓄电池电压电流变化曲线

通过三种供电模式可见，对于光伏空调系统，在蓄电池单独供能的情况下，系统制热工况的运行稍有波动但不影响室内采暖性能，同时验证了在阴雨天太阳辐照较弱或夜间无太阳辐照时蓄电池可独立驱动空调系统稳定运行。在有太阳辐照时蓄电池与太阳能光伏电池板联合供能情况下系统运行比较稳定，系统效率可达到 0.34。通过实验研究表明，光伏空调的采暖性能完全可达到市电驱动的效果，具有为市电网络减压实现节能减排的优点。

2）光伏空调系统制冷性能分析

由于在采暖过程中已经发现光伏空调系统可以稳定运行在太阳电池板蓄电池联合供电模式下，因此本节基于光伏与蓄电池组成的复合能源系统开展光伏空调的制冷性能测试与分析。

由于本系统安装在北面背阳的一间隔断办公室内，正午两点时室内温度将达到最高，此时办公室内有供冷需求。因此光伏空调开启时间为 14:00～19:00，空调设定温度为 20℃，实验测试了室内外温度变化情况及光伏发电系统的能量转化传递情况，如图 5-60 和图 5-61 所示。

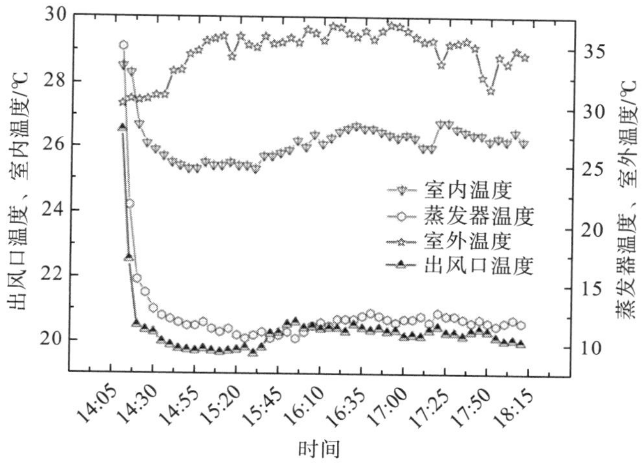

图 5-60　室内外温度及空调室内机蒸发器出风口温度变化情况

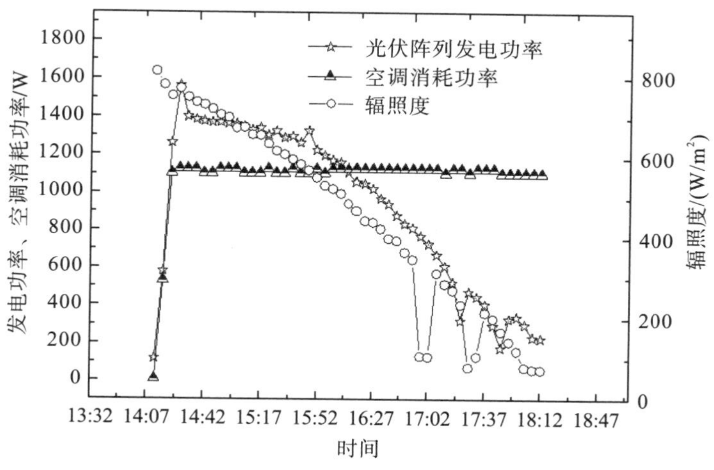

图 5-61　辐照度、光伏阵列发电功率和空调消耗功率变化情况

在制冷实验过程中，室内最低温度为 24.8℃，虽然空调设定温度为 20℃，但由于制冷供能房间为隔断办公室，密闭性较差，热损较大，因此室内温度最低只能降到 24.8℃，在整个实验过程中，室外温度均在 30℃以上，由于中午两点太阳可直接晒入室内，而室外测试的温度探头是直接悬空在窗户外，因此测试室外温度结果显示最高温度达到 35.8℃，在实验过程中蒸发器温度较稳定，均在 13℃左右，而出风温度一直维持在 20℃左右，在空调设定温度范围内，因此房间温度不能降低到设定温度的原因主要在于该隔断办公室密封性太差，漏热量较大，室内的热负荷过高。

由图 5-61 可知，实验阶段太阳辐照度呈下降趋势，测试时辐照度最高出现在测试开始时刻(为 842W/m^2)，太阳电池阵列的最大输出功率为 1598W，测试时间内有近一半的时间发电功率大于空调负载的耗电功率，空调部件功率一直维持在 1150W 左右，系统整体功耗与系统制冷性能均较稳定。结合实验测试数据，采用式(5-28)～式(5-32)计算可得光伏空调系统的制冷效率(COP)为 0.37。

光伏空调的测试工作持续了一年，表 5-15 给出了各月份平均温度、光伏空调系统平均效率和平均系统保障率等数据。

表 5-15 月平均数据

参数	1月	2月	3月	4月	5月	6月	7月	8月	9月	10月	11月	12月
平均辐照/[kW·h/(m^2/d)]	4.34	5.09	5.63	6.2	5.5	5	4.5	4.52	4.13	3.75	3.79	3.78
系统日平均发电量/(kW·h)	9.1	10.7	11.8	13.0	11.6	10.5	9.5	9.5	8.7	7.9	8.0	7.9
月平均温度/℃	7.8	9.9	14.2	18.3	19.9	20.4	20.3	13.1	18.1	15.3	11.3	8.2
模式	制热	制热	自动	制冷	制冷	制冷	制冷	自动	自动	自动	制热	制热
平均系统效率	0.34	0.33	0.07	0.35	0.34	0.36	0.36	0.08	0.07	0.18	0.23	0.33
平均保障率	1.19	1.13	1.41	1.25	1.18	1.09	0.93	0.71	0.85	1.24	1.12	1.08

由表 5-15 可知，在昆明气候条件下，空调制热主要集中在 11 月～次年 2 月，光伏空调平均系统效率在 0.33 左右，平均系统保障率在 1.1 左右，能满足系统设计要求；制冷主要集中在 4～7 月，系统制冷效率在 0.35 左右，系统保障率为 0.93～1.25，均能满足系统制冷模式的供能需求。在昆明地区，其余时间均无较大的制热、制冷需求，空调主机自动模式即可满足需求。所选用的发电系统日平均发电量可达 8～11.8kW·h，在整个运行期间系统稳定性较好，均能满足室内的采暖与制冷需求。

5.4.3 小结

本节对采用市电、光伏及蓄电池单独驱动下的空调系统的制热及制冷特性进行了实验测试与结果分析。

市电与蓄电池驱动空调运行在制热模式下的系统效率分别为 3.7 和 3.57，虽然蓄电池单独供能情况下系统制热工况运行稍有波动，但不影响室内采暖性能，研究结果验证了在阴雨天太阳辐照较弱或夜间无太阳辐照情况下蓄电池可独立驱动空调系统稳定运行，且能达到市电驱动的效果；采用光伏驱动空调运行在制冷与制热工况下时，当辐照度达到 675W/m^{2}时，电池板输出功率可达 1120W·h，太阳能光伏阵列产生电能可单独驱动空调机组稳定高效地运行，且每天有 4～5h 光伏阵列产生电能，可完全满足空调机组的需求，研究结果表明光伏空调系统在峰值辐照时的单位制冷量和制热量分别为 430W/(m^2·h) 和 400W/(m^2·h)。在整个运行期间系统稳定性较好，系统均能满足室内的采暖与制冷需求。

5.5　光伏制冷系统仿真及性能优化

为了研究系统的实时性能，对系统的部件进行正确的选择和优化，需要对系统中的太阳电池组件、蓄电池、逆变电路、交流冰箱等各个部件性能进行动态分析，并根据各部件参数的逻辑关系建立数学模型。

5.5.1　太阳辐射模型

太阳辐射能可近似为黑体辐射，根据普朗克定律，太阳光谱辐射能计算公式为[120, 121]

$$G_{\mathrm{b},\lambda}=\frac{c_1\lambda^{-5}}{\mathrm{e}^{\frac{c_2}{\lambda T_{\mathrm{sun}}}}-1} \tag{5-33}$$

式中，$G_{\mathrm{b},\lambda}$ 为太阳光谱的辐射力，W/m^3；c_1 为第一辐射常量，取固定值 3.742×10^{-16}W·m^2；c_2 为第二辐射常量，取固定值 1.4388×10^{-2}m·K；λ 为太阳光谱波长，m；T_{sun} 为近似黑体的太阳热力学温度，可取 5778K。

对太阳能的全波长进行积分，即为太阳能的辐射功率[120]：

$$G_{\mathrm{b}}=\int_0^{\infty}G_{\mathrm{b},\lambda}\mathrm{d}\lambda=\sigma T_{\mathrm{sun}}^4 \tag{5-34}$$

式中，G_{b} 为到达地球大气层顶部的太阳能辐射量；σ 为特藩玻尔兹曼常数，取值 5.67×10^{-8}W/(m^2·K^4)。

大气层外水平面上的任何地区任何时刻的太阳辐照度计算公式为[122]

$$G_0=G_{\mathrm{b}}\left(1+0.033\cos\frac{360n}{365}\right)\cos\theta_z \tag{5-35}$$

式中，n 为日序；θ_z 为天顶角。

式(5-35)中 $\cos\theta_z$ 的计算公式为

$$\cos\theta_z=\sin\varphi\sin\delta+\cos\varphi\cos\delta\cos\omega \tag{5-36}$$

式中，φ、δ 和 ω 分别表示地理纬度、太阳赤纬角和太阳时角。

太阳时角以一个昼夜为变换周期，取正午 12:00 为零度，上午取值为负，下午取值为正。

太阳赤纬角 δ 的计算公式为

$$\delta=23.45\left[\frac{360(n+284)}{365}\right] \tag{5-37}$$

大气外层外水平面的太阳辐射能到达地球表面的过程中会受到光线路径及大气成分的影响。通常情况下，到达地球表面的可利用的太阳能波长范围为0.29～2.5μm。

综上所述，地球表面接收到的太阳辐射能 G_d 为

$$G_d=\left(1+0.033\cos\frac{360n}{365}\right)\cos\theta_z\int_{0.29\times10^{-6}}^{2.5\times10^{-6}}\frac{c_1\lambda^{-5}}{e^{\frac{c_2}{\lambda T_{sun}}}-1}d\lambda \tag{5-38}$$

5.5.2 光伏阵列输出特性及能量转换模型

1. 光伏阵列输出特性参数

光伏电池是一种半导体器件，当太阳光照射到光伏电池表面上时，电池内部的价电子受太阳光子的冲击而获得超过电池禁带宽度 E_g 的能量，进而脱离共价键的束缚从价带激发到导带，因此光伏电池内部存在非平衡状态的电子-空穴对。电子和空穴在电池内部或自由碰撞，或复合恢复到平衡状态。当光子所激发的少数载流子运动到 P-N 结区时，通过牵引作用漂到对方区域对外形成光生电场。光伏电池通过串并方式组合在一起，构成光伏电池组件，组件通过串并联的结合构成光伏阵列[123]。

光伏发电理论计算过程中，对光伏电池进行等效电路替代[124]。等效电路的理想模型为一个二极管与一个电源并联[125]。等效电路的电流表达式为

$$I_L=I_{ph}-I_D \tag{5-39}$$

式中，I_{ph} 表示光生电流；I_D 表示流过二极管内部的电流；I_L 表示流经负载的电流。

光伏电池等效电路的实际模型在理想模型的基础上加上了一个等效并联电阻 R_{sh} 和等效串联电阻 R_s[126]。因此，光伏电池输出电流为[127-129]

$$I=I_{ph}-I_0\left[\exp\left(\frac{V+R_sI}{\frac{AKT_p}{q}}\right)-1\right]-\frac{V+R_sI}{R_{sh}} \tag{5-40}$$

式中，I_0 为二极管反向饱和电流，A；V 为光伏电池输出电压，V；A 为二极管理想因子；K 为玻尔兹曼常数，取 1.38×10^{-22}J/K；T_p 为光伏电池工作温度，K；q 为电荷电量，取 1.60×10^{-19}C。

I_0 可由式(5-41)计算得到。

$$I_0=\frac{I_{ph}}{\exp\left(\frac{qV}{AKT_p}\right)-1} \tag{5-41}$$

光伏组件输出电流为

$$I=mI_{\mathrm{ph}}-mI_0\left[\exp\left(\frac{\frac{V}{n}+\frac{R_{\mathrm{s}}I}{m}}{\frac{AKT_{\mathrm{p}}}{q}}\right)-1\right]-\frac{mV+nR_{\mathrm{s}}I}{nR_{\mathrm{sh}}} \tag{5-42}$$

式中，m 和 n 分别为光伏阵列中光伏电池串联和并联数量。

光伏组件主要特性参数有开路电压 V_{oc}、短路电流 I_{sc}、最大功率电压 V_{m}、最大功率电流 I_{m}、填充因子 FF 和转换效率 η 。

填充因子 FF 定义为

$$\mathrm{FF}=\frac{V_{\mathrm{m}}I_{\mathrm{m}}}{V_{\mathrm{oc}}I_{\mathrm{sc}}} \tag{5-43}$$

光伏组件光电转换效率 η_{pv} 的表达式为

$$\eta_{\mathrm{pv}}=\frac{VI}{\tau GS_{\mathrm{c}}} \tag{5-44}$$

式中

$$G=G_{\mathrm{d}}\cos\alpha \tag{5-45}$$

式(5-44)和式(5-45)中，τ 为光伏组件盖板玻璃透射率与光伏电池表面吸收率的乘积；S_{c} 为光伏阵列中电池片的采光面积，m^2；α 为光伏阵列安装时与水平面的夹角，(°)。

2. 光伏阵列光-电能量转换及㶲模型[130]

光伏阵列能量平衡方程为

$$Q_{\mathrm{pv,in}}=Q_{\mathrm{pv,elect}}+Q_{\mathrm{pv,loss}} \tag{5-46}$$

式中，$Q_{\mathrm{pv,in}}$ 为光伏阵列获得的太阳能功率，W；$Q_{\mathrm{pv,loss}}$ 为损耗功率，W；$Q_{\mathrm{pv,elect}}$ 为光伏阵列转化电功率，W。

光伏阵列表面获得的太阳辐射能由式(5-47)计算得到：

$$Q_{\mathrm{pv,in}}=\tau GS_{\mathrm{p}} \tag{5-47}$$

式中，S_{p} 为光伏阵列轮廓采光面积，m。

光伏阵列辐射热损计算公式为

$$Q_{\mathrm{pv,rad}}=Q_{\mathrm{pv,rad\text{-}ground}}+Q_{\mathrm{pv,rad\text{-}sky}} \tag{5-48}$$

$$Q_{\mathrm{pv,rad\text{-}ground}}=S_{\mathrm{p}}F_{\mathrm{pg}}\sigma(\varepsilon_{\mathrm{p}}T_{\mathrm{p}}^4-\varepsilon_{\mathrm{g}}T_{\mathrm{g}}^4) \tag{5-49}$$

$$Q_{\mathrm{pv,rad\text{-}sky}}=S_{\mathrm{p}}F_{\mathrm{ps}}\sigma(\varepsilon_{\mathrm{p}}T_{\mathrm{p}}^4-\varepsilon_{\mathrm{s}}T_{\mathrm{s}}^4) \tag{5-50}$$

式中，$Q_{\mathrm{pv,rad\text{-}ground}}$ 为光伏阵列对地面辐射的热损，W；$Q_{\mathrm{pv,rad\text{-}sky}}$ 为光伏阵列对天空辐射的热损，W，若光伏阵列安装在无遮挡地区，则可忽略；F_{pg} 为光伏阵列对地透明因子；F_{ps} 为光伏阵列对天空透明因子，取 1；ε_{p} 为光伏阵列的平均发射率，取 0.88；ε_{g} 为地面平均发射率；ε_{s} 为天空平均发射率，取 1；T_{s} 为天空温度，K，天空温度通常为环境温度的 0.914 倍[131]。

光伏阵列表面对流换热过程的热损计算公式为

$$Q_{\mathrm{pv,conv}}=S_{\mathrm{p}}H(T_{\mathrm{p}}-T_{\mathrm{a}}) \tag{5-51}$$

式中，H 为光伏阵列与空气的对流换热系数，$\mathrm{W/(m^2 \cdot K)}$；T_a 为环境温度，K。

光伏阵列的对流换热系数的经验公式为[132]

$$H = 1.2475(\Delta T \cos\alpha)^{1/3} + 2.686v \tag{5-52}$$

式中，ΔT 为光伏阵列与环境温度之差，K；v 为实验场地风速，m/s。

光伏阵列发电功率计算公式为

$$Q_{\mathrm{pv,elect}} = \eta_{\mathrm{pv}} G S_\mathrm{c} \tag{5-53}$$

当光伏阵列的特性参数测量不便时，光伏阵列光电转化效率也可由经验公式(5-54)计算：

$$\eta_{\mathrm{pv}} = \eta_{\mathrm{pv,0}}[1 - \gamma(T_\mathrm{p} - T_\mathrm{r})] \tag{5-54}$$

式中，$\eta_{\mathrm{pv,0}}$ 为光伏阵列标准条件下的光电转化效率，由光伏阵列生产企业提供；γ 为光伏阵列光电转化效率温度迁移因子，由生产企业提供；T_r 为标准测试条件下光伏阵列的工作温度，K，为工程现场实际测量值。

光伏阵列㶲平衡方程为[133]

$$E_{\mathrm{x,pv\text{-}in}} = E_{\mathrm{x,pv\text{-}out}} - E_{\mathrm{x,pv\text{-}cons}} - \Delta E_{\mathrm{x,pv}} \tag{5-55}$$

式中，$E_{\mathrm{x,pv\text{-}out}}$ 为光伏阵列输出㶲，W；$E_{\mathrm{x,pv\text{-}in}}$ 为光伏阵列输入㶲，W；$E_{\mathrm{x,pv\text{-}cons}}$ 为光伏阵列内部消耗㶲，W；$\Delta E_{\mathrm{x,pv}}$ 为光伏阵列㶲损。

光伏阵列输入㶲为[134]

$$E_{\mathrm{x,pv\text{-}in}} = \tau G S_\mathrm{p}\left[1 - \frac{4}{3}\frac{T_\mathrm{a}}{T_{\mathrm{sun}}} + \frac{1}{3}\left(\frac{T_\mathrm{a}}{T_{\mathrm{sun}}}\right)^4\right] \tag{5-56}$$

式中，T_{sun} 为太阳温度，K。

光伏阵列内部消耗㶲为

$$E_{\mathrm{x,pv\text{-}cons}} = S_\mathrm{p}[F_{\mathrm{pg}}\sigma(\varepsilon_\mathrm{p} T_\mathrm{p}^4 - \varepsilon_\mathrm{g} T_\mathrm{g}^4) + F_{\mathrm{ps}}\sigma(\varepsilon_\mathrm{p} T_\mathrm{p}^4 - \varepsilon_\mathrm{s} T_\mathrm{s}^4)]\left(1 - \frac{T_\mathrm{a}}{T_\mathrm{p}}\right) \tag{5-57}$$

光伏阵列㶲损如式(5-58)所示。

$$\Delta E_{\mathrm{pv}} = Q_{\mathrm{pv,loss}}\left(1 - \frac{T_\mathrm{a}}{T_\mathrm{p}}\right) + [I_{\mathrm{sc}} V_{\mathrm{oc}} - I_\mathrm{m} V_\mathrm{m}] \tag{5-58}$$

光伏阵列的能量转换效率与㶲效率分别为

$$\eta_{\mathrm{pv}} = \frac{Q_{\mathrm{pv,elect}}}{Q_{\mathrm{pv,in}}} \tag{5-59}$$

$$\psi_{\mathrm{pv}} = \frac{E_{\mathrm{x,pv\text{-}out}}}{E_{\mathrm{x,pv\text{-}in}}} \tag{5-60}$$

3. 控制器输出特性及能量传递模型

1) 控制器特性参数

分布式光伏能源系统中，控制器的使用是为防止蓄电池放电过程的过放与储能过程的过充。通过检测蓄电池电压或电荷状态对充电或放电过程予以判断。控制器的主要参数有额定电压、最大充电电流、最大输出电流、蓄电池过充保护电压和蓄电池过放保护电压。控制器的工作额定电压有12V、24V、48V和110V等，通常情况下，24V与48V的中小型控制器应用较广。对于额定电压为12V的蓄电池，控制器设置的过充电压不超过14.5V，过放电压不低于10.8V。

2)控制器能量传递及㶲模型

控制器控制电流流向公式为[130]

$$\begin{aligned} I_{ba} = {} & I_{ph}\,\mathrm{BCM} + [3\mathrm{MFC} + I_{ph}(1-\mathrm{MFC})](1-\mathrm{MFV})(1-\mathrm{BCM}) \\ & -(1-\mathrm{LVD})I_{inver} - 0.14\mathrm{LVD} - 0.16\mathrm{BCM} - 0.01 \end{aligned} \tag{5-61}$$

式中，BCM(boost charge mode)表示蓄电池充电过程，蓄电池充电时BCM取1，否则为0；MFC(maximum float current)表示电流过载，当光伏阵列输出的电流高于最大浮充电流时，MFC取1，否则为0；MFV(maximum float voltage)表示电压过载，当蓄电池电压超过最大浮充电压时，MFV取1，否则为0；LVD(low voltage disconnect)为低压保护，光伏能源系统提供给负载的电压过低时，控制器切断负载，此时LVD取1，否则为0；I_{ba}为蓄电池电流，A；I_{ph}为光伏阵列电流，A；I_{inver}为逆变器电流，A。

控制器能量平衡方程如式(5-62)所示：

$$Q_{cont,in} = Q_{cont,out} + Q_{cont,loss} \tag{5-62}$$

式中

$$Q_{cont,in} = Q_{pv,elect} \tag{5-63}$$

式(5-62)与式(5-63)中，$Q_{cont,in}$为单位时间输入控制器的能量，W；$Q_{cont,out}$为单位时间控制器输入逆变器的能量，W；$Q_{cont,loss}$为单位时间控制器自身消耗的能量，W。

控制器只起调节电流流向的功能，能量损耗为其运行能耗，取$Q_{cont,loss}$为$Q_{cont,in}$的4%。

控制器㶲损计算公式为[134]

$$\Delta E_{x,cont} = Q_{cont,loss}\left(1-\frac{T_a}{T_{cont}}\right) \tag{5-64}$$

控制器㶲平衡方程为

$$E_{x,cont\text{-}in} = E_{x,cont\text{-}out} + \Delta E_{x,cont} \tag{5-65}$$

式中

$$E_{x,cont\text{-}in} = E_{x,pv\text{-}out} \tag{5-66}$$

式(5-64)～式(5-66)中，$\Delta E_{x,cont}$为控制器㶲损，W；T_{cont}为控制器工作温度，K；$E_{x,cont\text{-}in}$为控制器输入㶲，W；$E_{x,cont\text{-}out}$为控制器输出㶲，W。

控制器的能量利用效率与㶲效率分别为

$$\eta_{cont} = \frac{Q_{cont,out}}{Q_{cont,in}} \tag{5-67}$$

$$\psi_{cont} = \frac{E_{x,cont\text{-}out}}{E_{x,cont\text{-}in}} \tag{5-68}$$

4. 蓄电池输出特性及能量传递模型

蓄电池是分布式光伏能源系统中必不可少的部件之一，不仅起到储能作用，且用于解决太阳能的波动性与间歇性导致的电流波动问题。由于成本的制约，大部分光伏能量系统中采用铅酸蓄电池作为储能装置，但铅酸蓄电池效率低、寿命短及污染环境等问题制约了分布式光伏能源的广泛使用。本节对采用铅酸免维护蓄电池的分布式光伏能源驱动冰蓄冷空调系统能量转换传递机理进行分析，开展冰蓄冷替代蓄电池储能研究，优化分布式光伏能源系统部件能量耦合匹配关系。

1) 蓄电池特性参数

蓄电池主要特性参数有蓄电池容量、荷电状态、放电深度和端电压。

蓄电池容量是指满电状态的蓄电池放电至终止电压时所放出的电量。计算公式为

$$C_{\mathrm{ba}}=\int_0^t I_{\mathrm{ba}}\mathrm{d}t \tag{5-69}$$

式中，C_{ba} 为蓄电池容量，A·h；t 为放电过程所需时长，h。

蓄电池的容量随着电解液温度与浓度及放电率的变化而变化，通常将连续放电 10h 放电率的容量视作蓄电池额定容量。

蓄电池荷电状态 SOC (state of charge) 反映蓄电池剩余容量，其定义为

$$\mathrm{SOC}=\frac{C_{\mathrm{ba,surp}}}{C_{\mathrm{ba,sum}}} \tag{5-70}$$

式中，$C_{\mathrm{ba,surp}}$ 为蓄电池剩余容量，A·h；$C_{\mathrm{ba,sum}}$ 为蓄电池能放出的最大电量，A·h。

若蓄电池满电状态时的 SOC 为 1，则有

$$\mathrm{SOC}=1-\frac{C_{\mathrm{ba,out}}}{C_{\mathrm{ba,sum}}} \tag{5-71}$$

式中，$C_{\mathrm{ba,out}}$ 为蓄电池已放出的电量，A·h。

蓄电池的放电深度 DOD (depth of discharge) 表示蓄电池能输出的总容量中放出的电能所占的比例，可由式(5-72)表示：

$$\mathrm{DOD}=1-\mathrm{SOC} \tag{5-72}$$

蓄电池端电压是指充放电过程中蓄电池或蓄电池组输入端与输出端的电压，它随着充放电过程的变化而变化，表达式为

$$V_{\mathrm{ba}}=V_{\mathrm{ba,oc}}+I_{\mathrm{ba}}R_{\mathrm{ba}} \tag{5-73}$$

式中，$V_{\mathrm{ba,oc}}$ 为蓄电池开路电压，V；R_{ba} 为蓄电池内部电阻，Ω。

蓄电池开路电压可由蓄电池的荷电状态参数表示为[41]

$$V_{\mathrm{ba,oc}}=\mathrm{VF}+b\log(\mathrm{SOC}) \tag{5-74}$$

式中，VF 为蓄电池满电状态的电压，V；b 为经验常数。

2) 蓄电池能量传递及烟模型

蓄电池能量平衡方程如式(5-75)所示：

$$Q_{\text{ba,in}} = Q_{\text{ba,storage}} + Q_{\text{ba,out}} + Q_{\text{B,loss}} \tag{5-75}$$

式中，$Q_{\text{ba,in}}$ 为单位时间内控制器对逆变器输出的电能，W；$Q_{\text{ba,storage}}$ 为单位时间内蓄电池储存的电能，W，充电过程为正值，放电过程为负值；$Q_{\text{ba,out}}$ 为单位时间内蓄电池输出的电能，W；$Q_{\text{B,loss}}$ 为单位时间内蓄电池损耗的能量。

$$Q_{\text{ba,loss}} = I_{\text{B}}^2\left(r_1 + r_2\,\text{SOC} + \frac{1}{r_3 - r_4\,\text{SOC}}\right) \tag{5-76}$$

式中，r_1、r_2、r_3 和 r_4 为经验常数。

蓄电池㶲平衡方程为

$$E_{\text{x,ba-in}} = E_{\text{x,ba-out}} + \Delta E_{\text{x,ba}} \tag{5-77}$$

式中，$E_{\text{x,ba-in}}$ 为蓄电池输入㶲，W；$E_{\text{x,ba-out}}$ 为蓄电池输出㶲，W；$\Delta E_{\text{x,ba}}$ 为蓄电池㶲损，W。

蓄电池㶲损计算如式(5-78)所示[134]：

$$\Delta E_{\text{x,ba}} = Q_{\text{ba,loss}}\left(1 - \frac{T_{\text{a}}}{T_{\text{ba}}}\right) \tag{5-78}$$

式中，T_{ba} 为蓄电池工作温度，K。

蓄电池能量利用效率与㶲效率分别为

$$\eta_{\text{ba}} = \frac{Q_{\text{ba,out}}}{Q_{\text{ba,in}}} \tag{5-79}$$

$$\psi_{\text{ba}} = \frac{E_{\text{x,ba-out}}}{E_{\text{x,ba-in}}} \tag{5-80}$$

5. 逆变器输出特性及能量传递模型

分布式光伏阵列将太阳光能转化为直流电，且蓄电池储存和输出的电能均为直流电，而人们生活中使用的电器的驱动电源大部分为交流电，因此需要逆变器将光伏与蓄电池输出的电能逆变为额定电压的交流电。逆变器是采用半导体开关的通断将直流电转变为交流电的装置。

1) 逆变器特性参数

逆变器的主要特性参数有额定输出容量、逆变效率、启动性能及稳定输出电压。额定输出容量表示逆变器对负载的供电能力，是逆变器选型中十分重要的参数之一。特别需要注意的是，空调不是纯电阻性负载，因此在给空调选择逆变器时应留有一定的余量。逆变器逆变效率是指逆变器将直流电转换为交流电的转换效率，逆变效率的高低对分布式光伏能源系统影响很大。

逆变器启动性能是指逆变器承受电能瞬时浪涌功率的能力。由于制冷系统属于电感性负载，启动时瞬时电流是额定电流的 5 倍多，对逆变器的启动性能要求较高，通常采用高性能逆变器或者对制冷系统的压缩机实施软启动或限流启动。分布式光伏能源系统供能过程中，电压波动较大，而制冷空调系统工作电压波动较小，因此需要逆变器具有一定的调压能量，确保输出电压的稳定性。

2) 逆变器能量传递及㶲模型

逆变器能量平衡经验公式为[41]

$$Q_{\text{inve,in}} = C_{\text{p}} + C_{\text{R}} Q_{\text{inve,out}} \tag{5-81}$$

$$Q_{\text{inve,loss}} = Q_{\text{inve,in}} - Q_{\text{inve,out}} \tag{5-82}$$

式(5-81)与式(5-82)中，$Q_{\text{inve,in}}$ 为单位时间内输入逆变器的能量，W；$Q_{\text{inve,out}}$ 为单位时间内输出逆变器的能量，W；$Q_{\text{inve,loss}}$ 为单位时间内逆变器损耗的能量，W；C_{p} 与 C_{R} 为经验常数。

逆变器㶲平衡方程为

$$E_{\text{x,inve-in}} = E_{\text{x,inve-out}} + \Delta E_{\text{x,inve}} \tag{5-83}$$

逆变器㶲损计算公式为[134]

$$\Delta E_{\text{x,inve}} = Q_{\text{inve,loss}} \left(1 - \frac{T_{\text{a}}}{T_{\text{inve}}}\right) \tag{5-84}$$

式(5-83)与式(5-84)中，$E_{\text{x,inve-in}}$ 为逆变器输入㶲，W；$E_{\text{x,inve-out}}$ 为逆变器输出㶲，W；$\Delta E_{\text{x,inve}}$ 为逆变器㶲损，W；T_{inve} 为蓄电池工作温度，K。

逆变器能量利用效率与㶲效率分别为

$$\eta_{\text{inve}} = \frac{Q_{\text{inve,out}}}{Q_{\text{inve,in}}} \tag{5-85}$$

$$\psi_{\text{inve}} = \frac{E_{\text{x,inve-out}}}{E_{\text{x,inve-in}}} \tag{5-86}$$

6. 冰箱模型

冰箱是一个间断功率消耗负载，其功率消耗来自两部分：压缩机和附件(包括恒温器、控制单元和内部循环风扇)。正常情况下，冰箱的运行分为两个阶段：最初的冷却阶段和稳定运行阶段。在最初的冷却阶段，压缩机消耗固定的功率把冰箱内部热量排到环境中去以达到冰箱温度控制器设计的温度要求，达到这个温度后，压缩机停止工作，冰箱内部温度因吸收外界热量而再次升高，当达到温度控制器设定的温度上限后，压缩机再次开始工作。因此，为了维持冰箱内的温度，压缩机将重复上述过程不断启停进行工作。这种启停的工作模式被称为冰箱的占空度。一般情况下一个冰箱的占空度在无负载情况下被设定在每24h20%～30%。因此有

$$P_{\text{L}} = C_1 P_{\text{accessories}} + C_2 P_{\text{compressor}} \tag{5-87}$$

式中，P_{L} 为负载需要的总功率，W，它又是逆变电路的输入参数；$P_{\text{accessories}}$ 是冰箱附件消耗的功率，W；$P_{\text{compressor}}$ 是冰箱压缩机消耗的功率，W。C_1 和 C_2 为相关器件的控制函数，当相应部件工作时，C_1 为 1，否则为 0，C_2 主要取决于恒温器设定的温度，当冰箱温度超出设定范围时，其为 1，否则为 0。

在本书研究中冰箱始终与光伏供电系统连接，确保冰箱运行，只有当蓄电池亏电，控制电路的负载末端为了保护蓄电池过度放电而断开连接时冰箱才停止运行。

为确定冰箱负载的功率要求，需要建立一个简单的热力学模型[130]，即把冰箱简化成

一个黑盒，如图 5-62 所示。

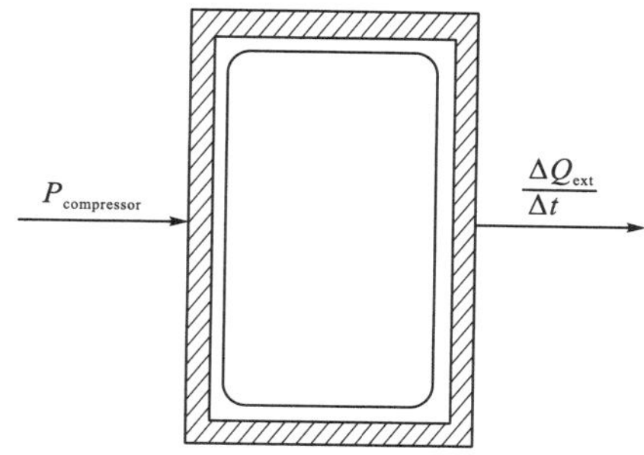

图 5-62　冰箱能量平衡示意图

在该一维热力学模型中有能量平衡方程为

$$Q_p = Q_{ext} \tag{5-88}$$

式中，Q_p 为送入压缩机的能量，J；Q_{ext} 为冰箱的制冷负荷，J。

冰箱制冷的实现是由送入压缩机的能量完成的[41]，因此有

$$\frac{\Delta Q_{ext}}{\Delta t} = \mathrm{COP}\,\eta_{oc} P_{compressor} \tag{5-89}$$

式中，ΔQ_{ext} 为冰箱制冷负荷，J；COP 为冰箱的能效比；η_{oc} 为压缩机总效率(考虑到机械轴和电动机的效率)；$P_{compressor}$ 为电能输入压缩机的功率，W；Δt 为时间间隔，s。

对于冰箱来说其制冷负荷主要分为两部分：放在冰箱里的物品的制冷负荷 Q_{store} 和从外部高温环境中瞬时获取的热量 Q_{gain}，即

$$Q_{ext} = Q_{store} + Q_{gain} \tag{5-90}$$

式(5-89)又可表达为

$$\frac{\Delta Q_{store}}{\Delta t} + \frac{\Delta Q_{gain}}{\Delta t} = \mathrm{COP}\,\eta_{oc} P_{compressor} \tag{5-91}$$

当简化冰箱模型为一维热力学模型后，式(5-91)又可以表达为

$$mC_p \frac{\mathrm{d}T_e}{\mathrm{d}t} = \mathrm{UA}(T_{room} - T_e) - \mathrm{COP}\,\eta_{oc} P_{compressor} \tag{5-92}$$

式中，mC_p 为冰箱内所有部件的有效热容，J/K；UA 为冰箱漏热过程中的传热系数，J/K；T_e 为冰箱内的温度，K；T_{room} 为房间环境温度，K。

冰箱 COP 随着环境温度、蒸发器温度和冷凝器温度等的变化而变化，本书研究的目的是建立一个预测冰箱功率消耗的简单模型，因此，在计算和实验过程中均对冰箱的工作条件和环境温度进行控制。例如，冰箱门始终是关闭的，冰箱内部负载是固定的，房间温度也被控制在 25℃。此外，η_{oc} 的变化对 T_e 影响很小，可忽略不计[41,130]。因此式(5-92)可表达为

$$mC_p^* \frac{\mathrm{d}T_e}{\mathrm{d}t} = \mathrm{UA}^*(T_{room} - T_e) - P_{compressor} \tag{5-93}$$

式中

$$mC_p^* = \frac{mC_p}{\mathrm{COP}\,\eta_{oc}} \tag{5-84}$$

$$\mathrm{UA}^* = \frac{\mathrm{UA}}{\mathrm{COP}\eta_{\mathrm{oc}}} \tag{5-95}$$

本书中冰箱的 mC_p^* 和 UA^* 的计算值分别是 17880J/K 和 2.301W/K。冰箱压缩机运行功率约为 90W。

在仿真计算过程中，结合在前一时间 t 的所有参数的已知值，用一个有限差分近似方法来确定在下一时间 $t+\Delta t$ 的有效温度 $T_{\mathrm{e}_{t+\Delta t}}$，表达式如下：

$$T_{\mathrm{e}_{t+\Delta t}} = T_{\mathrm{e}_t} + \frac{\Delta t}{mC_p^*}[\mathrm{UA}^*(T_{\mathrm{room}_t} - T_{\mathrm{e}_t}) - C_5(1-\mathrm{LVD})P_{\mathrm{compressor}_t}] \tag{5-96}$$

式中，Δt 为时间步长。

7. 空调模型

户用型独立光伏空调系统中，空调能耗主要集中在压缩机及风机两部分，根据文献［35］、［46］和［47］，结合本节分布式光伏空调系统得出了空调数学模型的能量平衡方程为

$$P_{\mathrm{k}} = aP_{\mathrm{a}} + bP_{\mathrm{b}} + cP_{\mathrm{c}} \tag{5-97}$$

空调部件中能耗主要分为三部分：压缩机功耗、风扇部件功耗、其他部件功耗。在计算各部件的功耗后，引入室内外环境温度、工质温度与工质压力，然后利用已有实验数据来修正公式，最终让公式输出结果与正确结果相符，公式如下：

$$\frac{\Delta Q_{\mathrm{ext}}}{\Delta t} = \frac{\mathrm{COP}\eta_{\mathrm{oc}}(aP_{\mathrm{a}} + bP_{\mathrm{b}} + cP_{\mathrm{c}})[\mathrm{BO}+(1-\mathrm{FOL})(1-\mathrm{BO})]}{G\left[\dfrac{I_{\mathrm{B}}}{c} + I_{\mathrm{L}}(1-\mathrm{LVD}) + a\right]}(T_{\mathrm{n}}T_{\mathrm{w}}T_{\mathrm{g}}P_{\mathrm{g}})^b d \tag{5-98}$$

式中，Q_{ext} 为室内冷、热负荷；COP 为空调能效比；η_{oc} 为压缩机总效率；P_{a} 为风扇功耗；P_{b} 为其他功耗；P_{c} 为压缩机功耗；t 为空调压缩机工作时间；a、b、c、d 均为常数；T_{n} 为室内环境温度；T_{w} 为室外环境温度；T_{g} 为工质温度；P_{g} 为工质压力。

图 5-63 为光伏空调系统的热阻网络图，从图中可得出系统能量的分配流程与分配情况，为后期性能优化提升打好理论基础。

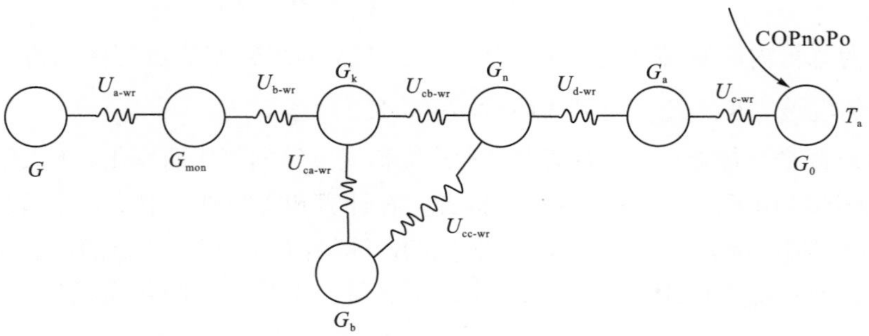

COPnoPo
$U_{\text{a-wr}}$ $U_{\text{b-wr}}$ G_{k} $U_{\text{cb-wr}}$ G_{n} $U_{\text{d-wr}}$ G_{a} $U_{\text{c-wr}}$ T_{a}
G G_{mon} $U_{\text{ca-wr}}$ G_0
$U_{\text{cc-wr}}$
G_{b}

图 5-63 光伏空调系统热阻网络

G-太阳辐射能量；G_{mon}-电池板产出的电能；G_{k}-通过控制器的能量；G_{b}-蓄电池所储存的能量；G_{n}-通过逆变器的能量；G_{a}-空调所接收到的能量；G_0-室内接收的能量；$U_{\text{a-wr}}$ 太阳到光伏阵列的能量传递系数；$U_{\text{b-wr}}$ 光伏阵列到控制器的能量传递系数；$U_{\text{ca-wr}}$ 控制器到蓄电池的能量传递系数；$U_{\text{cb-wr}}$ 控制器到逆变器的能量传递系数；$U_{\text{cc-wr}}$ 蓄电池到逆变器的能量传递系数；$U_{\text{d-wr}}$ 逆变器到空调的能量传递系数；$U_{\text{c-wr}}$ 空调到房间的能量传递系数。

由图 5-63 所示热阻网络可得到室内温度 T_a：

$$T_a = \frac{mC_p \dfrac{dT_e}{dt} + P_c}{U_A} - T_e \tag{5-99}$$

式中，mC_p 为室内热容；T_e 为室外温度；P_c 为逆变器损失率；U_A 为室内温度为 T_a 时房间的传热系数；t 为房间供能时间。

5.5.3　光伏制冷系统性能仿真与优化

1. 光伏冰箱系统模型的实验验证

为了验证光伏冰箱系统仿真模型的正确性，首先对系统运行的环境条件进行了实验测试，实验时间为 10:00～20:00，测试数据每 1min 保存一次，如图 5-64 和图 5-65 所示。利用 MATLAB 软件完成以上各部件模型的编译后，以实验测试的气象数据(太阳辐照度 G 和环境温度 T_a)作为输入变量，可获得各个参数的模拟结果。

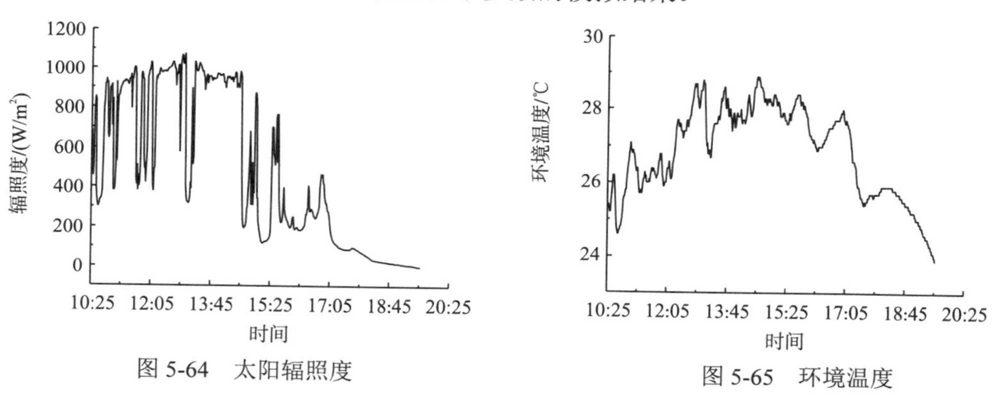

图 5-64　太阳辐照度　　图 5-65　环境温度

利用光伏组件生产商提供的产品规格表和不同辐照度、温度下的 I-V 曲线，可得到模拟中所需要的参数值。利用 MATLAB 完成的电池组件输出电流 I_p、蓄电池端电压 V_B、负载功率消耗 P_l 模拟结果与实验结果对比，如图 5-66～图 5-68 所示。

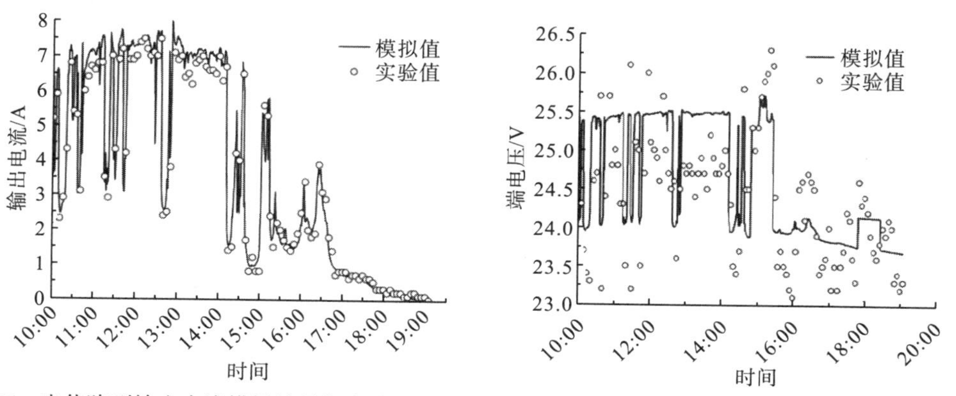

图 5-66　光伏阵列输出电流模拟结果与实验结果对比　图 5-67　蓄电池端电压模拟结果与实验结果对比

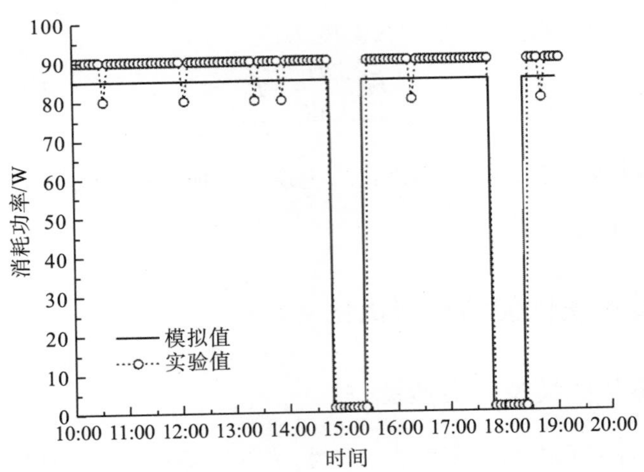

图 5-68　冰箱功率消耗模拟结果与实验结果对比

从图 5-66 可以看出，模拟结果与实验结果基本相符，模拟值与实验值的误差在 10%以内且实验结果比模拟值略小。这是由于实验中使用的电池组件经长期使用后，电池和封装材料的性能出现衰减。对其性能参数重新进行测试后发现，电池板效率为 12.5%，与原来标准条件下测得的效率相比衰减了 20%。

由图 5-67 可知，模拟结果与实验结果基本相符，模拟值与实验值的误差在 10%以内。随着辐照度、负载功耗的变化，蓄电池处于充电和放电两种不同的模式，当电池组件输出功率大于负载要求时，蓄电池充电电流为正，蓄电池端电压随之不断升高，但不会高于设定的高压保护值；当电池组件的输出功率小于负载的功率要求时，蓄电池充电电流为负，此时由蓄电池提供系统电能，蓄电池的端电压随之降低，但不会低于设定的低压保护值。这避免了蓄电池的过充和过放，保证了蓄电池的使用寿命。

由图 5-68 可知，模拟结果和实验结果吻合较好。这是因为逆变电路能够保证稳定的电压输出，保证了冰箱的运行稳定，功率为 85W；随着冰箱内温度降低到温控器设定的温度下限后，压缩机停止工作，此时冰箱消耗功率为 1W，此后随着冰箱内的温度逐渐升高，达到温控器设定的温度上限后压缩机重新开始工作，使冰箱内的温度始终保持在设定的温控范围内。

将导入实测数据与模拟数据进行对比，模拟结果与实验数据吻合得较好，从而验证了模型的正确性。经过验证的模型模拟系统全年运行时的发电量和能耗情况能够为工程设计提供较好的参考，有利于光伏冰箱的推广应用。

2. 光伏空调系统性能仿真与性能优化

本节主要为验证上述建立的系统模型，模型部件之间的数据计算采用 MATLAB 编程来完成，仿真的输出量(如辐照度)与室内外环境采用实验的测量值，详细的模拟计算流程图如图 5-69 所示。

为验证上述模型的正确性，通过模型对太阳电池板、控制器、逆变器、蓄电池、空调等部件进行了理论计算，模型的外部参数采用实验测试。在三种典型天气条件(阴天、多云和晴天)下对系统运行的特性参数进行了实验测试，测试时间为 08:30～17:20，测试数据每分钟记录一次，并将实验测试结果与理论计算数值进行对比分析，结果如图 5-70～图 5-72 和表 5-16 所示。

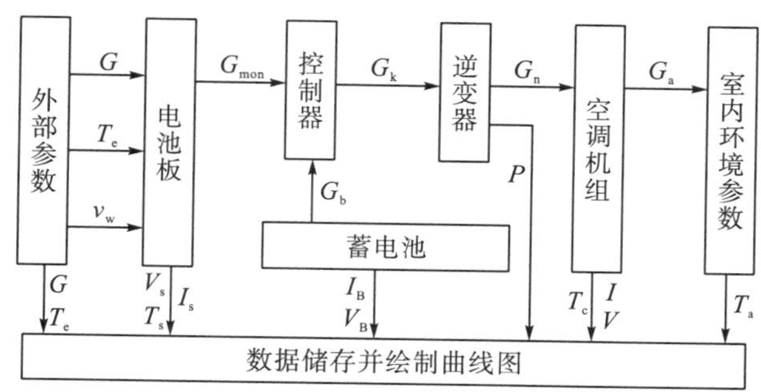

图 5-69　系统模拟计算流程图

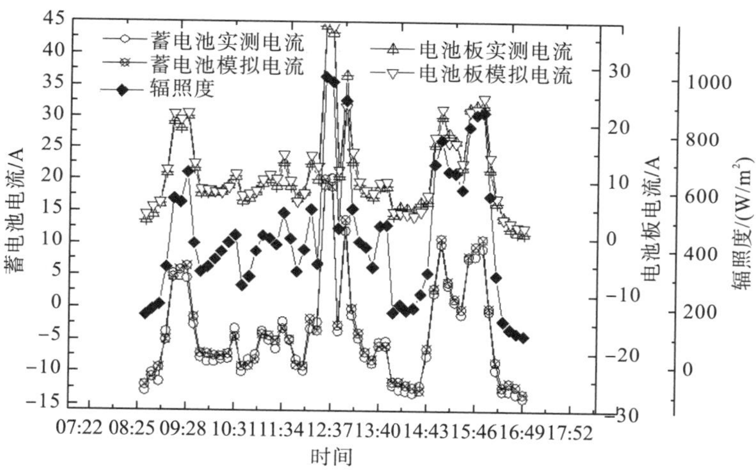

图 5-70　光伏阵列与蓄电池电流的模拟值与实测值随辐照度变化的对比

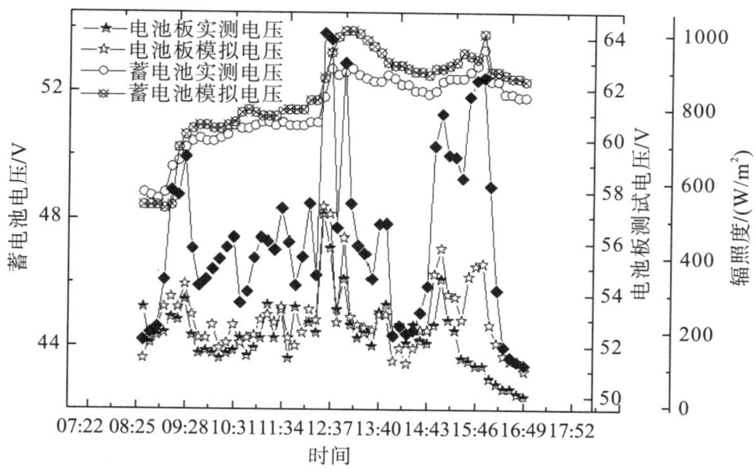

图 5-71　光伏阵列及蓄电池电压的模拟值与实测值随辐照度变化的对比

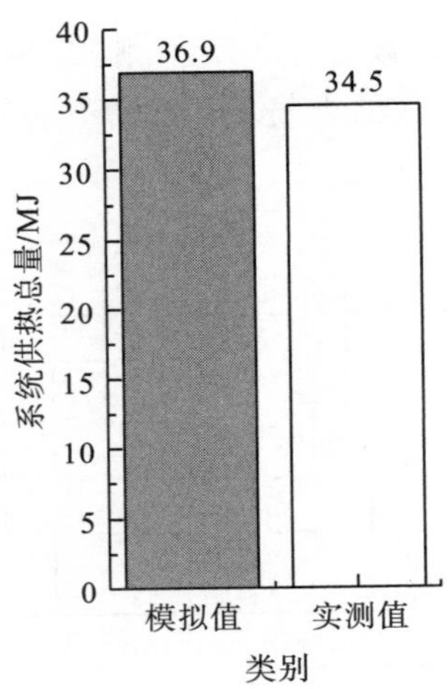

图 5-72 光伏空调制热时供热总量的模拟值与实测值的对比

表 5-16 系统参数模拟值与实测值

天气	发电量/(kW·h)		制热效率		制冷效率	
	模拟值	实测值	模拟值	实测值	模拟值	实测值
阴天	4.8	4.5	0.29	0.28	0.30	0.30
多云	9.8	9.3	0.36	0.35	0.38	0.37
晴天	11.5	10.8	0.35	0.32	0.36	0.33

由表 5-16 可知，系统特性参数的模拟值与实测值的误差在 7%以内，多云天气(制热保障系数为 1.07，制冷保障系数为 1.12)及晴天(制热保障系数为 1.17，制冷保障系数为 1.36)时，户用独立分布式光伏能源系统的发电量均能满足空调供能需求，分布式光伏发电量有剩余。阴天(制热保障系数为 0.62，制冷保障系数为 0.76)时，分布式光伏能源系统发电量可驱动空调运行 5～6h，满足商务时间内 60%～70%的供能需求。因此蓄电池的容量在分布式光伏能源系统的应用中至关重要，蓄电池容量与光伏组件的配比关系对系统性能影响较大。本节所采用的分布式光伏能源系统的蓄电池组为 4 个 12V、65A·h 的蓄电池，采用串联方式将电压提升为满足逆变器工作的电压(48V)，然后把两个蓄电池组并联，将其容量提升为 130A·h，蓄电池储能功率为 6.24kW，在满足逆变器工作电压的前提条件下，只可调整蓄电池的并联数量增加蓄电池容量，增加/减少蓄电池的并联数，蓄电池容量增加/减少 65A·h，成本会增加/减少 2200 元。在相同光伏组件和相同测试条件下，阴天的制冷保障系数会增加/减少 0.38，制热保障系数会增加/减少 0.31；多云天气的制冷保障系数会增加/减少 0.56，制热保障系数会增加/减少 0.535；晴天的制冷保障系数会增加/减少 0.68，制热保障系数会增加/减少 0.59。

1) 光伏空调系统性能仿真

光伏空调系统各部件(太阳能光伏阵列、控制器、逆变器、蓄电池及空调机等)的性能参数的仿真结果如图 5-73～图 5-75 所示。

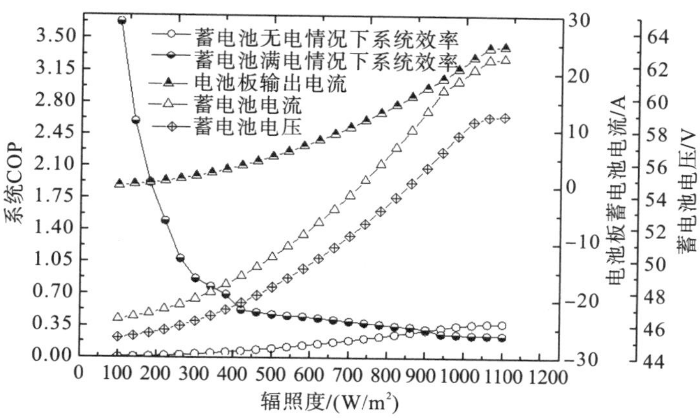

图 5-73　辐照度与各参量关系的模拟曲线

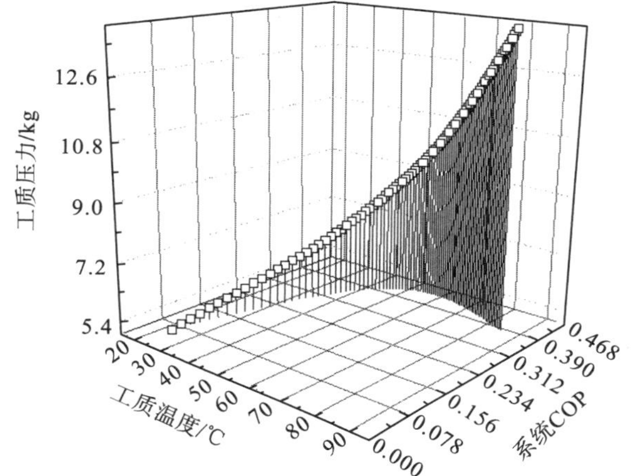

图 5-74　系统 COP 与空调工质温度、工质压力的关系

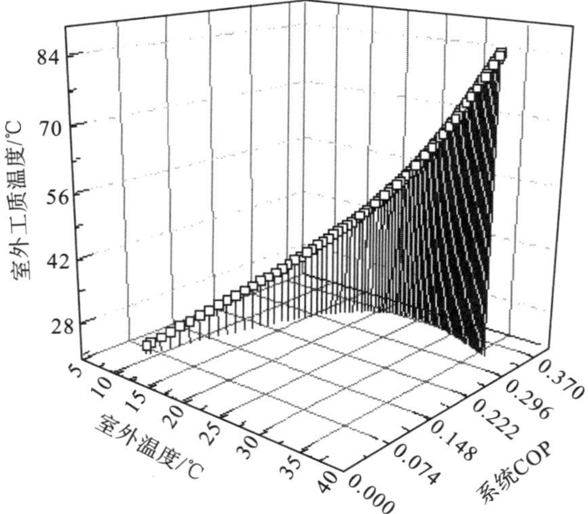

图 5-75　制热工况下的系统 COP

以上仿真结果表明，在昆明的气候条件下，光伏空调系统的制热系统效率低于制冷系统效率，最大制热效率为0.35，最大制冷效率为0.38。系统效率在冷媒压力、环境温度、冷媒温度三者影响下的变化呈先上升后下降的趋势，系统效率达到最大时的工质温度为70℃左右；制热时的工质压力为1.23MPa，制冷时的工质压力为2.62MPa；制热时室外环境温度为9.7℃，制冷时室外环境温度为29.8℃，当室外环境温度超过30℃时系统制冷效率开始降低。

2) 光伏空调系统性能优化

光伏空调的系统部件匹配问题对系统性能影响较大，因此做好系统部件间的匹配是系统性能提升的关键。该系统中太阳能发电系统最大输出电压为62.5V，最大输出电流为34.5A；系统中所使用的控制器不带MPPT功能，控制器不能使光伏发电系统随时在最大功率条件下输出，因此影响光伏发电系统的输出效率。

由实验与模拟结果均可得出，在阴天、多云、晴天条件下，蓄电池储存的电能和电池板输出电能可供给空调运行7～10h。由此可见，2.45kW的太阳电池板，130A·h的蓄电池，基本能满足空调运行，但控制器参数中蓄电池容量无法设定为130A·h，只能设定为120A·h，因此蓄电池充电效果不佳，只能达到蓄电池总容量的85%左右，因此释能受影响，若能将蓄电池与控制器参数设定完全耦合，系统性能将得到进一步的提升。此外，太阳能光伏阵列输出电流为0～34.5A，逆变器输出功率为700～1300W，逆变效率仅为0.7～0.8，且所选用的控制器不具备MPPT功能，因此控制器、逆变器两部件在系统中运行效率较低，影响系统性能，如图5-76所示。

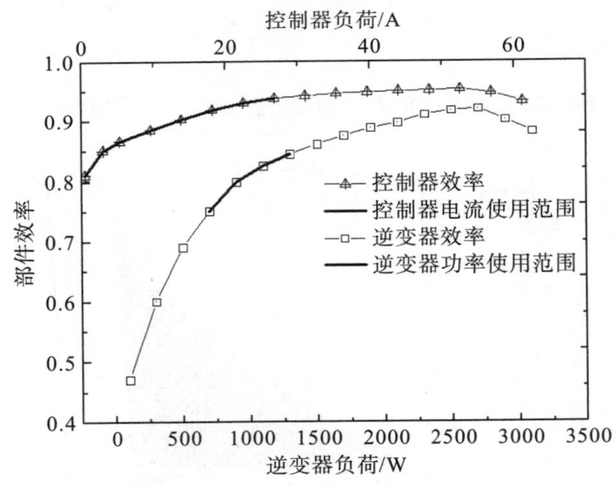

图5-76 不同负载情况下的控制器与逆变器效率曲线

由图5-76可知，控制器和逆变器部件运行效率较低，控制器电流为0～60A，当系统电流为30～50A时控制效率较高(95%左右)，但本系统中控制器电流为0～35A，几乎没有实现高效运行。系统所采用的逆变器功率为3kW，当逆变器功率为2300～3000W时，该逆变器的效率最大，可达到 90%左右，然而本系统所采用的逆变器运行在 700～1300W，处于低效率阶段运行。

由以上分析可知，所采用的光伏空调系统在初次设计过程中存在不匹配的问题，主要是部件容量与系统功耗不匹配，使得系统中部件效率均处于较低阶段。通过仿真可得系统效率随控制器及逆变器功率变化的关系如图 5-77 所示。

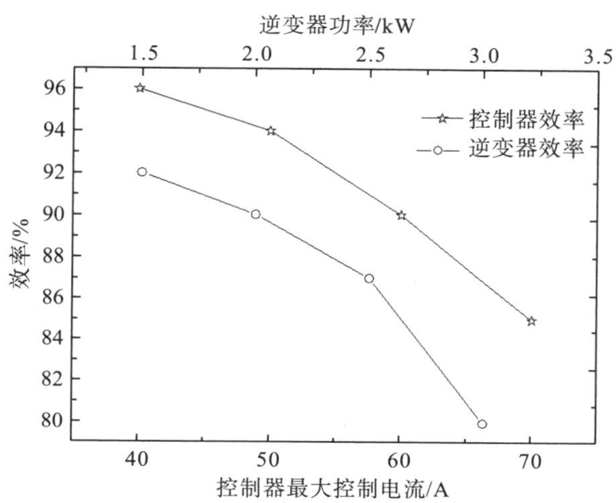

图 5-77　光伏空调系统效率随控制器和逆变器功率变化的关系

由图 5-77 可知，光伏空调系统中，若控制器带 MPPT 功能且电流控制在 40A，则控制器效率将达到 96%左右；若逆变器采用全桥式纯正弦波逆变器且功率控制在 1.5kW，则逆变器效率将提升到 92%左右，此时光伏空调系统效率将提升 11%～13%，系统效率可由 0.38 提升到 0.41。

根据所建立的系统模型计算出不同用途的 1.5P 光伏空调系统在不同运行条件下各部件的容量匹配与系统效率对比关系，见表 5-17。

表 5-17　1.5P 光伏空调系统的部件容量与系统效率

项目	空调/P	蓄电池/(A·h)	电池板/kW	控制器/(V，A)	逆变器/(V，kW)	保障时长/h	供冷温度/供热温度/℃	系统效率
商用	1.5	50	2.80	48，50	48，1.5	8	25/20	0.375
	1.5	50	2.45	48，60	48，3.0	8	25/20	0.33
	1.5	120	2.20	48，40	48，1.5	18	25/20	0.41
	1.5	120	2.45	48，60	48，3.0	18	25/20	0.37
户用	1.5	300	2.80	48，50	48，1.5	38	20/25	0.36
	1.5	300	2.45	48，60	48，3.0	36	20/25	0.34
关联性	—	0.3	0.4	0.2	0.15	—	—	—

在光伏空调系统中，若能将各部件匹配性做到最佳，则系统效率将得到很大提升，如表 5-17 所示，在相同使用环境(商用型)下，各部件容量不同，系统效率会有明显差异。在电池板、控制器、逆变器、蓄电池四大件中，对系统影响最大的是电池板，关联性为 0.4，因为电池板是系统能量供给的源泉；蓄电池对系统性能影响的关联性为 0.3；控制器、逆变器分别为 0.2 和 0.15。因此，做好系统部件匹配对性能提升具有重要意义。

3. 光伏空调系统典型热带气候地区运行性能预测

对于典型地区光伏空调的运行性能，在满足地区保障率的前提条件下，系统的运行性能对于地区使用价值评判具有较好的参考价值，因此本节依照曼谷地区气候资源、空调系统使用时长，结合本节所建立的光伏空调系统数学模型来进行系统配比分析，预测其系统性能。

城市居民周一至周五上班时间，家中无制冷需求，下班后才开启家中空调。因此，在曼谷地区户用空调设计使用时间周一到周五为 18:30～08:00，周末或节假日为 12:00～20:00，系统设计的保障率为一天。曼谷地区的月平均气象数据如图 5-78 所示，光伏发电系统的月平均发电量及曼谷居民月平均用电量如图 5-79 所示。曼谷地区居民用电峰值时段为 08:00～11:30、14:30～17:30 和 19:00～21:00，对应的峰值电价为 5.5 泰铢，约 0.99 元；平值时段为 07:00～08:00、11:30～14:30、17:30～19:00 和 21:00～23:00，对应的平值电价为 3.8 泰铢，约 0.68 元；谷值时段为 23:00 至次日 07:00，对应的谷值电价为 2.8 泰铢，约 0.5 元。

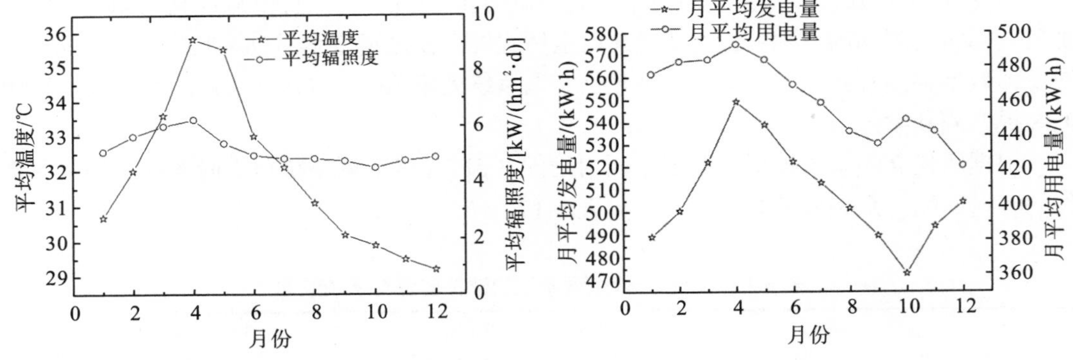

图 5-78　曼谷地区室内平均温度与平均辐照度　　图 5-79　曼谷地区月平均发电量与月平均用电量

曼谷地区常年有制冷需求，常年多月平均室内温度高于 30℃，且常年太阳辐照较好，在市电网络覆盖不足、电价较高以及空调年使用率高达 80%的地区，户用型分布式光伏空调系统具有较好的经济效益。

针对曼谷地区气候资源与居民用电电价进行综合分析可知，一套户用型分布式光伏空调系统在使用年限 10 年期间可节省 12330 元，可节约标煤 4.1t，可减排二氧化碳 9.42t，并且系统最终还留存可回收利用的太阳能电池板及其他系统部件。因此，分布式独立光伏空调系统与常规空调相比有较好的环境、社会效益。

5.5.4 小结

本节详细介绍了光伏制冷系统的理论模型及能量传递转换关系，对光伏制冷系统的主要部件(如太阳能光伏阵列、控制器、逆变器、蓄电池)及空调系统的匹配进行了仿真与优化。

光伏阵列的模拟结果与实验结果基本相符，模拟值与实测值的误差在 10%以内且实测值比模拟值略小。导入光伏冰箱系统的实测数据与模拟数据进行对比，模拟结果与实验数据吻合较好。研究结果可为工程设计提供较好的参考，有利于光伏冰箱的推广应用。

通过 MATLAB 对建立的光伏空调系统的数学模型进行模拟计算并与实验结果进行对比，系统误差在 7%以内，证明了该模型的适用性。在昆明的气候条件下的仿真分析表明，光伏空调系统的制热系统效率低于制冷系统效率，最大制热效率为 0.35，最大制冷效率为 0.38。且该光伏空调存在控制器与逆变器容量与负载不匹配的问题。优化结果表明，若控制器能带 MPPT 功能且电流控制在 40A，那么控制器效率将达到 96%左右；若逆变器采用全桥式纯正弦波逆变器，功率控制在 1.5kW，逆变器效率将提升到 92%左右，此时光伏空调系统效率将提升 11%～13%，系统效率可由 0.38 提升到 0.41。光伏空调在用电紧张的热带地区(如东南亚各国)具有较好的运行性能及商业推广价值。

5.6 本章小结

本章首先介绍了太阳能光伏制冷的概念与分类。然后分别介绍太阳能光伏冰箱与光伏空调系统，着重分析了光伏冰箱及空调的性能。对光伏制冷系统进行建模，分别模拟计算了光伏冰箱及光伏空调的输出特性，依据仿真结果对系统部件间的匹配耦合特性进行优化，可有效提升系统整体性能。

5.6.1 光伏冰箱系统

1. 光伏直流冰箱

对光伏驱动的半导体直流冰箱有无负载运行下的制冷特性和制热特性进行了实验研究，与此同时还对比分析了市电驱动和光伏驱动两种模式下的冰箱特性。

研究结果表明，无论采用市电驱动还是采用光伏驱动，直流冰箱的制冷效率均在 0.30 左右，制热效率均在 0.35 左右。且制冷效率受环境温度影响较大，环境温度越高，制冷效率越低，带负载时制冷效率略高于空载，主要是带负载运行后箱内空气减少，漏热量减少，在一定程度上提升了制冷效率。由于光伏组件的光电转换效率只有 15%左右，因此采用光伏驱动冰箱时，系统效率基本保持在 0.022～0.024。

由于半导体直流冰箱的制冷温度最低只能达到5℃，只能用于冷藏而不适用于冷冻。开机约 120min 后，光伏驱动冰箱开始进入稳定状态，此时箱内温度为 8.0～9.0℃，而带载 1200mL 水后，负载温度均匀缓慢下降，花了空箱运行 4 倍的时间负载温度由 28℃降至 12℃，降温较慢。制热工况时，空箱运行温度升温很快，120min 达到最高温度 64.8℃，最终箱内温度稳定在 56.0～64.0℃。而带载制热时，冰箱进入稳定的周期性运转的时间约是空箱运行的 2 倍，且温度为 62.0～68.0℃，比空箱稳定温度略高。

市电驱动冰箱和光伏驱动冰箱制冷性能基本一致。但在制热工况时，市电驱动冰箱空载时温度最大值可达 71.8℃，比光伏驱动时的 64.8℃高了 7℃，且加热的时间要短约 60min。市电驱动带负载运行时，运行约 120min 后，箱内温度进入稳定状态，温度为 58.0～63.0℃，与光伏驱动所花时间基本一致。

研究结果表明，该冰箱系统在光伏驱动下均能稳定高效运行，其空载及负载运行在制冷或制热工况下的性能参数均能达到市电驱动的指标。制冷时该系统能维持箱内温度在 5.0～10.0℃，能满足食品或食物的保鲜；制热时能维持箱内温度在 62.0～68.0℃，能对食物进行加热和保温。该光伏驱动直流冰箱系统运行稳定，可用于户外郊游、无电网、勘察、施工等缺电环境，可对食物、食品等进行保鲜或保温。此外，该系统具有低成本、使用方便及节能降耗等优点。

2. 光伏交流冰箱

对光伏驱动冰箱的空载和负载特性开展了实验研究。光伏驱动冰箱空载运行时，实验当天为多云天气，辐照度为 200～1100W/m^2，全天累计辐照量为 13MJ/m^2，环境温度为 19.5～25.5℃。峰值功率为 190W 的单晶硅电池组件在累计辐照量为 13MJ/m^2 时的发电量为 0.57kW·h，开机运行约 30min 后，冷冻室和冷藏室的温度分别迅速降低到−12℃和 0℃，此后冰箱处于稳定工作状态。冰箱空载运行一天的耗电量约为 0.4kW·h，低于光伏组件白天的发电量，阴天时，光伏发电可完全驱动冰箱空载运行，多余 0.17kW·h 的电量储存到蓄电池内。当典型晴天累计辐照量增加为 22MJ/m^2 时，光伏组件的发电量增加至 0.92kW·h，此时光伏驱动冰箱空载运行后剩余的电量为 0.52kW·h。

光伏驱动冰箱带载 3kg 水运行时，开机连续运行约 3h 后，冷藏室的温度才稳定在 4℃左右，而冷冻室的温度稳定在−8℃，与空载实验相比，带负载时用的时间要长得多。还测试了光伏冰箱在 7.9MJ/m^2、9MJ/m^2、9.23MJ/m^2、13.4MJ/m^2 和 14.5MJ/m^2 辐照量下带负载时的制冷性能，系统的 COP 为 0.05～0.12。

对光伏驱动冰箱开展了不同负载实验研究。研究结果表明，初始制冷降温阶段，水从 25℃降温至 0℃。系统效率不仅取决于温度的变化，而且与负载质量相关，5kg、6kg、7kg 水降到 0℃分别用时 110min、180min 和 220min，但系统效率分别为 0.27、0.18 和 0.25，温度变化快和负载质量大的系统效率较高；负载水从 0℃的水凝固成 0℃冰的过程中，系统效率只与负载质量有关，此时带载 5kg、6kg 和 7kg 水的系统效率分别为 0.16、0.18 和 0.19；冰从 0℃降至设置温度−20℃的过程为冰块过冷阶段，系统制冷效率与达到相同负载温度的时间相关，5kg、6kg 和 7kg 负载达到−20℃分别用时 791min、1151min 和 1232min，此阶段带载 5kg 水的系统效率较高。

整个试验阶段，冰箱的 COP 随着负载温度的降低而减小，实验测得 5kg 水从 25℃降至−20℃时，系统效率 COP 从 0.61 降至 0.27。因此，在冰箱使用时不应将负载温度设置得过低，否则会导致冰箱超负荷运行，不仅浪费能量，而且降低了冰箱运行寿命。5kg 水降温到−20℃所用的时间比 6kg 水和 7kg 水分别少了 7h 和 9h。5kg 负载下冰箱的 COP 为 0.61，比 6kg 负载和 7kg 负载分别高出 31%和 34%，功耗分别为 1.1kW·h、1.9kW·h 和 2.3kW·h，但实验期间的光伏发电量仅为 0.44kW·h，不足以支持冰箱运行到设定温度，蓄电池贡献了较多电能。

在典型晴天，累计辐照量可达到 22MJ/m^2，此光伏冰箱的光伏组件全天可发电 0.92kW·h，基本上可以驱动 5kg 水达到设置的−20℃的冷冻温度。因此，本实验所构建的光伏冰箱的最佳运行冷冻负载应为 5kg，此负载在典型晴天可由光伏驱动达到冷冻温度。

5.6.2　光伏空调系统

随着经济的发展，建筑能耗日益增大，且其中空调能耗已经占建筑总能耗的 50%～60%。因此，空调节能是降低建筑总能耗的关键之一。随着近年来光伏发电技术日益成熟，光电转换效率不断提升，系统部件制造工艺日益成熟，光伏组件成本持续走低，为光伏应用产业的发展提供了有利条件。

本节对分布式光伏空调系统进行了全面的论述，对系统组成及工作原理和各部件在系统中的影响因素进行了详细的介绍，并且通过理论计算设计了一套完整的分布式独立光伏空调系统，通过 MATLAB 对分布式光伏空调系统进行了系统理论模型的建立。通过昆明地区气候条件实验研究分析了系统性能，还结合该实验结果对上述模型进行了验证。利用验证后的模型对系统部件的匹配性能进行改进修正，最后利用验证后的模型对典型热带地区[常年有制冷需求(东南亚地区)]进行户用分布式光伏空调系统运行性能的预测，为分布式光伏空调系统的设计应用提供参考。

在昆明温带地区气候条件下，1.5P 户用光伏空调系统电池板最高系统效率制冷可达 0.37，系统月平均日最大发电量为 8kW·h；辐照度达到 675W/m^2 以上时，电池板发电量达到 1120W 以上，空调机组依靠电池板、控制器、逆变器可单独运行；就昆明地区而言，每天有 4～5h 辐照，可完全满足空调机组的直接供电需求。在峰值辐照条件下电池板制冷量为 430W/(m^2·h)，制热量为 400W/(m^2·h)，系统保障率最高可达到 1.4。

模型验证结果表明，模拟系统制热效率为 0.348，模拟系统最大制冷效率为 0.384，模拟值与实测值误差均在 7%以内，存在误差的主要原因是测试过程中测试仪器使用时间较长，系统电流监测模块精度有所降低，以及实验测试过程中所使用的蓄电池总容量为 130A·h，但是控制器容量参数只能设定为 120A·h，因此蓄电池性能受影响。

在分布式独立光伏空调系统中，将各部件匹配性做到最佳，系统效率将得到明显提升。在电池板、控制器、逆变器、蓄电池四大部件中，对系统影响最大的是电池板，关联性为 0.4，因为电池板是系统能量供给的源泉，蓄电池对系统性能影响的关联性为 0.3，控制器、逆变器分别为 0.2 和 0.15。因此，做好系统部件匹配对于系统性能提升具有重要意义。在本实验平台条件下，使控制器带 MPPT 功能，最大电流为 40A，逆变器采用全桥式纯正弦波 1.5kW 逆变器，此时控制效率、逆变效率均可提升 13%～20%，最终分布式光伏空调系统效率将提升 11%～13%，系统效率可由 0.37 提升到 0.41。

户用型分布式光伏空调系统在缺电地区(如东南亚热带地区)不仅有较好的运行性能，而且有较突出的环境效益、社会效益，具有较高的商业规模化利用价值。

第6章　分布式光伏冰蓄冷空调系统

6.1　概　　述

第5章介绍了几种光伏制冷系统，并对它们的性能进行了详细分析。研究表明，太阳能光伏制冷在产品结构、系统运行效率和制冷性能方面不断获得改进和发展，且光伏制冷研究已取得较好的成果并可走上商业化的发展道路。但太阳能间歇性这个核心问题仍然困扰着光伏制冷的研究与应用。为解决这个难题，现阶段主要采取并网发电和蓄电池辅助两种办法来确保光伏组件输出电能的稳定性。但是并网发电和蓄电池辅助都有局限性，主要体现在以下两个方面。

(1) 光伏+并网模式驱动制冷系统是依靠电网容量来消除太阳能的波动与间歇性对光伏阵列输出电能的影响。目前并网技术已十分成熟，在电网大容量的包容下，制冷系统能稳定可靠运行。但由于光伏阵列输出的电能具有很大的波动性，接入电网后对电网的电能势必造成一定的冲击，从电力安全角度考虑，电网不允许较多的小型分布式光伏电站接入，因此采用并网蓄能驱动制冷系统的模式受限于电网接纳程度。

(2) 光伏+蓄电池模式驱动制冷系统是利用蓄电池维持光伏阵列输出电能的稳定性并储存光伏阵列产生的剩余电能。目前光伏发电、蓄电池储能及蒸汽压缩机制冷均为十分成熟的技术，市面上大部分的光伏空调均采用此种模式。配备蓄电池后，增加了系统设计制造的复杂性及投资和维护成本，在经济性能方面无法与市电驱动的空调相比。该系统适用于无电网且炎热的沙漠、孤岛和河谷等对制冷需求大于经济性能的特殊区域。蓄电池成本过高、生命周期短及污染环境等问题也制约了光伏空调的发展。

在全球能源紧缺、注重在环境保护的主旨下，光伏发电势必会在未来世界能源结构中占有重要地位，因此光伏制冷也将是制冷领域的重要组成部分。解决目前的光伏制冷储能难这一技术难题将成为光伏制冷研究工作的首要任务。在光伏制冷系统中，若采用技术成熟且价格低廉的产品代替蓄电池储存能量并能同时解决太阳的波动性与间歇性对制冷系统的影响，太阳能光伏空调将会具有广阔的应用前景。众所周知，冰蓄冷空调系统具有技术成熟、蓄冷能力强且价格低廉等优点。若能充分利用白天太阳能资源实现高效光伏直驱制冰蓄冷，而夜间利用白天储存的冷量供冷，实现蓄冰代替蓄电，不仅能节省蓄电池的投资运行成本，还能有效减少光-电-冷之间的能量转换储存损失，克服太阳辐照间歇性对光伏制冷系统工作稳定性与持久性的影响，有效提高光伏制冷效率。随着光伏光电转换效率的提高及光伏成本的下降，分布式光伏能源系统的利用将逐步增加，且在国家与电网鼓励分布式光伏能源产生的电能就地消纳的环境下，未来分布式光伏能源在光伏能源结构中占比会逐步增大。因此，采用分布式光伏能源驱动价格低廉、技术成熟的冰蓄冷替代蓄电池储能的空调系统，在经济性与便利性方面与市电驱动的空调系统相比具有一定的竞争优势。

综上所述，本章对分布式光伏能源驱动冰蓄冷空调系统能量转换传递特性与制冷特性进行研究，旨在采用分布式光伏能源系统驱动冰蓄冷空调系统来实现高效蓄能、换能及高品质供能。通过对供能、蓄能及用能等部件的能量转换传递特性分析、结构优化及部件间的能量匹配耦合的分析与研究，实现太阳能光-电-冷的最佳匹配及应用。

6.2 太阳能光伏冰蓄冷空调系统特性

6.2.1 分布式光伏驱动片冰滑落式冰蓄冷空调能量转换传递特性分析与优化

为减少投资运行成本且保护环境，提升光伏制冷应用价值，光伏制冷领域的蓄电池终将被替代。因此，将冰蓄冷技术应用于光伏制冷系统中可实现冰蓄冷替代蓄电池储能，即白天利用光伏发电驱动压缩机高效制冰蓄存冷量，晚上释放冷量供用户使用。目前，分布式光伏能源驱动制冷与冰蓄冷空调的研究与应用相对较少。因此，研究冰蓄冷替代蓄电池储能的可行性、光伏制冷与冰蓄冷技术兼容性与能量的匹配性及系统的制冷特性成为研究重点。本节基于现有技术成熟的分布式光伏能源系统驱动技术成熟的片冰滑落式制冰机制冰蓄冷，构建一套供冷功率为 0.2kW 的分布式光伏能源驱动冰蓄冷空调系统，对系统的制冷性能及运行的稳定性与可靠性进行实验测试与理论分析，并对系统部件间的能量转换传递特性进行分析，进而提出部件能量匹配优化及系统部件结构优化改造的方案，在此基础上构建冰蓄冷完全替代蓄电池储能系统并分析其性能。

1. 分布式光伏驱动片冰滑落式冰蓄冷空调系统构建

1) 工作原理

分布式光伏驱动冰蓄冷空调系统工作原理如图 6-1 所示。

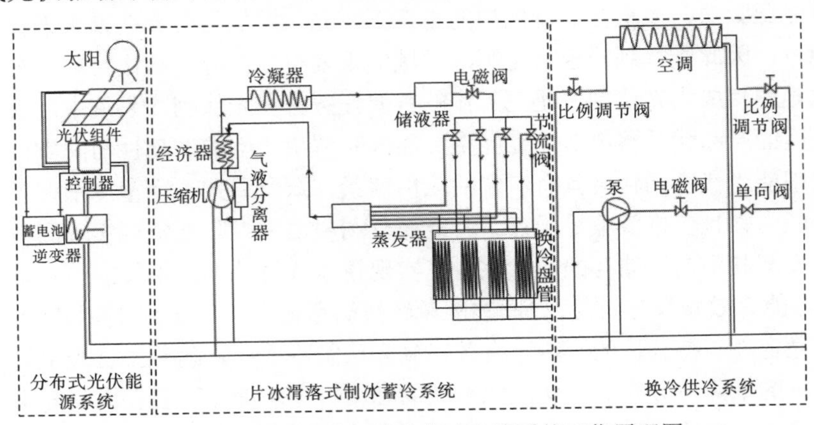

图 6-1 分布式光伏驱动冰蓄冷空调系统工作原理图

系统由分布式光伏能源、制冰蓄冷与换冷供冷三个子系统组成。分布式光伏能源系统的光伏阵列将太阳能转化为电能，采用带有最大功率跟踪技术的控制器调控光伏阵列电能输出，用于驱动片冰滑落式制冰蓄冷系统的压缩机和供冷系统的水泵及空调，为确保系统运行稳定性，分布式光伏能源系统中采用少量蓄电池为管道、风机盘管等供能。制冰蓄冷系统由压缩机、冷凝器、节流阀和蒸发器与换冷盘管几部分组成，工质经压缩机压缩，由经济器与冷凝器冷却后，进入储液器，再由电磁阀控制进入节流阀，节流为低温工质，低温工质流入位于蓄冰槽中的蒸发器吸热制冷，经汇流器汇流，进入气液分离器进行分离，流入压缩机完成一次制冷循环。供冷系统采用管道泵把换冷工质泵出，经电磁阀、单向阀、比例调节阀和空调将冷量吹出供用户使用。

2）系统构建

构建一套供冷功率为 0.2kW 的分布式光伏能源驱动冰蓄冷空调系统，如图 6-2 所示。

光伏阵列

控制器与逆变器

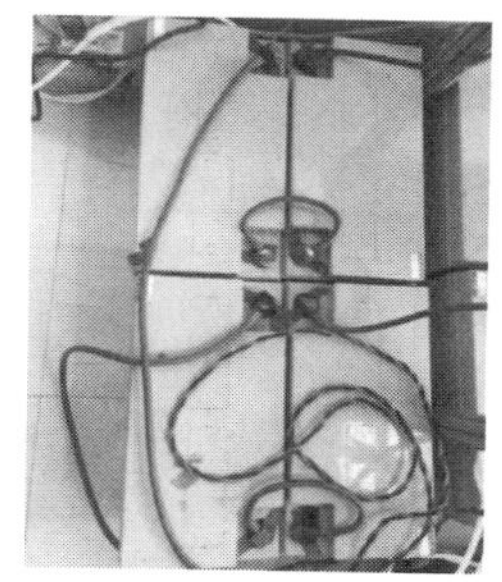
蓄电池

片冰滑落式制冰机

蓄冰槽

风机盘管

图 6-2　分布式光伏能源驱动冰蓄冷空调系统

光伏阵列采用两块峰值功率为 245W 的多晶硅光伏组件串联组成，总面积为 3.2m^2。蓄电池组采用四个电压为 12V、容量为 65A·h 的蓄电池串联，蓄电池组的总容量为 65A·h。控制器输入电压范围为 12～48V，最大负载电流为 60A。逆变器输入电压为 48V，逆变功率为 3kW。制冰机压缩机运行功率为 380W，蓄冰换冷系统采用盘管间接融冰模式，即乙二醇在布置于蓄冰槽内部的盘管中流动将冰块的冷量通过盘管换热运输到风机盘管处供用户使用，蓄冰槽容积为 0.027m^3。工质泵额定电压为 220V，其运行转速三挡可调，实验过程中采用最小功率运行。风机盘管换热尺寸为 0.23m×0.08m×0.20m，风机盘管风机功率为 180W，运行转速为

2800r/min，翅片数量为95片，盘管为26组。蓄冰槽系统各部件的主要参数见表6-1。

表6-1 系统主要部件参数

系统	部件名称	型号	主要参数
分布式光伏能源系统	光伏组件	JN-245	峰值功率：245W；开路电压：43.5V；短路电流：8.18A；峰值功率电压：34.5V；峰值功率电流：7.10A
	控制器	PHOCOS/PL60	12～48V，60A充电，30A负载
	逆变器	solar 48V	功率：3kW；直流输入电压：48V；输出电压：220V；输出频率：50Hz
	蓄电池	SP12-65	容量：12V、65A·h
制冰蓄冷系统	工质	R134a	沸点：-26.1℃；临界温度：101.1℃
	制冰机	IM50	产冰量：2.08kg/h；功率：380W
	蓄冰槽	自制	储冰容积：30cm×30cm×30cm
供冷系统	换冷工质	乙二醇	熔点：-12.6℃；黏度：25.66mPa·s
	泵	RS15-6	功率：46～93W；扬程：6m；最大流量：3.4m^3/h
	风机盘管	组装	风机型号：YS 56-2；功率：180W；电压：380V；电流：0.53A；转速：2800r/min。翅片盘管规格：翅片数量：95片；长×宽×高：23cm×8cm×20cm；盘管数量：26组；铜管内径：6mm

3）系统运行测试

实验测试过程中，需要对外界环境条件(如辐照度、环境温度与风速)进行测量记录，为分析系统运行性能及系统部件间的能量转换传递计算分析提供数据。同时还应对分布式光伏能源系统发电过程中光伏阵列的开路电压、短路电流、输出电压、输出电流和输出功率进行测量，应监测蓄电池充放电过程中的电压与电流变化情况。为分析制冰蓄冷系统的能量传递与制冷特性，对片冰滑落式制冰机运行过程中压缩机、冷凝器、节流阀与蒸发器的温度进行监测，对制冷循环过程中的压力变化进行测量，同时对制冷剂的质量流量进行测量，测量并监测所制取的冰块及循环水的温度变化情况。换热供冷过程中对蓄冰槽、冰块、载冷剂运输管道、风机盘管及室内的温度进行监测，载冷剂的流量利用超声波流量计和电磁流量计测量并记录。为分析系统部件间的能量传递过程，需要对系统热力学循环及制冰蓄冷系统的传热传质特性进行计算分析，因此对制冰系统与换冷系统所用铜管的长度、厚度及管径，风机盘管翅片的长度、宽度和厚度进行测量。风机盘管与冷凝器风速采用风速仪测量并记录。所采用测试仪器仪表如图6-3所示，测量仪器的相关参数及测量不确定度见表6-2。

(a)CMP-6型总辐射表

(b)EC-9S风速传感器

(c)百叶箱

(d)SIEMENSFUP 1010 超声波流量计

(e)KROHNE电磁流量计

(f)横河EJA430E 压力传感器

(g)FLUKE 2638A 数据采集仪

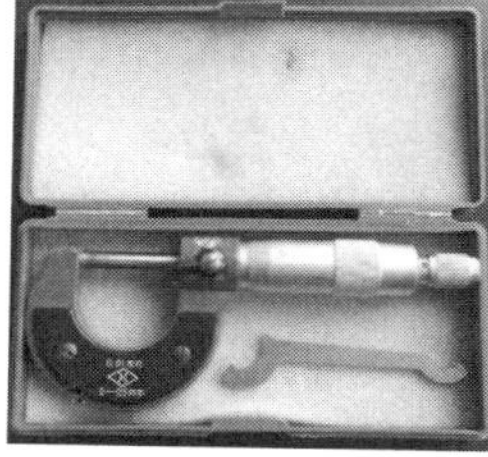

(h)千分尺

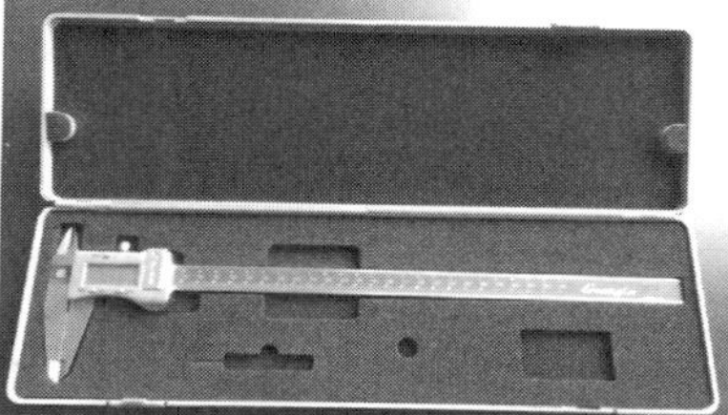

(i)游标卡尺

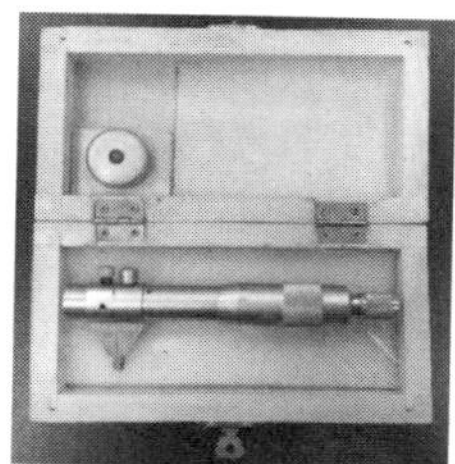

(j)内径千分尺

(k)Agilent 34970A数据采集仪

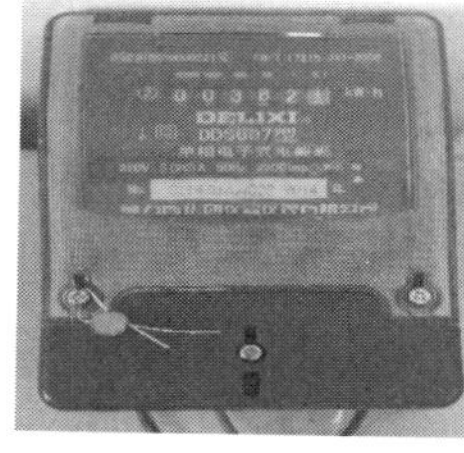

(l)DELIXI DDS607功率表

(m)电子秤

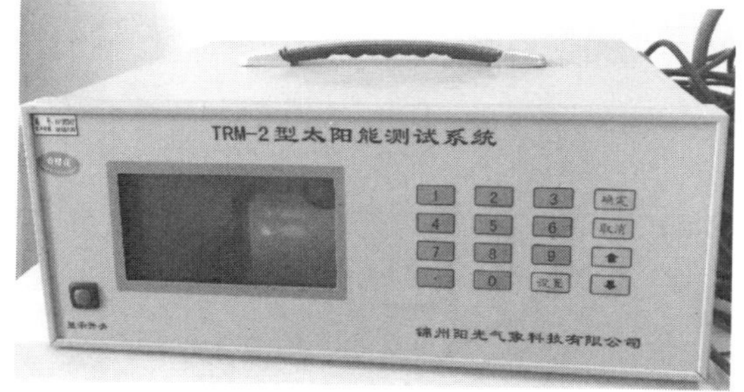

(n)TRM-2太阳能测试仪

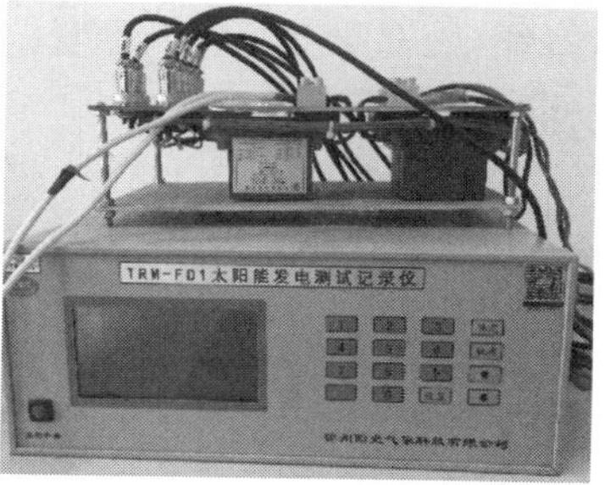

(o)TRM-FD01太阳能发电测试仪

图 6-3　测量仪器仪表

表 6-2　测量仪器的相关参数及测量不确定度

测量仪器	型号	范围	精度	使用范围	最大相对误差	最大绝对误差	不确定度(B 类)
辐照表	Kipp & Zonen CMP-6	0～2000W/m^2	±5%	0～1000W/m^2	±10%	±100W/m^2	57.7348W/m^2
风速传感器	EC-9S	0～70m/s	±0.4%	0～10m/s	±2.8%	±0.28m/s	0.1617m/s
热电偶	T	−200～350℃	±0.4%	−50～150℃	±0.93%	±1.4℃	0.8083℃
铂电阻	PT-100	−200～350℃	±0.12%	−50～100℃	±0.42%	±0.42℃	0.2425℃

续表

测量仪器	型号	范围	精度	使用范围	最大相对误差	最大绝对误差	不确定度(B类)
内径千分尺	上量	5～30mm	±0.01mm	0～20mm	±0.05%	±0.01mm	0.0058mm
千分尺	上量	0～25mm	±0.01mm	0～10mm	±0.1%	±0.01mm	0.0058mm
电子数显卡尺	上量	0～300mm	±0.03mm	0～150mm	±0.02%	±0.03mm	0.0173mm
超声波流量计	SIEMENS FUP 1010	0～12m/s	±0.50%	0～5m/s	±1.2%	±0.06m/s	0.0346m/s
电磁流量计	KROHNE OPTIFLUX 5000	DN 5；0～12m/s	±0.15%	0～5m/s	±0.36%	±0.018m/s	0.0104m/s
压力传感器	YOKOGAWA EJA430E	0.14～16MPa	±0.055%	0～2MPa	±0.44%	±0.0088MPa	0.0051MPa
电子秤	AHW-3	0～3kg	±0.05g	0～3kg	±0.05%	±0.0015kg	0.0009MPa
功率表	DELIXI DDS607	0～10000kW·h	±0.01kW·h	0～100kW·h	±1%	±1kW·h	0.5774kW·h
数值万用表	FLUKE F-179	电压：0～1000V	±0.9%	0～380V	±2.37%	±9.006V	5.1996V
		电流：0～10A	±1%	0～10A	±1%	±0.2A	0.1154A
电参数测量仪	Solar300N	电压：0～1000V	±0.9%	0～380V	±2.37%	±9.006V	5.1996V
		电流：0～20A	±1%	0～20A	±1%	±0.2A	0.1154A

2. 分布式光伏驱动片冰滑落式冰蓄冷空调系统实验及特性参数分析

1) 实验条件

在累计辐照量为 22.17MJ/m^2 的典型晴天，对分布式光伏驱动冰蓄冷空调系统进行实验测试研究。08:00～19:00 时段内，分布式光伏能源系统共发电 2.76kW·h，制冰机制取冰块 21.89kg，消耗电能 4.18kW·h。蓄存的冰块用于晚上供冷，持续供冷 4h。对实验过程中的环境条件(如辐照度、环境温度、风速及光伏组件温度)进行测试记录，辐照度与环境温度变化情况如图 6-4 所示。

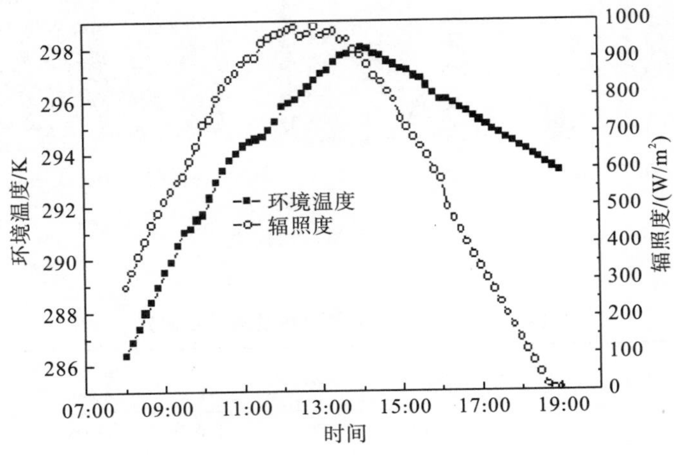

图 6-4　辐照度与环境温度变化情况

系统从 08:00 开始运行到 19:00 结束，辐照度先逐步增加，到 12:50 左右达到最大值，最大值为 984.93W/m^2，然后逐步减小。环境温度也是先逐步增加，到 14:00 左右到达最大值 298K，然后逐步下降。同时对光伏阵列工作温度与环境风速进行了测试，如图 6-5 所示。光伏阵列工作温度逐步增加，在 13:30 左右到达最大值 325.15K，然后逐步降低。实验期间，光伏阵列工作的风速为 0.78～1.52m/s。运行过程中系统的性能参数测试结果见表 6-3。表中，T_a 为室外环境温度，v 为环境风速，q 为 08:00～19:00 时间段的累计辐照量，Q 为 08:00～19:00 时间段的发电量，V_{oc} 为光伏系统开路电压，I_{sc} 为光伏系统短路电流，V_d 为负载电压，I_d 为负载电流，V_{ba} 为蓄电池电压，I_{ba} 为蓄电池电流，$\eta_{pv,0}$ 为标准测试条件下光伏组件光电转化效率，η_{pv} 为实际转化效率，$T_{comp,in}$ 为制冰机压缩机吸气温度，$T_{comp,out}$ 为制冰机压缩机排气温度，$T_{cond,out}$ 为制冰机冷凝器出口温度，$T_{th,out}$ 为制冰机节流阀出口温度，$\dot{m}_{MEG}$ 为换冷工质质量流量，$\dot{m}_{ic}$ 为制冰机制冰率，T_{ic} 为制取冰块的温度，T_{st} 为蓄冰槽内的温度，T_{wa} 为制冰过程中循环水温度，$T_{pi,in}$ 为换冷工质流入蓄冰槽的温度，$T_{pi,out}$ 为换冷工质流出蓄冰槽的温度，T_{fi} 为风机盘管温度，T_{air} 为室内温度。

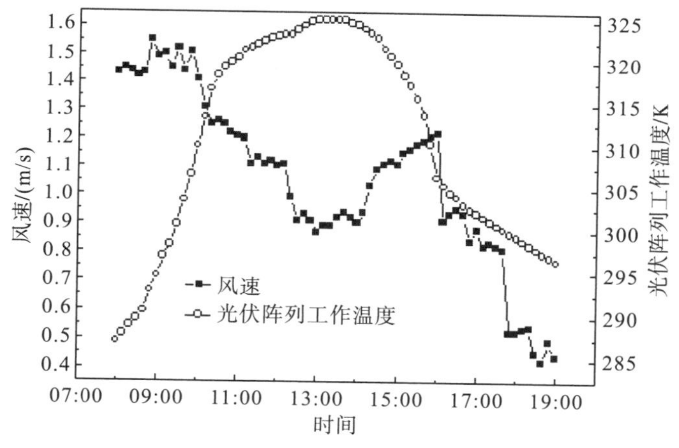

图 6-5　实验期间环境风速与光伏阵列工作温度变化

表 6-3　系统运行过程中性能参数测试结果

参数	数值	参数	数值	参数	数值
T_a/K	293.71～298.46	I_{ba}/A	5.82	T_{ic}/K	268.15
v/(m/s)	0.78～1.52	$\eta_{pv,0}$/%	17.5	T_{st}/K	272.65～278.15
q/(MJ/m^2) (08:00～19:00)	22.17	η_{pv}/%	13.8	T_{wa}/K	275.15
Q/(kW·h) (08:00～19:00)	2.76	$T_{comp,in}$/K	268.15	$T_{pi,in}$/K	293.65～288.45
V_{oc}/V	89.35	$T_{comp,out}$/K	313.15	$T_{pi,out}$/K	280.85～284.65
I_{sc}/A	8.18	$T_{cond,out}$/K	303.15	T_{fi}/K	293.65～288.35
V_d/V	51.6～55.5	$T_{th,out}$/K	263.15	T_{air}/K	293.65～291.15
I_d/A	0.54～8.11	$\dot{m}_{MEG}$ /(kg/s)	0.0127		
V_{ba}/V	54.42	$\dot{m}_{ic}$ /(kg/h)	1.99		

2）特性参数

第 5 章已给出了太阳能光伏能源驱动的冰箱及空调系统的光-电-冷能量转换传递理论模型，分布式光伏驱动的冰蓄冷空调系统中分布式光伏能源系统的理论模型与第 5 章一致，冰蓄冷空调系统的特性参数及理论分析如下。

冰蓄冷空调系统利用制冷机组制取冰块蓄存在蓄冰桶内，供冷时利用工质泵将交换冷量后的载冷剂运输到空调的风机盘管内送出冷量供用户使用，其工作流程如图 6-6 所示。

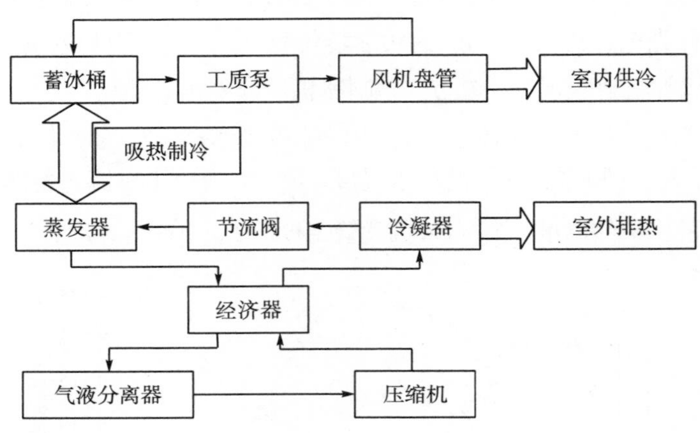

图 6-6 冰蓄冷空调系统工作流程

（1）电-冷能量转换传递及㶲模型。

制冷机组运行过程为单级蒸汽压缩制冷热力学循环，由压缩机、冷凝器、节流阀及蒸发器四大部件组成，制冷过程的热力学循环中，制冷剂 *P-h* 变化情况如图 6-7 所示。

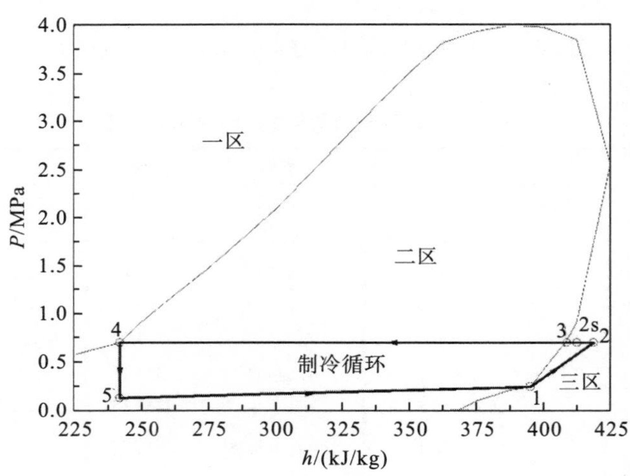

图 6-7 制冷工质 *P-h* 变化曲线和制冷循环

图 6-7 中的一区为制冷剂饱和液态，二区为气液共存，三区为饱和蒸汽。制冷循环顺序为 1-2-2s-3-4-5-1，跨越制冷工质饱和蒸汽区和气液共存区，1-2 为压缩机做功将状态 1 的干蒸汽压缩到状态 2 的饱和蒸汽，理想情况下压缩机做功为等熵压缩，将状态 1 压缩到等熵点状态 2s，而实际工况压缩至状态 2。2-2s-3-4 为制冷工质在冷凝器中的冷凝放热过程，2-2s 为任意冷却过程，2s-3-4 为等压冷却过程，状态 3 为高压干蒸汽，状态 4 为高压饱和液体。制冷工质经冷凝器放热变成饱和液态流进节流阀进行节流降压降温，即 4-5 过程，节流后低温低压工质流入蒸发器内吸热制冷，即 5-1 过程。制冷循环制冷能力为状态 1 与状态 5 的焓值差，压缩机的功耗为状态 2 与状态 1 的焓值差。

压缩机能量平衡方程为

$$\dot{m}_{\mathrm{rf}}h_1+W=\dot{m}_{\mathrm{rf}}h_2+Q_{\mathrm{comp,loss}} \tag{6-1}$$

式中，$\dot{m}_{\mathrm{rf}}$ 为制冷剂质量流量，kg/s；h_1 和 h_2 分别为图 6-7 中状态 1 和状态 2 时制冷剂的焓，J/kg；W 为压缩机输入功率，W；$Q_{\mathrm{comp,loss}}$ 为单位时间压缩机损耗能量，W。

压缩机㶲平衡方程为

$$E_{\mathrm{x,comp\text{-}in}}+W=E_{\mathrm{x,comp\text{-}out}}+\Delta E_{\mathrm{x,comp}} \tag{6-2}$$

式中[131]

$$E_{\mathrm{x,comp\text{-}in}}=\dot{m}_{\mathrm{rf}}[(h_1-h_{\mathrm{a}})-T_{\mathrm{a}}(s_1-s_{\mathrm{a}})] \tag{6-3}$$

$$E_{\mathrm{x,comp\text{-}out}}=\dot{m}_{\mathrm{rf}}[(h_2-h_{\mathrm{a}})-T_{\mathrm{a}}(s_2-s_{\mathrm{a}})] \tag{6-4}$$

式(6-2)～式(6-4)中，$E_{\mathrm{x,comp\text{-}in}}$ 为流入压缩机的㶲，W；$E_{\mathrm{x,comp\text{-}out}}$ 为流出压缩机的㶲，W；$\Delta E_{\mathrm{x,comp}}$ 为压缩机㶲损，W；h_{a} 为外界大气焓，J/kg；s_1、s_2 和 s_{a} 分别为图 6-7 中状态 1、状态 2 的制冷剂熵及外界大气熵，J/(kg·K)。

压缩机能量利用效率与㶲效率分别为

$$\eta_{\mathrm{comp}}=\frac{Q_{\mathrm{inve,out}}-Q_{\mathrm{comp,loss}}}{Q_{\mathrm{inve,out}}} \tag{6-5}$$

$$\psi_{\mathrm{comp}}=\frac{E_{\mathrm{x,inve\text{-}out}}-\Delta E_{\mathrm{x,comp}}}{E_{\mathrm{x,inve\text{-}out}}} \tag{6-6}$$

冷凝器能量平衡方程为

$$Q_{\mathrm{cond,in}}=Q_{\mathrm{cond,out}}+Q_{\mathrm{cond,loss}}+Q_{\mathrm{e}} \tag{6-7}$$

式中，$Q_{\mathrm{cond,in}}$ 为单位时间流入冷凝器的能量，W；$Q_{\mathrm{cond,out}}$ 为单位时间流出冷凝器的能量，W；$Q_{\mathrm{cond,loss}}$ 为单位时间冷凝器损耗的能量，W；Q_{e} 为单位时间内冷凝器向室外环境排放的热量，W。

式(6-7)中：

$$\begin{cases}Q_{\mathrm{cond,in}}=Q_{\mathrm{comp,out}}\\ Q_{\mathrm{e}}=\dot{m}_{\mathrm{air,icemak}}C_{\mathrm{p,air}}(T_{\mathrm{air,out}}-T_{\mathrm{air,in}})\end{cases} \tag{6-8}$$

式中，$\dot{m}_{\mathrm{air,icemak}}$ 为制冷机组冷凝器冷凝空气的质量流量，kg/s；$C_{\mathrm{p,air}}$ 为空气的比热容，J/(kg·K)；$T_{\mathrm{air,in}}$ 与 $T_{\mathrm{air,out}}$ 分别为外界冷凝器吸热前和吸热后的温度，K。

状态 4 为饱和温度的湿蒸汽，有

$$Q_{\mathrm{cond,out}} = \dot{m}_{\mathrm{rf}} h_4 \tag{6-9}$$

冷凝器㶲平衡方程为[134]

$$E_{\mathrm{x,cond\text{-}in}} = E_{\mathrm{x,cond\text{-}out}} + \Delta E_{\mathrm{x,cond}} \tag{6-10}$$

式中

$$E_{\mathrm{x,cond\text{-}in}} = \dot{m}_{\mathrm{rf}}[(h_3 - h_{\mathrm{a}}) - T_{\mathrm{a}}(s_3 - s_{\mathrm{a}})] \tag{6-11}$$

$$E_{\mathrm{x,cond\text{-}out}} = \dot{m}_{\mathrm{rf}}[(h_4 - h_{\mathrm{a}}) - T_a(s_4 - s_{\mathrm{a}})] \tag{6-12}$$

式(6-10)～式(6-12)中，$E_{\mathrm{x,cond\text{-}in}}$ 为流入冷凝器的㶲，W；$E_{\mathrm{x,cond\text{-}out}}$ 为流出冷凝器的㶲，W；$\Delta E_{\mathrm{x,cond}}$ 为冷凝器㶲损，W；h_3 和 h_4 分别为图 6-7 中状态 3 与状态 4 时制冷剂的焓，J/kg；s_3 和 s_4 分别为状态 3 与状态 4 时制冷剂的熵，J/(kg·K)。

冷凝器能量利用效率与㶲效率分别为

$$\eta_{\mathrm{cond}} = \frac{Q_{\mathrm{cond,in}} - Q_{\mathrm{cond,loss}}}{Q_{\mathrm{cond,in}}} \tag{6-13}$$

$$\psi_{\mathrm{cond}} = \frac{E_{\mathrm{x,cond\text{-}in}} - \Delta E_{\mathrm{x,cond}}}{E_{\mathrm{x,cond\text{-}in}}} \tag{6-14}$$

制冷工质在节流阀内为等焓节流，有

$$Q_{\mathrm{th,in}} = Q_{\mathrm{th,out}} \tag{6-15}$$

$$Q_{\mathrm{th,in}} = Q_{\mathrm{cond,out}} \tag{6-16}$$

式(6-15)与式(6-16)中，$Q_{\mathrm{th,in}}$ 为单位时间流入节流阀的能量，W；$Q_{\mathrm{th,out}}$ 为单位时间流出节流阀的能量，W。

节流阀㶲平衡方程为

$$E_{\mathrm{x,th\text{-}in}} = E_{\mathrm{x,th\text{-}out}} + \Delta E_{\mathrm{x,th}} \tag{6-17}$$

式中

$$E_{\mathrm{x,th\text{-}in}} = E_{\mathrm{x,th\text{-}out}} \tag{6-18}$$

$$E_{\mathrm{x,th\text{-}out}} = \dot{m}_{\mathrm{rf}}[(h_5 - h_{\mathrm{a}}) - T_{\mathrm{a}}(s_5 - s_{\mathrm{a}})] \tag{6-19}$$

式(6-17)～式(6-19)中，$E_{\mathrm{x,th\text{-}in}}$ 为流入节流阀的㶲，W；$E_{\mathrm{x,th\text{-}out}}$ 为流出节流阀的㶲，W；$\Delta E_{\mathrm{x,th}}$ 为节流阀㶲损，W；h_5 为图 6-7 中状态 5 的焓，J/kg；s_5 为图 6-7 中状态 5 的熵，J/(kg·K)。

节流阀㶲效率为

$$\psi_{\mathrm{th}} = \frac{E_{\mathrm{x,th\text{-}out}}}{E_{\mathrm{x,th\text{-}in}}} \tag{6-20}$$

蒸发器能量平衡方程为

$$Q_{\mathrm{ev,in}} + Q_{\mathrm{ab}} = Q_{\mathrm{ev,out}} + Q_{\mathrm{ev,loss}} \tag{6-21}$$

式中

$$Q_{\mathrm{ev,in}} = Q_{\mathrm{th,out}} \tag{6-22}$$

$$Q_{\mathrm{ev,out}} = Q_{\mathrm{ev,in}} \tag{6-23}$$

$$Q_{\mathrm{ev,ab}} = \dot{m}_{\mathrm{rf}}(h_1 - h_5) \tag{6-24}$$

式(6-21)～式(6-24)中，$Q_{\mathrm{ev,in}}$ 为单位时间流入蒸发器的能量，W；$Q_{\mathrm{ev,out}}$ 为单位时间流出

蒸发器的能量，W；Q_{ab} 为单位时间蒸发器吸收的热量，W。

蒸发器㶲平衡方程为[134]

$$E_{x,ev\text{-}in}+E_{x,ab}=E_{x,ev\text{-}out}+\Delta E_{x,ev} \tag{6-25}$$

式中

$$E_{x,ev\text{-}in}=E_{x,th\text{-}out} \tag{6-26}$$

$$E_{x,ev\text{-}out}=E_{x,cp\text{-}in} \tag{6-27}$$

$$E_{x,ab}=Q_{ab}\left(1-\frac{T_{ev}}{T_a}\right) \tag{6-28}$$

式(6-25)～式(6-28)中，$E_{x,ev\text{-}in}$ 为流入蒸发器的㶲，W；$E_{x,ev\text{-}out}$ 为流出蒸发器的㶲，W；$\Delta E_{x,ev}$ 为蒸发器㶲损，W。

蒸发器能量效率与㶲效率分别为

$$\eta_{ev}=\frac{Q_{ab}}{Q_{ev,in}} \tag{6-29}$$

$$\psi_{ev}=\frac{E_{x,ev\text{-}out}}{E_{x,ev\text{-}in}} \tag{6-30}$$

(2)制冰蓄冷与换冷供冷过程的能量传递与㶲模型。

在冰蓄冷空调系统中，制冰模式分为静态制冰与动态制冰两种，供冷模式也分为间接融冰供冷与直接融冰大温差供冷。本章采用分布式光伏能源系统供能驱动两种制冰模式的冰蓄冷空调系统，一种模式是片冰滑落式动态制冰，供冷过程则采用盘管间接融冰模式，制冰机制取的冰块储存在蓄冰槽内，蓄冰槽内布置了换冷盘管，采用乙二醇作为换冷剂。另一种制冰模式为蒸发器浸入在蓄冰槽的水中静态制冰，供冷过程则采用水循环直接融冰大温差供冷。

①片冰滑落式制冰乙二醇间接换冷模式。

采用片冰滑落式制冰乙二醇间接换冷供冷模式时，系统热阻网络如图 6-8 所示。

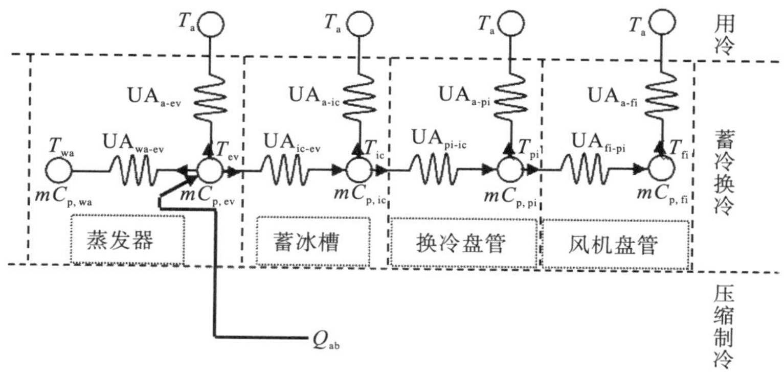

图 6-8　制冰蓄冷与换冷供冷过程的热阻网络

融冰换冷过程的能量平衡方程为[41，130]

$$mC_{\mathrm{p,wa}}\frac{\mathrm{d}T_{\mathrm{wa}}}{\mathrm{d}t}=\mathrm{UA}_{\mathrm{wa\text{-}ev}}(T_{\mathrm{wa}}-T_{\mathrm{ev}}) \tag{6-31}$$

$$mC_{\mathrm{p,ev}}\frac{\mathrm{d}T_{\mathrm{ev}}}{\mathrm{d}t}=Q_{\mathrm{ab}}-\mathrm{UA}_{\mathrm{wa\text{-}ev}}(T_{\mathrm{wa}}-T_{\mathrm{ev}})-\mathrm{UA}_{\mathrm{ic\text{-}ev}}(T_{\mathrm{ic}}-T_{\mathrm{ev}})-\mathrm{UA}_{\mathrm{a\text{-}ev}}(T_{\mathrm{a}}-T_{\mathrm{ev}}) \tag{6-32}$$

$$mC_{\mathrm{p,ic}}\frac{\mathrm{d}T_{\mathrm{ic}}}{\mathrm{d}t}=\mathrm{UA}_{\mathrm{ic\text{-}ev}}(T_{\mathrm{ic}}-T_{\mathrm{ev}})-\mathrm{UA}_{\mathrm{a\text{-}ic}}(T_{\mathrm{a}}-T_{\mathrm{ic}})-\mathrm{UA}_{\mathrm{pi\text{-}ic}}(T_{\mathrm{pi}}-T_{\mathrm{ic}}) \tag{6-33}$$

$$mC_{\mathrm{p,pi}}\frac{\mathrm{d}T_{\mathrm{pi}}}{\mathrm{d}t}=\mathrm{UA}_{\mathrm{pi\text{-}ic}}(T_{\mathrm{pi}}-T_{\mathrm{ic}})-\mathrm{UA}_{\mathrm{a\text{-}pi}}(T_{\mathrm{a}}-T_{\mathrm{pi}})-\mathrm{UA}_{\mathrm{fi\text{-}pi}}(T_{\mathrm{fi}}-T_{\mathrm{pi}}) \tag{6-34}$$

$$mC_{\mathrm{p,fi}}\frac{\mathrm{d}T_{\mathrm{fi}}}{\mathrm{d}t}=\mathrm{UA}_{\mathrm{fi\text{-}pi}}(T_{\mathrm{fi}}-T_{\mathrm{pi}})-\mathrm{UA}_{\mathrm{a\text{-}fi}}(T_{\mathrm{a}}-T_{\mathrm{fi}}) \tag{6-35}$$

式(6-31)～式(6-35)中，$mC_{\mathrm{p,wa}}$、$mC_{\mathrm{p,ev}}$、$mC_{\mathrm{p,ic}}$、$mC_{\mathrm{p,pi}}$、$mC_{\mathrm{p,fi}}$ 分别为制冰循环水的有效热容、蒸发器内制冷工质的有效热容、所制取冰块的有效热容、换冷盘管内换冷工质的有效热容、风机盘管的有效热容，J/K；$\mathrm{UA}_{\mathrm{wa\text{-}ev}}$、$\mathrm{UA}_{\mathrm{a\text{-}ev}}$、$\mathrm{UA}_{\mathrm{ic\text{-}ev}}$、$\mathrm{UA}_{\mathrm{a\text{-}ic}}$、$\mathrm{UA}_{\mathrm{pi\text{-}ic}}$、$\mathrm{UA}_{\mathrm{a\text{-}pi}}$、$\mathrm{UA}_{\mathrm{fi\text{-}pi}}$、$\mathrm{UA}_{\mathrm{a\text{-}pi}}$ 分别为蒸发器与循环水之间的换热系数、蒸发器与外界之间的换热系数、蒸发器与所制取冰块之间的换热系数、蓄冰槽内冰块与外界之间的换热系数、冰块与换冷盘管之间的换热系数、换冷盘管与外界之间的换热系数、换冷盘管与翅片之间的换冷系数、翅片与外界空气之间的换冷系数，W/K；T_{wa}、T_{ev}、T_{ic}、T_{pi}、T_{fi} 及 T_{a} 分别是制冰循环水、蒸发器、冰块、换冷盘管、风机盘管的翅片温度及环境温度，K。

制冰蓄冷与换冷供冷中的㶲平衡方程为

$$E_{\mathrm{x,ev\text{-}out}}=E_{\mathrm{x,ev\text{-}out\text{-}wa}}+E_{\mathrm{x,ev\text{-}out\text{-}ic}}+E_{\mathrm{x,ev\text{-}out\text{-}a}} \tag{6-36}$$

$$E_{\mathrm{x,ev\text{-}out\text{-}ic}}=E_{\mathrm{x,ic\text{-}out\text{-}pi}}+E_{\mathrm{x,ic\text{-}out\text{-}a}} \tag{6-37}$$

$$E_{\mathrm{x,ic\text{-}out\text{-}pi}}=E_{\mathrm{x,pi\text{-}out\text{-}fi}}+E_{\mathrm{x,pi\text{-}out\text{-}a}} \tag{6-38}$$

$$E_{\mathrm{x,pi\text{-}out\text{-}fi}}=E_{\mathrm{x,fi\text{-}out\text{-}a}} \tag{6-39}$$

换冷供冷过程各部件㶲计算公式为

$$E_{\mathrm{x}}=-\mathrm{UA}\left[T-T_{\mathrm{a}}-T_{\mathrm{a}}\ln\left(\frac{T}{T_{\mathrm{a}}}\right)\right] \tag{6-40}$$

式(6-36)～式(6-40)中，$E_{\mathrm{x,ev\text{-}out}}$ 为蒸发器输出㶲，W；$E_{\mathrm{x,ev\text{-}out\text{-}wa}}$ 为蒸发器对循环水输出的㶲，W；$E_{\mathrm{x,ev\text{-}out\text{-}a}}$ 为蒸发器对环境输出的㶲，W；$E_{\mathrm{x,ic\text{-}out\text{-}pi}}$ 为冰块对换冷盘管输出的㶲，W；$E_{\mathrm{x,ic\text{-}out\text{-}a}}$ 为冰块对环境输出的㶲，W；$E_{\mathrm{x,pi\text{-}out\text{-}fi}}$ 为换冷盘管对风机盘管翅片输出的㶲，W；$E_{\mathrm{x,pi\text{-}out\text{-}a}}$ 为换冷盘管对环境输出的㶲，W；$E_{\mathrm{x,fi\text{-}out\text{-}a}}$ 为风机盘管翅片对环境输出的㶲，W；UA 为热传递热阻，W/K；T 为传热物体温度，K；T_{a} 为环境温度，K。

制冰机制冷效率计算公式为

$$\eta_{\mathrm{ic}}=\frac{C_{\mathrm{wa}}(\dot{m}_{\mathrm{wa}}+\dot{m}_{\mathrm{ic}})(T_{\mathrm{o,wa}}-T_{\mathrm{e,wa}})+\dot{m}_{\mathrm{ic}}h_{\mathrm{ic}}+C_{\mathrm{ic}}\dot{m}_{\mathrm{ic}}(T_{\mathrm{o,ic}}-T_{\mathrm{e,ic}})}{Q_{\mathrm{ab}}} \tag{6-41}$$

制冰机的制冷性能系数 COP 的计算公式为

$$\mathrm{COP}=\frac{C_{\mathrm{wa}}(\dot{m}_{\mathrm{wa}}+\dot{m}_{\mathrm{ic}})(T_{\mathrm{o,wa}}-T_{\mathrm{e,wa}})+\dot{m}_{\mathrm{ic}}h_{\mathrm{ic}}+C_{\mathrm{ic}}\dot{m}_{\mathrm{ic}}\left(T_{\mathrm{o,ic}}-T_{\mathrm{e,ic}}\right)}{W} \tag{6-42}$$

式中，C_{wa} 和 C_{ic} 分别为水和冰的比热容，J/(kg·K)；$\dot{m}_{wa}$ 和 $\dot{m}_{ic}$ 分别为片冰滑落式制冰机内部循环水的质量流量和产冰率，kg/s；$T_{o,wa}$ 与 $T_{e,wa}$ 分别为流经盘式蒸发器前后循环水的温度，K；h_{ic} 为冰的相变比热，J/kg；$T_{o,ic}$ 与 $T_{e,ic}$ 分别为制冰前后冰块的温度，K。

风机盘管供冷过程的能量效率及㶲效率分别为

$$\eta_{aircond}=\frac{\int_0^t \dot{m}_{air,fancoil}C_{p,air}(T_{air,fancoil-in}-T_{air,fancoil-out})dt}{C_{wa}(\dot{m}_{wa}+\dot{m}_{ic})(T_{o,wa}-T_{e,wa})+\dot{m}_{ic}h_{ic}+C_{ic}\dot{m}_{ic}(T_{o,ic}-T_{e,ic})} \tag{6-43}$$

$$\psi_{aircond}=\frac{E_{x,ev-out-a}+E_{x,ic-out-a}+E_{x,pi-out-a}+E_{x,fi-out-a}}{E_{x,ev-out}} \tag{6-44}$$

系统的能量效率及㶲效率分别为

$$\eta=\frac{\int_0^t \dot{m}_{air,fancoil}C_{p,air}(T_{air,fancoil-in}-T_{air,fancoil-out})dt}{\tau GS_p} \tag{6-45}$$

$$\psi=\frac{E_{x,ev-out-a}+E_{x,ic-out-a}+E_{x,pi-out-a}+E_{x,fi-out-a}}{\tau GS_p\left[1-\frac{4}{3}\frac{T_a}{T_{sun}}+\frac{1}{3}\left(\frac{T_a}{T_{sun}}\right)^4\right]} \tag{6-46}$$

②管翅式蒸发器浸入式静态制冰系统。

采用浸入式蒸发器静态制冰循环水直接换冷大温差供冷时，制取的冰块直接凝结在蒸发器上。制冷过程中，冰块凝结在蒸发器表面的厚度逐步增加，蓄冰槽内为冰水混合物，随着冰块厚度的增加，冰块与水的分界面动态移动，属于相变移动边界问题[135-137]，制冰过程中固液界面移动情况如图 6-9 所示。

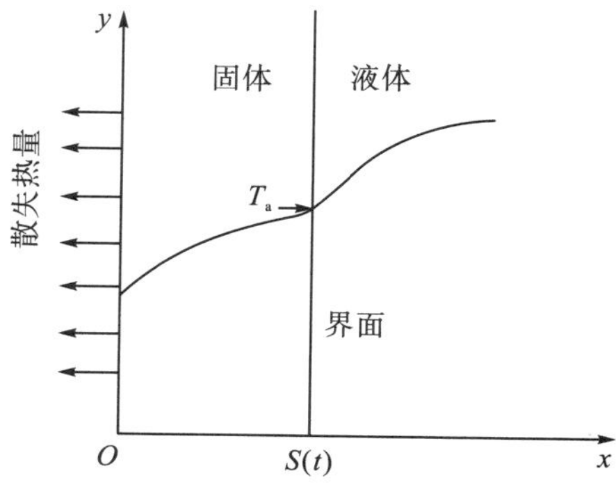

图 6-9　制冰过程固液界面

设在 t 时刻，固液两相的分界面位于 $X(t)$ 处，固液两相区域的温度分布的计算公式如下。

固相区域：

$$\frac{\partial T_{ic}}{\partial t}=\alpha_{ic}\frac{\partial^2 T_{ic}}{\partial x^2},\quad 0<x<X(t),\ t>0 \tag{6-47}$$

液相区域：

$$\frac{\partial T_{\mathrm{wa}}}{\partial t}=\alpha_{\mathrm{wa}}\frac{\partial^2 T_{\mathrm{wa}}}{\partial x^2},\quad 0<x<X(t),\ t>0 \tag{6-48}$$

边界条件：

$$\begin{cases} T_{\mathrm{ic}}=T_{\mathrm{ev}},\ x=0,\ t>0 \\ T_{\mathrm{wa}}=T_{\mathrm{o,wa}},\ t=0,\ x>0 \\ T_{\mathrm{ic}}=T_{\mathrm{wa}}=T_{\mathrm{o,ic}},\ x=X(t),\ t>0 \end{cases} \tag{6-49}$$

求解方程(6-47)和方程(6-48)可得固液两相区域的温度分布为

$$\frac{T_{\mathrm{ic}}-T_{\mathrm{ev}}}{T_{\mathrm{o,ic}}-T_{\mathrm{ev}}}=\frac{\operatorname{erf}\dfrac{x}{2\sqrt{\alpha_{\mathrm{ic}}t}}}{\operatorname{erf}\dfrac{X(t)}{2\sqrt{\alpha_{\mathrm{ic}}t}}} \tag{6-50}$$

$$\frac{T_{\mathrm{wa}}-T_{\mathrm{o,wa}}}{T_{\mathrm{o,ic}}-T_{\mathrm{o,wa}}}=\frac{\operatorname{erfc}\dfrac{x}{2\sqrt{\alpha_{\mathrm{wa}}t}}}{\operatorname{erfc}\left[\dfrac{X(t)}{2\sqrt{\alpha_{\mathrm{ic}}t}}\sqrt{\dfrac{\alpha_{\mathrm{ic}}}{\alpha_{\mathrm{wa}}}}\right]} \tag{6-51}$$

令

$$\chi=\frac{X(t)}{2\sqrt{\alpha_{\mathrm{wa}}t}} \tag{6-52}$$

则固液两相分界面的位置函数为

$$X(t)=2\chi\sqrt{\alpha_{\mathrm{wa}}t} \tag{6-53}$$

求得χ，得到固液两相分界点位置随时间变化的函数，也就得到了凝固在冷凝器上的冰层厚度随制冰时间变化的关系。

固液两相分界处的能量平衡方程为

$$\lambda_{\mathrm{wa}}\frac{\partial T_{\mathrm{wa}}}{\partial t}=\lambda_{\mathrm{ic}}\frac{\partial T_{\mathrm{ic}}}{\partial t}+\rho_{\mathrm{ic}}h_{\mathrm{ic}}\frac{\mathrm{d}X(t)}{\mathrm{d}t} \tag{6-54}$$

将式(6-52)、式(6-53)代入式(6-54)中，可得到χ的关系式：

$$\frac{\exp(-\chi^2)}{\operatorname{erf}\chi}-\frac{\lambda_{\mathrm{wa}}}{\lambda_{\mathrm{ic}}}\sqrt{\frac{\alpha_{\mathrm{ic}}}{\alpha_{\mathrm{wa}}}}\frac{T_{\mathrm{o,wa}}-T_{\mathrm{o,ic}}}{T_{\mathrm{o,ic}}-T_{\mathrm{ev}}}\frac{\exp\left(-\chi^2\dfrac{\alpha_{\mathrm{ic}}}{\alpha_{\mathrm{wa}}}\right)}{\operatorname{erfc}\left(\chi\sqrt{\dfrac{\alpha_{\mathrm{ic}}}{\alpha_{\mathrm{wa}}}}\right)}=\frac{\sqrt{\pi}h_{\mathrm{ic}}\chi}{C_{\mathrm{ic}}(T_{\mathrm{o,ic}}-T_{\mathrm{ev}})} \tag{6-55}$$

式(6-55)为超越方程，采用计算机编程计算。

制取冰块的质量为

$$m_{\mathrm{ic}}=2\rho_{\mathrm{ic}}h_{\mathrm{ic}}n_{\mathrm{ev}}(ab+ac+bc)X(t) \tag{6-56}$$

式中，ρ_{ic}为制取冰块的密度，kg/m^3；n_{ev}为蓄冰槽中翅片管式浸入式蒸发器的个数；a、b、c分别为单个蒸发器的长、宽、高，m。

制冷效率为

$$\eta_{\rm ic}=\frac{C_{\rm wa}m_{\rm wa}(T_{\rm o,wa}-T_{\rm e,wa})+C_{\rm wa}m_{\rm ic}(T_{\rm e,wa}-T_{\rm o,ic})+m_{\rm ic}h_{\rm ic}+C_{\rm ic}m_{\rm ic}(T_{\rm o,ic}-T_{\rm e,ic})}{Q_{\rm ab}} \tag{6-57}$$

制冷机组制冷性能系数 COP 的计算公式为

$$\mathrm{COP}=\frac{C_{\rm wa}m_{\rm wa}(T_{\rm o,wa}-T_{\rm e,wa})+C_{\rm wa}m_{\rm ic}(T_{\rm e,wa}-T_{\rm o,ic})+m_{\rm ic}h_{\rm ic}+C_{\rm ic}m_{\rm ic}(T_{\rm o,ic}-T_{\rm e,ic})}{Wt} \tag{6-58}$$

式中，$m_{\rm wa}$ 为蓄冷槽中水的总量，kg；t 为制冷机运行时间，s。

风机盘管供冷过程的能量效率及㶲效率分别为

$$\eta_{\rm aircond}=\frac{\int_0^t \dot{m}_{\rm air,fancoil}C_{\rm p,air}(T_{\rm air,fancoil\text{-}in}-T_{\rm air,fancoil\text{-}out}){\rm d}t}{C_{\rm wa}m_{\rm wa}(T_{\rm o,wa}-T_{\rm e,wa})+C_{\rm wa}m_{\rm ic}(T_{\rm e,wa}-T_{\rm o,ic})+m_{\rm ic}h_{\rm ic}+C_{\rm ic}m_{\rm ic}(T_{\rm o,ic}-T_{\rm e,ic})} \tag{6-59}$$

$$\psi_{\rm aircond}=\frac{\left(1-\dfrac{T_{\rm air,fancoil\text{-}out}}{T_{\rm air,fancoil\text{-}in}}\right)\int_0^t \dot{m}_{\rm air,fancoil}C_{\rm p,air}(T_{\rm air,fancoil\text{-}in}-T_{\rm air,fancoil\text{-}out}){\rm d}t}{E_{\rm x,ab}} \tag{6-60}$$

系统的能量效率及㶲效率分别为

$$\eta=\frac{\int_0^t \dot{m}_{\rm air,fancoil}C_{\rm p,air}(T_{\rm air,fancoil\text{-}in}-T_{\rm air,fancoil\text{-}out}){\rm d}t}{\tau GS_{\rm p}} \tag{6-61}$$

$$\psi=\frac{\left(1-\dfrac{T_{\rm air,fancoil\text{-}out}}{T_{\rm air,fancoil\text{-}in}}\right)\int_0^t \dot{m}_{\rm air,fancoil}C_{\rm p,air}(T_{\rm air,fancoil\text{-}in}-T_{\rm air,fancoil\text{-}out}){\rm d}t}{\tau GS_{\rm p}\left[1-\dfrac{4}{3}\dfrac{T_{\rm a}}{T_{\rm sun}}+\dfrac{1}{3}\left(\dfrac{T_{\rm a}}{T_{\rm sun}}\right)^4\right]} \tag{6-62}$$

根据以上系统部件间的能量转换传递与㶲模型，再结合第 5 章的光伏系统模型，可计算出部件间的能量转换传递量与㶲流情况，参与计算的相关参数的值如表 6-4～表 6-7 所示。

表 6-4　光伏阵列的参数

环境条件		光伏阵列		光伏阵列	
$T_{\rm s}$/K	5778	Q/(kW·h)	2.76	$\eta_{\rm pv,0}$ /%	17.50
$T_{\rm a}$/K	293.71～298.46	$S_{\rm p}$/m^2	3.24	$\eta_{\rm pv}$ /%	13.80
v/(m/s)	0.78～2.52	$S_{\rm c}$/m^2	2.88	T	0.75
G/(W/m^2)	281.81～984.93	$V_{\rm oc}$/V	89.35	$mCp_{\rm module}$/(J/K)	9150
q/(MJ/m^2)	22.17	$I_{\rm sc}$/A	8.18	γ /K^{-1}	0.0042
		$V_{\rm d}$/V	51.6～55.5	G_{γ} /(W/m^2)	1000
		$I_{\rm d}$/A	0.54～8.11	T_{γ} /K	298.15
		$R_{\rm s}$/ohms	4.12	A	38.59
		$R_{\rm sh}$/ohms	212	$T_{\rm p}$/K	287.04～325.15

表 6-5 控制器与蓄电池组的相关参数

控制器		蓄电池组		蓄电池组			
				充电		放电	
V_{cont}/V	50.50～54.10	C	48V、65A·h	b	0.80	b	0.70
I_{cont}/A	7.90	T_{ba}/K	313.15	VF	56.53	VF	54.88
T_{cont}/K	303.15			V_{ba}/V	47.60～52.53	V_{ba}/V	54.88～44.60
				I_{ba}/A	8.00	I_{ba}/A	5.50～7.40
				r_1	0.060	r_1	0.052
				r_2	0.041	r_2	-0.012
				r_3	95.234	r_3	4.113
				r_4	51.856	r_4	-100.653

表 6-6 逆变器、压缩机和冷凝器的参数

逆变器		压缩机		冷凝器	
T_{inve}/K	318.15	$\dot{m}_{rf}$ /(kg/s)	0.0042	T_{in}/K	313.15
C_p	10.045	W/W	380	T_{out}/K	303.15
C_R	1.1885	T_{in}/K	268.15	P_{in}/kPa	700.00
		T_{out}/K	313.15	P_{out}/kPa	700.00
		P_{in}/kPa	243.71	h_{in}/(kJ/kg)	425.00
		P_{out}/kPa	770.21	h_{out}/(kJ/kg)	241.80
		h_{in}/(kJ/kg)	395.01	s_{in}/[kJ/(kg·K)]	1.7500
		h_{out}/(kJ/kg)	425.00	s_{out}/[kJ/(kg·K)]	1.1437
		s_{in}/[kJ/(kg·K)]	1.7276	$\dot{m}_{air,icemak}$ /(kg/s)	0.22
		s_{out}/[kJ/(kg·K)]	1.7500	$C_{p,air}$ /[kJ/(kg·K)]	1
				$T_{air,in}$ /K	293.71～298.46
				$T_{air,out}$ /K	298.71～303.46

表 6-7 节流阀、蒸发器和换冷供冷系统的参数

节流阀		蒸发器		换冷供冷	
T_{in}/K	303.15	T_{in}/K	263.15	$mC_{p,wa}$/(J/K)	2910
T_{out}/K	263.15	T_{out}/K	268.15	$mC_{p,ev}$/(J/K)	1510
P_{in}/kPa	700.00	P_{in}/kPa	200.00	$mC_{p,ic}$/(J/K)	760
P_{out}/kPa	200.00	P_{out}/kPa	243.71	$mC_{p,pi}$/(J/K)	740
h_{in}/(kJ/kg)	241.80	h_{in}/(kJ/kg)	241.80	$mC_{p,fi}$/(J/K)	360
h_{out}/(kJ/kg)	395.01	h_{out}/(kJ/kg)	395.01	$UA_{wa\text{-}ev}$/(W/K)	110
s_{in}/[kJ/(kg·K)]	1.1437	s_{in}/[kJ/(kg·K)]	1.1500	$UA_{a\text{-}ev}$/(W/K)	12.45
s_{out}/[kJ/(kg·K)]	1.7276	s_{out}/[kJ/(kg·K)]	1.7276	$UA_{ic\text{-}ev}$/(W/K)	38.80

续表

节流阀	蒸发器		换冷供冷	
	$\dot{m}_{ic}$ /(kg/h)	1.99	$UA_{a\text{-}ic}$/(W/K)	0.253
	h_{ic}/(kJ/kg)	335	$UA_{pi\text{-}ic}$/(W/K)	18.64
			$UA_{a\text{-}pi}$/(W/K)	0.545
			$UA_{fi\text{-}pi}$/(W/K)	58.50
			$UA_{a\text{-}fi}$/(W/K)	21.94
			T_{wa}/K	275.15
			T_{ev}/K	263.15
			T_{ic}/K	268.15
			T_{pi}/K	278.15
			T_{fi}/K	281.15
			T_{a}/K	291.15
			$\dot{m}_{wa}$ /(kg/s)	0.014
			$C_{p,wa}$/[kJ/(kg·K)]	4.2
			$\dot{m}_{air,fancoil}$ /(kg/s)	0.1187
			$T_{air,fancoil\text{-}in}$/K	293.65～291.15
			$T_{air,fancoil\text{-}out}$/K	293.65～291.15

表 6-4～表 6-7 中有些参数为固定值和经验常数，部分参数值通过实验测量获得，有些参数则通过计算得到，如换冷供冷过程中的有效热容和换热系数。有效热容 mC_p 定义为物体的质量与比热容的乘积，本章中冰块、蒸发器和换冷铜管的有效热容计算相对简单，风机盘管为铝质翅片和铜质盘管组成的混合体，风机盘管中的铜质盘管与换冷盘管连接且功能类似，因此可将风机盘管中铜质盘管的有效热容纳入换冷铜管中计算，风机盘管的有效热容仅为铝质翅片的有效热容，计算公式为

$$mC_{p,fi}=95\rho_{A1}C_{A1}(lwd-26\pi r_D^2 d) \tag{6-63}$$

式中，l 为翅片长，m；w 为翅片宽，m；d 为翅片厚，m；r_D 为横穿翅片管道的外径，m。相关参数数值详见表 6-1。

相关换热系数计算过程如下。

(a) 蒸发器与循环水间的换热系数 $UA_{wa\text{-}ev}$ 的计算公式为

$$UA_{wa\text{-}ev}=32nh_{wa}l_1w_1 \tag{6-64}$$

式中，h_{wa} 为水的强制对流换热系数，考虑水流情况取 1100W/(K·m^2)；l_1 为蒸发器冰盘每个小方格的长，为 2.5cm；w_1 为蒸发器冰盘每个小方格的宽，为 2.5cm；n 为每个小方格的面，取 5；32 为小方格个数。

(b) 蒸发器与外界环境间的换热系数 $UA_{a\text{-}ev}$ 的计算公式为

$$UA_{a\text{-}ev}=\sigma A(T_{ev}^4-T_{a,icemak}^4) \tag{6-65}$$

式中，σ 为玻尔兹曼常数，取 5.76×10^{-8}W/(m^2·K^4)；A 为蒸发器表面积，为 0.1m^2；T_{ev} 为制冰过程蒸发器的温度，测量值为 263.15K；$T_{a,icemak}$ 为制冰过程制冰机内环境的温度，测

量值为 288.75K。

(c) 蒸发器与所制取冰块间的换热系数 $UA_{ic\text{-}ev}$ 的计算公式为

$$UA_{ic\text{-}ev} = \frac{2A_{ic}\lambda_{ic}}{d_{ic}} \tag{6-66}$$

式中，λ_{ic} 为冰块导热系数，取 2.22W/(m·K)；d_{ic} 为冰块厚度，测量值为 0.015m；A_{ic} 为冰块的表面积，测量计算为 $0.13m^2$。

(d) 蓄冰槽内冰块与外界之间的换热系数 $UA_{a\text{-}ic}$ 的计算公式为

$$UA_{a\text{-}ic} = \frac{A_{tank}\lambda_{insul}}{d_{insul}} \tag{6-67}$$

式中，λ_{insul} 为保温材料聚氨酯导热系数，厂家标称为 0.026W/(m·K)；d_{insul} 为保温层厚度，为 0.1m；A_{tank} 为蓄冷槽外表面积，为 $0.96m^2$。

(e) 冰块与换冷盘管之间的换热系数 $UA_{pi\text{-}ic}$ 的计算公式为

$$UA_{pi\text{-}ic} = \frac{2\pi r_{pi} l_{pi\text{-}ic} \lambda_{ic}}{d_{pi}} \tag{6-68}$$

式中，d_{pi} 为换冷盘管厚度，测量值为 0.002m；r_{pi} 为换冷盘管半径，测量值为 0.004m；$l_{pi\text{-}ic}$ 为冰块与换冷盘管接触的长度，为 0.66m。

(f) 载冷剂运输管道与外界之间的换热系数 $UA_{a\text{-}pi}$ 的计算公式为

$$UA_{a\text{-}pi} = h_{air} 2\pi r_{pi} l_{pi} \tag{6-69}$$

式中，h_{air} 为静态空气对流换热系数，取 $6W/(K·m^2)$；r_{pi} 为载冷剂运输管道半径，测量值为 0.004m；l_{pi} 为载冷剂运输管道总长，测量值为 4.26m。

(g) 换冷盘管与翅片之间的换冷系数 $UA_{fi\text{-}pi}$ 的计算公式为

$$UA_{fi\text{-}pi} = 2470 \frac{2\pi r_{pi} d_{Al\text{-}Al} \lambda_{Al}}{d_{Al}} \tag{6-70}$$

式中，$d_{Al\text{-}Al}$ 为翅片管间距，为 0.0133m；r_{pi} 为换冷盘管半径，为 0.004m；d_{Al} 为翅片厚度，为 0.87mm。

(h) 翅片与外界空气之间的换冷系数 $UA_{a\text{-}pi}$ 的计算公式为

$$UA_{a\text{-}pi} = \frac{\lambda_{air}}{w} \times 0.664 \times Re^{1/2} \times Pr^{1/3} \tag{6-71}$$

式中，λ_{air} 为 15℃空气的导热系数，取 0.0255W/m • K；w 为翅片宽度，为 0.08m；Re 为雷诺数，流速 2m/s、15℃时空气的雷诺数 Re 为 1.36×10^4；Pr 为普朗特数，流速 2m/s、15℃空气的普朗特数 Pr 为 0.704。

3) 测试与计算结果

对系统模型进行求解，得到分布式光伏能源驱动冰蓄冷空调系统部件间的能量转换传递特性及㶲流结果，见表 6-8。

表 6-8　系统能量转换传递与㶲计算结果

<table>
<tr><th>部件</th><th>能量/W</th><th>㶲/W</th><th colspan="2">能量传递/W</th><th>㶲传递/W</th><th colspan="2">能量损失/W</th><th colspan="2">㶲损/W</th></tr>
<tr><td rowspan="5">光伏阵列</td><td rowspan="5">2595</td><td rowspan="5">931.16</td><td colspan="2" rowspan="5">345</td><td rowspan="5">656.21</td><td>辐射</td><td>890</td><td>辐射</td><td>68.85</td></tr>
<tr><td>对流</td><td>1029</td><td>对流</td><td>79.61</td></tr>
<tr><td>其他</td><td>331</td><td>电池内部</td><td>100.88</td></tr>
<tr><td colspan="2"></td><td>其他</td><td>25.61</td></tr>
<tr><td>合计</td><td>2250</td><td>合计</td><td>274.95</td></tr>
<tr><td>控制器</td><td>345</td><td>656.21</td><td colspan="2">331.2</td><td>655.98</td><td colspan="2">13.8</td><td colspan="2">0.23</td></tr>
<tr><td>蓄电池</td><td>111.16</td><td>109.52</td><td colspan="2">109.52</td><td>109.44</td><td colspan="2">1.64</td><td colspan="2">0.08</td></tr>
<tr><td>逆变器</td><td>440.72</td><td>765.42</td><td colspan="2">380</td><td>761.60</td><td colspan="2">60.72</td><td colspan="2">3.82</td></tr>
<tr><td>压缩机</td><td>5395.70</td><td>17051.06</td><td colspan="2">5310</td><td>16966.22</td><td colspan="2">85.70</td><td colspan="2">84.84</td></tr>
<tr><td>冷凝器</td><td>5310</td><td>16966.22</td><td colspan="2">2670</td><td>16935.36</td><td colspan="2">2640</td><td colspan="2">30.86</td></tr>
<tr><td>节流阀</td><td>2670</td><td>16935.36</td><td colspan="2">2670</td><td>16911.48</td><td colspan="2">0</td><td colspan="2">23.88</td></tr>
<tr><td rowspan="2">蒸发器</td><td rowspan="2">2670</td><td rowspan="2">16911.48</td><td>输出</td><td>4620</td><td>16397.76</td><td colspan="2">—</td><td colspan="2">23.62</td></tr>
<tr><td>吸收</td><td>1950</td><td></td><td colspan="2"></td><td colspan="2"></td></tr>
<tr><td rowspan="3">制冰过程</td><td rowspan="3">1950</td><td rowspan="3">490.1</td><td colspan="2" rowspan="3">195</td><td rowspan="3">358.93</td><td>循环水</td><td>1320</td><td>循环水</td><td>118.69</td></tr>
<tr><td>环境</td><td>435</td><td>环境</td><td>12.48</td></tr>
<tr><td>合计</td><td>1755</td><td>合计</td><td>131.17</td></tr>
<tr><td>冰</td><td>195</td><td>358.93</td><td colspan="2">187.41</td><td>358.73</td><td colspan="2">7.59</td><td colspan="2">0.2</td></tr>
<tr><td>换冷盘管</td><td>187.41</td><td>358.73</td><td colspan="2">176.51</td><td>358.61</td><td colspan="2">10.9</td><td colspan="2">0.12</td></tr>
<tr><td>风机盘管</td><td>176.51</td><td>358.61</td><td colspan="2">148.38</td><td>331.42</td><td colspan="2">28.13</td><td colspan="2">27.19</td></tr>
</table>

由表 6-8 可知，制冰过程能量浪费较大，蒸发器制冰过程中，08:00～19:00 制冰 8h 获得的冷量为 195W，而蒸发器从水中吸收的热量为 1950W，冷量损失为 1755W，其中循环水带走冷量 1320W，制冰过程中对外界环境的冷量辐射为 435W，因此片冰滑落式制冰机制冰效率仅为 10%。分析表明，片冰滑落式制冰过程中，采用制冰机内部循环水泵将水传输到蒸发器上而流下，循环水流经蒸发器吸热凝结在蒸发器上，这一过程中循环水带走了大部分冷量，而循环水带走的冷量大部分耗散到环境中。

制冷系统中，因各部件功能不一，且热能与电能品位不一，无法由能量得失多少判断部件性能优劣，可采用㶲损予以评判。制冷系统的压缩机、冷凝器、节流阀和蒸发器四大部件内部㶲损分别为 84.84W、30.86W、23.88W 和 23.68W。其中压缩机㶲损最大，占部件㶲损总和的 51.97%，为制冰机内部㶲损最大部件。可优化压缩机工作模式，减少㶲损，提升制冷性能。蒸发器从循环水和外界空气中吸收热量，外界对蒸发器输入的㶲为 490.1W，其中 73.24%的㶲转化为 358.93W 有用㶲以制取冰块，剩余 131.17W㶲损失在循环水和外界空气中，蒸发器对循环水的㶲损为 118.69W，占蒸发器㶲损的 90.49%，蒸发器对外界空气的㶲损为 12.48W。整个系统输入的㶲为 931.16W，对外供冷输出的㶲为 331.42W，系统㶲利用率为 35.59%。光伏驱动冰蓄冷空调系统运行过程㶲损主要集中于光伏陈列内部、制冰过程的压缩机、循环水三部分，三部分㶲损之和占到系统总㶲损的 74.26%。光伏陈列内部㶲损由物理特性参数决定，系统的优化工作主要集中于制冷系统的压缩机运行模式及蒸发器制冷模式。系统各个部件间的能量转换传递及㶲流的详细流程如图 6-10 所示。

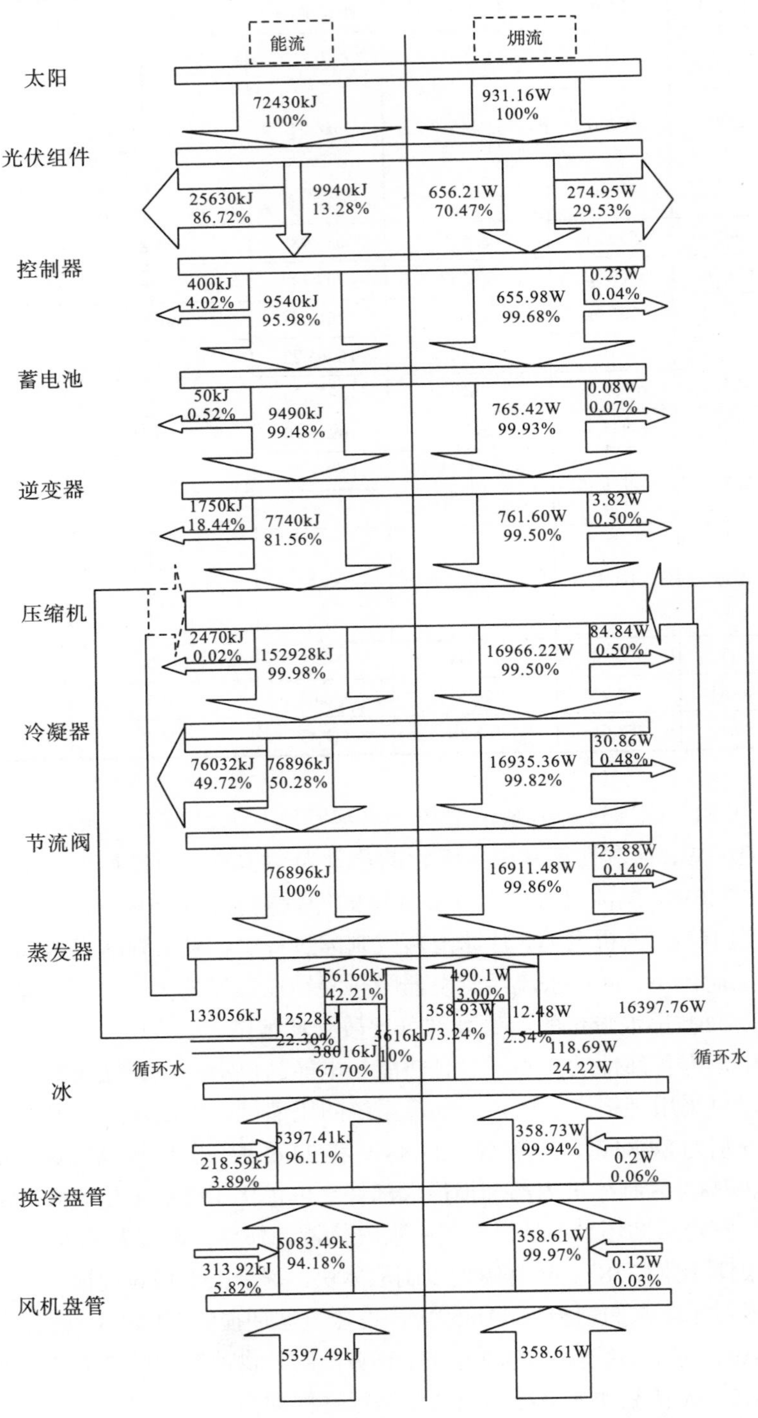

图 6-10 系统运行过程中光-电-冷能量转换传递及㶲流

分布式光伏能源驱动冰蓄冷空调系统运行过程各部件的平均能量效率（$\overline{\eta}$）与平均㶲效率（$\overline{\psi}$）见表 6-9。

表 6-9　系统部件的能量转换存储传递效率与㶲效率

参数	光伏阵列	控制器	蓄电池	逆变器	压缩机	冷凝器	节流阀	蒸发器	制冰	换冷盘管	风机盘管
$\overline{\eta}$ /%	13.29	96.00	98.52	86.22	77.45	84.62	100.00	73.03	10.00	94.18	84.06
$\overline{\psi}$ /%	70.47	99.96	98.45	99.50	88.86	99.82	99.86	99.86	73.24	99.97	92.42

由表 6-9 可知，系统部件中光伏阵列与制冰过程的能量转换利用率和㶲效率均为最低。光伏阵列的能量转换效率和㶲效率分别为 13.29%和 70.47%，制冰过程的能量利用率和㶲效率分别为 10.00%和 73.24%。光伏阵列所接收的 86.72%太阳能均散失到环境中，只有 13.29%能量转换为电能，因此提高光伏组件转化效率是光伏产品研发和利用的主要目标。光伏阵列接收太阳辐射功率 2595W，损失 2250W，其中辐射损失 890W，对流换热损失 1029W，其他损失 331W，分别占到能量损失的 39.56%、45.73%和 14.71%。与此同时，光伏阵列接收到的㶲为 931.16W，㶲损为 274.95W，其中热辐射㶲损为 68.85W，对流换热㶲损为 79.61W，组件内部㶲损为 100.88W，其他㶲损为 25.61W，分别占到总㶲损的 25.04%、28.95%、36.69%和 9.31%。控制器、蓄电池、逆变器传递过程中的功耗分别为 13.8W、1.64W 和 60.72W，分别占到输入能量的 4%、1.48%和 13.78%。与此同时，控制器、蓄电池和逆变器的㶲损分别为 0.23W、0.08W 和 3.82W，分别占到输入㶲的 0.04%、0.07%和 0.58%。逆变器将直流电转化为交流电过程中能耗较大，后期可将交流压缩机优化为直流压缩机，不仅减少过程能耗，而且节约系统成本。制冰机运行过程为单级蒸汽压缩制冷热力学循环，由压缩机、冷凝器、节流阀及蒸发器四大部件组成。在制冰热力学循环中，计算结果表明，压缩机损耗功率为 85.70W，冷凝器散热功率为 2640W，蒸发器吸热功率为 1950W。

3. 分布式光伏驱动片冰滑落式冰蓄冷空调系统性能分析

1）模型验证

由光伏阵列输出特性模型可计算得到光伏阵列输出特性随太阳能辐照度变化的情况，为验证光伏阵列输出特性模型，采用 Soalr 300N 和 TRM-FD1 对光伏阵列输出电流电压进行测试。图 6-11 给出了光伏阵列输出电流的计算值与实验值随时间变化的情况，还给出了光伏阵列输出电压的实验值随时间变化的情况。

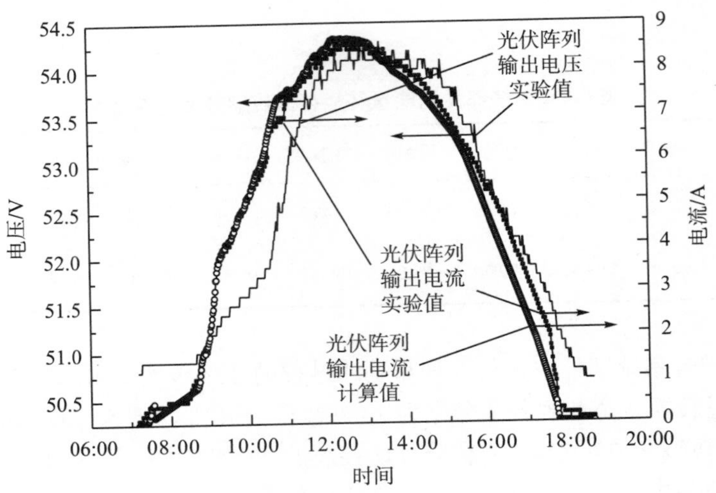

图 6-11　光伏阵列输出电流计算值与实验值及输出电压实验值随时间变化情况

由图 6-11 可知，模拟计算所得的光伏阵列输出电流与实验测试的电流值具有较好的一致性。模拟计算的光伏阵列输出电流最大值为 8.64A，出现在 12:21，实验测量的光伏阵列输出电流的最大值为 8.60A，出现在 12:36。最大电流的实验测量值比模拟计算值小 4.65%，且出现时刻晚 15min，主要原因是光伏阵列接收太阳能辐射后，温度会逐步升高，模拟计算过程中没有考虑光伏阵列有效热容对光伏阵列工作温度的影响，导致计算值比实测值偏高，且出现的时刻更早。图 6-11 还给出了光伏阵列输出电压的实测值随时间变化的情况，实验测试结果表明，光伏阵列的输出电压为 50.8～54.2V，最大电压值 54.2V 出现在 12:36，与输出电流的测量最大值出现的时间相同。由图 6-11 分析可得，太阳能间歇性对光伏组件输出电流的影响比对输出电压的影响大，太阳能间歇性主要影响光伏阵列输出电流。且太阳能光伏阵列模型可用于预测并计算光伏阵列的能量转换输出特性。

为进一步验证模型的正确性，对蓄电池充放电特性进行计算与实验测试。蓄电池放电性能实验是在蓄电池充满电的状态下，不连接光伏组件只采用蓄电池单独放电驱动制冰机运行，蓄电池满电状态下可单独驱动制冰机运行 8.5h，从第一天 19:30 运行到第二天 04:00，此后蓄电池处于亏电状态，控制器切断蓄电池供电电路，07:30 后，太阳升起，关停制冰机，将光伏组件与蓄电池连通，此时亏电状态的蓄电池处于充电阶段，到 19:30 左右，太阳辐照度降为最小值，充电状态结束。蓄电池充放电特性参数的计算值与实验值随时间变化情况如图 6-12 所示。

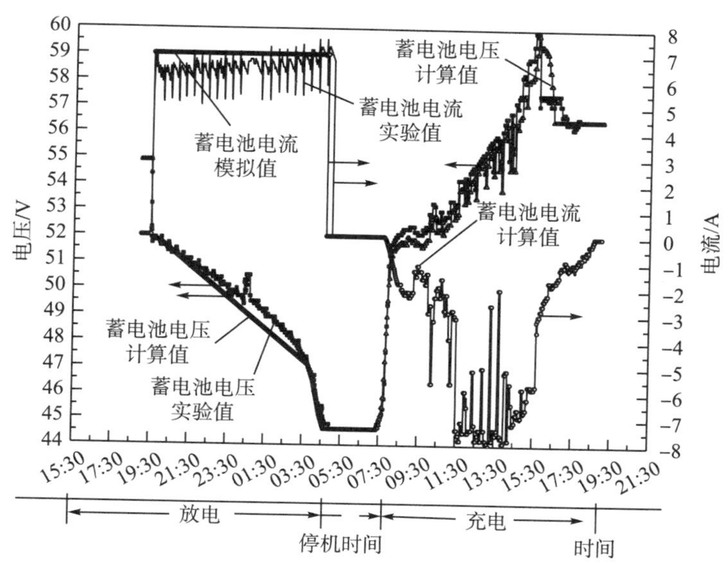

图 6-12　蓄电池充放电特性参数的计算值与实验值随时间变化的情况

由图 6-12 可知，晚上采用蓄电池单独供能驱动制冰运行过程中，蓄电池的电压从 54.88V 逐步下降到保护电压 44.60V，电流在 5.4～7.4A 范围内小幅波动。蓄电池输出电压的计算值与实测值吻合较好，在输出电流计算过程中，假设制冰机始终以额定功率运行，得到蓄电池输出电流的计算值保持为 7A 不变，但片冰滑落式制冰机实际运行过程中，有制冰和融冰两个过程，制冰时压缩机高效运行，但在融冰过程中，换向阀将压缩机排出的高温高压蒸汽引入蒸发器内加热使得与蒸发器粘连的冰块融化掉落，此阶段压缩机运行功率较小，因此蓄电池输出电流变小，蓄电池实际测量的输出电流随着制冰周期的变化呈周期性变化。充电过程中，蓄电池的电流和电压均随着光伏阵列的电流与电压的变化而变化，且计算值与实验值具有较好的吻合性。

最后，对制冰蓄冷与换冷供冷过程的能量传递模型进行了实验验证。片冰滑落式制冰机的制冰周期为 10min，每个制冰周期制取的冰块采用 AHW-3 电子秤称量。08:00～19:00 共 11h 内，共制取冰块 21.89kg，产冰率为 1.99kg/h，水凝固潜热为 80kcal/kg，1kcal/h 供冷功率为 1.163W，所制取冰块的冷功率为 185.15W，而表 6-8 中计算所得制取冰块的功率为 195W，比实测值高出 9.85W，计算值与实测值的误差为 5.32%。在工程领域，制冰量的理论计算结果与实验测量值的误差是可接受的，因此所建立的制冰蓄冷及供冷模型能用于光伏驱动冰蓄冷空调系统运行过程中能量耦合传递特性及各部件能量损耗计算。

2) 系统运行过程中光-电-冷能量转换传递整体性能分析

分布式光伏能源驱动冰蓄冷空调系统运行过程中，白天采用分布光伏能源驱动制冰机高效制冰蓄冷，晚上则利用蓄电池蓄存的电能驱动工质从蓄冰槽换取冷量供用户使用。10 月 22 日和 10 月 23 日两天时间内对系统运行性能进行实验测试，其中 10 月 22 日为典型晴天，10 月 23 日为多云，系统连续运行两天的能量转换传递特性变化曲线如图 6-13 所示。

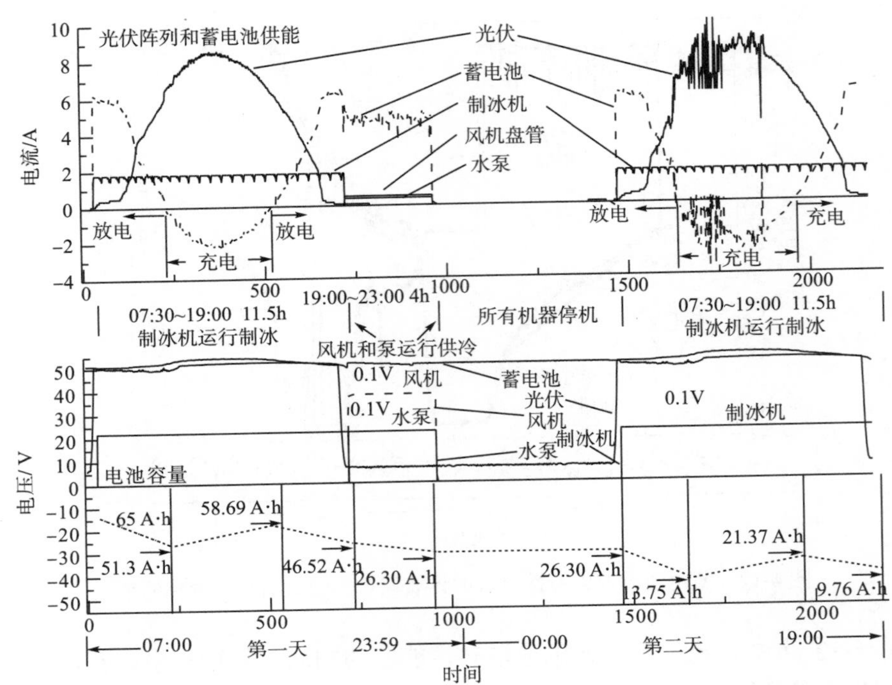

图 6-13 系统连续运行两天的能量转换传递特性曲线

分布式光伏能源系统是由光伏陈列和蓄电池组合而成的复合能源系统，连续两天白天利用复合能源系统驱动制冰机制冰蓄冷，晚上供冷。由图 6-13 可知，早上，由于辐照度较低，为确保制冰机稳定运行，采用光伏和蓄电池复合供能，光伏阵列、蓄电池与负载均连接在控制器上，复合能源系统的供能过程与负载用能过程均受控制器控制。实验开始时蓄电池输出能量大于光伏陈列输出能量，但随着辐照度增加，光伏阵列输出电流随着辐照度的增加而增加，光伏陈列输出功率逐步增加，与此同时蓄电池输出功率和输出电流逐步减小，10 月 22 日 10:50，光伏阵列输出电流增加至 6.5A，此时光伏阵列输出功率正好满足制冰机运行功率，蓄电池停止对外输出电能，输出电流下降到 0A。10:50 过后，光伏阵列输出电流仍然随着辐照度的增加而增加，直到 12:20 辐照度达到最大值，10:50 过后，光伏阵列输出功率大于制冰机运行功率，剩余的电能开始为蓄电池充电，充电电流随着光伏阵列输出电流的增加而增加。12:20 辐照度达到最大值，此时光伏输出电流达到最大值 8.6A，蓄电池的充电电流也达到最大值 2.21A。12:20 后，辐照度开始逐步下降，光伏阵列输出电流与蓄电池充电电流随着辐照度的降低而逐步降低，直到 15:37 时，光伏阵列输出电流只能用于驱动制冰机运行，此时蓄电池充电电流下降为 0A，光伏阵列的输出电流下降到 6.5A。15:37 以后，随着辐照度的逐步减弱，光伏阵列输出功率不足以驱动制冰机，此时蓄电池对外放电，且放电电流逐步增加，直到 19:00 制冰过程结束。白天制冰阶段制取的冰块储存在蓄冰槽中，晚上 19:30 开始对外供冷直到 23:30 供能过程结束。晚上供冷过程风机盘管与工质泵均采用蓄电池供能，蓄电池供能过程中，其输出电流基本维持在 5A，输出电压逐步减少，23:30 时白天制取的全部冰块的冷量完全释放供冷，此后停止供冷，系统停止运行，直到第二天早上 08:00 新一轮制冰过程开始。

由图 6-13 可知，通过两天持续运行，蓄电池共工作 27h，在设置控制器的蓄电池过放电压为最小值后，蓄电池容量从第一天早上 08:00 的 65A·h 减少到第二天下午 19:00 的 9.76A·h，减少了 55.24A·h。第一天早上蓄电池释放能量 13.70A·h，接着为光伏阵列储存电能 7.39A·h，下午 15:37～19:00 蓄电池放电 12.17A·h，此时蓄电池剩余电能 46.52A·h，晚上 19:30～23:30 供冷时段消耗电能 20.22A·h。开始第二天实验时，蓄电池内剩余电能 26.30A·h，第二天上午蓄电池首先放电 12.55A·h，接着由光伏阵列充电 7.62A·h，下午太阳能不够时又放电 11.61A·h。制冰蓄冷系统中的片冰滑落式制冰机分为制冰和融冰脱落两个过程，制冰过程运行电流为 1.8A，是压缩机运行电流与冷凝器散热风扇电流之和，融冰脱落过程运行电流为 1.4A，其中包括了压缩机运行电流和换向电磁阀电流。制冰机运行电压为 220V，保持恒定不变。换冷供冷系统中，风机盘管的运行电流和电压分别为 0.5A 和 380V，工质泵的运行电流电压分别为 0.4A 和 220V。

3）分布式光伏能源系统光-电能量耦合传递性能分析

分布式光伏能源系统驱动负载正常运行时，为研究光能到电能的转化过程，以及电能在光伏组件、蓄电池和负载间的动态流向，实时监测分布式光伏能源系统驱动片冰滑落式制冰机运行过程的电压、电流和功率变化情况。其中分布式光伏能源系统的输出电压和电流、蓄电池输出电压和电流、片冰滑落式制冰机运行电压和电流变化情况如图 6-14 所示。采用分布式光伏能源片冰滑落式驱动负载的过程中，光伏组件产生的电能随着辐照度的变化而变化，变化幅度较大，因此需要对光伏组件输出功率随辐照度及负载消耗功率的变化情况进行分析，如图 6-15 所示。

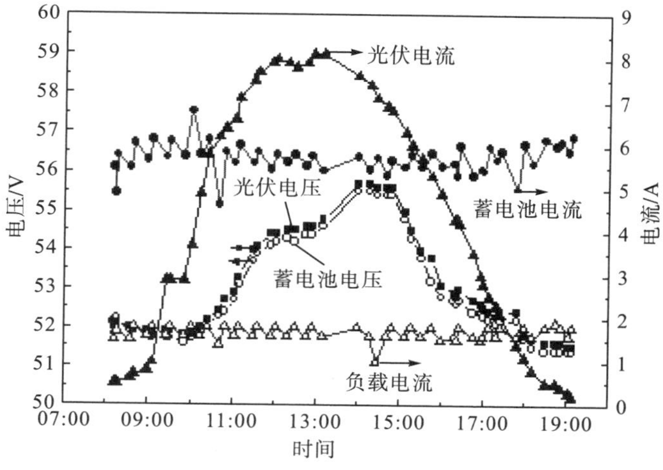

图 6-14　系统运行电流和电压随时间变化的情况

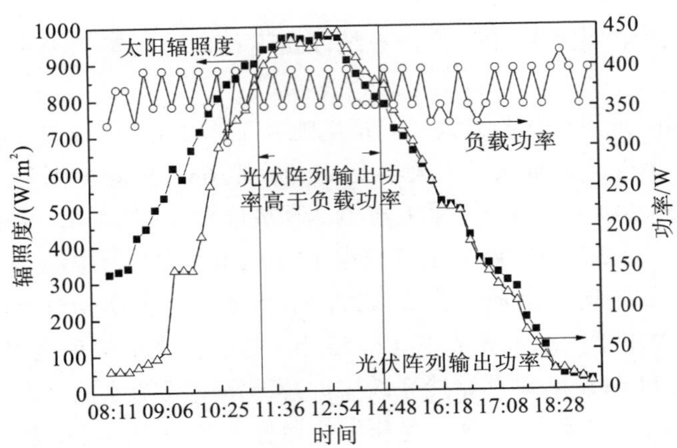

图 6-15 辐照度、发电功率与负载消耗功率随时间的变化

由图 6-14 可知，采用分布式光伏能源系统驱动负载时，光伏陈列输出电流随太阳能辐照度的变化而变化。首先，电流随着辐照度的增加而增加，到中午辐照度最大时输出电流达到最大值，然后逐步减小，输出电压随时间变化不大，在 54V 左右浮动。蓄电池输出性能稳定，电流在 5.5A 左右波动，电压在 54V 左右变化，且蓄电池处于电能充足状态。分布式能源系统驱动负载时，采用逆变器将直流电逆变为 220V 交流电，因此负载电压稳定在 220V，负载电流也很稳定，在 1.5A 左右浮动。总体上说，分布式光伏能源系统与负载匹配较好，负载运行稳定可靠。

由图 6-15 可知，辐照度随时间先增加后减小，光伏陈列输出电流随辐照度的变化而变化，其输出功率也是先增加，然后逐步减小。负载稳定运行时，输出功率在 0.38kW 左右波动，与设备额定功率相同。在 11:15～14:45 的 3.5h 内，光伏阵列输出功率高于负载消耗功率，可以摒弃蓄电池而直接利用光伏阵列直接驱动负载稳定运行。

4) 制冰蓄冷系统电-冷能量耦合传递性能分析

首先，对片冰滑落式制冰机制冰过程的热力学循环进行分析，并测试了系统稳定运行过程中各个部件的温度和压强，根据文献[138]和文献[139]提供的参数表，查找了制冰过程热力学循环的其他特性参数，见表 6-10。

表 6-10 制冰机制冰过程热力学循环参数

部件	t_{in}/℃	t_{out}/℃	P_{in}/kPa	P_{out}/kPa	h_{in}/(kJ/kg)	h_{out}/(kJ/kg)	s_{in}/[kJ/(kg·K)]	s_{out}/[kJ/(kg·K)]
压缩机	−5	40	243.71	770.21	395.01	425.00	1.7276	1.7500
冷凝器	40	30	700.00	700.00	425.00	241.80	1.7500	1.1437
节流阀	30	−10	700.00	200.00	241.80	241.80	1.1437	1.1500
蒸发器	−10	−5	200.00	243.71	241.80	395.01	1.1500	1.7276

表 6-10 中，t_{in}、P_{in}、h_{in}、s_{in} 分别为制冰过程热力学循环中制冰机各部件的进口温度、压强、焓、熵；同理，t_{out}、P_{out}、h_{out}、s_{out} 分别为部件出口温度、压强、焓、熵。实验测

得的片式滑落式制冰机瞬时制冰量如图 6-16 所示。

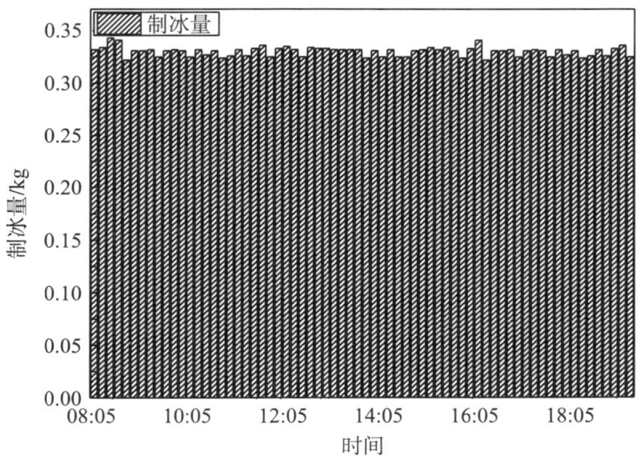

图 6-16　制冰机制冰量

由图 6-16 可知，制冰机制冰周期为 10min，每次制冰量约为 0.332kg，制冰率约为 1.99kg/h，制冰机供冷功率为 193.5W。在制冰机的热力学循环中，680min 的制冰过程，压缩机能量损耗为 2470kJ、冷凝器散热量为 76032kJ、节流阀及蒸发器吸热量为 56160kJ，机组制冷性能系数(COP)为 3.62。但是在制冰过程中，只有 5616kJ 冷量传递给制冷冰块，能量利用率较低，主要原因是，制冰过程中循环水不断在蒸发器上流过放热冷却成冰块，循环水消耗大部分冷量，为 38016kJ，耗散到空气中的冷量为 12528kJ，冷量损耗高达 50544kJ，蒸发器实际制冷能力仅为 10%，为提高制冷效率，后期需对蒸发器制冷模式进行优化。制冰机的制冰周期为 10min，每个制冰周期内都有制冰和融冰脱落两个过程，由于制冰过程的能量损失较大，为分析制冰过程的能量损耗，对每个制冰周期内制冰机各个部件的温度变化情况进行监控。图 6-17 给出了单个制冰周期内制冰机各个部件的温度变化情况。

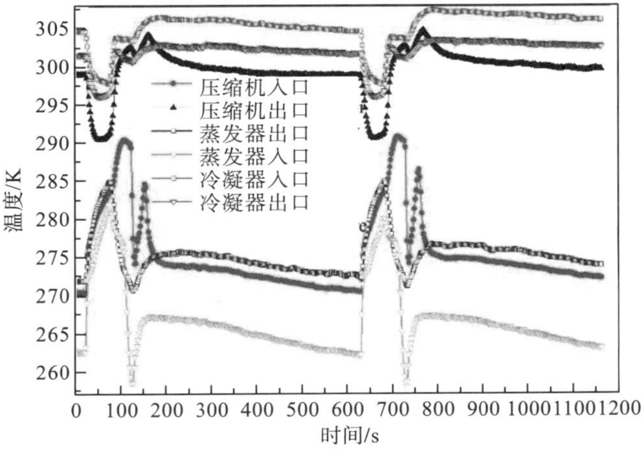

图 6-17　单个制冰周期内各个部件的温度变化情况

由图 6-17 可知，片冰滑落式制冰机单个制冰周期内，前 500s 属于制冰过程，蒸发器排气温度、冷凝器进口温度与出口温度处于平稳状态，节流阀出口温度，蒸发器进出口温度逐步降低。制冰过程中，水凝结在蒸发器表面，与盘式蒸发器的五个壁面紧贴，冰块无法自由脱落。制冰过程完成后，后 100s 的融冰脱落过程中，打开换向电磁阀将压缩机排出的高温制冷剂引入蒸发器内加热使得与蒸发器壁面接触的冰块融化脱落完成整个片冰滑落式制冰过程。因此，在图 6-17 中，制冰过程的后 100s 为融冰脱落过程，蒸发器进出口和节流阀出口温度均急剧升高，冷凝器进出口及蒸发器进出口温度均急剧下降，因为通过换向阀将蒸发器与冷凝器的功能互换实现蒸发器排热融冰致使冰块脱落，由于脱冰过程需要融化冰块使制冰量减少且冰块温度会升高，造成冷量浪费加大，融冰脱冰过程也是造成模拟计算的制冰量与实验测试量的误差的主要原因，计算过程没有考虑融冰脱冰过程。片冰滑落式制冰过程中冷量浪费较大的另外一个原因是，采用换向阀后，蒸发器温度升高融化脱冰，此时蒸发器温度会升高，进入下一个制冰过程时，温度升高的蒸发器结冰时间延长，浪费能量。融冰脱冰过程对整个系统的能量转换传递极为不利，也是能量浪费较大的主要原因，主要体现如下。

(a) 融冰脱冰后，冰块温度由制冰结束时的 268.15K 升高到 270.15K，升高了 2K。若没有融冰脱冰过程，理论计算得到单个制冰周期的制冰量为 0.3467kg，但实际测量值为 0.3320kg，不采用融冰脱冰技术，单个制冰周期内制冰量会增加 4.43%。

(b) 融冰脱冰过程致使蒸发器温度升高，制冰过程延长了 200s，且融冰脱冰过程占据整个片冰滑落式制冰循环六分之一的时间，若不采用融冰技术，则制冰时间可缩短一半，为 300s。

(c) 压缩机运行电流周期性波动，对压缩机使用寿命有一定的影响。此外，融冰脱冰过程需借助换向阀，换向阀在单个片冰滑落式制冰过程中耗能 3.0×10^{-4}kW·h，从早上 08:00 到 19:00 整个制冰过程中消耗电能 0.024kW·h。

5) 换冷供冷系统能量传递性能分析

采用风机盘管代替空调供冷，储存冰块的蓄冰槽中布置了换冷盘管，利用管道泵驱动盘管中的换冷工质流动带出冰块冷量，工质流入风机盘管的翅片管内，采用风机鼓风强化对流方式将翅片管内冷量换出，吹出冷风供用户使用。蓄冷槽为正方体，内部尺寸为 30cm×30cm×30cm，容积为 0.027m^3，满载水约 27kg，由于蓄冰槽内有换冷盘管，只能满载 16.5kg 冰，因此白天制取冰块 21.89kg，供冷时分批次放入蓄冰槽中供冷。从 19:30 开始试验，可持续供冷 4h 到 23:30。蓄冰槽和换冷供冷系统的温度变化情况如图 6-18 所示。

将制取的 21.89kg 冰逐步放入蓄冰槽内供冷，此时槽内冰块温度约为 270.15K，蓄冷槽内温度约为 272.15K，室外环境温度约为 295.15K，室内温度约为 293.65K。启动工质泵驱动换冷工质循环，同时开启风机，将换冷工质的冷量吹出，工质质量流量为 0.0127kg/s，盘管出风口风速为 2m/s。换冷供冷系统温度变化情况如图 6-18 所示。由于冰吸热熔化相变过程释放冷量，但温度保持不变，蓄冰槽内温度在融冰供冷时基本上维持不变，均在 271.65K 左右，但到 22:45 时，冰块全部融化，槽内为低温水，此后过程为水供冷，水的温度逐步升高，到 23:15 时，0.5h 内水温从 273.15K 上升到近 278.15K。蓄冷槽出口处工质初始温度为 280.85K，试验结束时温度升高到 284.65K，蓄冰槽出口工质温度升高了 3.8K，理论上在融冰供冷时段，蓄冷槽进出口工质温度均衡不变，但随着试验进行，管道泵运行产生的热量会给进口工质带来较大温度漂移，蓄冰槽工质进口处的工质温度逐步增加，试验期间温度上升约 4K。由于工质流量固定，蓄冰槽进口处工质温度漂移使出口处工质温度逐步上升，初期出现的温度波动主要是由换冷工质流量不稳定导致的。制冷工质加注时存在部分气泡，蓄冰槽出口位于系统最高处，因此试验开始时工质出口聚集了较多气泡，导致温度不稳定，但对于温度变化总体趋势影响不大。

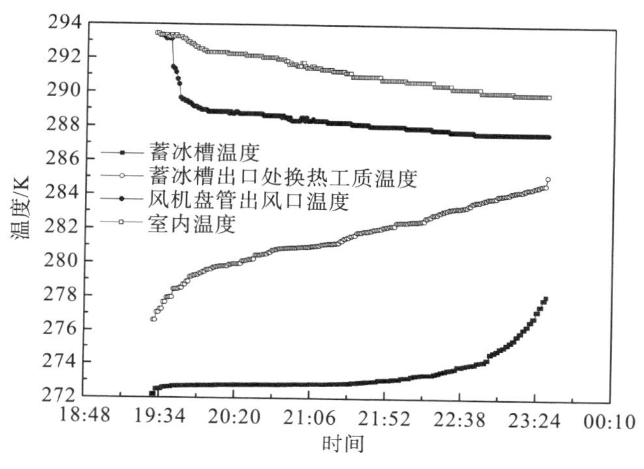

图 6-18　换冷供冷过程的温度变化情况

试验开始时风机出口温度与室内温度一致，启动风机后，出口温度逐步下降，说明工质冷量已充分交换并吹出。随着试验进行，风机出口温度下降趋势逐步减缓，主要是工质温度逐步增加，但总体上温度呈下降趋势，试验期间，温度由 293.65K 下降到 288.25K，下降了 5.4K，下降幅度比工质升高幅度(3.8K)大，说明制冷工质的冷量在风机盘管处已完全交换释放。随着换冷供冷实验的进行，室内温度开始下降，由于 20m^3 实验室的体积较大，因此室内温度缓慢下降，2h 内从 293.65K 下降到 291.15K，下降了 2.5K。风机盘管出风口尺寸为 23cm×20cm，面积为 0.046m^2，空气质量流量为 0.1187kg/s，风机盘管供冷量为 0.298kW。蓄冰槽采用 10cm 厚的聚氨酯发泡保温，保温性能好，制取的冰块在蓄冰槽内冷量损耗仅为 218.59kJ，占输入冷量的 3.89%，换冷盘管冷量损耗为 313.92kJ，占输入冷量的 5.82%。

整个系统能量利用率为 5.72%，需对系统结构进行优化，提高能量综合利用率。能量损耗主要集中在光伏组件将太阳能转化为电能及蒸发器制冰两个过程，因此应对制冰蓄冷过程进行优化，同时还需提高光伏陈列的光电转化效率。蓄冰槽对空气的烟损为 0.2W，占输入烟的 0.06%，可忽略不计，换冷盘管对空气的烟损为 0.12W，占输入烟的 0.03%，也可忽略不计。整个系统输入烟为 931.16W，对外供冷输出烟为 331.42W，系统烟利用率为 35.59%。系统的优化工作主要集中于制冷系统的压缩机运行模式及蒸发器制冷模式。

4. 分布式光伏驱动片冰滑落式冰蓄冷空调系统性能优化

1) 原因分析

采用理论计算与实验测试相结合的方式，对分布式光伏能源驱动冰蓄冷空调系统运行过程能量转换传递进行分析。研究结果表明，现有系统存在如下问题。

(1) 必须采用蓄电池确保系统稳定运行。但蓄电池是非环保产品，且使用寿命只有3～5年，增加了系统投资运行成本。

(2) 使用范围受限。现有分布式光伏能源驱动冰蓄冷空调系统只能晚上供冷，白天则利用太阳能驱动制冰机高效制冰蓄冷，不具备普通市电驱动的蒸汽压缩式空调系统即开即用的功能，不适用于白天对冷量需求量较大的地方。适用于家庭式供冷，白天上班后，家里冷量需求量很少，可利用光伏制冰蓄冷，晚上回家后冷量需求量增大，则可利用白天蓄存的冷量供冷。

(3) 片冰滑落式的制冰模式能量浪费巨大。

2) 优化思路

为提升光伏驱动冰蓄冷空调系统的性能，应对目前的分布式光伏驱动片冰滑落式冰蓄冷空调系统的驱动方式、制冰模式和部件结构提出优化方案，主要从以下三个方面进行。

(1) 分布式光伏制冷系统中采用其他环保的蓄能模式替代蓄电池。

(2) 光伏驱动冰蓄冷空调系统既能先蓄冷后供冷，又具有即开即用功能；既可家庭使用，又可应用于办公楼和商场供冷。

(3) 提高分布式光伏驱动的冰蓄冷空调系统的制冷性能，最大化利用太阳能。

3) 优化方案

基于以上三点，制定了如下所示的优化方案。

第一，采用冰蓄冷替代蓄电池储存能量。研究分析发现，分布式光伏驱动冰蓄冷空调系统白天制冰蓄冷而晚上供冷的运行性能稳定，因此采用冰蓄冷完全替代蓄电池储能切实可行。为摒弃蓄电池，必须解决太阳能间歇性和不稳定性对制冷机组造成影响的问题。没有了蓄电池确保分布式光伏能源系统输出电能的稳定性，则制冷系统的运行工况必须能随着光伏输出电功率的波动而变化，因此可采用变转速压缩机，通过特定的控制策略使得制冷系统时刻随着供给电能的变化而变转速运行。此外，为最大化利用太阳能，控制器采用最大功率跟踪技术，使得制冷系统时刻变转速运行在光伏阵列的最大功率点上。众所周知，在分布式光伏能源系统中，蓄电池还有储能的功能，在采用冰蓄冷替代蓄电池后，光伏阵列输出的电能变化范围很大，若只采用单一负载，则只能利用部分太阳能，单一定频压缩机运行功率在太阳能输出功率中的占比如图6-19(a)所示。采用单一定频压缩机，压缩机运行的最大功率(方框面积)约为光伏阵列输出总功率的一半左右。若采用单一变频压缩机，则其运行功率在太阳能输出功率中的占比如图6-19(b)所示，比定频压缩机运行时太阳能输出功率利用率高出20%左右，但也无法全部利用光伏输出的功率。

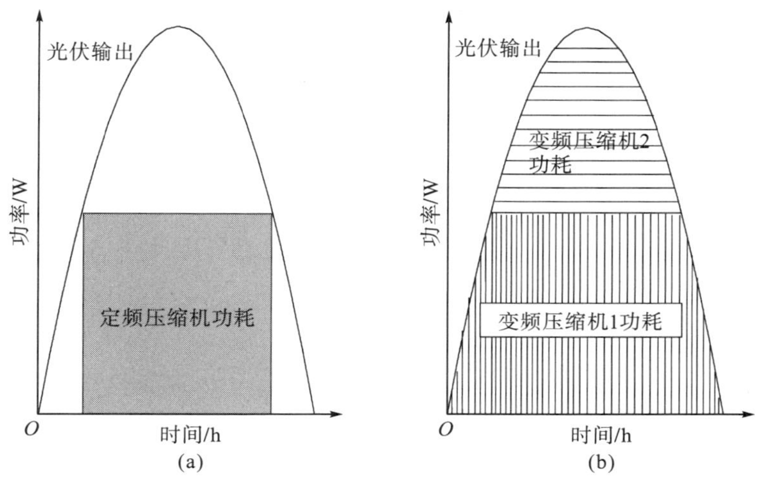

图 6-19　压缩机运行功率在光伏阵列输出功率中的占比情况

由图 6-19(b)可知，若采用两个变频压缩机并联运行，可实现光伏阵列输出功率的最大化利用。因此，为最大化利用太阳能，提高制冷性能，在后续系统优化工作中提出采用变频压缩机系统制冰蓄冷[140]。

变频压缩机系统由一个大功率变频压缩机和一个小功率变频压缩机并联运行，两个压缩机的额定总功率与光伏阵列输出的最大功率相等。通过控制策略，使得两个压缩机启动运行时段不一致，充分利用光伏发电制冰蓄冷。变频压缩机系统结构如图 6-20 所示。图 6-20 中的变频压缩机系统由一个大功率变频压缩机与一个小功率变频压缩机并联组成。系统运行过程中，首先开启大功率变频压缩机 1，早上压缩机 1 的运行转速随着太阳能辐照度的增加而增加，直到压缩机 1 运行转速达到最大值，此时太阳辐照度仍然未达到最大值，开启压缩机 2，压缩机 1 运行在最大额定转速，驱动压缩机 1 最大转速运行后剩余的电能则驱动压缩机 2，随着太阳辐照度的增加，压缩 1 运行转速保持额定最大值，而压缩机 2 运行转速逐步增加直到太阳辐照度达到最大值，此时压缩机 2 的运行转速也达到额定最大值。此后，太阳辐照度逐步减小，压缩机 2 运行转速也随之减小，而压缩机 1 运行转速保持不变，当太阳辐照度减小到只能驱动压缩机 1 时，压缩机 2 停止工作，只保留压缩机 1 运行，随着太阳辐照度持续减小，压缩机 1 的运行转速相应减小。变频压缩机系统运行控制策略及转速变化情况如图 6-21 所示。

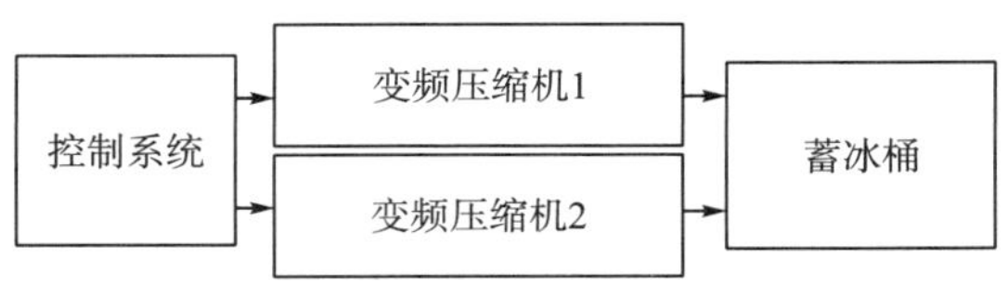

图 6-20　变频压缩机系统结构

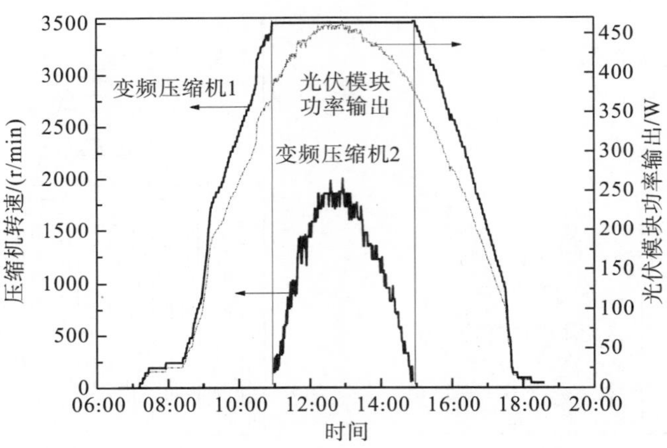

图 6-21 变频压缩机系统运行控制策略及压缩机运行转速变化

第二，由于片冰滑落式制冰模式制冰过程中能量浪费较大且只能先制冰蓄冷后换能供冷，存在使用的局限性，因此，为提高制冷性能，减少能量浪费，实现即开即用功能，对分布式光伏驱动冰蓄冷空调系统的制冰模式与蒸发器结构进行优化。

由于片冰滑落式制冰过程中循环水带走冷量较大，因此可将片冰滑落式制冰模式优化为蒸发器浸入水中静态制冰，蒸发器制取的冷量全部被蓄冰槽中的水吸收，冷量浪费很小。浸入式蒸发器可采用管翅式和盘管式两种。为使冰蓄冷空调具有普通空调即开即用的功能，可采用大温差循环水供冷及换冷盘管与蒸发器同置集成在翅片上。管翅式蒸发器和盘管式蒸发器均为技术成熟的产品，且在制冰蓄冷系统中大量采用。大温差供冷因价格低廉、供冷效率高，被广泛应用于冰蓄冷空调系统。而制冷盘管与换冷盘管同置集成在管翅式蒸发器上实现即开即用功能的相关研究较少，因此在本优化方案中对蒸发器与换冷盘管同置集成进行详细阐述。

蒸发器与换冷盘管同置集成是在同一个翅片管上集成制冷盘管与换冷盘管，其工作原理图如 6-22 所示。由图 6-22 可知，制冷剂从制冷剂分流管流进翅片管蒸发器，制冷剂的冷量经管道和翅片传递出去。换冷过程中，换冷工质乙二醇在与蒸发器集成的换冷盘管中流动将翅片和管道收集的冷量交换出来为用户供冷。为实现即开即用的功能，可将制冷盘管与换冷盘管在翅片中贴着排布，如图 6-23 所示。开启压缩机制冷时，同时开启换冷工质泵与风机盘管，使得制冷过程与换冷供冷过程同时进行，此时制冷剂和换冷剂同时流进蒸发器内的制冷盘管和换冷盘管，由于制冷盘管与换冷盘管的管壁紧贴且通过翅片连接，因此制冷剂的冷量一部分传递给换冷工质带出去供冷，一部分则传递给水蓄冷，当供冷负荷达到平衡后，制冷剂的冷量大部分交换给水制冰蓄冷。图 6-22 和图 6-23 中，1 代表制冰端制冷工质分流器，2 代表制冰端制冷工质汇流器，3 代表翅片，4 代表制冰端蒸发器，5 代表融冰供冷端换冷装置，6 代表融冰供冷端换冷工质汇流器，7 代表融冰供冷端换冷工质分流器。

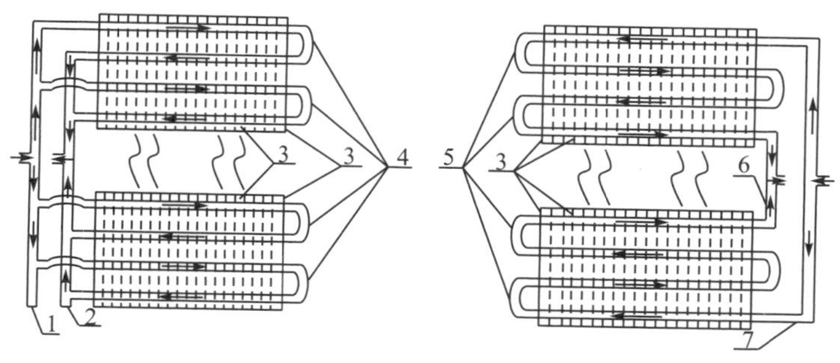

图 6-22　蒸发器与换冷盘管同置集成工作原理图

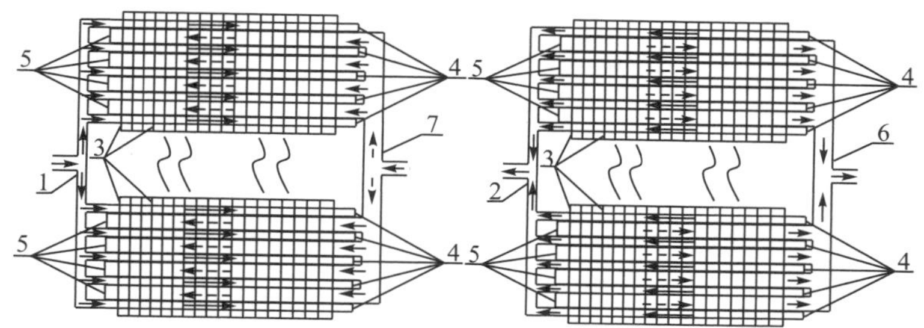

图 6-23　蒸发器制冷盘管与换冷盘管同置集成上视图

4) 优化后实验测试分析

构建实验平台，测试蒸发器浸入式静态制冰机的制冰效率，蒸发器浸入式静态制冰机测试样机如图 6-24 所示。

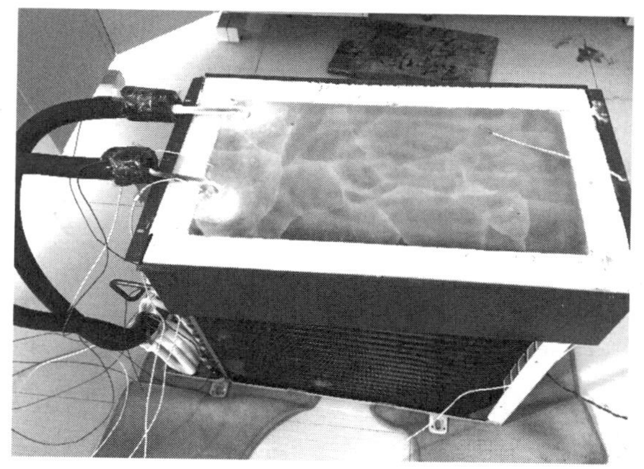

图 6-24　蒸发器浸入式静态制冰机测试样机

翅片管蒸发器浸入在水槽中静态制冰，水槽内有 5mm 厚的聚氨酯保温层，水槽盖为 5mm 厚的聚氨酯保温层。制冰机的压缩机功率为 0.735kW，采用分布式光伏能源驱动运行。对浸入式制冰机的制冰性能进行测试，水槽中水的质量为 13.40kg，浸入式翅片管蒸发器尺寸为 45cm×20cm×3cm，对系统运行的电性能参数及温度参数进行监测并记录，蒸发器浸入式制冰机运行过程中，各部件的温度变化情况如图 6-25 所示。

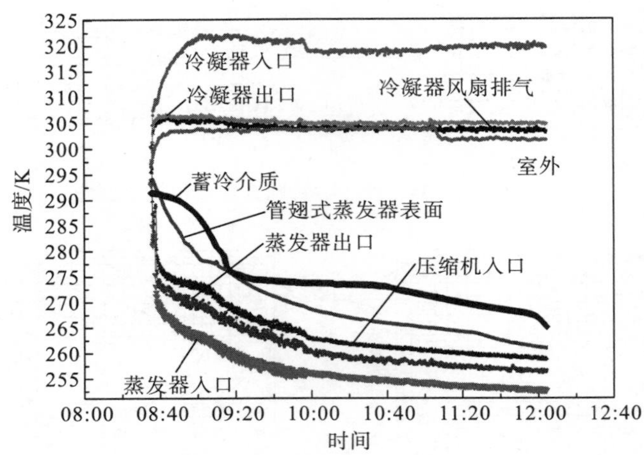

图 6-25　系统运行过程中各部件的温度变化情况

08:35 制冰实验开始，到 10:40 水槽中 13.40kg 的水全部凝结成冰块，此后冰块开始过冷变硬，到中午 12:04，冰块表面温度为 265.06K，过冷度超过 8.09K。此时制取的冰块中心温度为 261.04K，比冰块表面温度低了 4.02K。12:04，蒸发器进出口温度分别为 252.66K 和 256.64K，压缩机入口温度为 258.87K。根据第 5 章给出的计算公式对制冰机各部件的能量效率与㶲效率进行计算，结果见表 6-11。

表 6-11　制冰机各部件的能量效率与㶲效率

压缩机		冷凝器		节流阀		蒸发器		制冰		系统	
η/%	ψ/%	η/%	ψ/%	η/%	ψ/%	η/%	ψ/%	η/%	ψ/%	η/%	ψ/%
76.47	91.28	90.88	99.04	100	99.24	336	93.04	50.12	97.32	147.64	81.24

浸入式蒸发器的制冰率为 6.00kg/h，而片冰滑落式制冰机制冰率仅为 1.99kg/h，通过对制冰模式的改变及蒸发器结构的优化，制冰机制冰率提高了 3 倍。制冰效率由片冰滑落式制冰机的 10%提高到蒸发器浸入式制冰机的 50.12%，㶲效率也由 73.24%提升到 97.32%。

采用蒸发器浸入式静态制冰模式可有效减少冷量浪费，提高制冰效率。但静态制冰过程中，冰块的过冷度对制冰效率有较大的制约作用，采用静态制冰模式，应尽量避免冰块过冷。本节的蒸发器浸入式制冰模式的实验测试结果可为后续分布式光伏驱动静态冰蓄冷空调系统的优化设计及系统匹配与性能测试分析等研究工作提供参考。

6.2.2 分布式光伏驱动静态冰蓄冷空调系统制冷特性分析及优化

6.2.1 节构建了分布式光伏驱动片冰滑落式冰蓄冷空调系统，系统连续稳定运行两天，白天制冰蓄存冷量，晚上对外供冷，实现冰蓄冷部分替代蓄电池储能的功能，并验证了光伏制冷与冰蓄冷两个相对独立的研究领域的技术兼容性及能量匹配耦合关系。采用实验测试与理论计算相结合的方式对系统部件间的能量转换传递及制冷特性进行分析，优化制冰模式是提高系统制冷性能的主要途径。基于前文的研究结果，本节将片冰滑落式制冰模式优化为浸入式蒸发器静态制冰模式以提高制冷性能，并对系统各部件结构与参数进行优化设计，以期使系统部件间能量匹配耦合及高效转换传递。根据用冷负荷优选部件进而构建分布式光伏驱动静态冰蓄冷空调系统，并开展能量转换传递研究和制冷特性分析。

1. 分布式光伏驱动静态冰蓄冷空调系统的设计与构建

1) 分布式光伏驱动片冰滑落式冰蓄冷空调系统部件性能

6.2.1 节详细分析了分布式光伏驱动片冰滑落式冰蓄冷空调系统的能量转换传递特性，系统性能见表 6-12。

表 6-12　分布式光伏驱动片冰滑落式冰蓄冷空调系统性能

<table>
<tr><th>系组部件</th><th>能量/W</th><th>㶲/W</th><th colspan="2">能量传递/W</th><th>㶲流/W</th><th>η/%</th><th>ψ/%</th></tr>
<tr><td>光伏组件</td><td>2595</td><td>931.16</td><td colspan="2">345</td><td>656.21</td><td>13.29</td><td>70.47</td></tr>
<tr><td>控制器</td><td>345</td><td>656.21</td><td colspan="2">331.20</td><td>655.98</td><td>96.00</td><td>99.96</td></tr>
<tr><td>蓄电池</td><td>111.16</td><td>109.52</td><td colspan="2">109.52</td><td>109.44</td><td>98.52</td><td>98.45</td></tr>
<tr><td>逆变器</td><td>440.72</td><td>765.42</td><td colspan="2">380</td><td>761.60</td><td>86.22</td><td>99.50</td></tr>
<tr><td colspan="6">分布式光伏能源系统</td><td>10.84</td><td>69.00</td></tr>
<tr><td>压缩机</td><td>5395.70</td><td>17051.06</td><td colspan="2">5310</td><td>16966.22</td><td>77.45</td><td>88.86</td></tr>
<tr><td rowspan="2">冷凝器</td><td rowspan="2">5310</td><td rowspan="2">16966.22</td><td>空气</td><td>2640</td><td rowspan="2">16935.36</td><td rowspan="2">84.62</td><td rowspan="2">99.82</td></tr>
<tr><td>制冷剂</td><td>2670</td></tr>
<tr><td>节流阀</td><td>2670</td><td>16935.36</td><td colspan="2">2670</td><td>16911.48</td><td>100</td><td>99.86</td></tr>
<tr><td rowspan="2">蒸发器</td><td rowspan="2">2670</td><td rowspan="2">16911.48</td><td>制冷剂</td><td>4620</td><td rowspan="2">16397.76</td><td rowspan="2">73.03</td><td rowspan="2">99.86</td></tr>
<tr><td>水</td><td>1950</td></tr>
<tr><td>冰</td><td>195</td><td>358.93</td><td colspan="2">187.41</td><td>358.73</td><td>10</td><td>73.24</td></tr>
<tr><td colspan="6">制冰机蓄冷系统</td><td>49.32</td><td>64.78</td></tr>
<tr><td>换冷供冷系统</td><td>187.41</td><td>358.73</td><td colspan="2">148.38</td><td>331.42</td><td>79.17</td><td>92.39</td></tr>
<tr><td colspan="6">分布式光伏驱动片冰滑落式冰蓄冷空调系统</td><td>5.72</td><td>35.59</td></tr>
</table>

由表 6-12 可知，分布式光伏驱动片冰滑落式冰蓄冷空调系统的能量效率仅为 5.72%，其中分布式光伏能源系统的能量效率为 10.84%，制冰机制冰效率为 10%，换冷供冷系统

的能量效率为 79.17%。系统㶲效率为 35.59%，其中分布式光伏能源系统的㶲效率为 69.00%，制冰机蓄冷系统的㶲效率为 64.78%，换冷供冷系统的㶲效率为 92.39%。在分布式光伏能源系统中光伏阵列的能量转换效率与㶲效率最低。光伏阵列的填充因子 FF 是反映光伏阵列输出性能好坏的重要参数之一，计算得到构建的分布式光伏能源系统的光伏阵列填充因子 FF 只有 68.84%，较小的填充因子导致光伏阵列输出性能受到制约，填充因子也是影响光伏阵列内部㶲损 $\Delta E_{x,pv}$ 的主要参数，FF 较低，内部㶲损较大。由于填充因子 FF 是光伏电池片的物性参数，出厂时已为固定值，只与厂商生产线的技术与设备有关，因此对光伏阵列性能参数的优化只能选择填充因子 FF 较高的产品。

由表 6-12 可知，制冰蓄冷系统中片冰滑落式制冰机制冰过程的制冰效率仅为 10%，浪费较大。根据 6.2.1 节的分析与优化设计，本章构建的制冰蓄冷系统将采用蒸发器静态制冰模式，制冰性能可获得较大提高。换冷供冷系统的能量效率仅为 79.17%，性能较差，主要原因为风机盘管与工质流速匹配较差，在性能优化后，优选性能较好的换冷装置。

2) 分布式光伏驱动静态冰蓄冷空调系统设计与构建

选择一间采用普通市电空调供冷的办公室，办公室面积为 23.24m²，高度为 3.5m。内有两面为混凝土砖墙，一面为木质中间有保温材料的隔板，一面为双层中空保温玻璃窗户，楼顶为混凝土浇筑楼板，办公室相关建筑设计参数及冷负荷见表 6-13。

表 6-13 办公室建筑设计参数及冷负荷

材料	面积/m²	传热系数/[W/(m²·K)]	设计温差/K	冷负荷/W
保温木板	23.24	0.2	10	46.48
木板玻璃	5.31	1.2	10	63.72
东墙	2.98	1.8	10	53.64
西墙	31.54	1.8	10	567.72
门(木板)	2.8	0.2	10	5.6
门(玻璃)	1.13	1.2	10	13.56
南墙	2.27	1.33	10	30.191
北墙	2.52	1.8	10	45.36
北墙(玻璃)	7.54	1.2	10	90.48
地面	23.24	1.6	10	371.84
顶墙	23.24	1.6	10	371.84
		室内冷负荷		1184.99
		总冷负荷		2845.42

办公室内总冷负荷为 2845.42W，单位面积冷负荷为 122.44W/m²。由于蒸汽压缩式空调制冷效率可达到 3.5 左右，因此可选用 1.5P(1.1025kW) 空调满足供冷需求。冰蓄冷制冷机组边制冷边供冷过程中制冷效率也可达到 3.5，因此冰蓄冷制冷机组选用 1.5P。6.2.1 节的实验测试表明，蒸发器表面冰块厚度及过冷严重影响制冷机组的制冷性能，因此，为防

止蒸发器制冰厚度过大浪费冷量，蒸发器表面结冰厚度不宜过大，应控制在 10cm 以内。为防止蒸发器管路在翅片管内过长导致结冰不均匀，将管翅式蒸发器设计成两个等面积的蒸发器并联在水槽中。为优化制冷机组与蒸发器结冰厚度的关系，设计单个蒸发器尺寸为 60cm×45cm×2cm，两个同等尺寸的蒸发器并联立式放置。制冰蓄冷过程中，设计翅片管式蒸发器上单边结冰厚度不超过 10cm，每个蒸发器结冰过程中需要的宽度约为 20cm，两个蒸发器需要的宽度为 40cm，因此蓄冰槽的宽度设计为 40cm，蓄冰槽的长度设计为 80cm，蒸发两端各留出 10cm 宽度，蓄冰槽深度设计为 60cm，在蓄冰槽的上下部各留出约 5cm 高度。因此，蓄冰槽的尺寸设计为 80cm×60cm×40cm，体积为 0.192m^3，满载状态下水的质量为 180kg。根据供冷负荷，选择风机盘管供冷量为 2.7kW，水量为 510m^3/h，根据风机盘管设计运输水的管道直径为 2.5cm，配备水泵的设计功率为 46W。光伏分布式光伏能源系统中，选择光电转换效率为 18%、峰值功率为 280W、填充因子为 78%的光伏组件构成光伏阵列。在光伏能源系统设计过程中，光伏阵列的输出功率约为用电负载的 2 倍，制冷机组用电功率约为 1.25kW，水泵功率为 0.046kW，风机盘管功率为 0.052kW，总用电功率为 1.35kW。因此，选择 10 块峰值功率为 280W 的光伏阵列构成 2.8kW 分布式光伏能源系统驱动制冰蓄冷空调系统，为确保阴天时制冰蓄冷空调系统持续运行 1 天，设计了 130A·h 容量的蓄电池作为辅助能源。优化设计的分布式光伏驱动静态冰蓄冷空调系统，其系统工作原理与分布式光伏驱动片冰滑落式冰蓄冷空调系统相同，各个部件的参数见表 6-14。

表 6-14　分布式光伏冰蓄冷空调系统部件参数

系统	部件	型号	参数
分布式光伏能源系统	光伏组件	JN-280	P_m：280W；V_m：37.28V；I_m：7.51A；V_{OC}：43.5V；I_{SC}：8.18A
	控制器	PL60	输入电压：12～48V；最大负载电流：60A
	逆变器	solar 48V	P：3kW；输入电压：48V；输出电压：220V
	蓄电池	SP12-65	容量：12V、65A·h
静态冰蓄冷空调系统	制冷剂	R134a	沸点：247.05K；临界温度：374.25K
	压缩机	DA108M1C	P：0.87kW；制冷量输出：3.26kW；f：18～120s^{-1}；n：4；容积：10.8cm^3/rev
	蓄冰槽	—	体积：0.20m^3
	水泵	RS15-6	功率：46W；扬程：6m；最大流速：3.4m^3/h
	风机盘管	FP-51LM	功率：52W；供冷量：2.7kW；水量：510m^3/h

根据部件参数的优化设计，对系统部件设备进行选型，构建了 1.5P 分布式光伏能源驱动冰蓄冷系统。为确保控制器输入 48V 的输入电压，光伏阵列连接方式为两组串联以提升电压，两块光伏组件串联能提供最大 55.40V 的输出电压，确保足够的电压驱动控制器与逆变器，5 组并联增加能源系统电流，总额定功率为 2.8kW，并联后能提供 41A 最大输出电流，可提供足够大的电流满足制冷机组较大的启动电流。蓄电池连接方式为四个容量为 12V、65A·h 的蓄电池串联，将电压提升为 48V，为确保足够大的电流且确保阴雨天制冷系统持续运行一天，选择两组串联的电池组并联，将容量增加为 130A·h。

白天，光伏阵列将接收到的太阳能转化为直流电通过蓄电池、控制器，然后经逆变器逆变为交流电驱动交流压缩机、水泵和风机盘管。为储存多余的电能及维持能源系统输出电能的稳定性，系统仍然采用部分蓄电池。冰蓄冷系统由交流压缩机、冷凝器、节流阀、管翅式蒸发器及蓄冰槽组成。交流压缩机将制冷剂压缩为高温高压的蒸汽，经冷凝器冷凝为中温中压的液态制冷剂，然后经节流阀节流为低温低压的过冷制冷剂流入浸入水中的管翅式蒸发器内，从水中吸热制冰，吸收热量后的制冷剂不断汽化由液态变为气态，然后流入气液分离器内分离液态制冷剂，气态制冷剂被压缩机吸入进行下一个制冷循环。在先制冰后供冷模式中，蓄冰槽内的水不断通过蒸发器释放冷量结冰蓄冷，然后晚上启动水泵将蓄冰槽内的水泵到风机盘管处对外供冷；在边制冷边供冷模式下，制冷过程中，开启循环水泵将制取的冷水泵出供用户使用，流回的水再从蒸发器上吸取冷量，当供冷达到平衡后，蒸发器表面开始制冰蓄存冷量。根据优化设计构建的 1.5P 分布式光伏驱动静态冰蓄冷空调系统实物如图 6-26 所示。系统运行所采用的测量仪器仪表如图 6-3 所示，测量仪器仪表的测量不确定度见表 6-2。

(a)光伏阵列　(b)控制器与逆变器　(c)蓄电池组

(d)制冰蓄冷系统　(e)制冷机组　(f)蓄冰桶

(g)管翅式蒸发管　(h)供冷管路　(i)风机盘管

图 6-26　分布式光伏冰蓄冷空调系统实物

3) 分布式光伏驱动静态冰蓄冷空调系统性能测试结果与讨论

(1) 系统性能测试结果。

5 月 28 日～5 月 30 日对分布式光伏驱动静态冰蓄冷空调系统的持续运行性能进行了测试，其中 5 月 28 日为典型晴天天气，全天累计辐照量为 21.85MJ/m^2，5 月 29 日为典型多云天气，全天累计辐照量为 14.76MJ/m^2，5 月 30 日为典型阴转小雨天气，全天累计辐照量为 9.22MJ/m^2。连续三天 08:00～17:00 天气情况如图 6-27 所示。

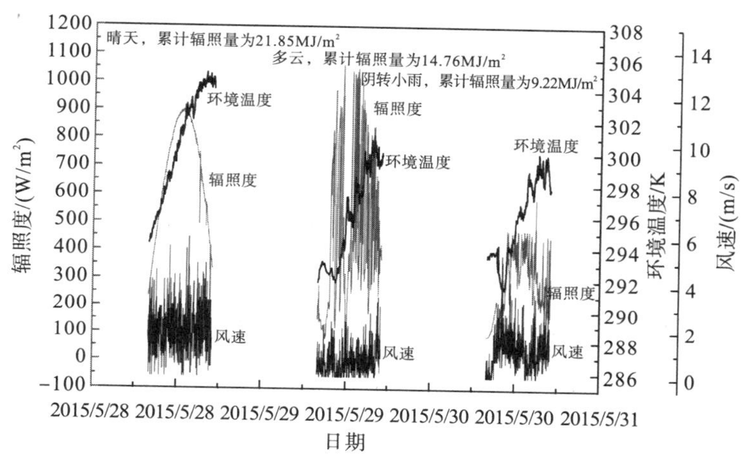

图 6-27　5 月 28 日～5 月 30 日连续三天天气情况

图 6-27 为分布式光伏能源驱动冰蓄冷空调系统持续运行的三种典型天气条件。分布式光伏能源驱动静态冰蓄冷空调系统先制冰蓄冷、后供冷的性能如图 6-28 所示。三天实验测试过程中，制冷机组 08:00 开机，17:20 关机。19:30 换冷供冷系统开机，此时蓄冰槽中的冷水被运输到风机盘管给用户供冷，23:30 冰块全部融化，供冷过程结束。实验开始前，蓄电池充满电，容量为 130A·h，第一天光伏阵列产生的电能为 12.09kW·h，第一天制冰过程结束后，蓄电池容量减少到 125.35A·h，消耗了 4.65A·h 的电能。晚上供冷过程开始后，46.2W 的水泵和 52.8W 的风机盘管采用蓄电池供电运行，从 19:30 到 23:00 共消耗电能 9.21A·h，蓄电池的储电量也从 126.15A·h 下降到 116.98A·h。第二天，制冷机组采用光伏阵列和 116.98A·h 的蓄电池复合供能驱动，由于是多云天气，光伏阵列发电不稳定且输出电能较少，因此蓄电池消耗电能较多，白天制冰消耗了 5.16A·h 的电能，晚上消耗了 9.21A·h 的电能，第二天过后，蓄电池存储的电能为 103.64A·h。第三天为阴转小雨天气，光伏阵列产生的电能仅为 6.12kW·h，白天制冰过程蓄电池输出能量较大，消耗了 52.08A·h 的电能，蓄电池容量从 103.64A·h 下降到了 50.56A·h，晚上供冷过程蓄电池消耗了 9.20A·h 电能，三天实验过后，蓄电池电能剩下 47.87A·h。

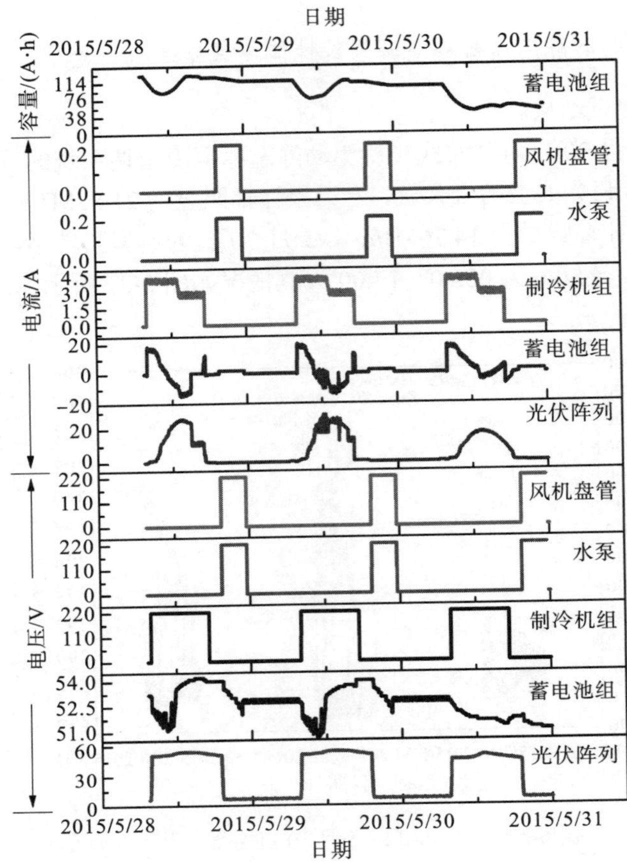

图 6-28 5 月 28 日～5 月 30 日系统连续运行性能

5 月 28 日为典型晴天，分布式光伏驱动冰蓄冷空调系统先制冰后供冷运行模式下的制冰机运行过程中，压缩机、冷凝器和蒸发器等部件的温度变化特性具有代表性，如图 6-29 所示。

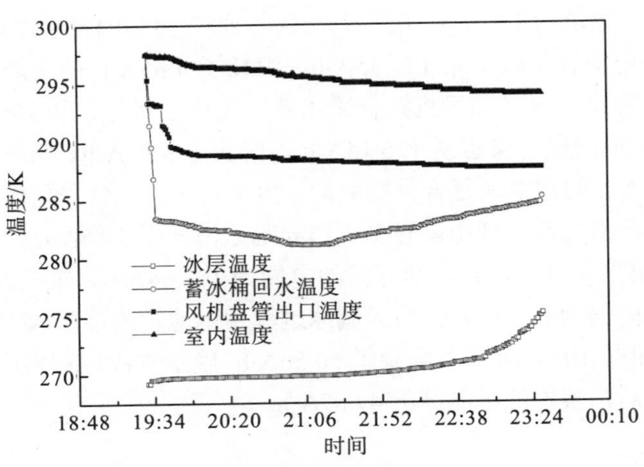

图 6-29 制冰过程各部件的温度变化情况

分布式光伏能源驱动制冰机从 08:00 运行到 17:20，蒸发器由两个蒸发器并联组成。制冰过程结束后，蒸发器表面凝结冰层的厚度为 51.5mm，制取冰块的质量为 52.88kg。由图 6-29 可知，实验期间的环境温度约为 302K，压缩机排气与冷凝器进口的温度先增加，然后随着压缩机进口温度的下降而逐步下降，后期稳定在 320K 左右，制冷机组稳定工作后，冷凝器出口温度逐步下降，后期稳定在 305K 左右，制冷剂在冷凝器中温度下降约 15K。蒸发器表面及水的温度均逐步下降，制冷机组稳定运行，蒸发器表面还未结冰时，蒸发器进出口温度相差约 10K。但随着蒸发器表面结冰厚度的增加，蒸发器进出口温差逐步减小，实验结束时，温差仅为 4K，主要原因是随着冰层厚度的增加，制冷剂从外界吸收热量变得困难，造成了能量的浪费。随着制冷过程的进行，蒸发器表面和制取的冰块的中心温度也逐步下降，说明冰块的过冷度逐步增加，对制冷效率影响严重。实验结束时，水槽中的水温度从 293.50K 下降到 277.65K，然后达到平衡。19:30～23:30 供冷温度变化情况如图 6-30 所示。

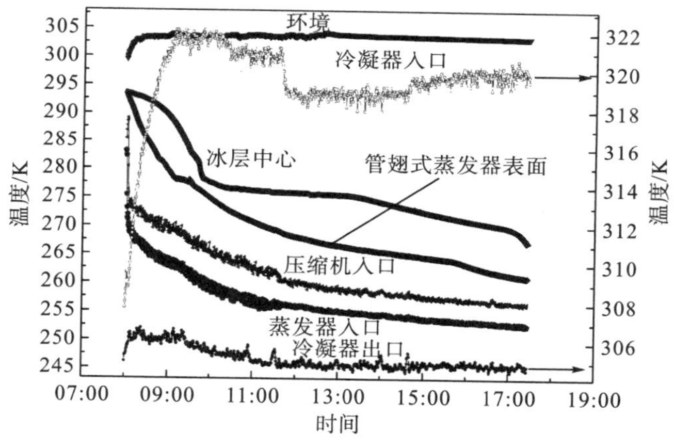

图 6-30　换冷供冷过程温度的变化情况

(2) 系统性能计算结果。

分布式光伏冰蓄冷空调系统运行性能相关计算参数见表 6-15～表 6-17。

表 6-15　环境条件及光伏阵列、控制器和蓄电池的参数

环境条件与光伏阵列参数		控制器与蓄电池参数			
T_{sun}	5778K	T_c		291.36±0.07～308.15±0.14K	
S_c	14.40±0.43m^2	C		48V、130A·h	
S_p	16.20±0.49m^2	T_b		290±0.07K～313.16±0.16K	
V_{oc}	59.35V	充电		放电	
I_{sc}	40.90A	B	0.80	B	0.70
V_l	50.90～54.20V	V_b	47.60±1.13V～54.00±1.28V	V_b	54.88±1.30V～44.60±1.06V
I_l	1.0～40.50A	I_b	30.00±0.30A	I_b	16.0±0.16A
V_m	55.45V	r_1	0.060	r_1	0.052
I_m	33.71A	r_2	0.041	r_2	−0.012

续表

环境条件与光伏阵列参数		控制器与蓄电池参数			
η_0	16.46%	r_3	95.234	r_3	4.113
G_r	1000W/m^2	r_4	51.856	r_4	−100.653
T_r	298.15K				
α	0.92				
τ	0.90				

表 6-16　逆变器、压缩机和冷凝器的参数

逆变器		压缩机		冷凝器	
T_{inve}	290K±0.07K～324.75K±0.18K	$\dot{m}_{rf}$	0.00727±0.0131g/s	T_3	313.15±0.16K～308.12±0.14K
C_p	10.045	W	835.67±17.36W～955.53±32.19W	T_4	303.15±0.12K～298.17±0.10K
C_R	1.1885	T_1	268.15±0.02K～258.13±0.06K	P_3	700.00±3.08kPa～604.83±2.66kPa
		T_2	313.15±0.16K～308.15±0.14K	P_4	700.00±3.08kPa～604.83±2.66kPa
		P_1	243.71±1.07kPa～164.36±0.72kPa	h_3	425.00～423.42kJ/kg
		P_2	770.21±3.39kPa～665.49±2.93kPa	h_4	241.80kJ/kg～234.63kJ/kg
		h_1	395.01～388.97kJ/kg	$T_{air,in}$	291.36±0.07K～303.09±0.12K
		h_2	425.00～423.42kJ/kg	$T_{air,out}$	296.56±0.09K～308.00±0.14K
		s_1	1.7276～1.7346kJ/(kg·K)		
		s_2	1.7500～1.7609kJ/(kg·K)		

表 6-17　节流阀、蒸发器和风机盘管的参数

节流阀		蒸发器		风机盘管	
T_4	303.15K±0.12K～298.17K±0.10K	T_5	263.15±0.04K～258.14±0.06K	T_{ice}	269.20±0.02K～275.15±0.01K
T_5	263.15±0.04K～258.14±0.06K	T_1	268.15±0.02K～263.13±0.06K	$T_{water\text{-}back}$	297.45±0.09K～281.12±0.03K
P_4	700.00～604.83kPa	P_5	200.00±0.88kPa～134.89±0.59kPa	$T_{air,fancoil\text{-}in}$	297.45±0.09K～293.95±0.08K
P_5	200.00～134.89kPa	P_1	243.71±1.07kPa～164.36±0.72kPa	$T_{air,fancoil\text{-}out}$	297.45±0.09K～287.65±0.06K
h_4	241.80～234.63kJ/kg	h_5	241.80～234.63kJ/kg	h_{ice}	335kJ/kg
h_5	241.80～234.63kJ/kg	h_1	395.01～388.97kJ/kg	$\dot{m}_{air,fancoil}$	0.18±0.378g/s
s_4	1.1437～1.1202kJ/(kg·K)	s_5	1.1500～1.1547kJ/(kg·K)		
s_5	1.1500～1.1547kJ/(kg·K)	s_1	1.7276～1.7346kJ/(kg·K)		

(3) 光伏阵列模型验证。

光伏阵列输出特性可采用式(5-39)～式(5-45)计算得到，但是在工程应用领域，将光伏阵列的计算模型简化为四参数模型，即含有 I_{sc}、V_{oc}、I_m 和 V_m 4 个参数的计算模型，如下所示[141-145]：

$$I_{sc} = I_{sc,r}\frac{G}{G_r}(1+K_{p_1}\Delta T) \tag{6-72}$$

$$V_{oc} = V_{oc,r}\ln(e+K_{p_2}\Delta G)(1-K_{p_3}\Delta T) \tag{6-73}$$

$$I_{\mathrm{m}} = I_{\mathrm{m,r}} \frac{G}{G_{\mathrm{r}}}(1 + K_{\mathrm{p_1}} \Delta T) \tag{6-74}$$

$$V_{\mathrm{m}} = V_{\mathrm{m,r}} \ln[(\mathrm{e} + K_{\mathrm{p2}} \Delta G)(1 - K_{\mathrm{p3}} \Delta T)] \tag{6-75}$$

式(6-72)～式(6-75)中，经验常数K_{p1}、K_{p2}和K_{p3}的值分别为-0.0043、0.0005 和 0.0042，$I_{sc,r}$、$V_{oc,r}$、$I_{m,r}$和$V_{m,r}$是参考标准条件G_r为 1000W/m^2、T_{ar}为 298.15K 时测试的光伏阵列的短路电流、开路电压、最大功率点电流和最大功率点电压，通常由光伏组件生产企业提供。

式(6-72)～式(6-75)中：

$$\Delta G = G - G_{\mathrm{r}} \tag{6-76}$$

$$\Delta T = T_{\mathrm{p}} - T_{\mathrm{ar}} \tag{6-77}$$

光伏阵列的工作温度为T_p，计算的经验公式为[146]

$$T_{\mathrm{p}} = T_{\mathrm{a}} + \frac{K_{\mathrm{p_4}} G \ln G + K_{\mathrm{p_5}} G}{K_{\mathrm{p_6}} v + K_{\mathrm{p_7}}} \tag{6-78}$$

式中，经验常数K_{p4}、K_{p5}、K_{p6}和K_{p7}的值分别为-0.008、0.0658、0.1115 和 0.1918。

天气条件(如辐照度、风速和环境温度)采用实际测量值，如图 6-27 所示。参数值被代入式(6-72)～式(6-78)中，可以计算得到光伏阵列的特性参数I_{sc}、V_{oc}、I_m、V_m和T_p。首先计算得出了光伏阵列工作环境温度连续三天的值，并与实验测试值进行了对比，如图 6-31 所示。

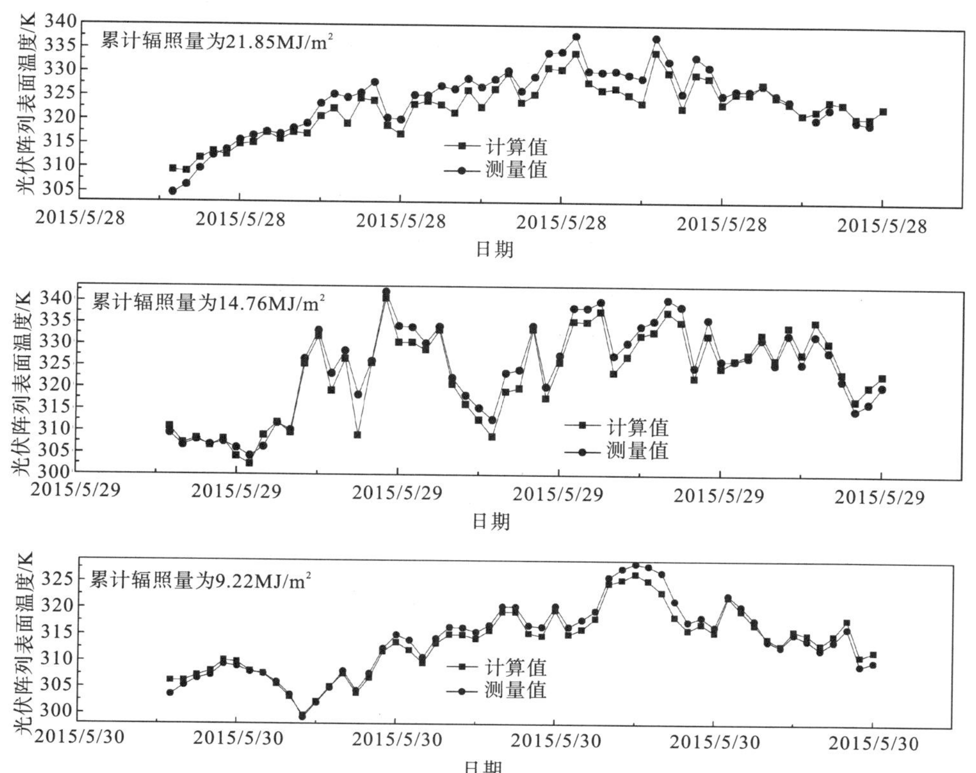

图 6-31　连续三天的光伏阵列工作环境温度的计算结果与试验测量值

由图 6-31 可知，计算值与实验测试值具有较好的吻合性。图中，光伏阵列工作温度实验测量值滞后于计算值，主要原因是计算过程中忽略了光伏阵列的有效热容对工作温度的影响。

由以上分析可知，给出的光伏阵列模型可以较好地反映光伏阵列的输出特性，采用式(6-72)～式(6-78)计算得到的瞬态特性参数 I_{sc}、V_{oc}、I_m 和 V_m 具有可信度。因为实验过程中 I_{sc}、V_{oc}、I_m 和 V_m 的瞬态值无法实验测量，实验连续进行，无法断开单独测量光伏阵列输出特性参数。因此，系统运行过程中的瞬态能量传递和㶲流的计算均采用瞬态特性参数，实验过程中系统能量转换传递瞬时变化情况如图 6-32 所示，而㶲流的瞬时变化情况如图 6-33 所示。

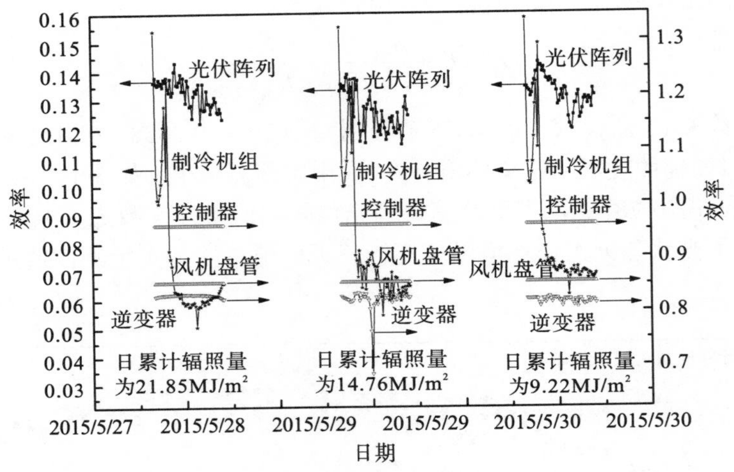

图 6-32　系统连续运行能量转换传递瞬时变化

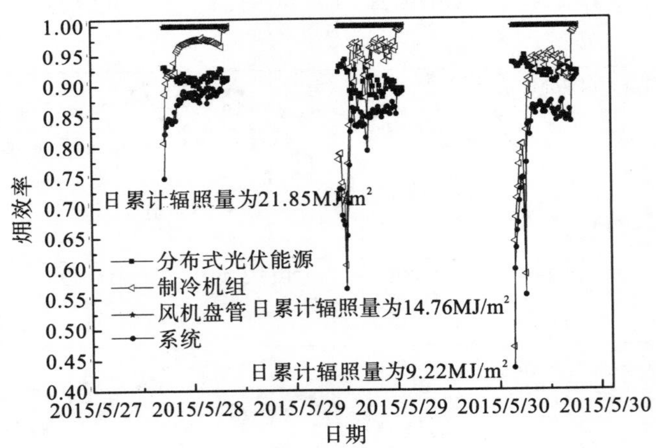

图 6-33　系统连续运行㶲流瞬时变化

由图 6-32 可知，光伏阵列光电转化效率为 10.5%～13.5%，三天实验中光伏阵列光电转化效率的平均值为 13.00%，光伏阵列转化效率的平均测量值为 13.89%，计算值的平均相对误差为 6.41%。因此可得，光伏阵列的工程简化模型是可取的。控制器、逆变器和风机盘管的平均能量效率分别为 96%、82.38%和 85.41%，制冷机组的平均 COP 为 0.906。光伏阵列 13.89%的光电转化效率比第 5 章光伏阵列 13.29%的平均转化效率提高 4.51%，制冷机组平均制冰效率由片冰滑落式制冰模式 10%的制冰效率提高到了 50.19%，风机盘管供冷效率也由自制的 79.17%提高到了 85.41%。逆变器效率较低的原因是其工作环境温度较高，影响了效率。系统各部件的瞬时㶲效率如图 6-33 所示。光伏阵列和制冷机组的㶲效率较低，三天的平均值分别为 91.34%和 84.86%。优化后的光伏阵列的㶲效率有了大幅提升，从优化前的 70.47%提高到 91.34%。制冰模式优化后，制冰过程的㶲效率也由 73.24%提升到 84.86%，系统的平均㶲效率由优化前的 35.59%提升到 77.09%。

(4) 制冰模型验证。

静态制冰过程的模型如式(6-47)～式(6-62)所示，由于公式中有超越方程，采用 MATLAB 中的二分法计算求解固液两相分界点变化的数值，并得到冰层厚度随制冰时间变化的关系式，见表 6-18。

表 6-18　冰层厚度随制冰时间变化关系

蒸发温度/K	ζ	冰层厚度随制冰时间变化的关系式
268.15	0.09805	$X(t)=0.20378434t^{1/2}$
263.15	0.14570	$X(t)=0.30283482t^{1/2}$
258.15	0.18190	$X(t)=0.37807889t^{1/2}$
253.15	0.21205	$X(t)=0.44073905t^{1/2}$
248.15	0.23828	$X(t)=0.49525202t^{1/2}$

根据表 6-18 中冰层厚度随制冰时间变化的关系式，可以计算得到制取的冰层厚度的瞬时值，冰层厚度实验中值采用游标卡尺测量，计算结果与实验测量结果见表 6-19。

表 6-19　计算结果与测量结果

日期	光伏阵列光电转化效率/%			冰层厚度/mm			冰块质量/kg		
	计算值	测量值	相对误差	计算值	测量值	相对误差	计算值	测量值	相对误差
05-28	13.066	13.995	6.64	55.51	51.50	7.79%	59.45	52.88	12.42%
05-29	12.894	13.785	6.46	55.51	51.30	8.21%	59.45	52.68	12.85%
05-30	13.040	13.890	6.12	55.51	50.70	9.49%	59.45	52.13	14.04%
平均值	13.00	13.89	6.41	55.51	51.17	8.50%	59.45	52.56	13.10%

由表 6-19 可知，三种典型天气条件对光伏阵列的光电转化效率影响不大，晴天、多云及阴转小雨天气时的光电转化效率测量值分别为 13.995%、13.785%和 13.890%。由于有蓄电池作为辅助能源，制冰机制冰量和制冰厚度在三种天气条件下变化不大，制冰厚度与制冰量的平均测量值分别为 51.17mm 和 52.56kg。光伏转化效率、制冰厚度和制冰量的计算值的平均相对误差分别为 6.41%、8.50%和 13.10%，在光伏工程应用和冰蓄冷空调工

程应用领域属于可接受范围。所建立的模型可用于描绘分布式光伏冰蓄冷空调系统部件间的能量转换传递特性。冰层的厚度可由公式计算并通过游标卡尺测量，冰块质量的计算值可由冰层厚度计算得到，但冰块质量无法由实验直接测量得到(因为冰块凝结在蒸发器表面，无法通过称重法直接称量制取冰块的质量)，因此只能采用间接称量法获得冰块的质量。在水箱里面，当水在蒸发器表面凝结成冰块后，由于冰的密度比水小，同等质量条件下，水凝结成冰后体积比水大，水箱内的水平面上升，满水状态水箱中的水会溢出，将溢出的水用容器收集，然后采用 AHW-3 电子秤称量收集溢出水的质量，计算得出水的体积，该体积为水箱中等质量的水变成冰后膨胀的体积，进而通过计算得到制取冰块的质量。通过计算得到不同蒸发器温度条件下的制冰厚度及制冰量随时间的变化关系，同时也给出了蒸发器温度为 263.15K 时三天的制冰厚度和制冰总量，结果如图 6-34 和图 6-35 所示。

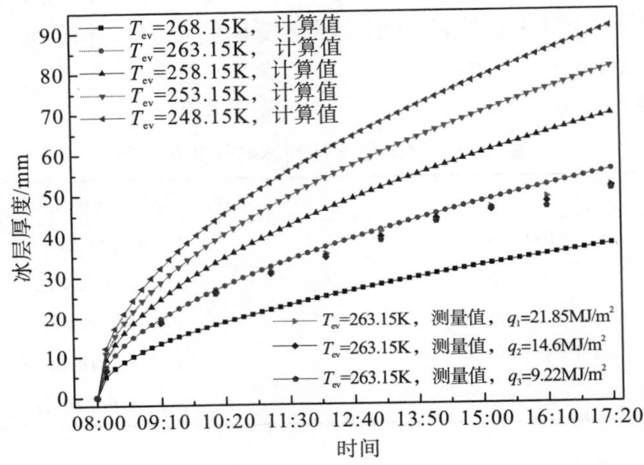

图 6-34 制冰厚度的计算值和测量值随时间的变化关系

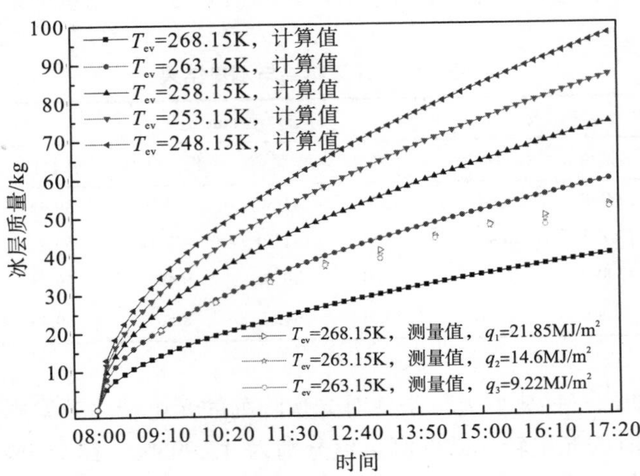

图 6-35 制冰质量的计算值和测量值随时间的变化关系

由图 6-34 和图 6-35 可知，不同蒸发温度下，冰块厚度和质量均随着制冰时间的增加而增加，但增长速率逐步减小。蒸发温度越低，制取的冰块厚度越厚。在蒸发温度为 263.15K 时，测量了冰块质量随温度的变化情况，与计算结果对比发现，冰层厚度较小时，冰块质量的计算值与测量值吻合较好，随着冰层厚度的增加，冰块质量的计算值与实测值偏离度越来越大，计算值大于实测值。主要原因是，随着冰层厚度的增加，制冷剂出口温度逐步降低，对压缩机吸气温度与吸气量影响较大，进而影响整个制冷循环，而计算过程中尚未考虑这些因素，因此计算所得的制冰量比实测值大，且随着制冷时间的增加，偏离度逐步增加。

根据以上计算结果与实验测量数据，可计算得到分布式光伏冰蓄冷空调系统运行特性，结果见表 6-20。

表 6-20　分布式光伏冰蓄冷空调系统运行特性

日期	T_a/K	v/(m/s)	q/(MJ/m^2)	Q/(kW·h)	$Q_{refrigerator}$/(kW·h)	m_{ice}/kg	η_{solar}/%	η/%	φ/%
05-28	294.35～305.05	0～5.60	21.85	12.09	7.56	52.88	9.00	7.69	84.10
05-29	291.85～300.85	0～3.50	14.76	8.16	7.55	52.68	8.97	7.66	74.99
05-30	291.45～300.05	0～5.30	9.22	5.10	7.55	52.13	8.89	7.60	72.00

由表 6-20 可知，分布式光伏驱动制冷机组持续运行三天的能量效率 η_{solar} 分别为 9.00%、8.97%和 8.89%，平均值为 8.95%，与相关文献报道的采用光伏驱动制冰机运行效率为 9.20%的研究结果近似。整个光伏空调系统三天运行的能量效率分别为 7.69%、7.66%和 7.60%，平均值为 7.65%。光伏能源驱动冰蓄空调系统的光伏转化效率、制冷效率及系统能量效率受辐照度的影响不大，但系统的㶲效率受辐照度的影响较大，晴天时系统㶲效率为 84.10%，多云时系统㶲效率为 74.99%，阴转小雨时系统㶲效率只有 72.00%，表明太阳辐照度对系统㶲效率影响较大，辐照度越高，系统㶲效率越大。

由以上分析可知，系统的平均能量效率与㶲效率都不高，分析结果表明，较低的光伏阵列光电转化效率是导致系统能量效率与㶲效率不高的主要原因，但是光伏阵列光电转化效率很难有大幅提高。研究结果表明，制冷机组平均效率和逆变器能量效率分别为 50.19%和 83.40%，对系统能量效率有较大的影响，为提升系统性能，可详细分析分布式光伏冰蓄冷空调系统部件间的能量转换传递特性与制冷性能，并提出系统相应的优化方案。

2. 分布式光伏驱动静态冰蓄冷空调系统部件间能量匹配及特性参数优化

逆变器与制冷过程对系统能量效率与㶲效率的影响均较大，因此对逆变器、制冷机组制冷模式及制冷特性进行分析，以期得到优化方法。

1) 逆变器与光伏阵列能量匹配优化

由于逆变器对光伏阵列的输出特性具有较大的影响，因此系统中采用额定容量为 3kW

的逆变器对其运行性能进行分析，图 6-36 给出了系统运行过程中的逆变器效率随辐照度变化的情况。该逆变器效率随着辐照度的增加而逐步增加，但效率的增长率却逐步减小，当辐照度增加到 800W/m^2 时，逆变器的效率几乎不再增加。在逆变器工作温度为 324.75K 时，系统运行过程中逆变器的最高效率为 83.23%。

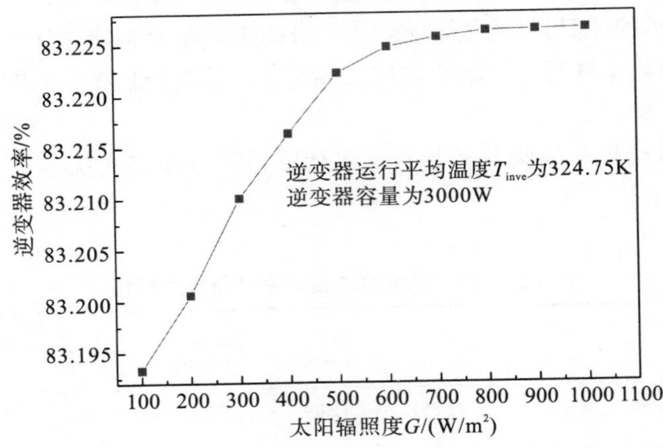

图 6-36 逆变器效率随辐照度的变化关系

为探寻逆变器效率不高的主要原因，分析在额定容量下，逆变器效率随负载变化的情况，并将实验测得的逆变器效率随负载变化情况与理论分析情况进行对比，结果如图 6-37 所示。

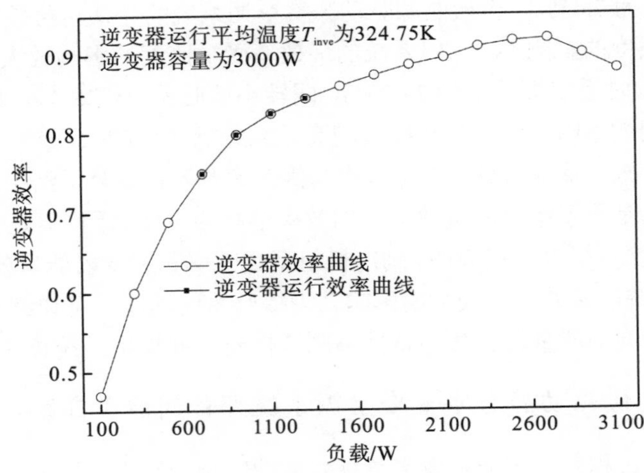

图 6-37 逆变器效率随负载变化情况

由图 6-37 可知，对于额定功率为 3kW 的逆变器来说，其逆变效率随着负载功率的增加而增加，当负载增至 2700W 后，逆变器效率开始小幅下降。最大效率为 91.90%，此时负载功率占逆变器额定容量的 90%。分布式光伏能源冰蓄冷空调系统的用电负载功率为 700～1400W，最大值不会超过 1400W，因此，其效率不会超过 85%。根据以上的分析可知，应对系统中的逆变器与制冷系统的能量匹配耦合进行优化。逆变器的输出性能也受经验常数的 C_P 和 C_R 影响。逆变器的能量效率与㶲效率随经验常数 C_R 和 C_P 变化的曲线如图 6-38 和图 6-39 所示。

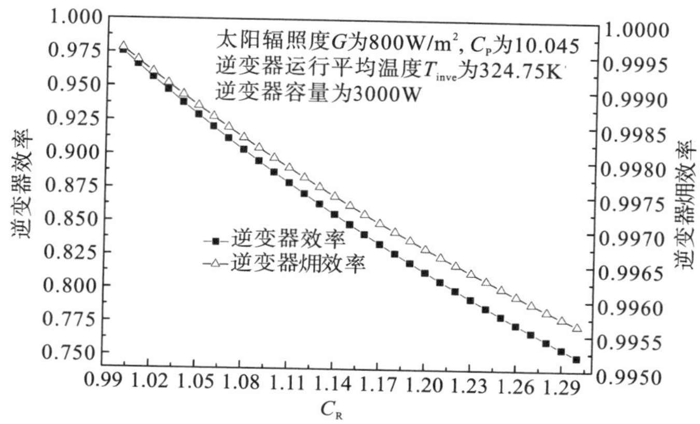

图 6-38　C_R 对逆变器能量效率与㶲效率的影响

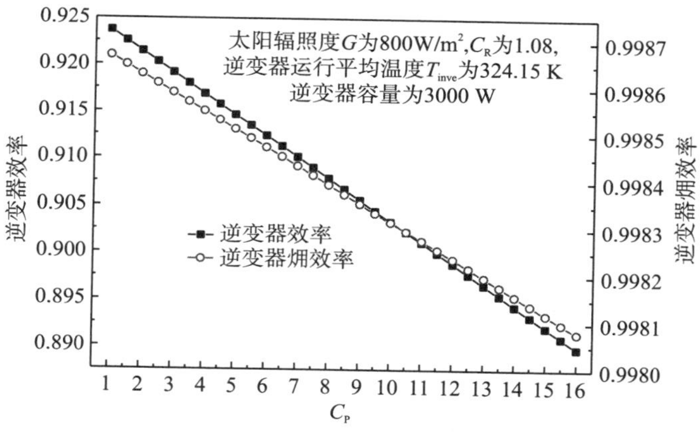

图 6-39　C_P 对逆变器能量效率与㶲效率的影响

逆变器的能量效率和㶲效率随着 C_R 和 C_P 的增加而减小，C_R 对逆变器的能量效率和㶲效率的影响因子分别为 0.75 和 0.013，而 C_P 对逆变器的能量效率和㶲效率的影响因子分别为 0.002 和 0.00004，因此可知，C_R 对逆变器的能量效率和㶲效率的影响较 C_P 对逆变器的能量效率和㶲效率的影响大。

因此，为提高逆变器的能量效率和㶲效率，应对逆变器的特性参数进行优选，并优化配置逆变器与用电负载间的能量匹配耦合关系。首先在逆变器的设计制作过程中，应尽量减小 C_R 和 C_P 值，而减小 C_R 值至关重要。优化用电负载与逆变器容量的匹配耦合关系，逆变器容量为用电负载的 1.11～1.17 倍。

2) 制冷机组制冷特性分析

制冷机组的制冷性能对系统性能有着重要的影响。基于 5 月 28 日的实验测试数据对系统各部件间的性能进行分析，制冷机组各部件的能量效率和㶲效率变化情况如图 6-40 和图 6-41 所示。

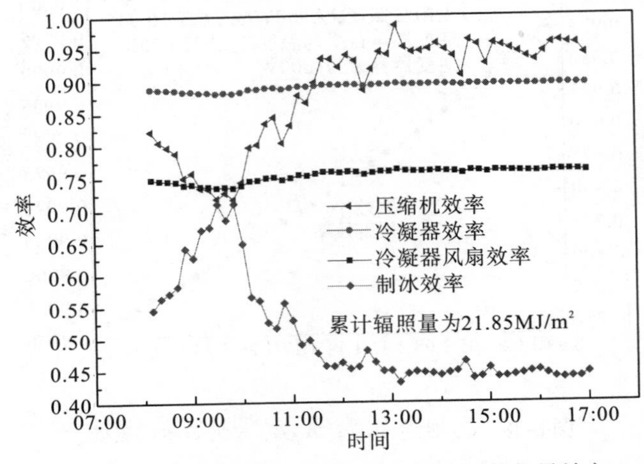

图 6-40 系统运行过程中制冷机组各部件的能量效率

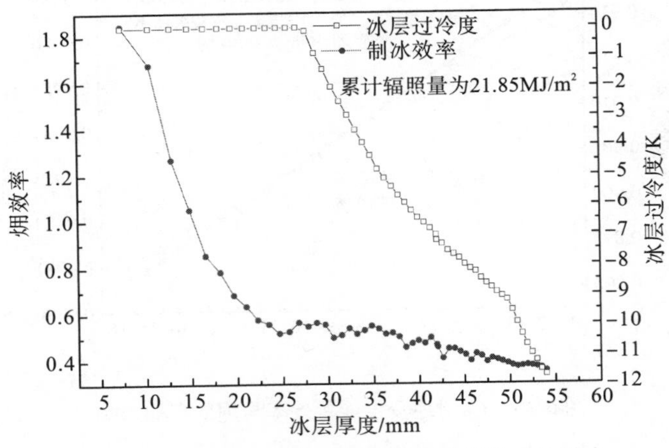

图 6-41 系统运行过程中制冷机组各部件的㶲效率

由图 6-40 可知，压缩机运行效率为 71.7%～96%，波动范围较大。冷凝器能量效率基本趋于平稳，平均值为 89.05%。冷凝器风扇能量效率也基本趋于平稳，平均值为 75.26%。制冷机组的制冷效率先增大然后逐步减小，先增大的原因是冰块未结冰前，冷水温度下降较快，因此制冷效率增大，但是随着蒸发表面凝结冰块，制冷效率逐步下降，制冷效率的平均值为 50.19%，与制冷机组 3.97 的平均 COP 相比，制冰效率仍然较低，制冰过程仍有待优化。此外，由图 6-41 可知，蒸发器和压缩机的平均㶲效率分别为 97.96%和 98.19%。

3）制冷性能影响因素分析与优化

环境温度、蒸发温度及制冷剂流量均对制冷机组的 COP、能量效率和㶲效率影响较大。环境温度对制冷机组冷凝器排热性能影响较大，进而影响整个系统的性能。而蒸发温度和制冷剂流量则对制冷机组的 COP、能量效率、㶲效率及制冰量影响较大。环境温度、蒸发温度及制冷流量对系统性能的影响如图 6-42～图 6-44 所示。

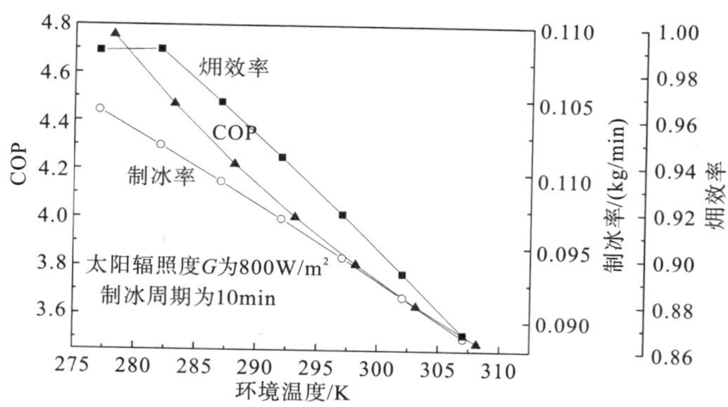

图 6-42　环境温度对制冰率、蒸发器㶲及制冷机组 COP 系统性能的影响

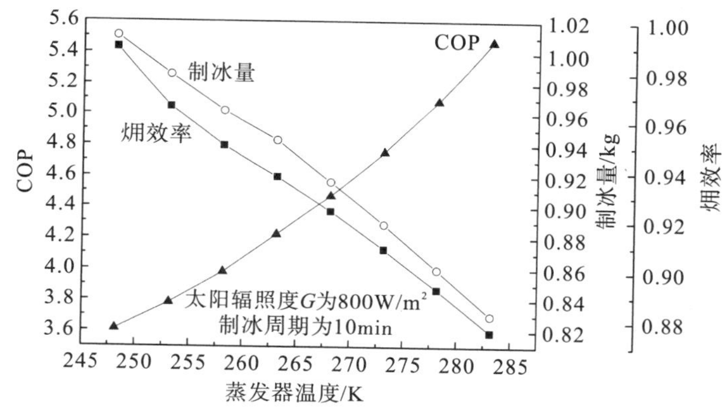

图 6-43　蒸发温度对系统制冰量、蒸发器㶲及制冷机组 COP 系统性能的影响

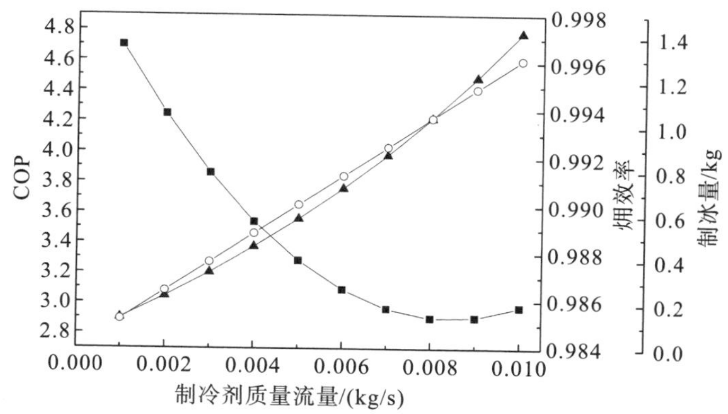

图 6-44　制冷剂质量流量对系统制冰量、蒸发器㶲效率及制冷机组 COP 系统性能的影响

由图 6-42 可知，制冷机组 COP、制冰率和蒸发器㶲效率均随着环境温度的增加而减小，环境温度每下降 1K，COP、制冰率和蒸发器㶲效率分别下降 0.0425、0.051kg/min 和 0.0041。由此可得，环境温度对制冷性能有制约作用，确保制冷机组运行环境通风遮阴，有利于提升制冷效率。

蒸发器蒸发温度的高低对制冰量、制冷效率和制冷机组的 COP 都有较大的影响。通常情况下，蒸发温度越高，制冷量越大，制冷效率越高，制冷机组的 COP 也会越高；但是蒸发温度越高，制冰过程越长，制冰量减小，在冰蓄冷空调系统中，蒸发器温度设计尤为重要，若蒸发温度过高，虽然制冷效率提高了，但制冰蓄冷量减少，若蒸发温度过低，制冰量有所提高，但是制冰过程能量浪费很大。制冷机组制冷特性参数随蒸发温度变化的曲线如图 6-43 所示。

由图 6-43 可知，随着蒸发温度的增加，制冷机组的 COP 增加，但是 10min 内的平均制冰量及蒸发器㶲效率均会下降。蒸发温度每升高 1K，COP 会增加 0.0533，制冰量和蒸发器㶲效率分别下降 0.0052kg 和 0.0033。由于制冰量、COP 和㶲效率都是制冷机组十分重要的性能参数，为了兼顾三者，蒸发温度应取中间值为宜。对于本书所采用的分布式光伏冰蓄冷空调系统，蒸发温度在 260～265K 较为合适。

制冷系统制冷剂的质量流量对制冷性能影响也较大。由图 6-44 可知，随着制冷剂质量流量的增加，制冷机组的 COP 和制冰量增加，但蒸发器㶲效率会下降。制冷剂质量流量每增加 0.001kg/s，COP 和制冰量分别增加 0.1884 和 0.1167kg，蒸发器㶲效率下降 0.0011，为兼顾制冷机组整体制冷性能，制冷剂质量流量取中间值为宜。对本书所采用的分布式光伏冰蓄冷空调系统，制冷剂质量流量在 0.006～0.008kg/s 较为合适。

冰层厚度对制冷效率有严重的制约作用，静态制冰系统的制冷效率随着冰层厚度的增加而减小。因此，在分布式光伏驱动冰蓄冷系统的先制冰蓄冷后融冰供冷的运行模式中，需要对冰层厚度进行优化分析，以期获得合适的冰层厚度，既能满足供冷需求又做到能量的最大化利用。制冰效率与冰块过冷度随冰层厚度变化的关系如图 6-45 所示。

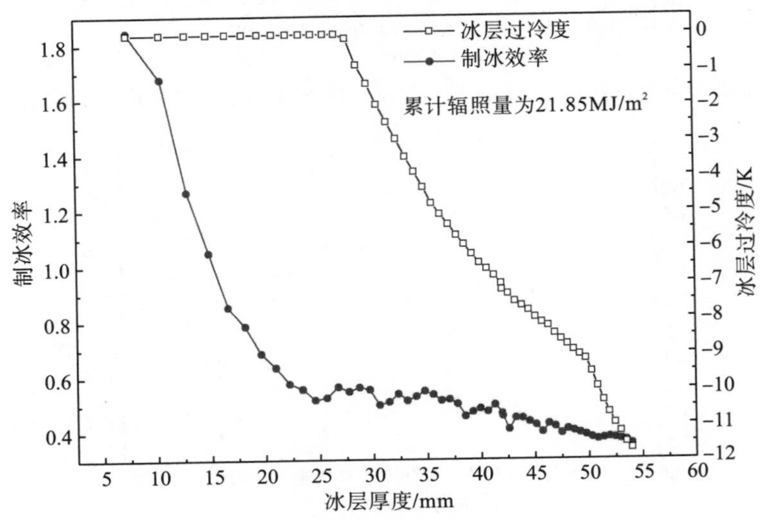

图 6-45 冰层厚度对制冷效率及冰块过冷度的影响

由图 6-45 可知，制冰效率和冰块过冷度均随着冰层厚度的增加而下降，在冰层厚度为 0～25mm 时，制冰效率下降很快，冰层厚度达 25mm 以后，制冰效率缓慢降低。制冰过程中，冰层厚度先快速增加，接着缓慢增加，0～25mm 阶段是冰层厚度变化较快的阶段，因此与之对应的制冰效率与冰块过冷度也是下降较快的阶段。在冰蓄冷循环水大温差供冷系统中，对蓄存冷量的冰块温度有一定要求。冰块过冷度太大会浪费制冰能量，冰块过冷度太小，在循环水大温差供冷过程中融化较快。通常情况下，268.15K 左右的冰块最适合冰蓄冷空调系统，既有一定的过冷度，又能获得较好的制冰效率，对应的冰块厚度约为 35mm。前文进行的分布式光伏驱动静态制冰蓄冷系统的先制冰蓄冷后融冰供冷测试实验中，冰块厚度达到 51.17mm，过冷度接近 12K，制冰效率也仅为 0.4 左右，能量浪费严重，后续研究工作的重点为控制静态制冰冰层厚度以提高制冷蓄冷效率。

6.2.3　小结

本节提出冰蓄冷替代蓄电池储能在分布式光伏能源系统中的利用，首先构建了分布式光伏能源驱动片冰滑落式冰蓄冷空调系统，开展了模拟计算与实验测试研究。研究结果表明，光伏阵列输出特性曲线及蓄电池的输出特性曲线与实验测试的性能曲线具有较好的一致性。分布式光伏驱动片冰滑落式冰蓄冷空调系统稳定运行。08:00～19:00 时段总制冰量为 21.89kg，其中由 22.17MJ/m^2 的累计辐照量转化的电能制取冰块 14.45kg，占总制冰量的 66.03%。系统光-电能量转换过程的能量效率与烟效率分别为 13.29%和 70.47%，电-冷能量传递过程的效率和烟效率分别为 10%和 73.24%，整个系统能量效率和烟效率分别为 5.72%和 35.59%，实现了冰蓄冷替代蓄电池储能。

从提升系统制冷性能及系统部件间能量转换传递匹配耦合着手，设计构建分布式光伏驱动静态冰蓄冷空调系统，然后对系统性能进行理论分析与试验测试，分析系统部件能量转换传递特性，探寻系统性能影响的相关因素及关联度，并给出系统性能提升的部件优化参数。在三种典型天气(晴天、多云和阴转小雨)过程中，系统能稳定制冰蓄冷并对外供冷，制冰量分别为 51.50kg、51.30kg 和 50.70kg。制冷机组平均制冰效率提高到 50.19%，风机盘管供冷效率也由自制的 79.17%提高到 85.41%。分布式光伏冰蓄冷系统平均制冰性能提升到 8.95%，系统效率的平均值也提高到 7.65%。系统所采用的逆变器与用电负载存在能量不匹配的问题，导致逆变器效率低于 85%，优化匹配方案提出，逆变器容量为用电负载的 1.11～1.17 倍时，可将用电负载与逆变器容量较好地匹配耦合。蒸发器浸入式制冰模式的冰层厚度对制冷效率有严重的制约作用，制冷机组制冷效率随着运行时间和结冰厚度的增加而下降，结合冰蓄冷空调系统的工程经验，蒸发器浸入静态制冰过程的最佳冰层厚度为 35mm，冰块的过冷度控制在 5K 左右。

6.3 太阳能光伏直驱冰蓄冷空调系统特性

上节对分布式光伏驱动冰蓄冷空调系统部件间的能量转换传递及部件间的能量匹配耦合进行了详细的分析，通过制冰模式的优化及部件参数的匹配优化，设计构建的分布式光伏冰蓄冷系统在三种典型天气条件下(晴天、多云和阴转小雨)持续运行三天的平均制冰性能提升到 8.95%，同时还提出了系统制冷性能进一步提升的优化方案。前面的研究主要集中于提升系统制冷性能和验证冰蓄冷替代蓄电池储能的可行性，系统仍需采用部分蓄电池储存电能确保系统运行稳定，未解决摒弃或替代蓄电池储能的核心问题。因此，本节基于前文对系统部件能量匹配、参数配比及冰蓄冷替代蓄电池储能的可行性研究，优化系统部件参数，定制部件产品，构建了分布式光伏直驱冰蓄冷空调系统，并开展了分布式光伏直驱特性及冰蓄冷完全替代蓄电池储能特性的分析。

6.3.1 分布式光伏直驱冰蓄冷空调系统设计与构建

1. 冰蓄冷替代蓄电池储能在分布式光伏空调系统中利用的可行性分析

太阳能具有较强的瞬时性与间歇性，太阳能的利用不论是光伏还是光热，均需要带储能装置，技术成熟、价格低廉的储能装置的采用会使得太阳能利用更具有商用价值，利于推广利用。在光伏利用中，国家大力提倡光伏发电就地消纳，因此，未来的分布式光伏利用备受关注，但目前分布式光伏利用中的储能装置采用蓄电池，不仅污染环境而且投资运行成本过高。采用新型储能技术或结合其他储能手段是分布式光伏应用的首要技术难点。本书提出的冰蓄冷替代蓄电池储能在分布式光伏空调利用中具有较好的研究价值和意义。

在分布式光伏能源系统中，蓄电池的功能是确保系统输出的电能不受太阳能波动性与间歇性的影响，同时储存电能。若摒弃或替代蓄电池储能，为避免太阳能不稳定性的影响，可采用与蓄电池作为辅助能源相同功能的储电/放电装置，但目前没有比蓄电池性价比更高的储电/放电设备。另外，没有蓄电池作为辅助能源确保输出电能的稳定性，分布式光伏能源系统输出的电能时刻波动。通常情况下，普通用电负载工作在稳定的功率状态下，但制冷系统中的压缩机可变转速运行，输入电源的不稳定性不会影响其运行。因此，采用分布式光伏能源系统直接驱动变频制冷系统可实现不采用蓄电池也能确保用电负载正常运行，若变频制冷系统具有制冰功能，则分布式光伏能源系统直驱变频制冷系统白天高效制冰蓄冷，晚上释放冷量供用户使用，实现了冰蓄冷储存太阳能。进而可知，冰蓄冷替代蓄电池储能在分布式光伏空调系统中技术可行且具有较好的应用前景。

2. 分布式光伏直驱冰蓄冷空调系统的设计与构建

只有变频制冷机组才能运行在时刻变化的分布式光伏能源系统下，而制冷机组的变频压缩机需要三相 380V 电源驱动，通常市场上小功率的压缩机驱动电源均采用 220V 电源供电，而小功率变频压缩机是将交流电转换为直流电然后变频运行(变频空调上采用的压缩机)，无法运行在变化的电源下。因此，本节设计中选用 380V 交流压缩机。市场上 380V 交流压缩机最小功率为 3P(2.205kW)，选用 3P 谷轮交流压缩机作为制冷机组的核心部件，构建 3P 分布式光伏直驱冰蓄冷空调系统。

通常情况下，阴天或多云天气条件的太阳辐照度为 100～400W/m^2，此时光伏阵列的输出电能约为其额定输出功率的 1/3，在与 3P 制冷机组相匹配的分布式光伏能源系设计过程中，为确保 3P 压缩机能在全天候天气条件下运行，可将分布式光伏能源系统的额定功率设计为6.08kW，由两组3.04kW 的光伏阵列组成，在典型晴天条件下，可采用一组3.04kW 的光伏阵列驱动制冷机组。光伏阵列每个光伏组件的填充因子均为 77.42%，峰值功率为 190W，电池片面积为 1.125m^2，光伏阵列由 32 块光伏组件组成。由于目前市场上没有针对光伏驱动的制冷机组变频运行的逆变-变频控制器，因此采用应用于光伏水泵上的逆控一体机，其逆变功能是将光伏转化的直流电逆变为 380V 交流电驱动压缩机，其控制功能是通过改变压缩机运行频率控制压缩机运行功率时刻位于光伏阵列的最大输出功率点上。逆变器的容量应选择为用电负载的 1.11～1.17 倍，考虑到逆控一体机不仅具有逆变功能，还有变频控制功能，通常情况下，采用变频器驱动负载时，变频器的容量为负载的 1.5～2 倍，因此为驱动 3P 压缩机变频运行，逆控一体机的额定容量为 3.3～4.4kW。与本系统相近的光伏水泵逆控一体机的额定容量为 5kW，因此采用 5kW 容量的逆控一体机进行逆变控制。3P 制冷机组的制冷量约为 7.7kW。采用 3P 冰蓄冷空调系统为一间面积约为 53m^2 的办公室供冷，考虑到该房间靠北面，冷负荷较小，约为 100W/m^2，该办公室总的冷负荷为 5.3kW 左右，3P 机组可提供 7.7kW 制冷量，可满足该办公室冷负荷需求。此外，该办公室晚上供冷时间为 19:30～21:30，共需要冷量 38160kJ，因此需要蓄存的冷量最小值为 38160kJ，最低供冷需求时若全部采用 277.15K 冷水供冷，需要水的质量最少为 454.29kg，因此设计水箱容量为 500L，可满载水 500kg。

上一节的研究结果表明，蒸发温度和冰层厚度均对制冷性能影响较大，因此本节对蒸发器进行重新设计。由于翅片管蒸发器价格昂贵，且浸泡在水中铝翅片会腐蚀生锈，因此采用盘管式蒸发器。设计盘管式蒸发器总长度为 26m，盘管的盘成圆的直径为 30cm，盘管宽度为 50cm，相邻两盘管的中心距为 2cm，内径为 1cm，厚度为 3mm，盘管材质为不锈钢。设计风机盘管供冷能力为 7.2kW。对构成分布式光伏直驱冰蓄冷空调系统部件的相关参数进行设计优化后，定制相关设备装置，进而构建了 3P 分布式光伏直驱冰蓄冷空调系统。

3. 分布式光伏直驱冰蓄冷空调系统工作原理

分布式光伏直驱冰蓄冷空调系统的工作原理与数据测量点如图 6-46 所示。

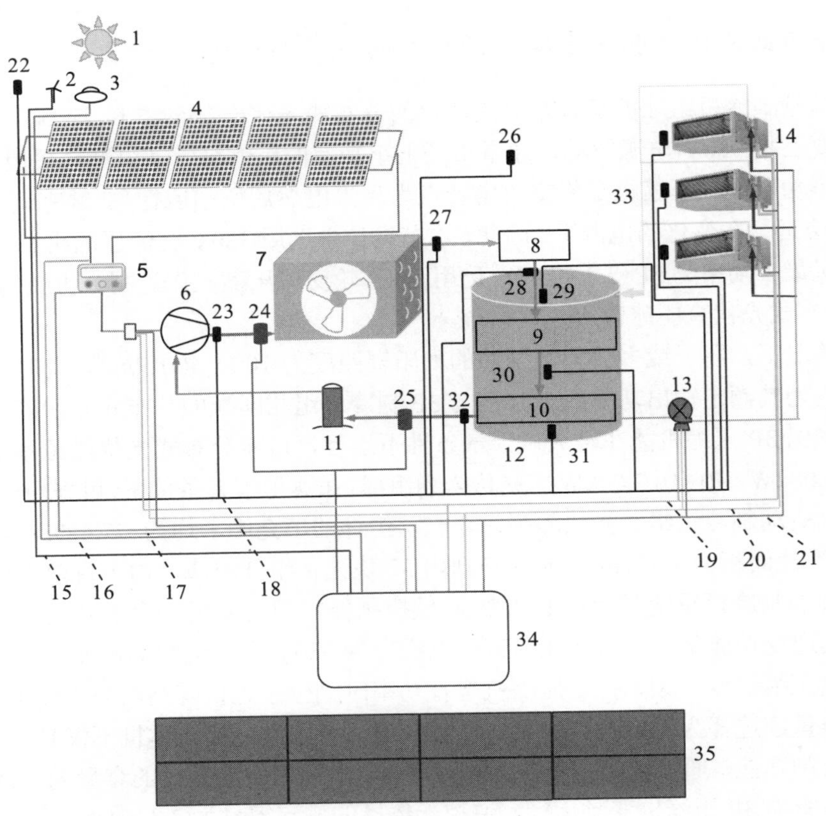

图 6-46 分布式光伏直驱冰蓄冷空调系统工作原理及数据测量

1-太阳；2-风速仪；3-总辐照表；4-分布式光伏阵列；5-逆控一体机；6-变频压缩机；7-冷凝器；8-节流分流系统；9-微管蒸发系统；10-汇流系统；11-气液分离器；12-蓄冰桶；13-变频水泵；14-风机盘管组；15-风速传感器；16-太阳辐照强度传感器；17-分布式光伏阵列输出性能传感器；18-温度传感器；19-交流电压传感器；20-交流电流传感器；21-频率传感器；22-温度传感器一；23-温度传感器二；24-压力传感器一；25-压力传感器二；26-温度传感器三；27-温度传感器四；28-温度传感器五；29-温度传感器六；30-温度传感器七；31-温度传感器八；32-温度传感器九；33-温度传感器组；34-数据采集传输系统；35-数据显示终端

系统主要由分布式光伏能源、制冰蓄冷与供冷三个系统组成。分布式光伏能源系统的光伏组件将太阳能转化为电能，采用带有最大功率跟踪和变频调控技术的逆控一体式系统变频调控用电负载的频率，自适应工作于光伏组件的最大功率点上，实现光伏直驱制冷机组。制冰蓄冷系统由压缩机、冷凝器、节流阀和盘管浸入式蒸发器四部分组成，制冷剂经压缩机压缩，再由冷凝器冷却进入储液器，经电磁阀控制进入节流阀节流为低温工质，低温工质流入位于蓄冷桶中的蒸发器吸热制冷，进入气液分离器进行分离，流入压缩机完成制冷循环。供冷系统采用大温差供冷，水泵将蓄冰桶内的冷水泵出送到风机盘管处吹出冷量供用户使用。图 6-46 给出了系统运行过程中需要测量的数据及测量仪器仪表布置的位置。在图 6-46 中，采用温度传感器一测量环境温度，温度传感器二测量压缩机排气温度，温度传感器三测量房间温度，温度传感器四测量冷凝器出口温度，温度传感器五测量蒸发器入口温度，温度传感器六测量水箱上层水温及供冷循环中的回水温度，温度传感器七测量制取冰块的温度，温度传感器八测量水箱下层水温及供冷循环中的供水温度，温度传感器九测量蒸发器出口温度，温度传感器组测量风机盘管出风口温度；采用压力传感器一和压力传感器二分别测量压缩机排气和吸气压力；采用风速传感器和辐照表分别测量风速和光伏阵列接收的太阳总辐射强度。所有的测量仪器及测量的精度与测量误差见图 6-47 和表 6-21。所有测量的数据经过数据采集处理器采集存储并实时远程发送到数据监控显示系统以供人机对话。

(a)6.08kW光伏组件

(b)5kW逆控一体机

(c)3P制冷机组

(d)500L蓄冷桶

(e)蒸发器

(f)7.2kW风机盘管

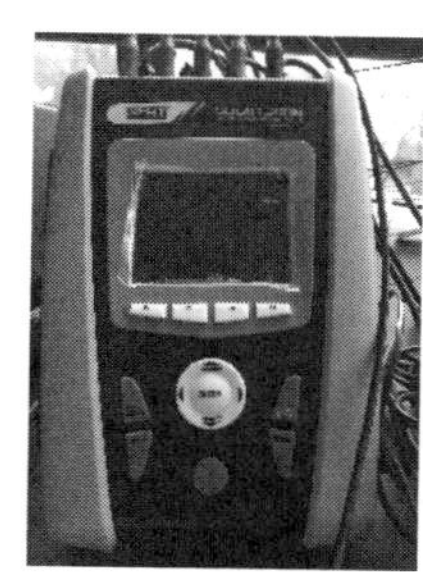

(g)Solar 300N电参数测量仪

(h)数据采集仪

图 6-47　系统主要部件与测量仪表实物

表 6-21　测量设备及测量不确定度

设备	型号	范围	精度	测量范围	最大相对误差	最大绝对误差	不确定度（B 类）
总辐射表	Kipp&Zonen CMP-6	0～2000W/m^2	±5%	0～1000W/m^2	±10%	±100W/m^2	57.7348W/m^2
温度传感器	T	-200～350℃	±0.4%	0～150℃	±0.93%	±1.4℃	0.8083
风速传感器	EC-9S	0～70m/s	±0.4%	0～10m/s	±2.8%	±0.28m/s	0.1617m/s
电磁流量计	KROHNE OPTIFLUX 5000	0～12m/s	±0.15%	0～5m/s	±0.36%	±0.018m/s	0.0104m/s
压力传感器	YOKOGAWA EJA430E	0.14～16MPa	±0.055%	0～2MPa	±0.44%	±0.0088MPa	0.0051MPa
电子秤	AHW-3	0～3kg	±0.05g	0～3kg	±0.05%	±0.0015kg	0.0009kg
钢直尺	Great wall 71	0～5m	±0.6mm	0～2m	±1.5%	±0.075m	0.0433m
电能表	DELIXI DDS607	0～10000kW·h	±0.01kW·h	0～100kW·h	±1%	±1kW·h	0.5774kW·h
记录仪	FLUKE F-179	电压 0～1000V	±0.9%	0～380V	±2.37%	±9.006V	5.1996V
		电流 0～10A	±1%	0～10A	±1%	±0.1A	0.0577A

按照图 6-46 所示的工作原理图，构建 3P 分布式光伏能源直驱冰蓄冷空调系统，系统主要部件及测量仪表实物如图 6-47 所示。分布式光伏能源系统的光伏阵列由 32 块峰值功率为 190W 的单晶硅光伏组件组成，其中的 16 块光伏组件串联成一组，然后两组并联。分布式光伏能源系统输出电压的范围为 580～700V，输出电流的范围为 0～11A，逆控一体机输入的直流电压为 600V，输出电压为 380V，输出频率为 0～60Hz。光伏阵列输出端直接与逆控一体机连接驱动制冷机组，逆控一体机的输出电压、电流及功率均由 Solar 300N 测试记录，制冷机组的运行电压、电流及功率也由 Solar 300N 测试记录。制冷机组运行过程中的频率与转速由逆控一体机的控制软件进行监控并采集存储数据。采用 T 型热电偶和 YOKOGAWA EJA430E 压力传感器测量系统运行过程中的温度和压力。采用 KROHNE OPTIFLUX 5000 测量供冷回路载冷剂的流量，采用 Kipp & Zonen CMP-6 总辐射表和 EC-9S 风速传感器测量太阳总辐射量及环境风速。所构建的 3P 分布式光伏直驱冰蓄冷空调系统部件参数见表 6-22。

表 6-22　分布式光伏能源直驱冰蓄冷空调系统部件参数

系统	部件	型号	主要参数
分布式光伏能源系统	光伏组件	SM572-190	峰值功率：190W；开路电压：44.5V；短路电流：5.52A；峰值功率电压：36.5V；峰值功率电流：5.21A；光伏电池面积 S_c：1.125m^2
	逆控一体机	JN-5000	功率：5kW；直流输入电压：600V；输出电压：380V；输出频率：0～60Hz
制冰蓄冷系统	工质	R22	分子式：$CHClF_2$；沸点：−40.82℃；临界温度：96.15℃；临界压力：4.75MP
	制冷机组	QK-2.2	功率：2.2kW；制冷量：7.7kW
	蓄冷桶	自制	直径：66cm；高度：1.5m；容量：500kg
供冷系统	水泵	PUN-200EH	输入功率：400W；输出功率：200W；额定转速：2850r/min；扬程：15m；流量：38L/min；管径：25mm
	风机盘管	FP-170LZ	功率：98W；供冷量：7.2kW；供热量：12.75kW；水量：1480kg/h；风量：1700m^3/h

6.3.2　分布式光伏直驱冰蓄冷空调系统性能测试

1. 系统及部件能量效率计算分析

对分布式光伏能源直驱冰蓄冷空调系统的冰蓄冷代替蓄电池储能特性进行实验测试，并对各部件的能量利用效率进行计算。

分布式光伏能源系统光电转换效率由式(6-79)得到：

$$\eta_{pv}=\frac{Q_{pv}}{qS_c}\times 100\% \tag{6-79}$$

式中，η_{pv}为分布式光伏能源系统光电转换效率，%；Q_{pv}为实验期间 Solar 300N 采集的分布式光伏能源系统的日发电总量，MJ；q为实验期间分布式光伏能源系统接收的太阳累计辐照量，MJ/m^2；S_c为光伏电池片总面积，m^2。

制冷机组制冷效率计算公式为

$$\eta_{ref}=\frac{Q_{ref}}{Q_{pv}}\times 100\% \tag{6-80}$$

式中，Q_{ref}为实验期间 Solar 300N 采集的制冷机组消耗的总能量，MJ。

蓄冷桶内水获得冷量的计算公式为

$$Q_c = C_w m_w (T_{aw} - T_{ew}) + C_w m_i (T_{aw} - T_{ai}) + m_i h_i + C_i m_i (T_{ai} - T_{ei}) \tag{6-81}$$

式中，C_w为水的比热容，取 4200J/(kg·K)；C_i为冰的比热容，取 2100J/(kg·K)；m_w为水的质量，kg；m_i为冰的质量，kg；T_{aw}为实验前水的初始温度，K；T_{ew}为实验结束后水的温度，K；T_{ai}为冰的初始温度，通常取 273.15K；T_{ei}为冰的过冷温度，K。

制冷机组的性能系数(COP_{ref})可由式(6-82)计算得到：

$$\mathrm{COP}_{ref}=\frac{Q_c}{Q_{ref}} \tag{6-82}$$

同理，光伏直驱制冷机组运行的性能系数($\mathrm{COP}_{pv\text{-}ref}$)的计算公式为

$$\mathrm{COP}_{pv\text{-}ref}=\frac{Q_c}{Q_{pv}} \tag{6-83}$$

太阳能制冷性能系数($\mathrm{COP}_{solar\text{-}ref}$)的计算公式为

$$\mathrm{COP}_{solar\text{-}ref}=\frac{Q_c}{qS_c} \tag{6-84}$$

换冷供冷过程中，蓄冷桶的供冷量可由式(6-85)计算得到：

$$Q_w = \int_0^t \dot{m}_w C_w \left(T_{in} - T_{out}\right)\mathrm{d}t \tag{6-85}$$

式中，$\dot{m}_w$为蓄冷桶供冷过程中管道内水的质量流量，kg/s；T_{in}为供冷过程中流回蓄冷桶的水的温度，K；T_{out}为供冷过程中流出蓄冷桶的水的温度，K；t为供冷时间，s。

换冷供冷过程能量利用效率计算公式为

$$\eta_s=\frac{Q_w}{Q_c}\times 100\% \tag{6-86}$$

分布式光伏能源直驱冰蓄冷空调系统的能量利用效率可由式(6-87)计算得到：

$$\eta=\eta_s \times \mathrm{COP}_{solar\text{-}ref} \tag{6-87}$$

2. 系统性能测试与结果

基于分布式光伏能源和市电两种供能系统开展了制冰蓄冷供冷和边制冷边供冷两种工况的实验测试工作，结合以上计算分析，得到系统不同运行模式下的性能参数，结果见表 6-23。

表 6-23　分布式光伏能源驱动冰蓄冷空调系统运行的性能

模式	q/ (MJ/m²)	m_w/ kg	m_i/ kg	t_{aw}/ ℃	t_{ew}/ ℃	t_{ei}/ ℃	$\dot{m}_w$ / (kg/s)	η_{pv} / %	η_{ref} / %	COP_{ref}	$COP_{pv\text{-}ref}$	$COP_{solar\text{-}ref}$	η_s / %	η / %
1	—	350	150	20	3.5	−2.5	0.6333	—	—	1.9810	—	—	85.42	169.22
2	—	500	0	25	2.5	—	0.6333	—	—	3.3421	—	—	85.42	285.48
3	9.137	435	65	20	4.0	−3.0	0.6333	12.80	81.81	1.6509	1.3506	0.1729	85.42	14.77
4	21.110	500	0	25	3.4	—	0.6333	15.89	83.41	2.7603	2.3023	0.3658	85.42	31.25

注：表中模式 1 为采用市电驱动制冷机组先制冰蓄冷，晚上供冷，适合户用；模式 2 为采用市电驱动制冷机组制冷且同时对外供冷，适合办公楼和商场；模式 3 为光伏直驱制冷机组先制冰蓄冷，晚上供冷，适合户用；模式 4 为光伏直驱制冷机组制冷且同时对外供冷，适合办公楼和商场。

由表 6-23 可知，采用市电驱动的制冷机组的制冷性能系数 COP_{ref} 比光伏直驱的 COP_{ref} 高，主要原因是采用市电时，制冷机组时刻运行在额定功率下，效率较高。表 6-23 中，采用市电驱动制冷机组运行时，边制冷边供冷运行模式下的系统效率 η 为先制冰蓄冷后循环水大温差供冷模式的系统效率 η 的 1.69 倍；采用光伏直驱制冷机组运行时，边制冷边供冷运行模式下 31.25%的系统效率为先制冰蓄冷后循环水大温差模式 14.77%的系统效率的 2.12 倍。采用光伏直驱制冷机组的太阳能制冰性能系数 $COP_{solar\text{-}ref}$ 为 0.1729，比太阳能吸附式制冰性能好。采用光伏直驱制冷机组制冷且同时对外供冷过程的太阳能利用效率 η 为 31.25%，比单效太阳能吸收式制冷系统制冷性能好。另外，光伏直驱冰蓄冷系统完全不受太阳辐射间歇的影响。

相比于太阳能光热制冷受太阳辐照度影响较大且需要先蓄冷然后制冷，不采用蓄电池情况下的分布式光伏能源也能稳定直接驱制冷机组高效运行，制冷效率和系统运行的稳定性更优。对分布式光伏直驱制冷机组运行特性开展实验测试研究工作，实验当天的气候条件记录数据如图 6-48 所示。

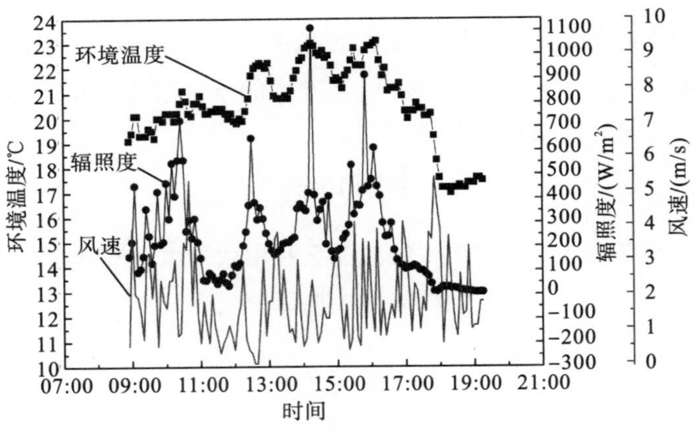

图 6-48　辐照度、环境温度和风速

由图 6-48 可知，实验测试当天为阴天，云层很厚，实验测试过程中，环境温度为 20～23℃，平均环境温度约为 22℃，风速为 1～3m/s，全天多数时刻辐照度为 200～400W/m²，08:55～19:15 累计辐照量为 9.137MJ/m²。阴天天气条件下，分布式光伏能源系统仍能直驱制冷机组制冷，全天制取冰 65kg，$COP_{solar\text{-}ref}$为 0.1729。

另外，监测了阴天条件下分布式光伏阵列的输出特性曲线，如图 6-49 所示。由图可知，分布式光伏能源系统输出电压为 600～650V，光伏组件输出功率不足以驱动制冷机组时，机组停机，输出电流为 0A，光伏直驱制冷机组时，输出电流为 2.0～3.5A。

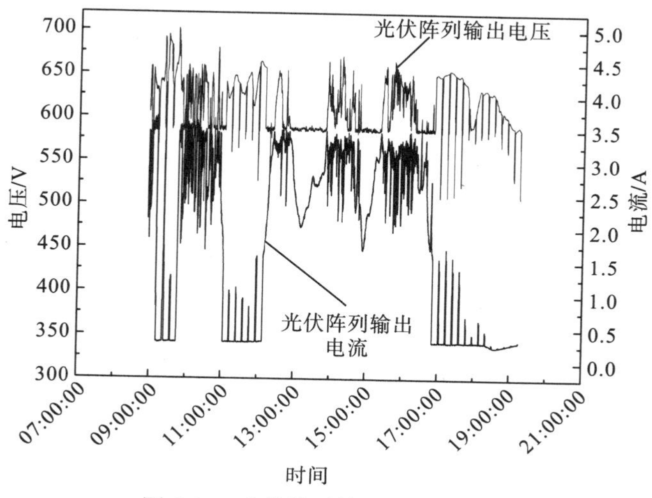

图 6-49　光伏阵列输出电压和电流

通过 Solar 300N 监测了阴天条件下分布式光伏直接驱动冰蓄冷空调系统运行过程中压缩机运行相电压与相电流的变化情况，如图 6-50 和图 6-51 所示。

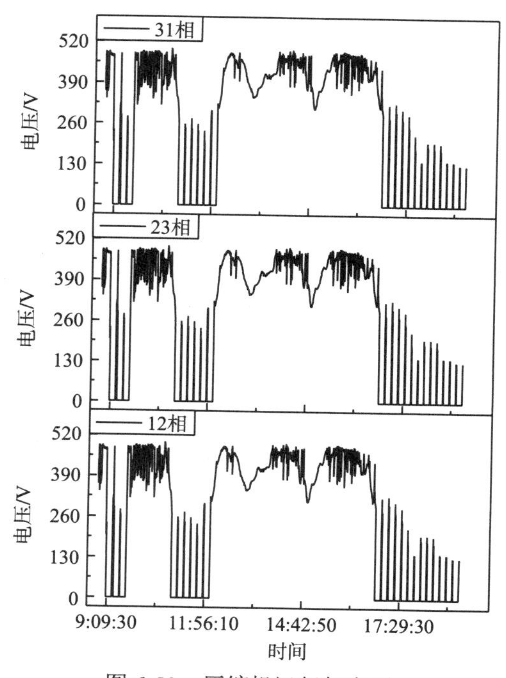

图 6-50　压缩机运行相电压

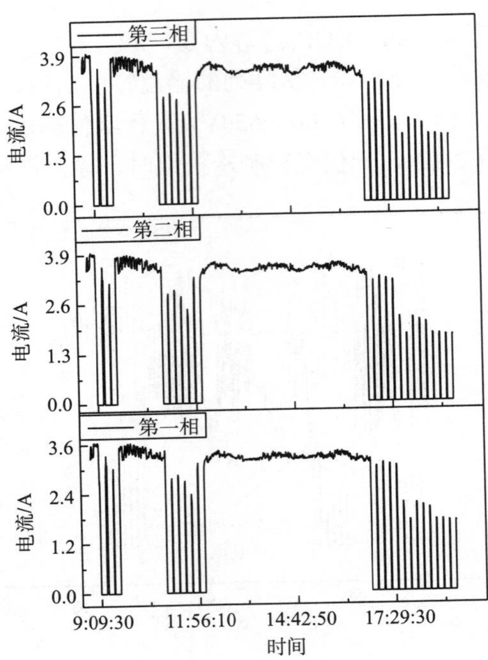

图 6-51 压缩机运行相电流

由图 6-50 和图 6-51 可知，当太阳辐照度极低时，光伏输出功率太小，不足以驱动制冷机组运行，机组停机，电压和电流均为零。测试结果表明，当辐照度低于 150W/m^2 时，压缩机停机。统计可得，制冷机组全天停机 23 次，停机时间为 13095s(约 3.6h)，占机组运行总时间的 35.06%，停机时间较长。

为分析分布式光伏阵列与变转速运行的制冷机组间的能量匹配耦合关系，研究了分布式光伏阵列输出功率与制冷机组负载消耗功率的变化情况，如图 6-52 所示。同时也分析了制冷机组压缩机运行转速与频率情况，通过压缩机运行频率来评判光伏阵列与制冷机组间的能量匹配关系。压缩机运行频率与转速如图 6-53 所示。

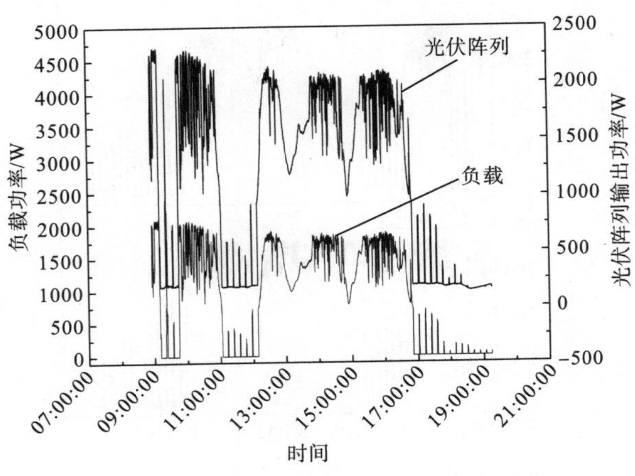

图 6-52 光伏阵列输出功率与负载消耗功率

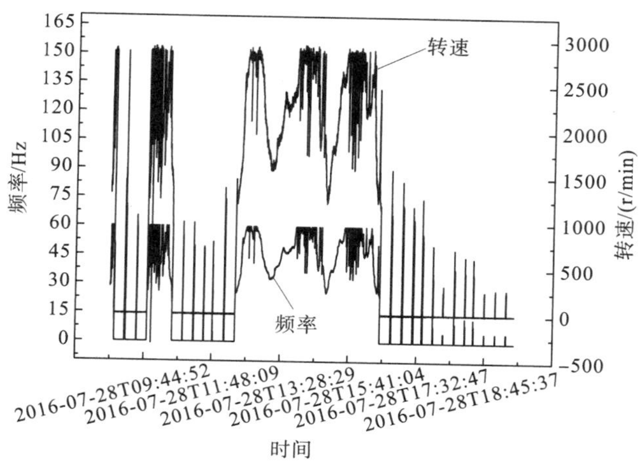

图 6-53 压缩机运行频率与转速

由图 6-52 可知，多数时刻，光伏阵列输出功率为 1500～2000W，负载功率在 1500W 上下波动，制冷机组效率 η_{ref} 为 81.81%。由图 6-53 可知，机组停机时刻，压缩机运行频率和转速均为零。多数时刻机组运行频率在 45Hz 左右，与此同时压缩机运行转速在 2500r/min 左右，压缩机额定运行转速为 3000r/min，因此，多数时刻压缩机运行转速已达到压缩机额定转速的 83.33%。说明在低辐照度条件下(阴天)，分布式光伏能源系统与制冷机组有较好的能量匹配关系。

6.3.3 分布式光伏直驱冰蓄冷空调系统运行性能分析及直驱特性分析

1. 制冷机组变频特性分析

在分布式光伏能源系统中，采用光伏能源直驱制冷机组制冰，分布式光伏能源系统的输出特性随着辐照度的变化而变化。在没有蓄电池的条件下，为确保负载正常运行，负载必须采用变功率运行的方式与分布式光伏能源系统输出特性相适应，因此采用变频调控用电负载的运行功率十分重要。对制冷机组开展变频特性实验，采用变频器控制制冷机组运行频率，测试机组压缩机运行转速、电压和电流的变化情况，如图 6-54 所示。

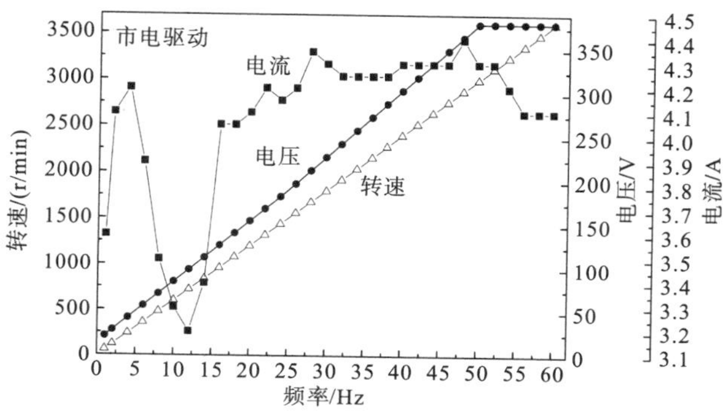

图 6-54 压缩机的转速、电压和电流随频率的变化特性

由图 6-54 可知，压缩机运行转速随频率的增加而线性增加，递增系数为 60r/Hz，频率为 60Hz 时，压缩机转速达到最大值 3600r/min。压缩机运行电压先随着频率的增加而逐步增加，当频率达到 52Hz 时，压缩机运行电压达到最大值 380V，在 52～60Hz 频率段，压缩机运行频率保持 380V 不变。压缩机运行电流受频率变化影响较大，在 0～15Hz 低频段压缩机运行电流波动较大。低频段时，压缩机转速较小，处于启动与停机的边界，导致压缩机运行电流忽高忽低。在 50～60Hz 高频段压缩机运行电压达到最大值，但压缩机的转速仍然在增加，为确保扭矩平衡，此时压缩机输入功率减小，因此在高频高转速段，压缩机的运行电流会逐步减小。

2. 最大功率跟踪控制性能分析

在光伏能源系统中，改变当前电路的阻抗，对光伏阵列工作点进行微调，使得光伏阵列始终运行在最大功率点附近的优化过程，称为最大功率点跟踪(maximum power point tracking，MPPT)。改变电路阻抗的方法很多，较常用的方法是通过调整控制功率器件 PWM 的导通占空比达到调整电路阻抗的目的[147-150]。可采用最大功率点跟踪技术，使得太阳能得到最大化的利用，确保负载稳定运行。对分布式光伏能源直驱冰蓄冷制冷机组开展最大功率跟踪研究，对比了采用 MPPT 技术前后的分布式光伏能源系统输出性能和制冷机组运行特性。采用无最大功率跟踪的普通变频器来驱动制冷机组运行，实验过程的照片如图 6-55 所示。

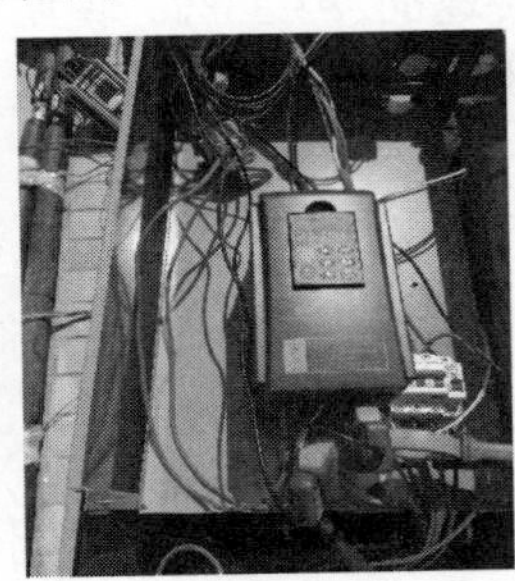

图 6-55　变频器直接驱动制冷机组运行实验

分布式光伏能源经由变频器直接驱动制冷机组运行的实验结果如图 6-56 所示。

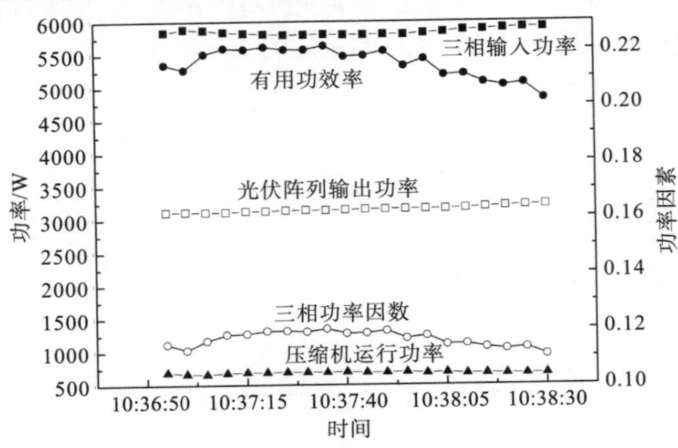

图 6-56　由变频器直接驱动制冷机组运行实验结果

接着，采用含 MPPT 技术的逆控一体机连接分布式光伏能源系统与用电负载，所采用的含 MPPT 技术的逆控一体机如图 6-57 所示。

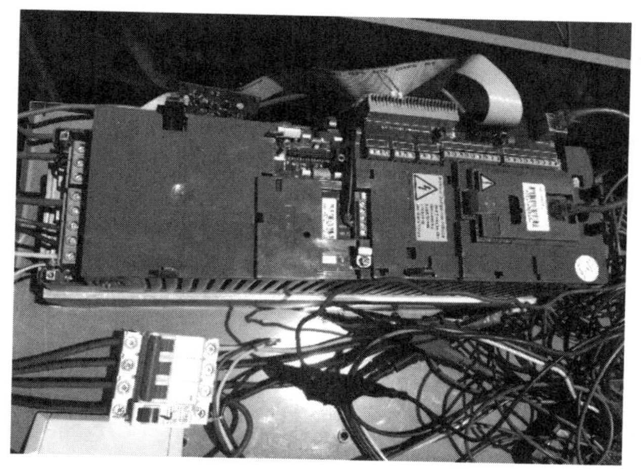

图 6-57　含 MPPT 技术的逆控一体机

分布式光伏能源经由含 MPPT 技术的逆控一体机直接驱动制冷机组运行的实验结果如图 6-58 所示。

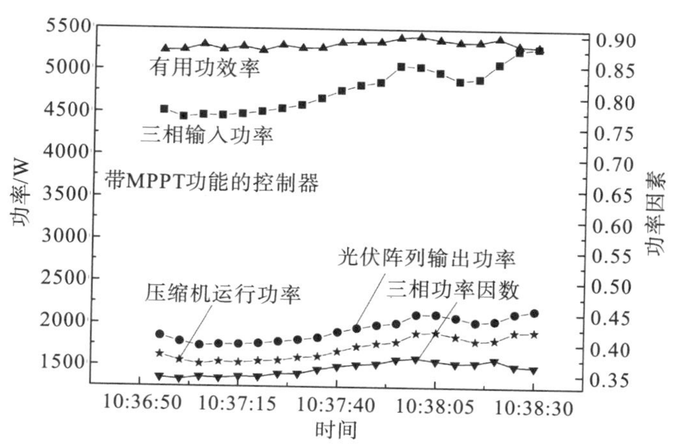

图 6-58　采用含 MPPT 技术的逆控一体机直接驱动制冷机组运行实验结果

图 6-56 和图 6-58 给出了两种变频器调控下的分布式光伏能源系统输出功率变化特性，同时也得到制冷机组的三相电输入功率及压缩机运行功率，计算得到制冷机组的三相电功率及有用功效率。由图 6-56 可知，没有采用 MPPT 技术的变频器调控的制冷机组的运行功率较小，在 750W 左右波动，而三相电输入功率接近 6000W，功率因素不到 0.12，变频器输出的三相电能中无用功占比太大。此时分布式光伏能源系统输出功率接近

3250W，制冷机组的有用功效率不到 22%，由此可得，采用无 MPPT 变频器直驱制冷机组运行能量浪费巨大。

而采用了含 MPPT 技术的逆控一体机直驱冰蓄冷制冷机组的压缩机运行功率有了大幅提高，较不采用 MPPT 技术的提高了一倍，其运行功率为 1500～1750W；采用 MPPT 技术后，三相电功率由 0.12 提高到接近 0.375，增加了 3.125 倍。有用功功率提升较大，图 6-58 中有用功效率接近 90%，较图 6-56 中的有用功效率增加了 3 倍多。有无 MPPT 技术对光伏阵列的效率及㶲效率的影响如图 6-59 和图 6-60 所示。

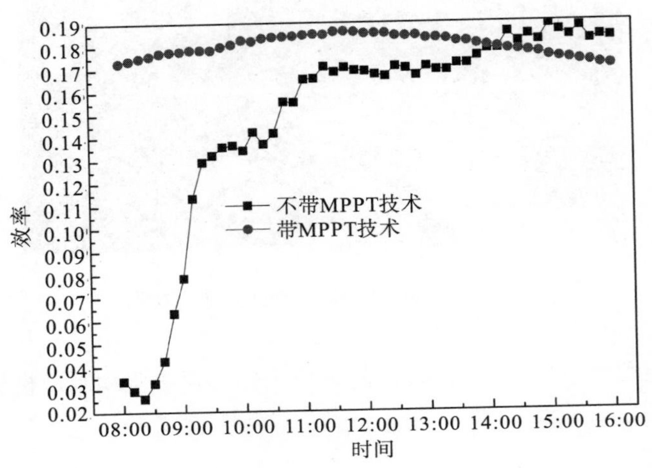

图 6-59 采用不带 MPPT 技术与带 MPPT 技术两种控制器的 PV 组件效率对比

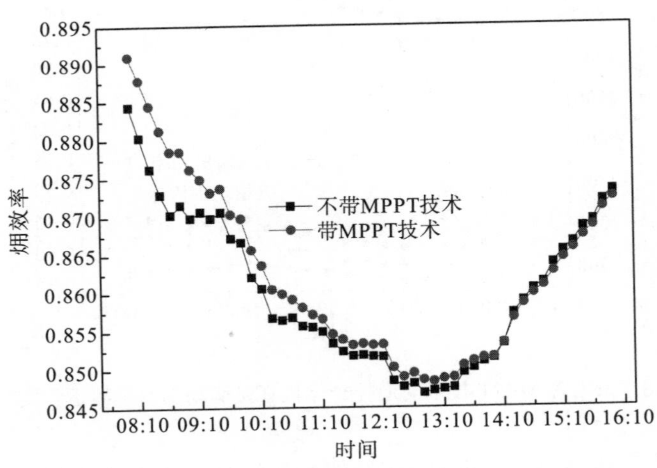

图 6-60 采用不带 MPPT 技术与带 MPPT 技术两种控制器的 PV 组件㶲效率对比

由图 6-59 可知，采用带 MPPT 技术的控制器后，系统运行过程中光伏阵列光电转化效率趋于平稳，其输出功率为最大输出功率，而采用不带 MPPT 技术的控制器的 PV 阵列的光电转化效率逐步增加。采用带 MPPT 技术的控制器后，光伏阵列输出功率可提高 15%，且负载运行功率在光伏阵列输出功率中所占比例达到 90%左右，MPPT 控制策略较好。由图 6-60 可知，带 MPPT 技术的控制器对光伏阵列的㶲效率影响较小，采用带 MPPT 技术的控制器后，光伏阵列的输出㶲仅提高 0.2%。

3. 分布式光伏直驱冰蓄冷空调系统能量耦合特性

分布式光伏能源直驱冰蓄冷空调系统运行过程中，制冷机组与分布式光伏能源系统的能量耦合匹配对系统高效稳定运行影响较大。受太阳辐照度的影响，制冷机组频繁开启，不仅造成能量浪费，而且会对压缩机使用寿命造成严重伤害。另外，制冷机组的停机也会降低制冷效率，影响供冷品质。因此，应对逆控一体机的变频控制优化升级，降低其低频阈值，使其控制的制冷机组可全天候不停机稳定运行。优化后的分布式光伏能源直驱冰蓄冷空调系统制冷机组全天持续稳定运行的实验结果见表 6-24。

表 6-24　优化后分布式光伏能源直驱冰蓄冷空调系统运行性能

q/(MJ/m^2)	S_c/m^2	m_w/kg	m_i/kg	t_{aw}/℃	t_{ew}/℃	t_{ei}/℃	$\dot{m}_w$/(kg/s)	η_{pv}/%	η_{ref}/%	COP_{ref}	$COP_{pv\text{-}ref}$	$COP_{solar\text{-}ref}$	η_s/%	η/%
10.91	36	390	110	21	3.0	−4	0.6333	13.72	86.13	1.6591	1.4289	0.1960	85.42	16.74

由表 6-24 可知，对逆控一体机的变频控制进行优化后，制冷机组在全天累计辐照量为 10.91MJ/m^2 的阴天可实现不停机持续稳定运行，全天制冰量为 110kg，光伏阵列的光电转换效率为 13.72%，较表 6-23 模式 3 的 12.80%的效率提高了 0.92 个百分点，η_{ref}、COP_{ref}、$COP_{pv\text{-}ref}$ 和 $COP_{solar\text{-}ref}$ 分别由原来的 81.81%、1.6509、1.3506 和 0.1729 提高到 86.13%、1.6591、1.4289 和 0.1960。系统效率 η 由 14.77%提高到 16.74%，增加了 13.34%。优化后的系统运行性能如图 6-61～图 6-64 所示。

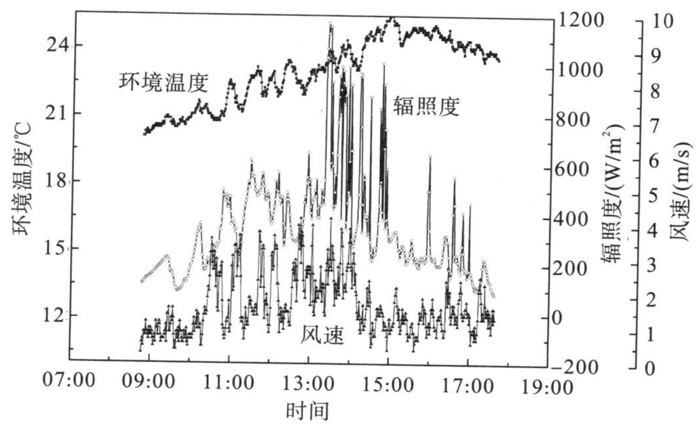

图 6-61　气候条件

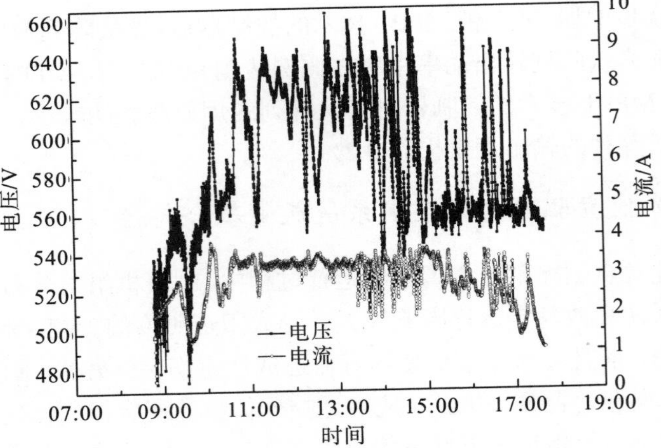

图 6-62　光伏阵列输出电压和电流

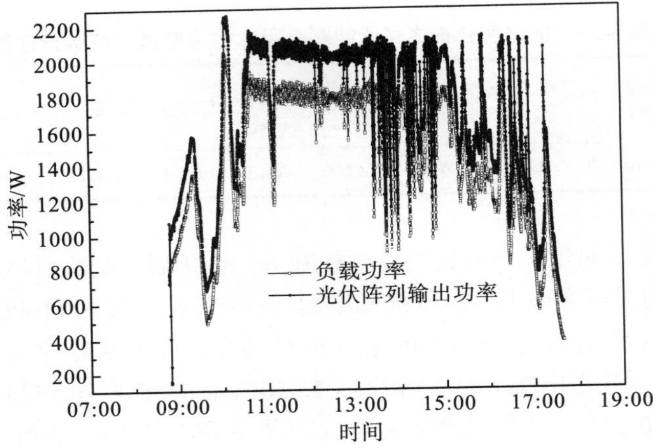

图 6-63　光伏阵列输出功率与负载功率

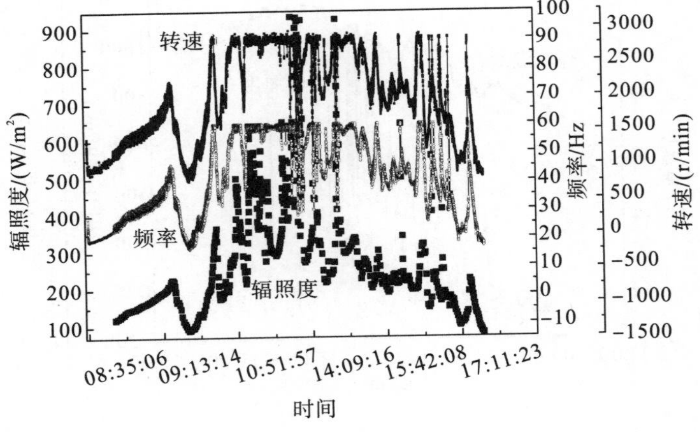

图 6-64　压缩机运行频率与转速

由图 6-61 可知，全天累计辐照量为 10.91MJ/m^2，最低辐照度为 80W/m^2，最高辐照度为 1156W/m^2，平均环境温度为 23℃，平均风速为 1.5m/s。由图 6-62 可知，分布式光伏能源系统的输出电压和输出电流随辐照度的波动而变化，但未出现输出值为零的情况，最小电流为 1.06A，出现在辐照度最低值(80W/m^2)时刻。分布式光伏能源系统可持续稳定驱动制冷机组运行，逆控一体机通过变频和最大功率跟踪技术调控制冷机组的运行功率时刻与光伏能源系统最大功率保持一致。由图 6-63 可知，制冷机组运行功率随着光伏能源系统输出功率的变化而变化，制冷机组的有用功效率为 86.13%。图 6-64 中，制冷机组压缩机运行频率和转速变化的趋势与辐照度变化曲线保持一致，得益于逆控一体机的频率控制及 MPPT 技术调控，负载与分布式光伏能源系统间能量耦合匹配较好。由图 6-64 可知，实验期间压缩机持续稳定运行无停机现象，最小频率和最小转速分别为 17Hz 和 841.4r/min，此时辐照度为最低值 80W/m^2。由图 6-64 还可看出，压缩机运行频率和转速随辐照度的增加而增加，当辐照度增加到 320W/m^2 时，压缩机运行频率和转速达到最大值，分别为 60Hz 和 2852.31r/min，当辐照度持续增加时，压缩机运行频率和转速保持不变。

由于分布式光伏直驱冰蓄冷空调系统中无蓄电单元确保电能输出的稳定性，制冷系统运行特性会随着光伏输出电能的波动而波动，太阳辐照度的变化对制冷系统运行状态及制冷性能有较大的影响，因此本节着重分析了系统各个部件的特性参数随太阳辐照度的变化情况。为优化压缩机工作工况，提升压缩机工作效率，研究了不同蒸发温度对压缩机效率的影响，压缩机运行过程中的效率与㶲效率可由第 5 章中的制冷机组能量传递模型计算求得，结果如图 6-65 和图 6-66 所示。由图 6-65 可知，在相同辐照度情况时，压缩机运行效率随着蒸发温度的降低先小幅增加然后减小，蒸发温度为 258.15K 时，压缩机工作效率最高，248.15K 时，制冷工质吸热气化量较少，导致压缩机吸气压力较低，压缩机功耗较大，因此压缩机效率最低，258.15K 后随着制冷工质蒸发温度的增加，冷媒吸热气化进入压缩机量增加，引起压缩机压力过高降低运行效率，对于本系统压缩机，所采用的制冷剂的

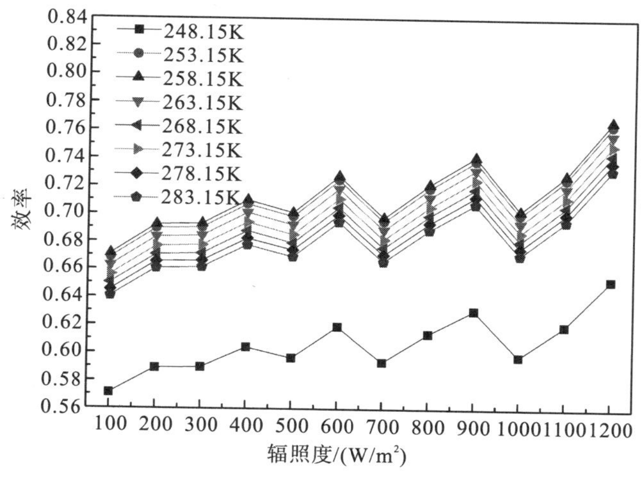

图 6-65 不同蒸发器温度下压缩机工作效率随辐照度的变化

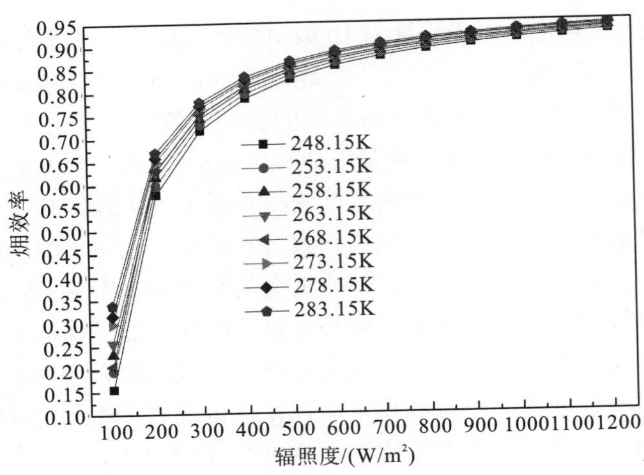

图 6-66　不同蒸发器温度下压缩机的㶲效率随辐照度的变化

最佳蒸发温度范围为 253.15～263.15K。800W/m^2 时，压缩机处于最佳蒸发温度范围内的运行效率为 71.26%～72.18%。由图 6-66 可知，压缩机运行的㶲效率随着蒸发温度的降低而降低，且随着辐照度的增加而升高，随着辐照度的增加，蒸发温度对㶲效率的影响逐渐减小。

首先，冷凝器的效率随着辐照度的增加而减小，辐照度增加提高了压缩机的运行效率，压缩机的排气温度升高。在相同条件下，冷凝器排热能力下降，效率降低。其次，随着辐照度的增加，冷凝器所处的环境温度随着辐照度的增加而升高，进一步降低冷凝效率，冷凝器效率随压缩机运行效率的波动而波动。冷凝器㶲效率随着辐照度的增加先急剧升高，然后缓慢升高并趋于平衡。环境温度对冷凝器性能影响较大，冷凝器在不同环境温度时的效率及㶲效率随辐照度的变化关系如图 6-67 和图 6-68 所示。由图 6-67 可知，在空气质量流量为 0.21kg/s 时，随着环境温度增加，冷凝器效率逐步降低，环境温度为 308.15K

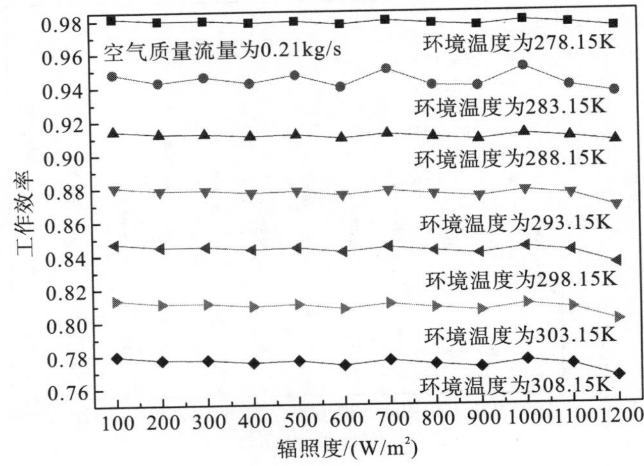

图 6-67　不同环境温度下冷凝器工作效率随辐照度的变化

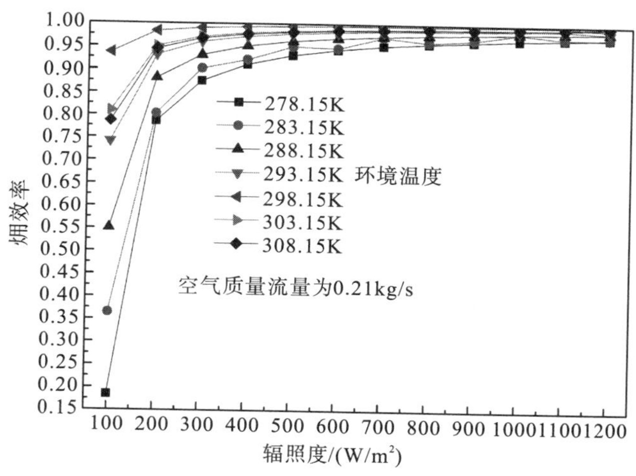

图 6-68　不同环境温度下冷凝器㶲效率随辐照度的变化

时的冷凝器效率比 278.15K 环境温度下降低了 20%～21%。由图 6-68 可知，空气质量流量为 0.21kg/s，相同辐照度时，冷凝器的㶲效率随环境温度的增加先升高后降低，环境温度为 298.15K 时的㶲效率最高。

环境温度对蒸发器制冰性能具有较大的影响，不同环境温度条件下蒸发器及制冰过程的㶲效率随辐照度的变化如图 6-69 和图 6-70 所示。由图可知，相同辐照度条件下，制冷机组蒸发器的㶲效率及制冰过程的㶲效率随着环境温度的增加而减小，环境温度越高，压缩机功耗越大，且冷凝器散热效率低，蒸发器㶲效率会下降，制冰过程的㶲效率也会降低。

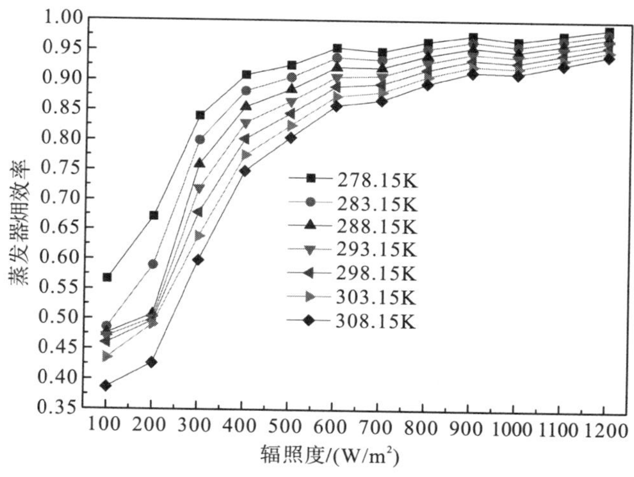

图 6-69　不同环境温度下蒸发器㶲效率随辐照度的变化

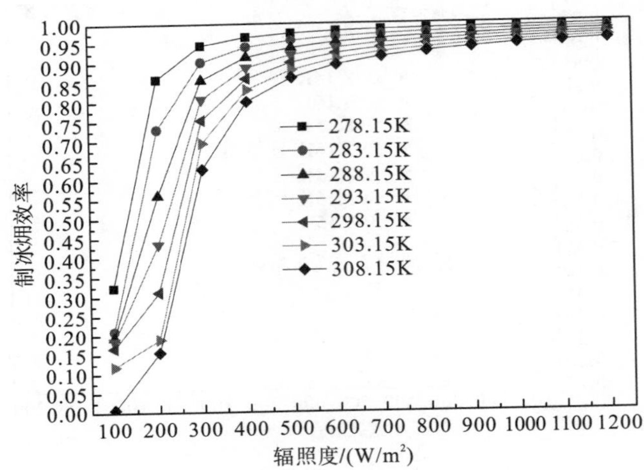

图 6-70 不同环境温度下制冰过程的㶲效率随辐照度的变化

换冷供冷系统中风机风量对供冷效率具有一定的影响，风量太小，换冷工质的冷量无法完全释放出来，风量过大，消耗电能过多，造成能量浪费。换冷供冷系统的供冷效率及㶲效率随风机送风流量的变化情况如图 6-71 所示。

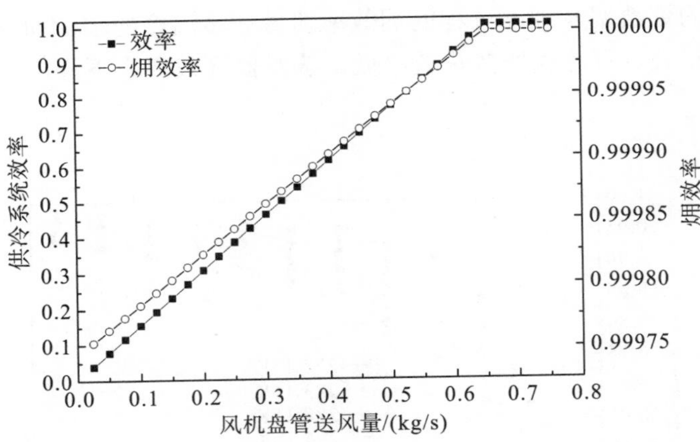

图 6-71 不同风量时的供冷系统效率与㶲效率

如图 6-71 所示，供冷系统的效率及㶲效率随风机送风量的增加而升高，但当送风量达到 0.65kg/s 时，载冷剂的冷量全部被换出供用户使用，效率已接近 1，若再加大风速，系统效率与㶲效率基本保持不变，造成电能消耗过大。本系统的换冷供冷风机盘管风机送风量为 0.60kg/s，供冷系统效率为 92.62%。

4. 系统能量耦合匹配优化与冰蓄冷完全替代蓄电池储能特性分析

在分布式光伏能源系统直接驱动下，采用调控频率控制模式，制冷机组在低辐照度条件下可持续稳定运行，且获得了较高的太阳能制冷性能系数，因此，分布式光伏直驱制冷机组具有低辐照度持续稳定运行且制冷效果好的性能。分析表明，分布式光伏能源系统与制冷机组的参数匹配及能量耦合特性保障了系统在低辐照度的阴天和多云天气具有较好的制冷性能，因此在太阳辐照度低至 320W/m^2 时，压缩机运行转速已达到额定最大值。但当辐照度持续增加时，压缩机转速不变，制冷量不会增加。因此，高于 320W/m^2 的辐照度没有转换为有用功而浪费。在不同辐照度条件下，实验测量得到制冷机组持续运行或间歇运行的频率和转速情况如图 6-72 和图 6-73 所示。

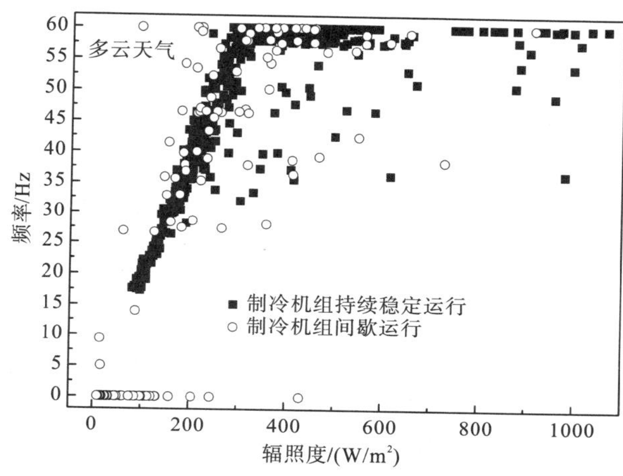

图 6-72　压缩机运行频率

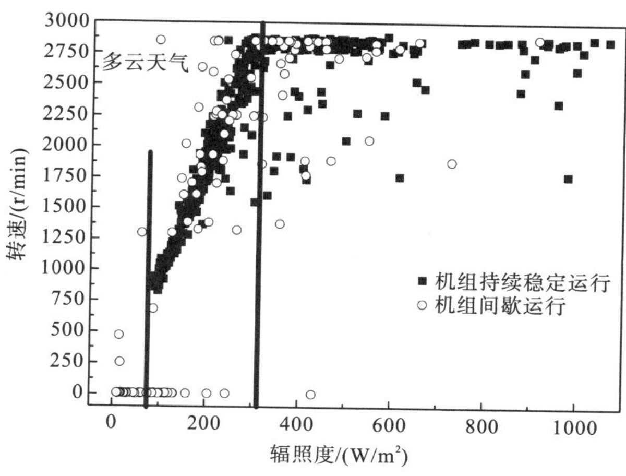

图 6-73　压缩机运行转速

图 6-72 给出了阴天条件下分布式光伏能源系统直驱冰蓄冷空调系统间歇运行和持续运行两种工况下压缩机运行频率及转速随辐照度变化的情况。压缩机运行频率及转速随辐照度的变化趋势基本一致，在 0～300W/m^2 低辐照段，两种工况的运行频率及转速均随辐照度的增加而增加，且两种工况的频率及转速的增长趋势一致，说明逆控一体机对不同工况下的制冷机组运行的调控保持一致。当辐照度增加到 320W/m^2 左右时，压缩机运行频率及转速均已达到额定值，机组的制冷性能达到最大值，此后，随着辐照度的增加，压缩机运行的转速和频率均保持一致。由以上分析可知，分布式光伏能源系统的峰值功率为 6.08kW，而制冷机组的额定功率为 2.2kW，功率配比关系为 2.76：1，大容量的分布式光伏能源系统保证了制冷机组较好的低辐照度制冷性能，但也导致了一定程度的能量浪费。如图 6-73 所示，即使是阴天，辐照度大于 320W/m^2 的时刻仍然较多，高辐照度条件时，压缩机运行在额定转速造成能量浪费。因此，此系统的分布式光伏容量与制冷机组运行功率的匹配失衡。

由以上分析可知，分布式光伏直驱冰蓄冷空调系统的能量耦合匹配仍需优化。为将系统优越的制冷性能拓宽到全辐照度范围且最大化利用太阳能，可按如下的优化方案进行。

(1) 调整功率配比。可降低能源供给侧分布式光伏能源系统的功率，将分布式光伏能源系统的额定功率减半为 3.04kW，即光伏组件数量减少为 16 块，功率配比关系降为 1.38：1，此时压缩机运行转速随辐照度的变化如图 6-74 所示。

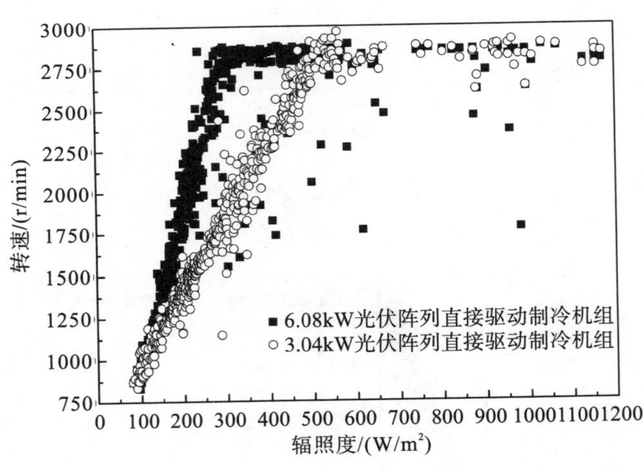

图 6-74 分布式光伏能源系统功率减半后压缩机运行转速随辐照度的变化情况

由图 6-74 可知，将分布式光伏能源系统的额定功率减半后，压缩机运行转速达到最大值时的辐照度为 550W/m^2，一定程度上降低了高辐照度时的能量损失。但在 0～550W/m^2 辐照度范围，功率减半后，压缩机运行转速也随之降低。测试表明，在相同辐照度下，光伏组件功率减半后压缩机运行转速降低了近 26.6%。因此，采用降低分布式光伏能源系统功率的办法可适当增加高辐照度条件下的制冷性能，但减小了低辐照时压缩机的运行转速，降低了制冷性能。

(2) 增加用能负载来优化功率配比关系。通过增加制冷机组数量提高用能负载，调配分布式光伏能源系统与制冷机组的功率配比。通过前面为实现冰蓄冷完全替代蓄电池储能的优化分析，再结合本节的研究结果对系统进行优化。在现有 3P 变频制冷机组的基础上增加一套具有相同功率的 3P 变频制冷机组，使得制冷系统的总功率达到 4.4kW，功率配比为 1.38∶1。两套相同功率的制冷机组并联运行。分布式光伏能源系统直接驱动两台制冷机并联运行特性的理论分析如图 6-75 和图 6-76 所示。

如图 6-75 所示，两台制冷机组组成的并联式冰蓄冷空调系统采用逆控一体机控制，在早上低辐照度时，开启制冷机组 1，随着辐照度的增加，机组 1 运行频率和转速逐渐增加，达到最大值后，以额定转速运行，此刻辐照度仍然在增加，开启制冷机组 2，分布式光伏能源系统驱动制冷机组 1 剩余的功率用于驱动制冷机组 2，机组 2 运行频率和转速逐渐增加。下午太阳辐照逐渐减少，当辐照度减少到分布式光伏能源系统不能驱动两台制冷机组并联运行时，关停机组 2，保留机组 1 运行直到天黑。从图 6-75 中可以看出，当太阳辐照度达到 300W/m^2 时，机组 1 达到额定转速，开启机组 2，随着辐照度的增加，机组 1 始终运行在额定转速，机组 2 运行频率和转速慢慢增加，利用分布式光伏能源系统驱动机组 1 后剩余的功率来驱动机组 2。直到太阳辐照度达到最大值，机组 2 的运行转速仍未达到最大值，表明光伏组件输出的电能全部转化为冷量储存在蓄冷桶中。图 6-76 则给出了采用分布式光伏能源系统直驱一台制冷机组和两台并联的制冷机组运行过程中的光伏能源系统的输出功率。驱动一台制冷机组时，分布式光伏能源系统输出的总能量为 53.86MJ，而驱动两台制冷机并联运行时，输出的总能量为 64.55MJ，相比增加了 19.85%。在相同条件下，分布式光伏能源系统直驱不同制冷机组运行在不同工况下的特性参数见表 6-25。

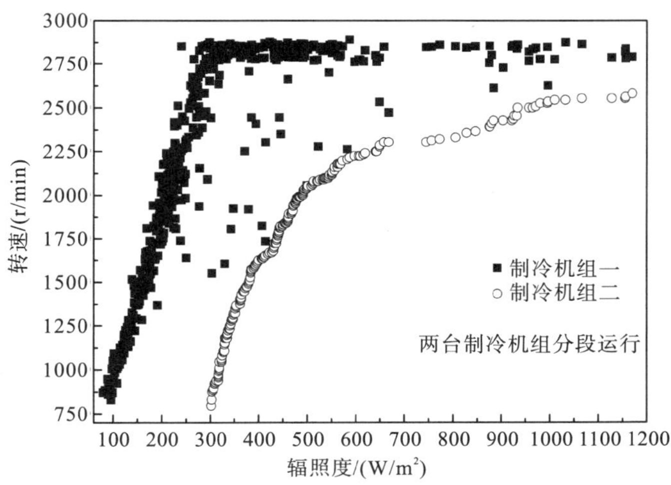

图 6-75　分布式光伏能源系统直接驱动两台制冷机并联运行转速变化

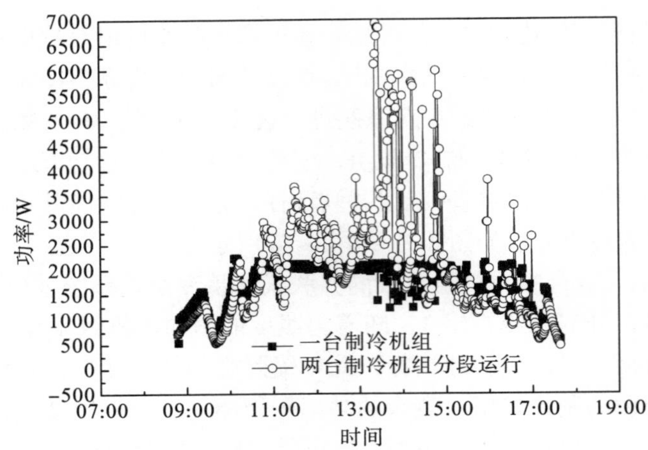

图 6-76 分布式光伏能源系统直接驱动两台制冷机并联光伏阵列输出功率

表 6-25 分布式光伏能源驱动两种不同冰蓄冷空调系统四种工况下的运行性能

工况	q/(MJ/m^2)	S_c/m^2	Q_c/MJ	η_{pv} /%	η_{ref} /%	COP_{ref}	$COP_{pv\text{-}ref}$	$COP_{solar\text{-}ref}$	η_s /%	η /%
工况 1	10.91	36	76.96	13.72	86.13	1.6591	1.4289	0.1960	85.42%	16.74%
工况 2	10.91	36	92.34	16.44	86.13	1.6601	1.4305	0.2351	85.42%	20.08%
工况 3	21.11	36	237.49	15.89	83.41	2.7603	2.3023	0.3658	85.42%	31.25%
工况 4	21.11	36	284.63	16.88	83.41	2.6601	2.2188	0.3745	85.42%	31.99%

注：工况 1 为一台 3P 制冷机组白天先制冰蓄冷，晚上采用循环水大温差融冰供冷；工况 2 为两台 3P 制冷机组并联运行，白天先制冰蓄冷，晚上采用循环水大温差融冰供冷；工况 3 为一台 3P 制冷机组边制冷边供冷；工况 4 为两台 3P 制冷机组并联运行，边制冷边供冷。

由表 6-25 可知，在相同光伏阵列面积和辐照度条件下，采用两台制冷机组并联运行后，可有效将所转换为电能的太阳能全部变为冷量储存。制冰模式下，制冷量 Q_c 由 76.96MJ 增加到 92.34MJ，因此太阳能制冷性能系数 $COP_{solar\text{-}ref}$ 由 0.1960 提升到 0.2351，增长 19.95%，整个分布式光伏能源系统直驱冰蓄冷空调系统的能量利用率 η 也由 16.74%增加到 20.08%。边制冷边供冷模式下，$COP_{solar\text{-}ref}$ 由 0.3658 提升到 0.3745，系统效率 η 由 31.25%增加到 31.99%。采用两台制冷机组并联运行可将太阳能转化来的电能全部转变为冷量储存，提高了系统制冷性能。

综上分析，户用分布式光伏能源系统直驱冰蓄冷空调系统的优化设计，可通过减小光伏组件数量来实现，在提升系统综合性能的同时，还减少了系统投资运行成本；对于商用大型分布式光伏能量系统直驱的冰蓄冷空调系统的优化设计，应通过增加制冷机组并联数量来调控功率匹配关系，可增加制冷量，延长供冷时间。

6.3.4 小结

本节基于系统部件能量匹配、参数配比及冰蓄冷替代蓄电池储能的可行性研究，优化系统部件参数，构建 3P 的分布式光伏直驱静态冰蓄冷空调系统，开展了光伏直驱和冰蓄冷完全替代蓄电池储能特性分析。

首先，采用光伏直驱机组运行时，边制冷边供冷运行工况下系统效率为先制冰蓄冷后供冷运行工况的 2.12 倍。太阳能制冰性能系数为 0.1729，验证了光伏直驱制冷机组运行的可行性。

其次，通过调整逆控一体机控制策略，优化制冷机组变频调控策略及对光伏阵列最大功率点追踪方案的匹配关系，在辐照度低至 80W/m^2 时，压缩机运行的频率和转速分别为 17Hz 和 841.4r/min。在累计辐照量仅为 10.91MJ/m^2 的阴天，获得 110kg 制冰量，太阳能制冰性能系数提升至 0.1960。实现了系统不停机全天候持续稳定高效运行，克服了太阳能间歇性对光伏制冷的不利影响。

最后，基于系统部件能量匹配、参数配比及冰蓄冷替代蓄电池储能的能量匹配耦合研究，优化系统部件参数和控制模式，开展直驱特性及冰蓄冷完全替代蓄电池储能特性分析。研究结果表明，将分布式光伏能源系统与制冷机组的功率配比关系优化为 1.38∶1，可提高太阳能利用率。采用 6.08kW 分布式光伏能源系统驱动两台 3P 制冰蓄冷系统并联运行后，通过优化控制策略，实现双制冷机组并联分时段高效运行，拓宽了太阳能辐照度利用范围，制冰蓄冷模式下的太阳能制冰性能系数由 0.1960 提升到 0.2351，光伏直驱冰蓄冷空调系统效率也由 16.74%增加到 20.08%；而边制冷边供冷模式下的光伏直驱冰蓄冷空调系统效率也由原来的 31.25%增加到 31.99%，实现了冰蓄冷完全替代蓄电池储能和太阳能的最大化利用。

第 7 章　太阳能制冷系统性能比较与综合分析

7.1　概　　述

本章基于前 6 章介绍的太阳能吸附式制冷系统、太阳能吸收式制冷系统、太阳能光伏冰箱系统、太阳能光伏空调及分布式光伏直驱冰蓄冷空调系统的性能分析结果，总结并综合分析了几种太阳能制冷系统的综合性能、优化策略及优化性能，并对相应的太阳能制冷系统的制冷性能进行对比分析。最后结合太阳能制冷具体应用项目，列举出工程项目经济性能分析方法，对比分析了市电空调、太阳能光伏空调系统及太阳能光伏直驱冰蓄冷空调系统的经济性能。

7.2　太阳能固体吸附制冷系统综合分析

太阳能吸附式制冷装置的工作原理、理论分析、系统及部件的工艺设计制造、性能分析及部件优化在第 1～3 章已详细介绍，本章将从综合性能方面总结分析太阳能吸附式制冷系统的性能及其相关应用。

本书所介绍的太阳能吸附式制冷装置实物图如图 7-1 所示。

图 7-1　太阳能吸附式制冷实验装置

管翅式吸附管横向摆放在吸附床内，吸附床的尺寸为 1560mm×1320mm×150mm，吸附床的轮廓面积为 $1.1m^2$，共装载活性炭 29kg，管翅式吸附管质量为 29kg，吸附管总的吸附面积为 $10.8m^2$，各部件的特性参数见表 7-1。

表 7-1 吸附式制冷装置参数

管翅式吸附管		冷凝器		蒸发器	
外管直径/mm	90	外管材料	铝	材料	纯铝
内管直径/mm	27.4	内管材料	铜	尺寸/(mm×mm×mm)	350×350×100
翅片管厚度/mm	2	外翅片管直径/mm	32.5	蒸发面积/m^2	0.46
翅片长度/mm	15	内翅片管直径/mm	15.5	容积/L	7.8
管壁厚/mm	1.2	翅片间距/mm	2.5	制冷剂流入管道直径/mm	10

现阶段，太阳能吸附式制冷研究的重点工作是提高制冷效率和降低太阳能间歇性对制冷效率的影响，提高制冷效率的途径主要有两种：一种是强化传热，优化吸附床结构、蒸发器面积及冷凝器配比关系等；另一种是强化传质，减小制冷剂管道沿程损失，采用外界强化手段加强系统传热工质的流动，以提高制冷效率。

7.2.1 太阳能吸附制冷装置强化传热特性

图 7-1 所示的太阳能吸附式制冷装置已在强化传热方面对系统部件进行了优化，主要是通过优化吸附床中吸附管的结构，强化吸附管吸收的太阳能热量的传递，设计了强化传热的管翅式冷凝器和蒸发器，加快制冷剂冷却蒸发进程，并对优化前后的吸附式制冷装置的性能进行实验测试。对比研究结果见表 7-2。

表 7-2 吸附式制冷装置性能测试结果

阶段	日期	太阳辐照量/(MJ/m^2)	吸附床温度/℃	冰/水质量/kg	COP
优化前	3 月 12 日	20.50	99.6	1.2/4.8	0.045
	3 月 19 日	23.15	99.5	0.0/6.0	0.027
	3 月 22 日	15.96	87.7	0.0/6.0	0.026
优化后	7 月 15 日	20.5	91.5	6.5/1.5	0.122
	7 月 18 日	18.20	90.1	5.9/2.1	0.129
	7 月 22 日	21.48	93.4	4.6/3.4	0.094

由表 7-2 可知，在对吸附式制冷装置的吸附床、冷凝器和蒸发器进行优化前，对吸附式制冷装置进行了三天的实验测试，测试结果表明，3 月 12 日实验中系统 COP 最高为 0.045，制冰量为 1.2kg，制取冷水 4.8kg，3 月 19 日和 3 月 22 日系统 COP 仅为 0.027 和 0.026，只制取了 6.0kg 冷水，没有获得冰块。由于该吸附装置制冷性能较低，因此对系统的吸附床、冷凝器和蒸发器重新进行优化设计，并于 7 月对系统性能进行实验测试，

测试结果表明，优化设计效果明显，系统性能得到较大幅度提高，三天实验中，最高COP为0.129，制取了5.9kg冰和2.1kg水，剩余两天的COP分别为0.122和0.094，制冰量分别为6.5kg和4.6kg。通过系统结构的优化，强化了系统的传热特性，系统性能提高了 2～5 倍。通过多次实验测试发现：吸附床解吸时，解吸所需时间长，传质管道外壁很烫，真空压力表示数高，存在制冷剂气体传质遇阻的问题；受热解吸的制冷剂未能及时有效地进入冷凝器，淤积在集热器内，温度降低时，直接在吸附床内被吸收，存在解吸过程不彻底的问题；在日间天气晴朗，吸附床温度较高，晚上吸附过程会出现吸附工质甲醇先雾化再气化的问题。

7.2.2 太阳能吸附制冷装置强化传质特性

由于吸附床内解吸气体流动不通畅、传质不足导致管道堵塞而影响制冷性能，为加快解吸后气态制冷剂的流动性，优化了系统部件，在吸附床与冷凝器之间安装管道泵，如图7-2所示。采用管道泵将吸附床内解吸出来的气态制冷剂抽出送到冷凝器中，缩短了制冷剂流动时间，有效提高了装置制冷效率。

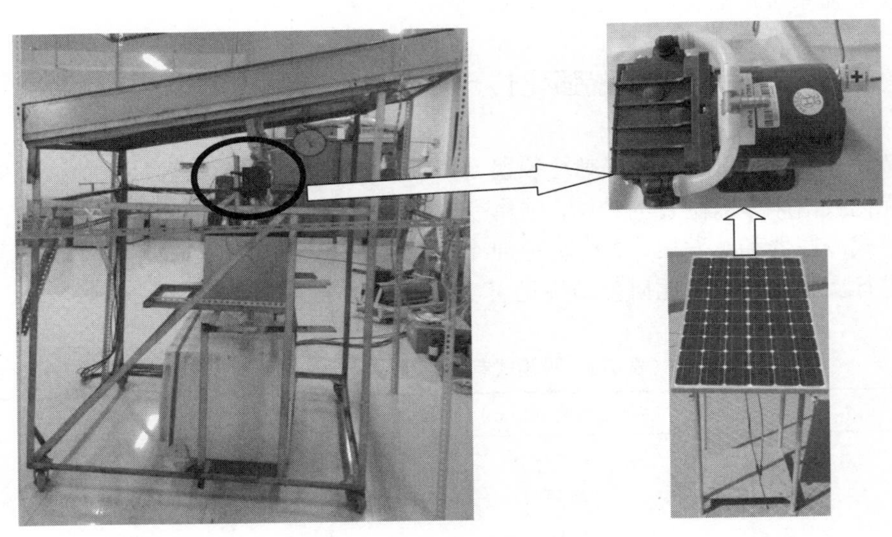

图7-2 带强化传质装置的吸附式制冷装置

如图7-2所示，在吸附式制冷系统的吸附床与冷凝器之间加装真空管道泵，利用管道泵产生的压差将吸附床内解吸出来的气态制冷剂抽出运输到冷凝器内。真空管道泵采用直流电供能，且管道泵只需在白天运行，可利用太阳能光伏组件驱动真空管道泵，吸附床解吸时间与解吸强度随太阳辐照度的变化而变化，此时采用光伏直驱管道泵，管道泵运行功率也随着太阳辐照度的变化而变化。太阳辐照度大时，吸附床内解吸量大，气态制冷剂量多，此时对传质需求量大，而管道泵运行转速也随太阳辐照度的增加而增加，因此管道泵在运行时间与运行工况方面与吸附制冷匹配耦合较好。采用管道泵强化系统内部制冷剂运输速率，提高了制冷效率。系统运行实验结果及与自然传质对比的情况见表 7-3。

表 7-3　吸附式制冷装置强化传质与自然传质实验结果

类型	日期	太阳辐照量/(MJ/m²)	吸附床温度/℃	冰/水质量/kg	COP
自然传质	9 月 5 日	19.28	95.26	4.8/2.2	0.114
	9 月 8 日	18.14	93.50	3.7/4.3	0.100
	9 月 11 日	17.01	92.70	3.0/4.0	0.094
强化传质	9 月 6 日	19.28	94.10	7.0/0.0	0.150
	9 月 7 日	18.14	91.60	5.8/2.2	0.144
	9 月 12 日	17.01	84.43	4.2/2.8	0.116

为体现对比试验的可靠性，确保对比试验过程中的累计太阳辐照量相同，在室内模拟太阳灯照射装有强化传质管道泵的吸附式制冷装置。且通过开关控制管道泵的开启进行传质实验，管道泵关闭时进行自然传质实验。由表 7-3 可知，对比自然传质条件下，在太阳辐照量分别为 19.28MJ/m^2、18.14MJ/m^2 和 17.01MJ/m^2 时，自然传质条件下吸附式制冷装置的 COP 分别为 0.114、0.100 和 0.094，制冰量分别为 4.8kg、3.7kg 和 3.0kg；强化传质条件下装置的 COP 分别为 0.150、0.144 和 0.116，制冰量分别为 7.0kg、5.8kg 和 4.2kg。同等条件下，强化传质比自然传质的 COP 分别高出 31.58%、44.00%和 23.40%。研究结果还表明，吸附式制冷装置 COP 随着太阳辐照量的增加而增加，强化传质模式下的制冷效率更高，制冷性能更稳定。从实验测试结果可知，采用强化传热和强化传质后，太阳能吸附式制冰机的效率可达到 0.150。

通过对太阳能吸附式制冷装置的理论计算、传热传质分析及部件优化，实验测量得到的太阳能吸收式制冷效率可提升到 0.15 左右，相比于其他几种太阳能制冷系统，太阳能吸附式制冷装置在制冷效率、系统运行的稳定性和性价比上均处于劣势，因此，太阳能吸附式制冷装置目前仍处于实验研究与性能提升阶段。

7.3　太阳能吸收制冷系统综合分析

太阳能吸收式制冷技术较为成熟，已产业化生产及利用，在工业废热回收及利用上具有较高的性价比。本节结合工程实例综合分析太阳能吸收式制冷系统性能，所介绍的太阳能吸收式制冷系统是利用槽式抛物面聚光将水加热到 80℃左右后驱动单效溴化锂吸收式制冷机组。该制冷系统安装单效溴化锂吸收式制冷机组，功率为 23kW，采用 60m^2 槽式聚光集热器加热真空集热管，加热后的热水储存在水箱内，利用热水泵将水箱内的热水运输到制冷机组制取冷水，采用冷水泵将制取的冷水送到风机盘管处面积为 100m^2 的公议室供冷。系统实物如图 7-3 所示，系统部件的主要参数见表 7-4。

(a)60m²槽式聚光集热器

(b)23kW 单效溴化锂制冷机组

(c)0.01t冷水却水塔

(d)100m²会议室

图 7-3 23kW 槽式聚光驱动单效溴化锂吸收式制冷空调系统

表 7-4 23kW 太阳能槽式聚光驱动单效溴化锂吸收式制冷空调系统部件参数

槽式聚光太阳能集热器		单效溴化锂吸收式制冷机组		冷却水塔		风机盘管	
面积/m²	60	型号	TX-23	型号	BLT-10	型号	EKCW800KT
转轴反向	南北	机组功率/kW	23	风量/(km³/h)	10.5	供冷量/kW	7.2
开口宽度/m	2.5	冷水流量/(m³/h)	4.0	冷却水量/(m³/h)	10	供冷量/kW	10.8
焦距/m	1.1	冷水进水温度/℃	10	电机功率/kW	0.75	风机功率/W	130
集热管长/m	26	热水流量/(m³/h)	5.7	净重/kg	165	高速送风量/(m³/h)	1360
集热管内管直径/cm	2	热水进水温度/℃	90	运行质量/kg	330	中速送风量/(m³/h)	1210
集热管外管直径/cm	11	空气温度/℃	36			低速送风量/(m³/h)	1100

对构建的 23kW 太阳能槽式聚光驱动单效溴化锂吸收式制冷空调系统开展实验测试研究工作，对系统连续运行 11 天的性能进行了实验测试，实验结果见表 7-5。

表 7-5 23kW 太阳能槽式聚光驱动单效溴化锂吸收式制冷空调系统性能

实验日期	辐照量/MJ	制冷量/MJ	运行温度/℃	机组平均 COP	系统平均效率/%
2014 年 5 月 13 日	1300	220	92.50	0.51	17.00

续表

实验日期	辐照量/MJ	制冷量/MJ	运行温度/℃	机组平均 COP	系统平均效率/%
2014 年 5 月 14 日	1200	170	92.20	0.45	14.00
2014 年 5 月 15 日	1122	234	92.50	0.57	21.00
2014 年 5 月 16 日	1120	267	91.90	0.58	23.00
2014 年 5 月 17 日	1280	284	93.10	0.51	22.00
2014 年 5 月 18 日	1262	313	82.80	0.55	25.00
2014 年 5 月 19 日	877	288	86.10	0.59	23.00
2014 年 5 月 20 日	690	158	85.00	0.51	21.00
2014 年 5 月 21 日	967	270	83.70	0.57	27.00
2014 年 5 月 22 日	1110	262	74.90	0.47	24.00
2014 年 5 月 24 日	1084	234	64.50	0.50	22.00

由表 7-5 可知，对系统性能进行了连续 11 天的测试研究，除 5 月 13 日和 5 月 14 日系统平均效率分别为 17.00%和 14.00%外，其他 9 天系统运行的平均效率都在 21.00%及以上，其中 5 月 21 日系统的平均效率达到 27.00%。连续运行 11 天机组的平均 COP 为 0.53，5 月 19 日机组运行平均 COP 最高，为 0.59，5 月 14 日机组运行平均 COP 最低，为 0.45。由表 7-5 可知，从辐照量、制冷量、运行温度、机组平均 COP 和系统平均效率 5 种参数综合评判，5 月 16 日系统运行性能最佳，在接收了 1120MJ 的辐照量下，输出制冷量 267MJ，提供热水的温度最高为 91.9℃，机组平均 COP 和系统平均效率分别为 0.58 和 23.00%。

采用太阳能槽式聚光提高单效溴化锂吸收式制冷空调系统的驱动热源温度可将制冷效率提高至 23%，且系统运行稳定，具有一定的应用价值。为缓解太阳能间歇性及阴雨天气的影响，在工程应用上系统必须附带储热水箱及辅助加热系统。由于太阳能槽式聚光系统结构复杂、跟踪精度要求较高，相比普通太阳能集热器，太阳能槽式聚光系统价格较高，再加上溴化锂吸收式制冷机组价格高，采用太阳能槽式聚光驱动溴化锂吸收式制冷机组性价比不高，商业化与规模化利用较少。

7.4 太阳能光伏制冷系统综合分析

7.4.1 太阳能光伏冰箱性能

太阳能光伏冰箱分为太阳能光伏发电驱动直流半导体冰箱和太阳能光伏发电驱动蒸汽压缩式制冷冰箱两种，本书第 5 章对这两种冰箱的运行性能进行了详细分析，本节将对两种冰箱系统进行综合分析。

1. 太阳能光伏直流冰箱

采用峰值功率为 80W 的两块光伏组件并联，经过控制器和 200A·h 蓄电池输出 12V 直流电给额定功率为 60W、容量为 12L 的直流冰箱供电，无论晴天还是阴雨天冰箱均能高效稳定运行。制冷时该系统能维持箱内温度在 5.0～10.0℃，能满足食品或食物的保鲜；制热时能维持箱内温度在 62.0～68.0℃，能对食物进行加热和保温。

光伏驱动冰箱运行的性能参数(如制冷制热温度、制冷制热效率及运行稳定性)均与市电驱动时的参数保持一致。光伏驱动直流冰箱制冷模式下的空载和带载两种工况时，冰箱效率分别为 0.356 和 0.362，太阳能利用效率分别为 0.022 和 0.024，空载与带载运行效率基本一致，冰箱制冷温度最低只能到达 5℃，只适用于冷藏，可用于疫苗、血浆等移动时冷藏或户外物品的冷藏。相比于蒸汽压缩式制冷冰箱，直流冰箱还可运行在加热工况。研究结果表明，光伏驱动制热模式两种工况的冰箱效率略高于制冷模式，分别为 0.368 和 0.372。制热温度可到 65℃左右，可用于食物的加热，是户外作业较好的工具。

由于光伏直流冰箱可作为便携工具运行在户外或移动车上，因此其运行的工作环境对其性能的研究具有重要的意义。研究表明，环境温度对直流冰箱的制冷效率及制热效率影响较大，带载运行在制冷模式时，环境温度由 27.4℃升高到 29.5℃时，冰箱制冷效率由 0.362 下降到 0.292，下降了 19.34%，环境温度对制冷效率的影响因数为$-0.033℃^{-1}$；带载运行在制热模式时，环境温度由 24.8℃升高到 26.3℃时，制热效率由 0.328 升高到 0.372，升高了 13.41%，环境温度对制冷效率的影响因数为 $0.089℃^{-1}$，两种影响因数可为应用于户外和移动式的光伏直流冰箱的选型提供重要的参考依据。

2. 太阳能光伏交流冰箱

本书采用峰值功率为 190W 的光伏组件将太阳能转化为电能，经过 100A·h 的蓄电池、控制器和逆变器，输出 220V 的交流电给额定功率为 90W 的家用交流冰箱供电。

在阴雨天气，全天累计辐照量仅为 $13MJ/m^2$ 时对冰箱空载运行进行实验测试，结果表明冰箱可高效稳定运行，系统空载时用时 75min 箱内冷冻室温度降到 0℃，用时 150min 冷藏室温度降到 5℃，运行 210min 后冰箱进入稳定运行阶段，冰箱运行 24h 耗电量为 0.4kW·h，而光伏组件累计发电量为 0.57kW·h，冰箱所耗电能可完全由光伏组件提供，且光伏组件剩余的电能储存到蓄电池内。

接着对冰箱带载运行性能开展实验研究，首先将 2.7kg 水放入冷冻室，将 0.3kg 水放入冷藏室，光伏驱动冰箱高效稳定运行约 3h 后，冷藏室的温度稳定在 4℃左右，冷冻室的温度稳定在−8℃，系统效率为 0.12。接着对带载不同质量负载的冰箱性能进行了研究，研究结果表明，当冰箱冷冻室分别装入 5kg、6kg 和 7kg 水时，在水从 25℃降温至 0℃的初始降温段，光伏驱动冰箱温度运行的平均效率分别为 0.27、0.18 和 0.25，系统运行效率不仅与负载质量相关，还与负载的降温速率相关；当系统运行在 0℃时，即水凝固成冰的相变过程时，此时若带载 5kg、6kg 和 7kg，则光伏驱动冰箱运行的效率分别为 0.16、0.18 和 0.19，效率仅与负载质量相关；而当冰箱运行在 0～−20℃的过冷阶段时，系统效率与负载达到设置温度的时间有关，5kg、6kg 和 7kg 的水从 0℃降温至−20℃分别用时 791min、1151min 和 1232min。实验期间的累计辐照量均为 10MJ/m^2，累计发电量为 0.44kW·h，5kg、6kg 和 7kg 水分别达到−20℃时，冰箱制冷效率分别为 0.61、0.42 和 0.40，光伏驱动冰箱效率分别为 0.081、0.054 和 0.053，冰箱功耗分别为 1.1kW·h、1.9kW·h 和 2.3kW·h，光伏电量不足部分由蓄电池补充。在典型晴天时，光伏冰箱的光伏组件全天可发电 0.92kW·h，基本上可以驱动 5kg 水达到设置的−20℃的冷冻温度，提供约 0.67kW·h 的冷量，因此可知，光伏冰箱的光伏发电量与冷量需求的最佳比值为 1.4 左右。

7.4.2　太阳能光伏空调性能

太阳能光伏空调的工作原理与太阳能光伏冰箱的工作原理类似，利用光伏阵列产生直流电能，经控制器控制、蓄电池充放电和逆变器将直流电逆变为交流电驱动蒸汽压缩式制冷系统。本书所构建的太阳能光伏空调系统中的蒸汽压缩式制冷空调为 1.5P（1.10kW），考虑到空调启动的瞬时电流很大，瞬时功率消耗很大，因此需要配备的光伏阵列的峰值功率较大，设计过程中，采用了 10 块光伏组件，其中两块光伏组件串联提升电压，5 组并联提高光伏阵列输出电流以满足空调过大的瞬时启动电流。单块光伏组件的峰值功率为 240W，光伏阵列总输出功率为 2.4kW。

以下为对采用市电、光伏及蓄电池单独驱动下的空调系统的制热及制冷特性进行的实验测试与结果分析。

在昆明气候条件下，空调制热主要集中在 11 月～次年 2 月，光伏空调系统效率均在 0.33 左右，系统保障率均在 1.1 左右，能满足系统设计要求。市电与蓄电池驱动空调运行在制热模式下的 COP 分别为 3.7 和 3.57，虽然蓄电池单独供能情况下系统制热工况运行稍有波动，但不影响室内采暖性能，研究结果验证了在阴雨天太阳辐照较弱或夜间无太阳辐照情况下蓄电池可独立驱动空调系统稳定运行，且能达到市电驱动的效果。昆明地区的制冷主要集中在 4～7 月，系统制冷效率均在 0.37 左右，系统保障率为 0.93～1.25，均能满足系统制冷模式的供能需求。光伏空调在这 4 个月的运行结果表明，系统运行很稳定，4～7 月的平均效率分别为 35.00%、34.00%、37.00%、36.00%，平均保障率依次为 1.25、1.18、1.09、0.93，光伏空调可满足设计要求。

研究结果还表明，在昆明温带地区气候条件下，1.5P 户用光伏空调系统制冷效率可达 0.37，系统月平均日最大发电量为 8kW·h。当辐照度达到 675W/m^2 以上时，电池板发电量达到 1120W·h 以上，光伏发电量可完全驱动空调机组运行 4～5h。在峰值辐照条件下电池板制冷量为 430W/(m^2·h)，制热量为 400W/(m^2·h)，系统保障率最高可达到 1.4。

基于 MATLAB 对分布式光伏空调系统建立理论模型，并结合昆明地区气候条件的实验结果对模型进行了验证。结果表明，系统制热效率模拟值为 0.348，系统最大制冷效率模拟值为 0.384，模拟值与实验值误差均在 7%以内。基于模拟计算优化分布式独立光伏空调系统中的部件匹配，系统效率将得到明显提升。在太阳能电池组件、控制器、逆变器、蓄电池四大部件中，对系统影响最大的是太阳能电池组件，关联性为 0.4，蓄电池对系统性能影响的关联性为 0.3，控制器、逆变器分别为 0.2 和 0.15。通过优化控制器逆变器参数与容量，分别提升控制效率和逆变效率，最终将分布式光伏空调系统效率提高 11%～13%，系统效率可由 0.37 提升到 0.41。

7.5 几种太阳能制冷空调综合对比

由以上分析可知，太阳能制冷分为太阳能制冰和太阳能空调两大类。太阳能制冰中有采用太阳能作为热源驱动的吸附式制冰机和采用太阳能光伏发电驱动蒸汽压缩式制冰机两种。同理，太阳能空调中也分为采用太阳能加热热水作为热源驱动的溴化锂吸收式空调系统和采用太阳能光伏发电驱动蒸汽压缩式制冷空调系统。本书提出的分布式光伏驱动冰蓄冷空调系统兼有制冰和空调两种功能。为便于对以上 5 种太阳能制冷系统的运行性能进行比较，基于制冰和空调两种功能对 5 种产品进行分类比较，其中基于制冰性能比较的有太阳能吸附式制冰机、太阳能光伏冰箱和运行在制冰工况下的三种分布式光伏驱动冰蓄冷空调系统；基于空调性能比较的有太阳能槽式聚光驱动单效溴化锂制冷空调系统、太阳能光伏空调和运行在即开即用工况下的分布式光伏直驱冰蓄冷空调系统。系统制冷性能对比结果分别见表 7-6 和表 7-7。

表 7-6　太阳能制冰系统平均 COP 对比

项目	平均 COP
太阳能吸附式制冰机	0.15
太阳能光伏冰箱	0.15
分布式光伏驱动片冰滑落式冰蓄冷空调系统	0.05
分布式光伏驱动静态冰蓄冷空调系统	0.09
分布式光伏直驱冰蓄冷空调系统	0.24

表 7-7　太阳能空调系统制冷平均效率对比

项目	平均效率
太阳能槽式聚光驱动单效溴化锂制冷空调系统	0.23
太阳能光伏空调	0.36
运行在即开即用工况下的分布式光伏直驱冰蓄冷空调系统	0.32

由表 7-6 可知，强化传热传质太阳能吸附式制冰机的 COP 为 0.15，接近目前国际研究报道的最高水平，太阳能光伏冰箱制冰效率与太阳能吸附式制冰机效率相当。在制冰工况下，可通过对系统部件的能量转换传递及㶲流的分析，对制冰模式、系统结构、部件间的能量匹配及能量控制策略的优化，使得分布式光伏直驱冰蓄冷空调系统的平均 COP 由 0.05 提高到 0.24，制冰效率较吸附式制冰机和光伏冰箱提高了 60%。分布式光伏驱动冰蓄冷空调系统不仅制冰效率高，且采用直驱技术后，可解决太阳能间歇性的问题。此外，采用冰蓄冷替代蓄电池储能，降低了系统投资运行成本。

表 7-7 对比了三种太阳能空调系统的性能，太阳能光伏空调平均效率最高，为 0.36，太阳能槽式聚光驱动单效溴化锂制冷空调系统平均效率最低，为 0.23，即开即用工况下的分布式光伏直驱冰蓄冷空调系统平均效率为 0.32，与太阳能光伏空调系统效率相当。分布式光伏直驱冰蓄冷空调系统利用冰蓄冷替代蓄电池储能降低了分布式光伏能源的投资运行成本，但太阳能光伏空调采用了蓄电池储能，成本较高。采用了变频控制与光伏阵列最大输出功率跟踪相结合的技术后，实现了分布式光伏直驱冰蓄冷空调系统全天候持续稳定高效运行，不受太阳能间歇性的影响。因此在运行稳定性与持续性上，分布式光伏直驱冰蓄冷空调系统比太阳能槽式聚光驱动单效溴化锂制冷空调系统要好。

综上，分布式光伏直驱冰蓄冷空调系统兼顾了制冰性能和空调性能，无论在制冰工况还是在空调工况，均具有较高的系统效率，且系统运行稳定，不受太阳能间歇性的影响。采用冰蓄冷代替蓄电池储能，降低了系统的投资运行成本，使得分布式光伏直驱冰蓄冷空调系统具有较好的产业化与规模化应用价值。

7.6　光伏制冷系统的经济性能

前几节综合分析了太阳能光热驱动的吸附制冷装置、太阳能槽式聚光驱动单效溴化锂空调系统及光伏驱动的光伏冰蓄冷空调和光伏直驱空调，并定性分析了太阳能光热制冷与光伏制冷的经济特性及应用前景。总体上讲，光伏制冷的经济性能及产业化潜力要高于太阳能光热制冷。本节将结合工程实例综合分析光伏制冷系统的投资回收期。

7.6.1　投资回收期

项目投资回收期也称为返本期，是反映项目投资回收能力的重要指标，分为静态投资回收期和动态投资回收期。静态投资回收期是在不考虑资金时间价值的条件下，以项目的净收益回收其总投资(包括建设投资和流动资金)所需要的时间，一般以年为单位。

项目投资的静态投资回收期通常从项目开始建设时算起，若从项目投产年开始计算，则应予以特别说明。从建设年开始算起，项目投资回收期计算如式(7-1)所示。

$$\sum_{t=0}^{P_t}(\mathrm{CI}-\mathrm{CO})_t=0 \tag{7-1}$$

式中，P_t 为静态投资回收期；CI 为现金流入量；CO 为现金流出量；$(\mathrm{CI}-\mathrm{CO})_t$ 为第 t 年净现金流量。

当项目建成投产后各年的净收益(年净现金流量)相等时，项目的投资回收期的计算如式(7-2)所示。

$$P_t=\frac{I}{A} \tag{7-2}$$

式中，I 为总投资费用；A 为每年净收益。

当项目建成投产后，各年的净收益(年净现金流量)不相等时，静态投资回收期可根据累计净现金流量计算，如式(7-3)所示。

$$P_{\mathrm{t}} = T - 1 + \frac{\sum_{t=0}^{T-1} (\mathrm{CI} - \mathrm{CO})_t}{(\mathrm{CI} - \mathrm{CO})_T} \tag{7-3}$$

式中，T 为各年累计净现金流量首次为正或零的年数。

动态投资回收期是把项目各年的净现金流量按基准收益率折现后，再用来计算累计现金值等于 0 时的年数，计算公式如式(7-4)所示。

$$\sum_{t=0}^{P_{\mathrm{t}}'} (\mathrm{CI} - \mathrm{CO})_t (1 + i_{\mathrm{c}})^{-t} = 0 \tag{7-4}$$

式中，P_{t}' 为动态投资回收期；i_{c} 为基准收益率。

7.6.2 太阳能光伏制冷项目经济性能

1. 10kW 分布式光伏驱动冰蓄冷空调项目

泰国曼谷某办公楼项目，建筑面积约为 200m^2，其中空调使用面积为 90m^2，空调供冷需求为每天 8:30～17:30，每周工作 6 天，延迟下班现象较少。考虑到泰国天气炎热，供冷功率可达 250W/m^2，需要 7.5kW 制冷机组提供约为 22.5kW 的制冷能力。目前楼顶已完成 10kW 的分布式光伏能源系统建设工作，拟采用 10kW 分布式光伏能源系统驱动冰蓄冷空调系统为 90m^2 办公楼供冷。制冷系统采用普通冷水主机及冰蓄冷复合系统，制冷机组采用光伏驱动。

冰蓄冷空调系统是在常规空调系统的基础上多加一套蓄冰装置，在光伏发电量富裕时开启制冷机组，将蓄冰装置中的水制成冰，在光伏发电量不足时段利用融冰取冷满足部分空调负荷，达到调峰移谷、平衡光伏发电不稳定的目的。项目主要用于办公区域供冷，宜采用边供冷边蓄冷方案。采用 10kW 光伏能源驱动 7.5kW 空调机组制冷，制冷量为 5 个冷吨，通过供冷需求控制调节冷量在输出端与蓄冷槽间的比例。系统所需设备的技术参数见表 7-8。

表 7-8 冰蓄冷空调系统所需设备的技术参数

序号	名称	主要参数	数量	单位	总功率/kW
1	变频风冷冷水主机	22.5kW	1	台	7.5
2	变频不锈钢冷冻水泵	2.5m^3/h	2	台	0.37
3	变频蓄冰设备	100kW·h	1	台	2.5(0.37)
4	明装卧式风机盘管	3#	6	台	0.24
5	明装卧式风机盘管	4#	2	台	0.12
6	明装卡式风机盘管	6#	1	台	0.12
7	总用电功率	白天最高用电功率			8.72

冰蓄冷空调系统所需设备选型见表 7-9。

表 7-9　冰蓄冷空调系统所需设备选型

名称	主要参数
风冷冷水主机	输出冷量：22.5kW，输入功率：7.5kW。外形尺寸(长×宽×高)：1150mm×740mm×1375mm
蓄冷设备	蓄冷量：80kW·h，输入功率：2.0kW。外形尺寸(长×宽×高)：1200mm×1200mm×1880mm
冷冻水泵	输入功率：0.37kW，流量：2.5m³/h，扬程：15m
融冰泵	输入功率：1.10kW，流量：8m³/h，扬程：27m
换热器	钎焊不锈钢板式换热器
压力传感器	压力范围：0～16bar；输出型号：0～10V，使用温度：-30～85℃
电动蝶阀	输入电压：380V；使用温度：-20～60℃，使用压力：0.6MPa
压缩机	5HP，输出电压：380V；频率变化：0～60Hz

注：1bar=100kPa。

冰蓄冷项目设备的报价见表 7-10。

表 7-10　10kW 分布式光伏直驱冰蓄冷空调项目中冰蓄冷空调设备报价

<table>
<tr><th>商品名称及规格</th><th>生产厂家及牌号商标</th><th>单位</th><th>数量</th><th>单价/元</th><th>金额/元</th><th>备注</th></tr>
<tr><td>冰储冷主机</td><td rowspan="3">—</td><td rowspan="3">台</td><td>1</td><td>67000</td><td>67000</td><td></td></tr>
<tr><td rowspan="2">射流空调机组</td><td>1</td><td>8367</td><td>8367</td><td></td></tr>
<tr><td>1</td><td>3437</td><td>3437</td><td></td></tr>
<tr><td colspan="7">合计人民币金额(大写)：柒万捌仟捌佰零肆元　小写：￥78804 元</td></tr>
</table>

该空调系统供冷模式如下。

(1) 10kW 光伏并网发电系统。

(2) 市电驱动 22kW 分体空调机(经常使用的空调供冷功率为 15kW)。

(3) 10kW 光伏组件并网发电，市电驱动 22kW 分体空调机(经常使用的空调供冷功率为 15kW)。

(4) 10kW 光伏组件发电全部用于驱动分体式空调运行，不足部分由市电补充。

(5) 10kW 光伏组件驱动冰蓄冷系统(冰蓄冷设备白天运行平均功率为 3kW，晚上运行功率为 7kW)。

(6) 10kW 光伏组件驱动冰蓄冷系统(光伏发电全部用于制冰，不足部分晚上制冰补充)。

为计算空调项目的经济性能，表 7-11 给出了泰国曼谷的电价。

基于泰国曼谷的电价，利用 RETScreen 软件对 6 种空调供冷系统的经济性能进行了计算分析，详见附表一至附表六。6 种空调供冷系统的投资回报期见附表七。6 种空调供冷系统性能对比结果见表 7-12。

表 7-11 泰国曼谷电价

电压/kV	高峰		低谷		服务费/($/月)
	电价[$/(kW·h)]	时段	电价[$/(kW·h)]	时段	
0～12	0.126	09:00～22:00	0.059	22:00～09:00	8.587
12～24	0.145	09:00～22:00	0.060	22:00～09:00	1.270

表 7-12 6 种空调供冷系统性能对比

经济性能	供冷系统					
	1	2	3	4	5	6
PV 系统每年的经济效益/美元	2786	−4978	2786	—	957.1	—
PV 系统 15 年的经济效益/美元	41790	−74670	41790	—	14356.5	—
15 年总成本/美元	9500	16700	58183	71858	26700	28518
15 年盈利或节约电费/美元	41785	−91367	33185	19510	79018.5	62787
投资回收期/年	3	无	8.5	13	4.5	5

注：4 和 6 光伏系统发电全部用于制冰，没有发电产生经济效益，但相比于市电驱动分体式空调系统会节约电费。

由表 7-12 可知，由于泰国曼谷具有丰富的太阳能资源，且曼谷市政府对太阳能光伏发电制定了较好的补贴政策，因此曼谷 10kW 光伏电站的投资回收期约为 3 年。采用市电驱动空调系统每年消耗的电费约为 4920 美元，不具有经济性。采用光伏发电并网，市电驱动空调系统的投资回收期为 8.5 年。10kW 光伏组件发电全部用于驱动分体式空调运行，不足部分由市电补充的系统投资回收期为 13 年，而采用 10kW 光伏组件驱动冰蓄冷系统(冰蓄冷设备白天运行平均功率为 3kW，晚上运行功率为 7kW)的投资回收期较短，约为 4.5 年。10kW 光伏组件驱动冰蓄冷系统(光伏发电全部用于制冰，不足部分晚上制冰补充)的投资回收期为 5 年。由以上分析可知，在泰国曼谷的 200m^2 办公楼供冷项目，采用 10kW 光伏组件驱动冰蓄冷系统(冰蓄冷设备白天运行平均功率为 3kW，晚上运行功率为 7kW)效益最好，因为办公楼晚上不需要供冷，可以在晚上谷电制冰蓄冷补充白天光伏制冰蓄冷的不足，既充分利用了白天的太阳能驱动制冷机组高效制冷供冷，又合理利用了晚上低谷电价格制冰蓄冷补充白天冰蓄冷的不足。采用分布式光伏直驱冰蓄冷空调系统(白天光伏发电全部用于驱动制冷机组制冷供冷，多余冷量制冰蓄存，不足部分利用晚上谷电制冰补充)的投资回收期约为 5 年，比分布式光伏并网发电制冷机组市电驱动的经济效率要高。由此可得，在泰国曼谷采用分布式光伏直驱冰蓄冷空调系统的投资回收期为 4～6 年，具有一定的经济收益。

2. 100kW 分布式光伏驱动冰蓄冷粮仓恒温储粮项目

攀枝花某粮仓，粮仓长 120m，宽 11m，高 5m，分为 6 个小库，2 个 800t 的库，4 个 670t 的库，共储存粮食 4280t。粮仓粮食的储存温度在 15～20℃最佳。采用 2 个 25kW 冷水机组制冷，制冰机组 10kW，融冰水泵 5kW。系统总功率约为 70kW，与之匹配的光伏组件功率约为 100kW，粮仓屋顶面积为 1300m^2，可架设光伏能源系统，功率为 100kW，屋顶的光伏阵列面积与制冷需求正好匹配。若采用光伏能源系统驱动不带冰蓄冷冷水机组，光伏组件功率为 120kW，屋顶面积不够。因此，采用带冰蓄冷的光伏驱动冷水机组可与粮仓供冷需求及屋顶面积均匹配较好。项目主体设备成本概算见表 7-13。

表 7-13　项目主体设备成本概算

名称	参数	数量	单价/万元	金额/万元	备注
光伏能源系统	100kW	1	90	90	
冷水机组	25kW	2	18	36	
冰蓄冷系统	4000kW·h	1	35	35	
射流空调机组	60kW	6	3.5	21	
其他	—	—	18	18	
合计人民币金额(大写)：贰佰万元			小写：￥200 万元		

利用软件 RETScreen 计算得到攀枝花市的月平均辐照量，进而计算出 100kW 分布式光伏能源系统的发电量，结果见表 7-14。

表 7-14　月平均辐照量及月发电量

参数	月份											
	1	2	3	4	5	6	7	8	9	10	11	12
辐照量/(MJ/m^2)	4.52	5.20	5.73	6.17	5.87	5.16	4.54	4.56	3.89	4.05	4.17	4.16
发电量/(kW·h)	3647	3600	4153	4087	3847	3180	2913	3060	2713	3100	3227	3407

基于三种空调系统，采用市电和分布式光伏相结合的三种驱动方式分析系统性能，见表 7-15。表中所产生的费用单位为万元，粮仓全年制冷需求为 197 天。四川峰谷电情况为：平期 0.7516 元，共 7h；峰期 1.12740 元，共 8h；谷期：0.37580 元，共 9h。高峰时段：07:00～11:00，19:00～23:00；平谷时段：11:00～19:00；低谷时段：23:00～07:00。光伏与市电结合供能时，197 天供冷中，假设有 127 天晴天，70 天阴天，阴天全部用市电供能。不供能时则光伏发电上网，设剩余 163 天里可发电时间为 120 天，每天发电 6h。光伏能源系统全年发电天数为 200 天。

表 7-15　三种空调系统在三种电能驱动模式下的运行电费

模式	功率/kW	市电		光伏与市电结合							并网发电市电供能					
		产生电能/年	电费/(万元/年)	PV 装机容量/kW	光伏供能时段	电费/(万元/年)	发电天数/天	发电量/(10^{4}kW·h)	上网电价/元	发电总价/元	PV 装机容量/kW	发电天数/天	发电量/(10^{4}kW·h)	上网电价/元	发电总价/元	电费/(万元/年)
分体式	90	—	23.8	100	07:00～11:00 19:00～23:00	13.2	120	7.2	0.5	3.6	100	200	12	0.5	6	17.8
中央式	90	—	23.8	100	07:00～16:00 19:00～23:00	13.2	120	7.2	0.5	3.6	10	200	12	0.5	6	17.8
冰蓄冷	50	—	6.5	100	07:00～18:00	0.8	120	7.2	0.5	3.6	100	200	12	0.5	6	0.5

由表 7-15 可知：

(1) 采用市电驱动的三种空调供冷系统时，冰蓄冷空调系统全年电费为 6.5 万元，而分体式和集中式空调系统的电费均为 23.8 万元，冰蓄冷空调系统电费较低的原因是采用晚上谷电制冰蓄冷，白天供冷，而谷电电费只有峰值电费的三分之一，从而冰蓄冷电费要低很多。

(2) 采用光伏与市电结合供能时，即光伏发电全部驱动空调系统制冷，不足的部分采用市电补充。冰蓄冷空调系统全年电费为 0.8 万元，而分体式和集中式空调系统的电费均为 13.2 万元，比市电驱动的三种空调系统的电费分别减少了 87.70%、44.54%和 44.54%。由此可见，采用分布式光伏能源系统驱动的冰蓄冷空调系统后的电费减少比例较大，空余时间光伏发电量赚取的并网发电电费可用于支付空调系统全年的总电费。

(3) 采用光伏并网发电，空调系统为市电驱动的模式时，冰蓄冷空调系统全年电费为 0.5 万元，比光伏与市电结合模式的费用低 0.3 万元；而分体式和集中式空调系统的电费均为 17.8 万元，比光伏与市电结合模式的费用高 4.6 万元。

由以上分析可知，粮仓供冷时，冰蓄冷空调系统均比分体式和中央空调系统的电费要低很多。在采用分布式光伏能源驱动冰蓄空调系统中，光伏与市电结合的供能模式和光伏并网发电市电驱动模式下所产生的电费基本相当。为较好地比较三种空调系统的经济性能，对系统的投资回收期进行了对比分析，见表 7-16。

表 7-16　三种空调系统在三种电能驱动模式下的经济性能

模式	功率/kW	投资成本/万元	市电		光伏与市电结合						并网发电市电供能				
			电费/(万元/年)	投资回收期/年	PV 装机容量/kW	PV 成本/万元	电费/(万元/年)	发电总价/万元	蓄电池/万元	投资回收期/年	PV 装机容量/kW	PV 成本/万元	发电总价/万元	电费/(万元/年)	投资回收期/年
普通分体式	90	120	23.8	—	100	90	16.8	3.6	40	—	100	90	6	23.8	10
中央空调	90	90	23.8	—	100	90	16.8	3.6	40	—	10	90	6	23.8	9
冰蓄冷	50	110	6.5	—	100	90	4.4	3.6	—	8	100	90	6	6.5	8

由表 7-16 可知，在粮仓恒温项目中采用市电驱动的三种空调系统的投资回收期大于系统的生命周期，无经济性可言；采用光伏与市电结合驱动的普通分体式空调和中央空调也没有经济性，而光伏与市电结合驱动的冰蓄冷空调系统的投资回收期为 8 年；采用光伏并网发电，市电驱动模式下，普通分体式空调和中央空调的投资回收期分别为 10 年和 9 年，而冰蓄冷空调系统的投资回收期为 8 年。

由以上分析可知，四川攀枝花 100kW 分布式光伏驱动冰蓄冷粮仓恒温储粮项目的投资回收期约为 8 年，采用光伏与市电结合驱动模式和采用光伏并网发电市电驱动模式的经济性能相当。

通过对泰国曼谷 10kW 分布式光伏驱动冰蓄冷空调项目和四川攀枝花 100kW 分布式光伏驱动冰蓄冷粮仓恒温储粮项目的经济性能进行分析表明，分布式光伏驱动冰蓄冷空调系统应用在气温较高、制冷需求量较大的地区具有较好的经济性能。

附表一 泰国曼谷10kW分布式光伏电站并网发电性能分析

项目		1月	2月	3月	4月	5月	6月	7月	8月	9月	10月	11月	12月	总额	投资回收期
气候条件	辐照量/[MJ/(m²·d)]	5	5	6	6	5	5	5	5	4	4	5	5	1786	
	平均温度/℃	26	27	29	30	29	29	28	28	28	28	27	26	—	
	供冷天数	19	18	20	20	20	20	20	20	19	20	19	19	234	
10kW光伏组件	发电量/(kW/月)	1118	1044	1225	1163	1071	958	976	964	909	1005	1075	1154	12662	
	电价/[$/(kW·h)]	0.22	0.22	0.22	0.22	0.22	0.22	0.22	0.22	0.22	0.22	0.22	0.22	—	
	经济效率/$	246	230	270	256	236	211	215	212	200	221	237	254	2786	
	补贴年限/年	15	15	15	15	15	15	15	15	15	15	15	15	—	
	总效率/$	3689	3445	4043	3838	3534	3161	3221	3181	3000	3317	3548	3808	41785	
	成本计算														
	PV/$													7700	
	系统维护成本/$	10	10	10	10	10	10	10	10	10	10	10	10	120	
	总维护成本/$	150	150	150	150	150	150	150	150	150	150	150	150	1800	
	总费用/$													9500	
	盈利/$													322855	3

附表二 泰国曼谷市电驱动分体式空调系统费用分析

系统		1月	2月	3月	4月	5月	6月	7月	8月	9月	10月	11月	12月	总额	投资回收期
市电驱动22kW分体空调系统	供冷时长/h	171	160	182	179	183	176	180	180	173	178	170	1705	2102	
	电价/[$/(kW·h)]	0.15	0.15	0.15	0.15	0.15	0.15	0.15	0.15	0.15	0.15	0.15	0.15	—	
	电费/[$/(kW·h)]	406	379	430	424	434	417	427	426	409	421	402	403	4978	
	生命周期/年	15	15	15	15	15	15	15	15	15	15	15	15	—	
	总电费/$	6084	5684	6457	6361	6516	6249	6408	6383	6141	6319	6025	6039	74667	
	成本计算														
	空调成本/$													14000	
	系统维护成本/$	15	15	15	15	15	15	15	15	15	15	15	15	180	
	总维护成本/$	225	225	225	225	225	225	225	225	225	225	225	225	2700	
	总成本/$													16700	
	总费用/$													91367	—

附表三　泰国曼谷 10kW 分布式光伏电站并网驱动分体式空调系统费用分析

系统		1月	2月	3月	4月	5月	6月	7月	8月	9月	10月	11月	12月	总额	投资回收期
10kW 光伏电站并网发电，市电驱动 22kW 分体式空调系统	供冷时长/h	171	160	182	179	183	176	180	180	173	178	170	1705	2102	
	电价/[$/(kW·h)]	0.15	0.15	0.15	0.15	0.15	0.15	0.15	0.15	0.15	0.15	0.15	0.15	—	
	电费/[$/(kW·h)]	406	379	430	424	434	417	427	426	409	421	402	403	4978	
	生命周期/年	15	15	15	15	15	15	15	15	15	15	15	15	—	
	总电费/$	6084	5684	6457	6361	6516	6249	6408	6383	6141	6319	6025	6039	74667	
	成本计算														
	PV 系统/$													7700	
	空调成本/$													14000	
	系统维护成本/$	20	20	20	20	20	20	20	20	20	20	20	20	240	
	总维护成本/$	300	300	300	300	300	300	300	300	300	300	300	300	3600	
	总成本/$													25300	
	总费用/$													58183	
	收益														
	发电量/(kW·h/月)	1118	1044	1225	1163	1071	958	976	964	909	1005	1075	1154	12662	
	电价/[$/(kW·h)]	0.22	0.22	0.22	0.22	0.22	0.22	0.22	0.22	0.22	0.22	0.22	0.22	—	
	经济效率/$	246	230	270	256	236	211	215	212	200	221	237	254	2786	
	补贴年限/年	15	15	15	15	15	15	15	15	15	15	15	15	—	
	总效率/$	3689	3445	4043	3838	3534	3161	3221	3181	3000	3317	3548	3808	41785	
节约费用/$(与市电驱动 22kW 分体空调系统成本相比)														33185	8.5

附表四　泰国曼谷 10kW 分布式光伏电站离网驱动分体式空调系统费用分析

系统		1 月	2 月	3 月	4 月	5 月	6 月	7 月	8 月	9 月	10 月	11 月	12 月	总额	投资回收期
10kW 光伏电站离网驱动分体式空调系统，电能不足部分市电补充	供冷天数/天	19	18	20	20	20	20	20	20	19	20	19	19	234	
	供冷耗电量/(kW·h)	2740	2560	2909	2865	2935	2815	2887	2875	2766	2847	2714	2720	33634	
	PV 发电量/(kW·h)	1118	1044	1225	1163	1071	958	976	964	909	1005	1075	1154	12663	
	市电补充电能/(kW·h)	1622	1516	1684	1702	1864	1857	1911	1911	1857	1842	1639	1566	20972	
	电价/[$/(kW·h)]	0.15	0.15	0.15	0.15	0.15	0.15	0.15	0.15	0.15	0.15	0.15	0.15	—	
	电费/[$/(kW·h)]	240	224	249	252	276	275	283	283	275	273	243	232	3104	
	生命周期/年	15	15	15	15	15	15	15	15	15	15	15	15	—	
	总电费/[$/(kW·h)]	3602	3367	3738	3779	4139	4122	4242	4243	4123	4088	3639	3477	46558	
	成本计算														
	PV 系统/$													7700	
	空调成本/$													14000	
	系统维护成本/$	20	20	20	20	20	20	20	20	20	20	20	20	240	
	总维护成本/$	300	300	300	300	300	300	300	300	300	300	300	300	3600	
	总成本/$													25300	
	总费用/$													71858	
节约费用/$(与市电驱动 22kW 分体空调系统成本相比)														19510	13

附表五　泰国曼谷 10kW 分布式光伏电站并网驱动冰蓄冷空调系统费用分析

系统		1 月	2 月	3 月	4 月	5 月	6 月	7 月	8 月	9 月	10 月	11 月	12 月	总额	投资回收期
10kW 光伏电站并网驱动冰蓄冷空调系统(冰蓄冷空调白天运行平均功率为 3kW，夜间运行功率为 7kW)	供冷时长/h	171	160	182	179	183	176	180	180	173	178	170	1705	2102	
	供冷天数/天	19	18	20	20	20	20	20	20	19	20	19	19	234	
	发电量/(kW·h/月)	1118	1044	1225	1163	1071	958	976	964	909	1005	1075	1154	12662	
	上网电价/[$/(kW·h)]	0.22	0.22	0.22	0.22	0.22	0.22	0.22	0.22	0.22	0.22	0.22	0.22	—	
	经济效率/$	246	230	270	256	236	211	215	212	200	221	237	254	2786	
	补贴年限/年	15	15	15	15	15	15	15	15	15	15	15	15	—	
	总效率/$	3689	3445	4043	3838	3534	3161	3221	3181	3000	3317	3548	3808	41785	
	电费														
	白天耗电量/(kW·h)	514	480	545	537	550	528	541	539	519	534	509	510	6306	
	电价/[$/(kW·h)]	0.15	0.15	0.15	0.15	0.15	0.15	0.15	0.15	0.15	0.15	0.15	0.15	—	
	白天电费/$	77.1	72	81.75	80.55	82.5	79.2	81.15	80.85	77.85	80.1	76.35	76.5	945.9	
	晚间谷电价格/[$/(kW·h)]	0.06	0.06	0.06	0.06	0.06	0.06	0.06	0.06	0.06	0.06	0.06	0.06	—	
	夜间电费/$	72	67	76	75	77	74	76	75	73	75	71	71	883	
	总电费/$	149.1	139	157.75	155.55	159.5	153.2	157.15	155.85	150.85	155.1	147.35	147.5	1828.9	
	生命周期/年	15	15	15	15	15	15	15	15	15	15	15	15	—	
	总电费/$	2236.5	2085	2366.25	2333.25	2392.5	2298	2357.25	2337.75	2262.75	2326.5	2210.25	2212.5	27433.5	
	成本计算														
	PV/$													7700	
	冰蓄冷空调系统/$													15400	
	系统维护成本/$	20	20	20	20	20	20	20	20	20	20	20	20	240	
	总维护成本/$	300	300	300	300	300	300	300	300	300	300	300	300	3600	
	总成本/$													26700	
	总费用/$													12348.5	
节省费用/$(与市电驱动 22kW 分体空调系统成本相比)														79018.5	4.5

附表六　泰国曼谷 10kW 分布式光伏电站离网驱动冰蓄冷空调系统费用分析

系统		1 月	2 月	3 月	4 月	5 月	6 月	7 月	8 月	9 月	10 月	11 月	12 月	总额	投资回收期
10kW 分布式光伏离网驱动冰蓄冷空调系统	供冷时长/h	171	160	182	179	183	176	180	180	173	178	170	1705	2102	
	发电量/(kW·h/月)	1118	1044	1225	1163	1071	958	976	964	909	1005	1075	1154	12662	
	供冷天数	19	18	20	20	20	20	20	20	19	20	19	19	234	
	光伏制冷量/(kW·h)	3354	3132	3675	3489	3213	2874	2928	2892	2727	3015	3225	3462	37986	
	不足制冰量/(kW·h)	1784	1669	1779	1884	2291	2404	2484	2499	2459	2322	1864	1638	25078	
	机组夜间运行时间/h	148.69	139.07	148.22	156.98	190.88	200.31	207.03	208.28	204.94	193.53	155.32	136.54	25029.34	
	晚间谷电价格/[$/(kW·h)]	0.06	0.06	0.06	0.06	0.06	0.06	0.06	0.06	0.06	0.06	0.06	0.06	—	
	夜间电费/$	9	8	9	9	11	12	12	12	12	12	9	8	125	
	生命周期/年	15	15	15	15	15	15	15	15	15	15	15	15	—	
	总电费/$	134	125	133	141	172	180	186	187	184	174	140	123	1881	
	成本计算														
	PV/$													7700	
	冰蓄冷空调系统/$													15400	
	系统维护成本/$	20	20	20	20	20	20	20	20	20	20	20	20	240	
	总维护成本/$	300	300	300	300	300	300	300	300	300	300	300	300	3600	
	总成本/$													26700	
	总费用/$													28581	
节省费用/$(与市电驱动 22kW 分体空调系统成本相比)														62787	5

附表七　泰国曼谷光伏电站及光伏空调系统项目投资回收期计算列表

10kW 分布式光伏电站																
		1	2	3	4	5	6	7	8	9	10	11	12	13	14	15
投入	项目成本/$	7700	5034.54	2369.08	—	—	—	—	—	—	—	—	—	—	—	—
	维护成本/$	120	120	120	—	—	—	—	—	—	—	—	—	—	—	—
总投入/$		7820	5154.54	2489.08	—	—	—	—	—	—	—	—	—	—	—	—
收益/$		2785.46	2785.46	2785.46	—	—	—	—	—	—	—	—	—	—	—	—
未回本资金/$		5034.54	2369.08	−296.38	—	—	—	—	—	—	—	—	—	—	—	—

10kW 分布式光伏电站并网发电，市电驱动 22kW 分体式光伏空调系统																
		1	2	3	4	5	6	7	8	9	10	11	12	13	14	15
投入	项目成本/$	21700	19154	16608	14062	11516	8970	6424	3878	1332	—	—	—	—	—	—
	维护成本/$	240	240	240	240	240	240	240	240	240	—	—	—	—	—	—
总投入/$		21940	19394	16848	14302	11756	9210	6664	4118	1572	—	—	—	—	—	—
节约电费/$		2786	2786	2786	2786	2786	2786	2786	2786	2786	—	—	—	—	—	—
未回本资金/$		19154	16608	14062	11516	8970	6424	3878	1332	−1214	—	—	—	—	—	—

10kW 分布式光伏电站离网驱动分体式空调系统																
		1	2	3	4	5	6	7	8	9	10	11	12	13	14	15
投入	项目成本/$	21700	20066	18432	16798	15164	13530	11896	10262	8628	6994	5360	3726	2092	458	—
	维护成本/$	240	240	240	240	240	240	240	240	240	240	240	240	240	240	—
总投入/$		21940	20306	18672	17038	15404	13770	12136	10502	8868	7234	5600	3966	2332	698	—
节约电费/$		1874	1874	1874	1874	1874	1874	1874	1874	1874	1874	1874	1874	1874	1874	—
未回本资金/$		20066	18432	16798	15164	13530	11896	10262	8628	6994	5360	3726	2092	458	−1176	—

续表

10kW 分布式光伏电站并网驱动冰蓄冷空调系统																
		1	2	3	4	5	6	7	8	9	10	11	12	13	14	15
投入	项目成本/$	23100	17404.9	11709.8	6014.7	319.6	—	—	—	—	—	—	—	—	—	—
	维护成本/$	240	240	240	240	240	—	—	—	—	—	—	—	—	—	—
总投入/$		23340	17644.9	11949.8	6254.7	559.6	—	—	—	—	—	—	—	—	—	—
节约电费/$		5935.1	5935.1	5935.1	5935.1	5935.1	—	—	—	—	—	—	—	—	—	—
未回本资金/$		17404.9	11709.8	6014.7	319.6	−5375.5	—	—	—	—	—	—	—	—	—	—
10kW 分布式光伏电站离网驱动冰蓄冷空调系统																
		1	2	3	4	5	6	7	8	9	10	11	12	13	14	15
投入	项目成本/$	23100	18487	13874	9261	4648	35	—	—	—	—	—	—	—	—	—
	维护成本/$	240	240	240	240	240	240	—	—	—	—	—	—	—	—	—
总投入/$		23340	18727	14114	9501	4888	275	—	—	—	—	—	—	—	—	—
节约电费/$		4853	4853	4853	4853	4853	4853	—	—	—	—	—	—	—	—	—
未回本资金/$		18487	13874	9261	4648	35	−4578	—	—	—	—	—	—	—	—	—

参 考 文 献

[1] Goyal P, Baredar P, Mittal A, et al. Adsorption refrigeration technology: An overview of theory and its solar energy applications[J]. Renewable and Sustainable Energy Reviews, 2016, 53: 1389-1410.

[2] Ji Y, Huang L, Hu J, et al. Polyoxometalate-functionalized nanocarbon materials for energy conversion, energy storage and sensor systems[J]. Energy & Environmental Science, 2015, 8(3): 776-789.

[3] Koronaki I P, Papoutsis E G, Papaefthimiou V D. Thermodynamic modeling and exergy analysis of a solar adsorption cooling system with cooling tower in Mediterranean conditions[J]. Applied Thermal Engineering, 2016, 99: 1027-1038.

[4] Chekirou W, Boukheit N, Karaali A. Performance improvement of adsorption solar cooling system[J]. International Journal of Hydrogen Energy, 2016, 41(17): 7169-7174.

[5] Ammar M A, Benhaoua B, Bouras F, et al. Thermodynamic analysis and performance of an adsorption refrigeration system driven by solar collector[J]. Applied Thermal Engineering Design Processes Equipment Economics, 2017, 112: 1289-1296.

[6] Wang Y F, Li M, Du W P, et al. Experimental investigation of a solar-powered adsorption refrigeration system with the enhancing desorption[J]. Energy Conversion and Management, 2018, 155: 253-261.

[7] Lattieff F A, Atiya M A, Al- Hemiri A A. Test of solar adsorption air-conditioning powered by evacuated tube collectors under the climatic conditions of Iraq[J]. Renewable Energy, 2019, 142: 20-29.

[8] Zhao C, Wang Y, Li M, et al. Experimental study of a solar adsorption refrigeration system integrated with a compound parabolic concentrator based on an enhanced mass transfer cycle in Kunming, China[J]. Solar Energy, 2020, 195: 37-46.

[9] Boubakri A, Arsalane M, Yous B, et al. Experimental study of adsorptive solar-powered ice makers in Agadir (Morocco)—1. Performance in actual site[J]. Renewable Energy, 1992, 2(1): 7-13.

[10] Wang R Z, Wang L W, Wu J Y. Adsorption Refrigeration Technology: Theory and Application[M]. New Jersey: John Wiley &Sons, 2014.

[11] Saha B B, Akisawa A, Kashiwagi F K. Solar/waste heat driven two-stage adsorption chiller: The prototype[J]. Renewable Energy, 2001, 23(1): 93-101.

[12] Lu Z S, Wang R Z, Xia Z Z, et al. An analysis of the performance of a novel solar silica gel–water adsorption air conditioning[J]. Applied Thermal Engineering, 2011, 31(17/18): 3636–3642.

[13] 罗斌. 基于槽式聚光太阳能吸收式空调系统研究[D]. 昆明：云南师范大学, 2014.

[14] Yin Y L, Song Z P, Li Y, et al. Experimental investigation of a mini-type solar absorption cooling system under different cooling modes[J]. Energy & Buildings, 2012, 47: 131-138.

[15] Ketjoy N, Yongphayoon R, Mansiri K. Performance evaluation of 35kW LiBr–H_2O solar absorption cooling system in thailand[J]. Energy Procedia, 2013, 34：198-210.

[16] Li J, Xie X, Jiang Y. Experimental study and correlation on the falling column adiabatic absorption of water vapor into LiBr–H_2O solution[J]. International Journal of Refrigeration, 2015, 51：112-119.

[17] Sun H Q, Xu Z Y, Wang H B, et al. A solar/gas fired absorption system for cooling and heating in a commercial building[J].

Energy Procedia, 2015, 70：518-528.

[18] Montenon A C, Fylaktos N, Montagnino F, et al. Author(s) SOLARPACES 2016: International conference on concentrating solar power and chemical energy systems-Abu Dhabi, United Arab Emirates (11–14 October 2016)]-concentrated solar power in the built environment[C]. AIP Conference Proceedings, 2017.

[19] Chen J F, Dai Y J, Wang R Z. Experimental and analytical study on an air-cooled single effect LiBr-H_2O absorption chiller driven by evacuated glass tube solar collector for cooling application in residential buildings[J]. Solar Energy, 2017, 151: 110-118.

[20] Lubis A, Jeong J, Giannetti N, et al. Operation performance enhancement of single-double-effect absorption chiller[J]. Applied Energy, 2018, 219: 299-311.

[21] Zheng X, Shi R, Wang Y, et al. Mathematical modeling and performance analysis of an integrated solar heating and cooling system driven by parabolic trough collector and double-effect absorption chiller[J]. Energy and Buildings, 2019, 202：109400.

[22] Ibrahim N I, Al-Sulaiman F A, Saat A, et al. Charging and discharging characteristics of absorption energy storage integrated with a solar driven double-effect absorption chiller for air conditioning applications[J]. The Journal of Energy Storage, 2020, 29：101374.

[23] Passos E F, Escobedo J F, Meunier F. Simulation of intermittent adsorptive solar cooling system[J]. Solar Energy, 1989, 42(2): 103-111.

[24] 滕毅. 非吸附平衡条件下的吸附式制冷循环研究[D]. 上海：上海交通大学, 1998.

[25] Dubinin M M, Erashko I T. Kinetics of physical by carbonaceous of biporous structure[J]. Carbon, 1975, 13: 193-200.

[26] 林瑞泰. 多孔介质传热传质引论[M]. 北京：科学出版社，1995.

[27] 蒋常建，陈光明，卢万成，等. 水平同心套管中层流自然对流的数值模拟[J]. 上海交通大学学报, 1999, 33(3): 281-284.

[28] Enibe S O. Solar refrigeration for rural application[J]. Renewable Energy, 1997, 12(2): 157-167.

[29] Kattakayam T A, Srinivasan K. Photovoltaic panel generator based autonomous power source for small refrigeration units[J]. Solar Energy, 1996, 56(6): 543-552.

[30] Kattakayam T A, Srinivasan K. Thermal performance characterization of a photovoltaic driven rigerator[J]. International Journal of Refrigeration, 2000, 23 (3) : 190-196.

[31] Bilgili M. Hourly simulation and performance of soalr electirc-vapor compression refrigeration system[J]. Solar Energy, 2011, 85: 2720-2731

[32] Kim D S, Infante Ferreira C A. Solar refrigeration options: A state-of-the-art review[J]. International Journal of Rerigeration, 2008, 31 (1) : 3-15.

[33] Blas M D, Appelbaum J, Torres J L, et al. Characterisation of an electric motordirectly coupled to a photovoltaic solar array in a refrigeration facility for milk cooling[J]. Biosystems Engineering, 2006, 95(3): 461-471.

[34] Laidi M, Hanini S, Abbad B, et al. The study and performance of a modified ENIEM conventional refrigerator to serve as a photovoltaice powered one under Algerian climate conditions[J]. Journal of Journal of Renewable and Sustainable Energy, 2012, 4 (5)：053112.

[35] Zhang P, Liu Q S, Wang R Z. Performance and applicability of a dc refrigerator powered by the photovoltaics[J]. Journal of Journal of Renewable and Sustainable Energy, 2010, 2: 013101.

[36] Toure S, Fassinou W F. Cold storage and autonomy in a three comartments photovoltaic soalr refrigerator: experimental and thermodynamic study[J]. Renewable Energy, 1999, 17 (4) : 587-602.

[37] Kaplanis S, Papmmstasiou N. The study and performance of a modified conventional refrigerator to serve as a PV powered one[J].

Renewable Energy, 2006, 31(6): 771-780.

[38] Sukamongkol Y, Chungpaibulpatana S, Ongsakul W. A simulation model for predicting the performance of a soalr photovoltaic system with alternation current loads[J]. Renewable Energy, 2002, 27: 237-258.

[39] Mba E F, Chukwuneke J L, Achebe C H. Modeling and simulation of a photovoltaic powered vapor compression refrigeration system[J]. Journal of Information Engineering and Applications, 2012, 2(10): 1-15.

[40] Aktacir M A. Experimental study of a mufti-purpose PV-refrigerator system[J]. International Journal of Physical Sciences, 2011, 6(4): 746-757.

[41] Tina G M, Grasso A D. Remote monitoring system for stand-alone photovoltaic power plants: The case study of a PV-powered outdoor refrigerator[J]. Energy conversion & management, 2014, 2(78): 862-871.

[42] 曹娟华, 戴源德, 杜海存, 等. 太阳能光伏冰箱技术的应用分析[J]. 江西能源, 2009(1): 40-42.

[43] 刘群生. 太阳能光伏直流冰箱的能量管理和系统匹配研究[D]. 上海: 上海交通大学, 2007.

[44] 刘群生, 付鑫, 张鹏, 等. 太阳能光伏直流冰箱系统性能研究[J]. 太阳能学报, 2007, 28(2): 184-188.

[45] 刘忠宝, 杨双, 刘挺. 太阳能光伏直流蓄冷冰箱系统的实验研究[J]. 太阳能学报, 2012, 33(5): 795-800.

[46] 陈观生, 张仁元. 太阳能光伏冰箱[J]. 电力需求侧管理, 2007, 9(2): 74-76.

[47] 陈观生. 基于光伏电池和直流压缩机的太阳能冰箱可行性分析[J]. 广东工业大学学报, 2006, 23(2): 38-41.

[48] Parker D S, Dunlop J P. Solar photovoltaic air conditioning of residental buildings[C]. ACEEE Summer study on energy efficiency in Buidin, California, 1994.

[49] Green M A, Zhao J, Wang A, et al. Progress and outlook for high-efficiency crystalline silicon solar cells[J]. Solar Energy Materials and Cells, 2001, 65(1/4): 9-16.

[50] Naser B M, Shaltout A. Analysis and design of photovoltaic powered air conditions using slip-frequency contorl scheme[J]. Electric Power Components and System, 2007, 35(1): 81-95.

[51] Maneewan S, Tipsaenprom W, Lertsatitthanakorn C. Thermal comfort study of a compact thermoelectric air conditioner [J]. Journal of Electrinic Materials, 2010, 39(9): 1659-1664.

[52] Tipsaenprom W, Rungsiyopas M, Lertsatitthanakorn C. Thermodynamic analysis of a compact thermoelectric air conditioner[J]. Electric Power Components and System, 2014, 43(6): 1804-1808.

[53] Huang K D, Tuan N A. Numerical analysis of an air-conditioning energy-saving mechanism[J]. Build Simul, 2010, 3(1): 63-73.

[54] Fan Y Q, Ito K. Optimization of indoor environmental quality and ventilation load in office space by multilevel coupling of building energy simulation and computational fluid dynamics[J]. Build Simul, 2014, 7(6): 649-659.

[55] Castellanos J G, Walker M, Poggio D. Modelling an off-grid integrated renewable energy system for rural electrification in India using photovoltaics and anaerobic digestion[J]. Renewable Energy, 2015, 74: 390-398.

[56] Rabhi K, Alil C, Nciri R, et al. Novel design and simulation of a solar air-conditioning system with desiccant dehumidification and adsorption refrigeration [J]. Arabian Journal For Science And Engineering, 2015, 40: 3379-3391.

[57] Balaji N, Kumar P S M, Velraj R, et al. Experimental investigations on the improvement of an air conditioning system with a nanofluid-based intercooler[J]. Arabian Journal For Science And Engineering, 2015, 40(12): 1681-1693.

[58] 王海涛. 户式光伏空调系统性能的数值模拟[J]. 节能技术, 2007, 25(3): 213-222.

[59] Kim S C, Park J C, Kim M S. Performance characteristics of a Supplementary stackcooling system for fuel-cell vehicles using a carbon dioxide air-conditioning unit[J]. International Journal of Automotive Technology, 2010, 11(6): 893-900.

[60] Francisco J, Aguilar C, Pedro V, et al. Operation and energy efficiency of a hybrid air conditioner simultaneously connectted to

the grid and to photovoltaic panels[J]. Energy Proc Edia, 2014, 48: 768-777.

[61] Naser M B, Rahim A. Adjustable speed unsymmetrical two-phase induction motor drive for photovoltaic powered air condition[J]. Electric Power Components and Systems, 2010, 38(8): 865-880.

[62] 吕光昭，李勇. 光伏空调系统的研究[D]. 上海：上海交通大学, 2012.

[63] 吕光昭，李勇，代彦军，等. 光伏空调系统冬季采暖性能分析[J]. 太阳能学报, 2013, 34(7): 1167-1171.

[64] 茆美琴，何慧若. 光伏空调系统的结构及优化配置[J]. 新能源, 1996, 18(12): 18-20.

[65] 曹仁贤，茆美琴，李维华，等. 光电式太阳能空调的驱动技术研究[J]. 流体机械, 1997, 25(8): 54-58.

[66] 冯垛生，张淼，赵慧，等. 太阳能发电技术与应用[M]. 北京：人民邮电出版社, 2009.

[67] 郑超，林俊杰，赵健，等. 规模化光伏并网系统暂态功率特性及电压控制[J]. 中国电机工程学报, 2015, 35(5): 1059-1071.

[68] 李玉恒，周绍红，林卫东，等. 光伏冰箱系统的性能特性研究[J]. 太阳能学报, 2015, 36(2): 422-429.

[69] 徐素娟. 光伏发电系统中充电控制器的研究与设计[D]. 杭州：浙江工业大学, 2013.

[70] Modi A, Chaudhuri A, Vijay B, et al. Performance analysis of a solar photovoltaic operated domestic refrigerator[J]. Applied Energy, 2009, 86(12): 2583-2591.

[71] Cherif A, Dhouib A. Dynamic modelling and simulation of a photovoltaic refrigeration plat[J]. Renewable Energy, 2002, 26: 143-153.

[72] Axaopoulos P J, Theodoridis M P. Design and experimental performance of a PV Ice-maker without battery[J]. Solar Energy, 2009, 83(1): 1360-1369.

[73] Robert E F, Luis E A, David B. Photovoltaic direct drive refrigerator with ice storage: Preliminary monitoring results[R]. ISES Solar World Congress, 2001.

[74] Laidi M, Abbad B, Berdja M, et al. Performance of a photovoltaic solar container under mediterranean and arid climat conditions in Algeria[J]. Energy Procedia, 2012, 18: 1452-1457.

[75] Andersson P. A study on some existing districting cooling systems and on the possibilities to establish distriet cooling in certain other cities [D]. Stockholm: Royal Institute of Technology, 2004.

[76] Eltawil M A, Samuel D V K, Singhal O P. Patato storage technology and store design aspects[J]. Agricultural Engineering International: the CIGRE Journal, 2006, 11(8): 1-18.

[77] Wang M J, Hansen T M, Kauffeld M. Application of ice slurry technology in fish cry[J]. Proceedings of the 20th International Congress of Refrigeration, IIF/IIR, 1999, IV: 569.

[78] Rodríguez O, Velázquez J B, Piñeirob C, et al. Effects of storage in slurry ice on the microbial, chemical and sensory quality and on the shelf life of farmed turbot (Psetta maxima)[J]. Food Chemistry, 2006, 95(2): 270- 278.

[79] Ku V V, Wills R, Shimshon B Y. 1-Methylcyclopropene can differentially affect the postharvest life of strawberries exposed to ethylene[J]. Hort Science, 1999, (34): 119- 121.

[80] Navidbakhsh M, Shirazi A, Sanaye S. Four E analysis and multi-objective optimization of an ice storage system incorporating PCM as the partial cold storage for air-conditioning applications[J]. Applied Thermal Engineering, 2013, 58(1/2): 30-41.

[81] Pu J, Liu G, Feng X. Cumulative exergy analysis of ice thermal storage air conditioning system[J]. Applied Energy, 2012, 93: 564-569.

[82] Sanaye S, Shirazi A. Thermo-economic optimization of an ice thermal energy storage system for air-conditioning applications[J]. Energy Buildings, 2013, 60: 100-109.

[83] 章学来. 空调蓄冷蓄热技术[M]. 大连：大连海事大学出版社, 2006.

[84] 姜明健, 顾楠, 郭庆沅. 冰蓄冷式中央空调在工程中的应用分析[J]. 制冷与空调, 2007, 7(6): 88-90.

[85] 马永涛. 内融式盘管蓄冰系统实验研究[D]. 天津: 天津大学, 2006.

[86] 廖传善, 空调设备与系统节能控制[M]. 北京：中国建筑工业出版社, 1984.

[87] 赵建华, 高风彦. 技术经济学[M]. 北京：科学出版社, 2000.

[88] 郑黎明, 李金金. 格力新光伏空调演奏“绿色未来”[J]. 上海经济, 2014, 11: 38.

[89] 张永铨. 我国蓄冷技术的应用[J]. 电力需求侧管理, 2012, 14(2): 1-3.

[90] 张永铨. 中国蓄冷技术应用的新进展[J]. 制冷, 2000, 19(1): 33-37.

[91] Xu Y F, Ma X, Hassanien H E, et al. Performance analysis of static ice refrigeration air conditioning system driven by household distributed photovoltaic energy system[J]. Solar Energy, 2017, 158: 147-160.

[92] Xu Y F, Li M, Luo X, et al. Experimental investigation of solar photovoltaic operated ice thermal storage air-conditioning system[J]. International Journal of Refrigeration, 2018, 86: 258-272.

[93] Xu Y F, Li M, Hassanien H E. Energy conversion and transmission characteristics analysis of ice storage air conditioning system driven by distributed photovoltaic energy[J]. International Journal of Photoenergy, 2016, 4749278.

[94] Xu Y F, Li M, Luo X, et al. Performance analysis of ice storage air conditioning system driven by distributed photovoltaic energy[J]. Bulgarian Chemical Communications, 2016, 48: 125-135.

[95] Xu Y F, Li M, Luo X, et al. Experimental investigation of static ice refrigeration air conditioning system driven by distributed photovoltaic energy system[J]. Earth and Environmental Science, 2016, 40: 012027.

[96] 徐永锋, 李明, 罗熙, 等. 分布式光伏能源驱动制冰蓄冷系统能量转化与㶲流的数值模拟[J]. 中国电机工程学报, 2016, 36(12): 3270-3277.

[97] 徐永锋, 李明, 罗熙, 等. 户用独立光伏驱动冰蓄冷空调系统能量特性分析[J]. 太阳能学报, 2017, 38(8): 2235-2244.

[98] 刘恩科. 光电池及其应用[M]. 北京: 科学出版社, 1989.

[99] 安其霖, 国琛. 太阳电池原理与工艺[M]. 上海: 上海科学技术出版社, 1984.

[100] 董俊. 太阳电池直流模型的计算机仿真[J]. 太阳能学报, 1998, 19(4): 403-407.

[101] 陈中华, 赵敏荣, 葛亮, 等. 硅太阳电池数学模型的简化[J]. 上海电力学院学报, 2006, 22(2): 178-180.

[102] 苏建徽, 余世杰, 赵为, 等. 硅太阳电池工程用数学模型[J]. 太阳能学报, 2001, 22(4): 409-412.

[103] 魏晋云. 太阳电池效率与串联电阻的近似指数关系[J]. 太阳能学报, 2004, 25(3): 356-358.

[104] Matsushima T, Seiichi T, Muroyama S. Concentrating solar module with horizontal[J]. Solar Energy Materials & Solar Cells, 2003, 75: 603-612.

[105] 程晓舫, 李坚, 余世杰. 晶体硅太阳电池串联内阻的函数形式[J]. 太阳能学报, 2004, 25(3): 345-349.

[106] Singh V N, Singh R P. A method for the measurement of solar cell series resistance[J]. Journal of physics D-Applied Physics, 1983, 10: 1823-1825.

[107] 郭浩, 丁丽, 刘向阳. 太阳能电池的研究现状与发展趋势[J]. 许昌学院院报, 2006, 25(2): 38-41.

[108] 春兰. 独立运行光伏发电系统功率控制研究[D]. 呼和浩特: 内蒙古工业大学, 2007.

[109] 于敏丽. 阀控式密封铅酸蓄电池在线巡检系统的研究与设计[D]. 天津: 河北工业大学, 2011.

[110] 张凤鸣. 独立光伏系统中蓄电池的作用及选择[J]. 西山科技, 1997, 4: 16-19.

[111] 陈维, 沈辉, 邓幼俊, 等. 光伏发电系统中逆变器技术应用及展望[J]. 电力电子技术. 2006, 40(4): 130-133.

[112] 姜守忠. 制冷原理与设备[M]. 北京: 高等教育出版社, 2005.

[113] Disalvo F J. Thermoelectric cooling and power generation[J]. Science, 1999, 28(5): 700-706.

[114] Khouzam K Y. The load matching approach to sizing photovoltaic systems with shortterm energy storage[J]. Solar Energy, 1994, 53(5): 403-409.

[115] Mohamed A E, Samuel D V K. Vapour compression cooling system powered by solar PV array for potato storage[J]. Agricultural Engineering International: the CIGR Ejournal, 2007, l(2): 1-10.

[116] 苏坤烨, 李明, 罗熙, 等. 不同供电模式下光伏空调系统采暖性能研究[J]. 云南师范大学学报自然科学版, 2015, 35(1): 17-23.

[117] 周乾纲. 论变频空调的技术优势与节能机理[J]. 电机电器技术, 2000, 2: 26-29.

[118] 姚兵. 定频空调和交流变频空调能效对比分析[J]. 家电科技, 2004, 8: 70-73.

[119] Esfahanian V, Torabi F. Numerical simulation of leadacid batteries using Keller–Box method[J]. Journal of Power Sources, 2006, 158: 949-952.

[120] 杨世铭, 陶文铨. 传热学[M]. 北京: 高等教育出版社, 1998.

[121] Jeter S M. Maximum conversion efficiency for the utilization of direct solar radiation[J]. Solar Energy, 1981, 26(3): 23l-236.

[122] 李明, 季旭. 槽式聚光太阳能系统的热电能量转换与利用[M]. 北京: 科学出版社, 2011.

[123] 徐永锋. 槽式聚光太阳能热电联供系统光伏电池阵列特性分析[D]. 昆明: 云南师范大学, 2009.

[124] 时素铭. 光伏组件输出特性测试仪[D]. 北京：北京交通大学, 2016.

[125] 苏建徽, 余世杰, 赵为, 等. 硅太阳电池工程用数学模型[J]. 太阳能学报, 2001, 22(4): 409-412.

[126] 孙园园, 肖华锋, 谢少军. 太阳能电池工程简化模型的参数求取和验证[J]. 电力电子技术, 2009, 43(6): 44-46.

[127] 马丁・格林. 太阳电池: 工作原理、工艺和系统的应用[M]. 北京: 电子工业出版社, 1987.

[128] 董俊. 太阳电池直流模型的计算机仿真[J]. 太阳能学报, 1998, 19(4): 403-407.

[129] 魏晋云. 太阳电池效率与串联内阻的近似指数关系[J]. 太阳能学报, 2004, 25(3): 356-358.

[130] Rajapakse A, Chungpaibulpatana S. Dynamic simulation of a photovoltaic refrigeration system[J]. RERIC, 1994, 16(3): 67-101.

[131] Rabl A. Active Solar Collectors and Their Applications[M]. Oxford: Oxford University Press, 1985.

[132] Laboratory J P. Theremal performance testing and analysis of photovoltaic modules in natural sunlight[C]. //California Institute of Technology, Pasadena, 1976.

[133] Sarhaddi F, Farahat S, Ajam H, et al. Exergetic optimization of a solar photovoltaic array[J]. Journal of Thermodynamics, 2009, 313561: 1-11.

[134] Ekren O, Celik S, Noble B, et al. Performance evaduation of a variable speed DC compressor[J]. Interantional Journal of Refrigeration, 2013, 36: 745-757.

[135] 贾力, 方肇洪, 钱兴华. 高等传热学[M]. 北京：高等教育出版社, 2003.

[136] 瞿淼. 静态制冰和动态制冰蓄冷空调系统综合节能分析研究[D]. 上海：同济大学, 2009.

[137] 陈小雁. 片冰式动态制冰系统传热特性研究[D]. 南京：南京理工大学, 2006.

[138] 严家禄. 工程热力学[M]. 北京：高等教育出版社, 2006.

[139]沈维道, 童钧耕. 工程热力学[M]. 北京：高等教育出版社, 2004.

[140] Theodoridis M P, Axaopoulos P. Archiecture and performance of a power management system for multiple compressor solar ice-makers[J]. Wseas Transactions on System, 2007, 4(6): 823-830.

[141] Tiam T Y, Kirschen D S, Jenkins N. A model of PV generation suitable for stability analysis[J]. IEEE Transactions on Energy Conversion, 2004, 19 (4) : 748-755.

[142] Wolf M, Noel G T, Stirn R J. Investigation of the double exponential in the current-voltage characteristics of silicon solar

cells[C]//Twelfth IEEE Photovoltaic Specialists Conference, 1976: 44-52.

[143] Arcipiani B. Generalization of the area method for the determination of the parameters of a non-ideal solar cell[J]. Journal of Revue de Physique Appliquee, 1985, 20(5): 269-272.

[144] Campbell R C. A circuit-based photovoltaic array model for power system studies[J]. NAPS 2007 - 39th North American Power Symposium, 2007, 9: 97-101.

[145] Fanney A H, Dougherty B P, Davis M W. Comparison of predicted to measured photovoltaic module performance[J]. Journal of Solar Energy Engineering, 2009, 131: 11-21.

[146] 刘锴. 基于光伏组件特性与温度建模的光伏阵列特性预测[D]. 武汉: 华中科技大学, 2013.

[147] Liu Y L, Li M, Ji X, et al. A comparative study of the maximum power point tracking methods for PV systems[J]. Energy conversion and management, 2014, 85(9): 809-816.

[148] Zegaoui A, Aillerie M, Petit P. Dynamic behaviour of PV generator trackers under irradiation and temperature changes[J]. Solar Energy, 2011, 85(11): 2953-2964.

[149] Liu Y H, Liu C L, Huang J W. Neural-network-based maximum power point tracking methods for photovoltaic systems operating under fast changing environments[J]. Solar Energy, 2013, 89: 42-53.

[150] Liu Y H, Huang J W. A fast and low cost analog maximum power point tracking method for low power photovoltaic systems [J]. Solar Energy, 2011, 85(11): 2771-2780.